JN056966

# 大道を行く数学 初等編

## 社会人・大学生のための中学数学

安藤 洋美 著

現代数学社

本書は2005年7月に小社から出版した
『社会人と大学生のための 中学数学精義』
を書名変更・リメイクし、再出版するものです。

# まえがき

この本は先に出版された『大道を行く高校数学』3分冊の中学校編として，中学1，2年用の参考書として書かれている．しかし，中学校で使用されている教科書には準拠していない．内容は，第Ⅰ部が小学校であまり説明されてこなかった量の話，第Ⅱ，Ⅲ部はずるい算術といわれる代数の入門，第Ⅳ部は自然界や社会科学で利用される解析学の入口の基本的な関数についての知識，そして第Ⅴ部は思考力を練るための平面幾何の諸定理の証明の4つの部分からできている．第Ⅱ部や第Ⅲ部は第Ⅰ部の自然な発展として説明され，しかも文章題の解き方に重点をおいている．式の計算はできるが，方程式の立式が苦手だという中学生のために，いろいろな工夫がなされている．それは単なる式の計算だけではなく，図的代数を使っていろいろな問題に挑戦しようという試みである．第Ⅴ部の直線図形と円の部分は，証明とは何かということを，加減算のみを使うことをかたくなに追求することで理解してもらおうと思い，あえて保守的な方法をとっている．

最近，「分数ができない大学生」，「小数ができない大学生」，「算数ができない大学生」というような衝撃的な表題の本が相次いで出版された．それらの本の内容は真実で，最近の大学生の読解力・表現力・想像力・思考力・問題解決力・問題応用力の低下が指摘されている．そうなった理由の一つとして，具体的なものから抽象的な概念に高めていく過程が疎かにされ，推理力を高める証明・論証の過程がほとんど説明されない中学校の現状があるらしい．大学入試センター試験で，今の学生たちはばらばらな知識，断片的な知識は多く与えられるが，それらをつなぎあわせる総合力に欠けるともいわれている．それで，意欲ある中学生のみならず，大学生や社会人が今一度中学の数学から勉強しなおしたいと思ったときの自習書としても，本書は役立つと思う．

この本は自分で考え，自分で計算し，自分で図を書き，悪戦苦闘すれば，その前途に何かの光明が見えてくることを前提として書かれている．執筆中，私立中学や高校，さらに大学入試の問題も検討してみたが，不思議なことに，私立中学と大学入試の問題に同じものが多数あることも分かった．そうであるなら，小学校から大学へ飛び級があってもいいではないかとの極論も吐きたくなるが，少し考えれば中学校程度の数学の知識で大学入試問題も結構解けるということである．本書にはそういった問題も多数集録した．＊印のついた問題は本書を読み終わった後で， 再挑戦してほしい難問である．

さあ，鉛筆と紙を用意して，前頭葉を働かせて，問題に挑戦しよう．本書で学ぶ諸君の前途に栄光あれ．

２００４年１２月

著　者

# 目　次

## 第4章　正負の量と数



# 第Ⅱ部 代 数 入 門　71

## 第5章 文字の使用



## 第6章　一元一次方程式



## 第7章　二元一次連立方程式

## 第Ⅴ部　幾 何 入 門　237

# 第 I 部

# 量 と 数

ここでは小学校の算数で学んだ自然数の
知識は分っているものとする.

# 第１章　分離量と自然数

## §1. 分 離 量

リンゴの集まり，鉛筆の集まり，本の集まりといったような**物の集まりの多さを分離量**という．「…いくつありますか」(How many) と問いかけられて，数えることによって，多さが答えられる量が分離量である．分離量は，0, 1, 2, … で示される自然数のどれかと，名数をつけたもので表される．例えば

リンゴ　２個；　鉛筆　３本；人間　５人；
牛　４頭；　計算テストの成績　０点

といった類のものである．

英語を話す世界では名数はない．名数は日本語独特のものである．小学校では名数をつけることを厭う先生も多かったが，美しい日本語を守るために，名数にも関心をもとう．

(問 1.1.1) 兎は２疋と２羽の二通りの名数をもつのはなぜか．

(問 1.1.2) 包装された羊羹はどのように数えるか．

(問 1.1.3) 家はどう数えるか．また寺のお堂はどう数えるか．寺の塔はどう数えるか．

(問 1.1.4) 神社の鳥居はどう数えるか．　　　[ヒント:墓石と同じ名数]

## §2. 1対1対応

饅頭３個と皿が３皿あるとしよう．饅頭を１個ずつ皿の上に載せていくと、饅頭の集まりと皿の集まりは多さが同じことが分かる．この場合，饅頭の集まりの多さと，皿の集まりの多さは等しいという．それは名数

を除いた数の部分が等しいことを意味する．饅頭と皿が１対１対応している．

我々はすでに数を知っているが，数を知らなくても物の集まりの多さが等しいことは分かる．

昔，遊牧民族の中には数のことをよく知らないのがいた．それでも数多い羊の群れの数を間違うことはなかった．１頭でもいなくなると大騒ぎをしたという．彼らは，朝囲いの中から羊を放牧地に放すとき，１匹ずつ関所を通し，１匹通るごとに小石を１個ずつ置いていく．こうして羊の数と等しい小石が積まれる．夕方，再び羊を囲いの中に追い込むとき，１匹通るごとに積んだ小石を放っていく．石が全部なくなると，羊は全部囲い込まれたと考える．この場合

石の１個⟷羊の１匹

というように，石と羊が１対１対応しているという．

**（例 1.2.1）** 夏の甲子園球場で開催される全国高校野球選手権大会では48校が参加する．引き分けはないとして，決勝戦まで何試合行われるか．

**（解）** 試合のたびに，必ず泣いて球場の土を取って帰るチームがいるから

１試合⟷泣いて帰るチーム

という１対１対応を考える．笑うチームは優勝校ただ１校だから，

試合数＝(参加チーム数) − 1 ＝ 48 − 1 ＝ 47

**（例 1.2.2）** 上の例で，北海道から中部地方までのブロックで代表24校が東日本高校野球選手権大会を，近畿地方から沖縄までのブロックで代表24校が西日本高校選手権大会を行い，それぞれの優勝校が甲子園で全日本の選手権をかけて戦うとすれば，何試合行うか．引き分けはないとする．

**（解）** 東日本高校選手権大会の試合数＝ 24 − 1 ＝ 23,

西日本高校選手権大会の試合数＝ 24 − 1 ＝ 23

それで全試合数＝ 23 ＋ 23 ＋ 1 ＝ 47 となり，上の例と同じ試合数になる．

以上の説明から，分離量は

① 物の個性に関係なく，1 対 1 対応がつけば量の大きさ（数）は同じである，

② 対応の順序を変えても，量の大きさ(数)は変わらない.

③ 分割しても量全体の大きさ(数)は変わらない.

という性質をもっている.

(問 1.2.1) **植木算**は立木の数とそれらの間の数の関係を見つけると解ける. 立木を豆，間をヒゴで表すと，次のそれぞれの場合，豆の数とヒゴの数の間にどんな関係があるか.

④ 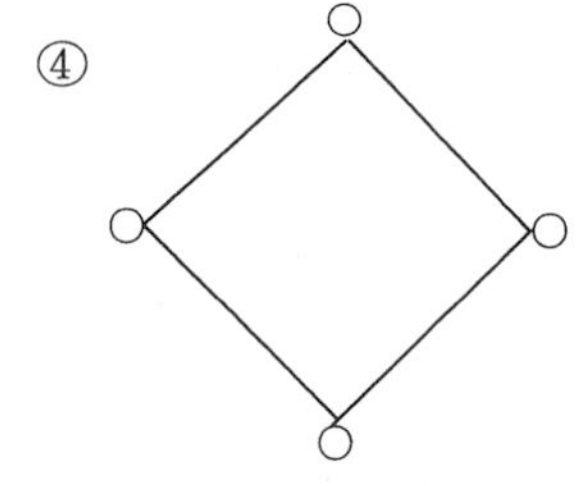

① 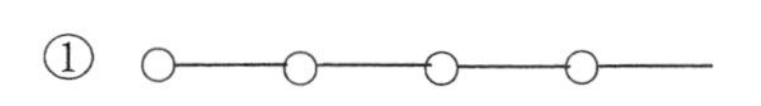

② 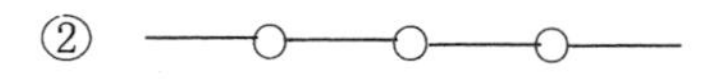

③ 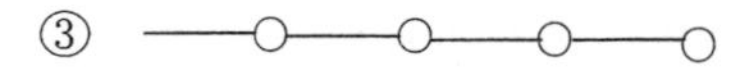

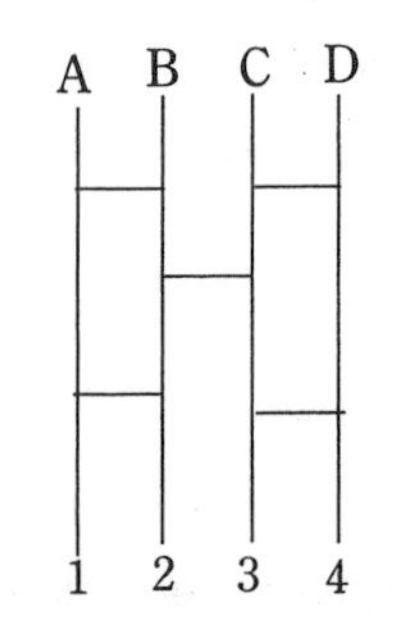


(問 1.2.2) 阿弥陀籤（あみだくじ）は，右の図のような籤である. 横の棒をいくら書き足しても，A, B, C, D は必ず 1，2，3，4 のどれか 1 つに対応することを説明せよ.

分離量を一々 3 人とか 4 隻とか，個別に考えることも大切ではある. しかし物事はもう少し一般的に考えた方が便利な場合がある. 分離量を文字 $a$ で表す. $a$ は 3 人であったり，4 隻であったりする. また，数も 3 とか 4 とかであるが，これらも一般的に $a$ と書く. さらに

数で $a = b$ ならば，量で $a = b$

と決める. 例えば $a = b = 3$ ならば，3 人＝3 隻ということである. ここで量の等号は 1 対 1 対応がつくという意味である. 全く同じという意味

ではない．量の等号に対して

$a = b,\ b = c$　ならば $a = c$　(**推移律**)

が成り立つ．

## §3. 記　数　法

物の集まりの多さが分離量で，それは数と名数で表されることを知った．数は分離量の大きさで，名数は分離量の質を表すと考えればよい．象２頭の集まりも，蟻２匹の集まりも，いずれもその集まりの大きさは２で表される．このように数は物の性質や嵩を無視し，物の集まりの多さを示す抽象的なものである．抽象的ということは，現実のいろいろな感じ方を無視して，純粋に頭の中でだけ考えられるという強みをもつ．

数を表すのに**数記号**が用いられる．例えば，古代ローマでは

Ⅰ，Ⅱ，Ⅲ，Ⅳ，Ⅴ，Ⅵ，Ⅶ，Ⅷ，Ⅸ，Ⅹ，Ⅺ，Ⅻ，…

が使われた．これがローマ数字である．これに対し，小学校で習ったのは**インド・アラビア数字**（略してアラビア数字）

0，1，2，3，4，5，6，7，8，9

である．これら２通りの数字で数を表すには，本質的に違った方法が使われている．

ローマ数字では

Ⅱ＝Ⅰ＋Ⅰ，Ⅲ＝Ⅰ＋Ⅰ＋Ⅰ，Ⅳ＝Ⅴ－Ⅰ，Ⅵ＝Ⅴ＋Ⅰ，

Ⅶ＝Ⅴ＋Ⅰ＋Ⅰ，Ⅷ＝Ⅴ＋Ⅰ＋Ⅰ＋Ⅰ，Ⅸ＝Ⅹ－Ⅰ，Ⅺ＝Ⅹ＋Ⅰ

というように，基本の数字はⅠ，Ⅴ，Ⅹなどで，それ以外は足し算や引き算を使って表されている．

アラビヤ数字は０から９までは一つ一つ別の印になっている．10以上の数になると

| | |
|---|---|
| アラビヤ数字 | 10，50，100，500，1000，5000，10000 … |
| ローマ数字 | X，L，C，D，M，<br>|Ɔ，C|Ɔ，|ƆƆ，CC|ƆƆ，… |

と表現される．これを見ると，アラビヤ数字では 0，1，5 の３つの数字だけで表現されるのに，ローマ数字では５つまたは４つの数字を使わなくてはいけない．さらに

$$20 = \mathrm{X}+\mathrm{X},\ 30 = \mathrm{X}+\mathrm{X}+\mathrm{X},\ 40 = \mathrm{L}-\mathrm{X},\ 60 = \mathrm{L}+\mathrm{X},$$
$$70 = \mathrm{L}+\mathrm{X}+\mathrm{X},\ 90 = \mathrm{C}-\mathrm{X},\ 110 = \mathrm{C}+\mathrm{X},\ 200 = \mathrm{C}+\mathrm{C},$$
$$400 = \mathrm{D}-\mathrm{C},\ 600 = \mathrm{D}+\mathrm{C},\ 900 = \mathrm{M}-\mathrm{C},\ 1100 = \mathrm{M}+\mathrm{C}$$

のようにローマ数字は足し算，引き算を使って表されている．ところが，アラビヤ数字では

$$456 = 4\times100 + 5\times10 + 6\times1,$$
$$3204 = 3\times1000 + 2\times100 + 0\times10 + 4\times1$$

のように，足し算と掛け算を使って表現されている．さらに

$$1000 = 10^3,\ 100 = 10^2,\ 10 = 10^1,\ 1 = 10^0$$

というように，1 の後の 0 の個数を 10 の肩に載せて書くと

$$456 = 4\times10^2 + 5\times10^1 + 6\times10^0$$
$$3204 = 3\times10^3 + 2\times10^2 + 0\times10^1 + 4\times10^0$$

↓ ↓ ↓ ↓

千の位　百の位　十の位　一の位

というように，**位取り記数法**になっていることが分かる．位とは，数における数字の位置を示す．このことから

> ローマ数字による記数法（数の表し方）は位取りの原理によらない．アラビア数字による記数法は位取りの原理による．

伝説によると，ローマは紀元前 753 年に建国された国であり，その頃からローマ記数法は工夫されてきたものと思われる．一方アラビア数字は紀元３世紀頃からインドで使われだし，6世紀イスラム帝国が誕生し，繁栄を極めた頃から帝国内で普及していった．アラビア数字による記数法は

**すべての数を０から９まで10個の数字で表現できるところが革命的**だったといえる．

**(例 1.3.1)**　紀元前1500年頃，メソポタミヤの人々は楔形文字（けっけいもじ）を使って言葉を表現した．数もそうである．１に相当する楔形文字はＹ，10に相当する楔形文字は＜で表された．１から９までの数は文字Ｙを１個，２個，…，９個並べた．

３はＹＹＹ，７はＹＹＹ　31は＜＜＜Ｙ，59は　＜ＹＹＹ<br>
　　　　　　　　ＹＹＹ　　　　　　　　　　　＜＜＜ＹＹＹ<br>
　　　　　　　　　Ｙ　，　　　　　　　　　　　＜　ＹＹＹ

というようにＹと＜の２文字を使って表現した．しかし，０に相当する文字がなかったので，60はＹと書いた．このＹはＹ ×60の意味である．さらに 120 はＹＹと書いた。このＹＹはＹＹ×60の意味である。位取りの原理がなかったので，Ｙが１を表すのか，60を表すのかは，前後関係から判断しなければならなかった．それは空位の表現である０に相当する文字がなかったからである．

(問 1.3.1) 紀元前4000年頃，エジプトでは象形文字(hieroglyph)が使われていた．象形文字の数字は

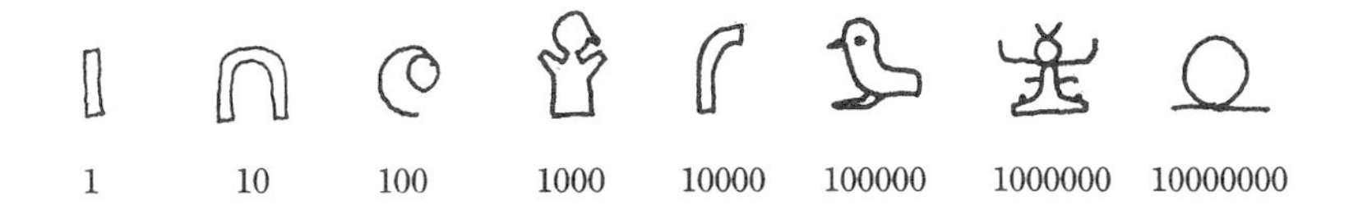


であった．これらの数字を使った数の表現はローマ記数法と同じ足し算によるもの（数字を並べて置く）であった．76，125，233 を古代エジプト記数法で表せ．

(問 1.3.2) 76，125，233 をメソポタミヤの楔形文字による記数法で表せ．

**[注]** いろいろな国の言葉の数詞は，数学的には面白い．

| 18 | | |
|---|---|---|
| 英　語 | eighteen | 8＋10 (ten が teen になる) |
| ウェールズ語 | deu naw | 2× 9 (deu, dau = 2, naw = 9) |
| ヘブライ語 | shmona-eser | 8＋10(shmona = 8, eser = 10) |
| ヨルバ語 | eeji din logun | 20－2(ogun = 20, eeji = 2) |
| 中国語 | shih-pa | 10＋8(shih = 10, pa = 8) |
| 梵　語 | asta-dasa | 8＋10(asta = 8, dasa = 10) |
| マヤ族の語 | uaxac-lahun | 8＋10(uaxac = 8, lahun = 10) |
| ラテン語 | duodeviginti | 20－2(duo = 2, viginti = 20) |
| ギリシャ語 | okto kai deka | 8＋10(okto = 8, deka = 10) |
| **40** | | |
| 英　語 | forty | 4×10(ten が ty になる) |
| ウェールズ語 | de-ugeint | 2×20(de, dau = 2, ugeint = 20) |
| ヘブライ語 | arba-im | 4 の倍数(arba = 4, im ＝複数形を示す) |
| ヨルバ語 | ogoji | 20×2(ogun = 20, eeji = 2) |
| 中国語 | szu-shih | 4×10(szu = 4, shih = 10) |
| 梵　語 | catvarim-sat | 4×10(catvarah = 4, sat は dasa = 10) |
| マヤ族の語 | ca-ikal | 2×20(ca = 2, kal は20の添数) |
| ラテン語 | quadraginta | 4×10(quad = 4, ginta は decem ＝10から) |
| ギリシャ語 | tettarrakonto | 4×10(tettara=4, kunta は deka=10から) |

V. J. Katz『数学史, 序説」(1998年)より引用
ヨルバは西部アフリカ・ギニア地方，マヤ族は中米原住民

(例 1.3.2) $101 = 1\times 10^2 + 0\times 10 + 1$

という表現は，**十進記数法**といい，各位は下から，一，十，百，千，万，…

の位になっている．それに対し

$$2\times2=2^2,\ 2\times2\times2=2^3,\ 2\times2\times2\times2=2^4,\cdots$$

と書き

$$1\times2^2+0\times2+1 \text{ を} (101)_2$$

$$1\times2^3+1\times2^2+0\times2+1 \text{ を} (1101)_2$$

と表し，これらを**二進記数法**による表示という．二進表示の数は十進表示に直すと

$$(101)_2=(5)_{10},$$

$$(1101)_2=(13)_{10}$$

となる．

(問 1.3.3) 十進法で12は，二進法でどう書けるか．

［名古屋学院大，経］

(問 1.3.4) 上の記数法で，基礎になる数 10 や 2 を一般の数 $n$ で表したものを ***n* 進記数法**という．$n=3$ ならば三進法という．三進法で 121 と表される数を十進法で表せ．［九州東海大，工］

(問 1.3.5) 八進法で表される数$(77777)_8$がある．

① $(77777)_8=7\times(11111)_8$ であることを示せ．

② $(77777)_8\times2$ を八進法で表せ．［東海大，理］

自然数を幾何学的に表すには，まず数１に正方形□を１対１対応させる．物の集合の大きさの数だけ□をつなぐとよい．もしも物の集合の大きさが 24 であれば，□が 24 個並ぶ．そのうち４個分と 10 個分を分けて，10 個は一まとめに１本と名付ける長方形に直す．１本は十の位にもってくる．それで「二十四」という数は２本の長方形と４個の正方形で表現される．同様にして，10 本の長方形をまとめて，大きな１枚の正方形にすると，それは百の図的表現になる．それで３枚の大きな正方形と，２本の長方形と，４個の正方形が，それぞれ百の位，十の位，一の位におかれると，三百二十四の図的表現になる．それで 324 とアラビヤ数字を並

記したらよいことも理解できるだろう.

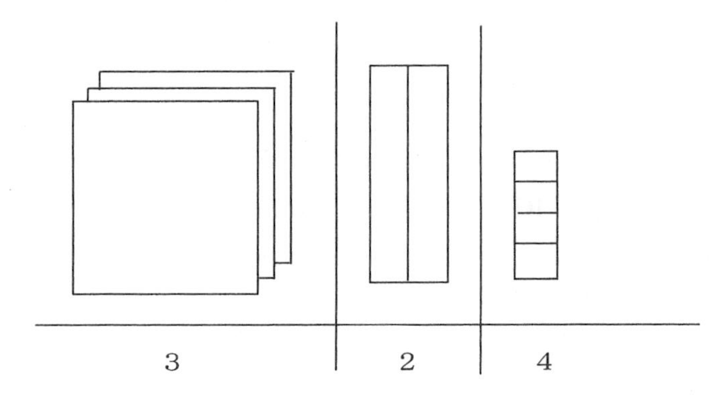


## 練習問題 1

1．大人の間に子供が1人ずつ入って踊れる．大人が 20 人いるとき，踊れる子供の人数はいくらか．

2．80m ある道路の両側に同じ間隔で杭を打つことにする．杭の間隔を $x$m，杭の数を $y$ 本とすると，$x$ と $y$ の間にどんな関係があるか．

3．64 チームが勝ち抜き戦で野球の試合をすることになった．1日に5試合までできて，同一チームは1日に1試合しかできないものとする．優勝チームが決まるまでに最低何日必要であるか．　［神奈川大・経］

4．$19 = 1\times2^4 + 0\times2^3 + 0\times2^2 + 1\times2^1 + 1\times2^0$ であるから，19 を二進法で表すと 10011 となり，十進法で表したときより「桁数」が3増す．このように，二進法で表すと十進法で表したときより「桁数」が3増すような正の整数のうちで

(1)　最小のものを求めよ．

(2)　最大のものを求めよ．　［東京理科大］

5．九進法で表された8桁の数 12345678 に8を掛けると，9桁のどんな数になるか．　［京都薬大］

６*．正の整数を二進法に直すと３桁の数 $abc$ になり，２倍して三進法に直すと３桁の数 $cba$ になるという．この正の整数を十進数で書け．

［岡山理大］

７*．$x$ と $y$ とはともに（十進法による）２桁の正の整数で，$x < y$ とする．この２つの数の和 $x + y$ の10位の数字は５である．また，その積 $xy$ は３桁の数で，その100位の数字が６で，１位の数字が１であるという．このような整数 $x, y$ の組をすべて求めよ．　［上智大］

# 第2章　外延量と加法·減法

## §1.　連　続　量

ボトルに入っているウーロン茶をいくつかの紙コップに分けて入れる光景はよく見かける．紙コップへの入れ方に変化をもたせると，５個の紙コップでも，10個の紙コップでもウーロン茶を分けることができる．また，紙コップに分けたものを，面倒だが元のボトルに戻すこともできる．このような操作をしても，お茶全体の嵩は変わらない．そしてボトルのお茶の量は，大きい紙コップでは５杯分，小さい紙コップでは10杯分あるといえる．このように

**分割や融合に意味があり．測ることによって量の多さが求められる量を連続量**

という．連続量は「いくらあるか？」(How much ?)と問われて求められる量である．それで量には

と２つの区別がある．

連続量の中には，長さ，重さ，時間，面積，体積など，既に小学校で習ったものがある．これらの量は2cm, 5g, ７分, $3m^2$ というように

**数と単位**

で表される．一般的に，量を文字 $a$ で，数を文字 $\boldsymbol{a}$ で表す．すると

$a = \boldsymbol{a}$ **単位**

と書くことができる．$\boldsymbol{a} = 2$ で，単位が cm なら，$a = 2\text{cm}$ である．

ところで，量の勉強をしていく場合，**量感**というものが背景にある．「長いな，短いな」とか「重いな，軽いな」といった漠然とした量に関する感じ方は**比較するという操作**から出てくる．以下，このことを具体的な量について述べよう．

## §2. 長　さ

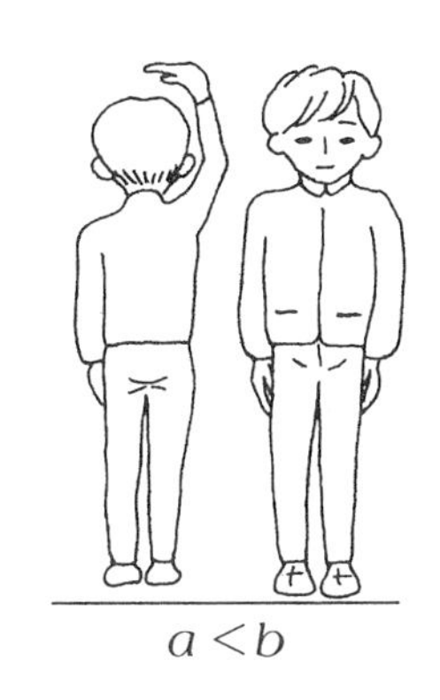

$a<b$

人間の身長は一つの量である．それは「背の高さ」という言葉で表される．２人の人がいて，身長をそれぞれ $a$, $b$ としよう．２人を同じ水平な面の上に立たせるとどちらが高いか，あるいは同じ高さか，すぐ分かる．これを

**量の直接比較**

という．このことを数学的にいうと

> （Ｉ）２つの量 $a, b$ があるとき，３つの関係
>
> $a=b,\quad a>b,\quad a<b$
>
> のうちのどれか一つが成り立つ．**（直接比較の公理）**

次に，机の横の長さ $a$ と縦の長さ $c$ を比較しよう．この場合，直接比較はできない．そこで移動ができる第３の量 $b$ (例えば紐)をもってきて，$a$ に等しく切る．そしてその紐と縦とを直接比較する．そのとき

$a=b,\ b>c$ ならば $a>c$

である，紐は必ずしも横の長さに等しくする必要もなく，横の長さより少し短くしてもよ

い．つまり $a > b$ としてもよい．一般的に

$a = b$ または $a > b$ を $a \geqq b$

と書く，すると $b$ を仲立ちとして，横と縦の長さが間接的に比較できる．

> (II) 3つの量の間で
>
> $a \geqq b, \ b \geqq c$ ならば $a \geqq c$
>
> が成り立つ．**(間接比較の公理)**

後に負の量が出てくると修正するが，目下のところ

> (III) 大きさが数0で表される量は最小の量である．

と決める．

以上3つの原理により，長さはO点を左端にとった半直線上に表現することができる．

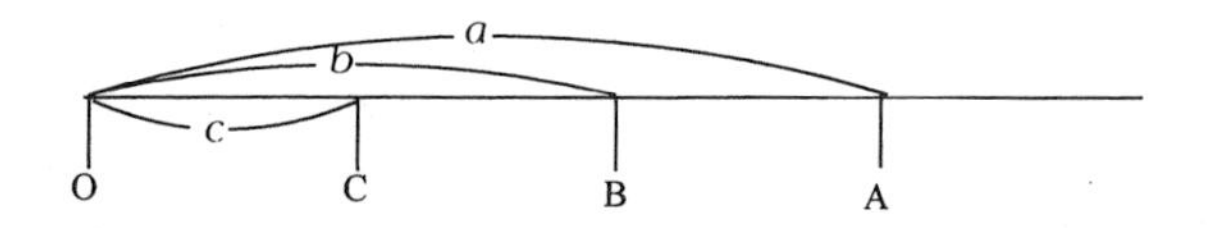


O点からOA，OB，OCの長さがそれぞれ量 $a, b, c$ を表す．

原則(I)は，$a > b$ ならば，A点がB点の右にあることを示す．

原則(II)は，A点がB点の右に，B点がC点の右にあれば，当然A点はC点の右にあることを示す．

原則(III)は，最小の量がO点だけで表されることを示す．

次に比較から，量を測ることに移る．

今，机の横と縦のどちらが長いかは，間接比較で分かることを説明し

た．ところが長い紐がなかったとしよう．すると間接比較ができない．そこで何か別の物，例えば真新しい鉛筆をもってこよう．１本の鉛筆の長さ＝$e$とおく．当然，横の長さと縦の長さ$a, b$に対して

$$a > e,\ b > e$$

となり，$a$，$b$は比較ができない．そこで鉛筆２本分の長さをとってみる．２本分は$e + e = 2e$と表す．

もしも$a > 2e,\ 2e > b$ならば$a > b$（間接比較）

となる．しかし

もしも $a > 2e,\ b > 2e$ならば$a, b$は比較できない．

するとさらに鉛筆を３本分とって比較する．それで比較できないとき，同じ操作を繰り返す．そして

机の横が鉛筆10本分と半端，机の縦が鉛筆７本分と半端が出たとしよう．すると，$a > 10e$，$8e > b$と書き表すことができる．そこで原則（II）によって$a > b$であることが分かる．

この例では１本の鉛筆が物指の役目をしている．

右図はノートの縦横の長さをマッチ棒を使って長短を比較できることを示している．

$$e + e = 2e,$$
$$2e + e = 3e,$$
$$\cdots\cdots\cdots,$$
$$(n-1)e + e = ne$$

を**量の加合**という．$e$を**個別単位量**という．

それで

（IV）　$a > ne,\ ne > b$ならば，$a > b$

ここで大事なことは,

> $b$ がどんなに大きくて,$e$ がどんなに小さくても,
> $ne > b$ なるような自然数 $n$ が存在すること.

である.これは**アルキメデスの公理**という.塵も積もれば山となるという譬えを,数学的に表したのがアルキメデスの公理である.アルキメデスの公理は

> $e$ を単位量,$a$ を任意の量とすると
> $$(n+1)e > a \geqq ne$$
> となる自然数 $n$ が必ずある.

と言い換えてもよい.そして鉛筆やマッチ棒の例から分かるように,どんなものでも単位に取ることができる.だから長さを測るのに,民族により,国により単位が違ったのは当然である.

**(例 2.2.1)** 腕相撲をする要領で,隣の席の友達と腕の肘関節から中指の先までの長さを比べて見よ.この長さは,どの人も大体等しい.ピラミッドを造った古代エジプトでは,この長さを1キュービットとして長さの単位に使った.1人1人のキュービットは46cmから56cmまで分布するが,大体50cmに近い値をとる.1キュービットの2倍が大体1mになる.

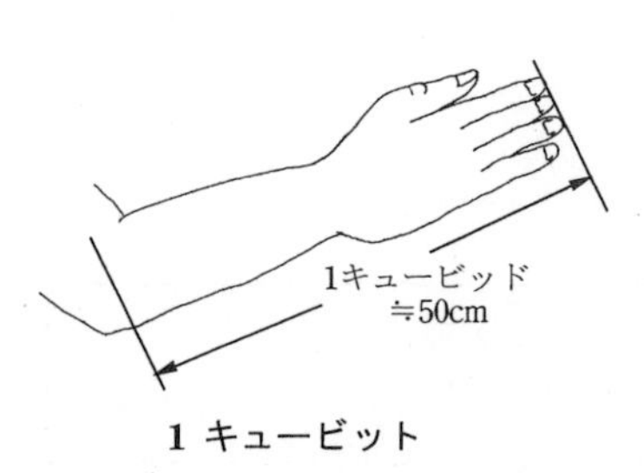


**1 キュービット**

250
1セケド
1
360

**ピラミットの建設もキュービット尺**

（問 2.2.1）古代エジプトで最古のアーメスの数学書に「底辺の１辺360キュービット，高さ250キュービットのピラミッドにおいて，底辺の右端に高さ１キュービットの棒が立っている．棒の先端からピラミッドの法面までの距離(セケドと呼ぶ)を求めよ」という問題がある．１セケドは

$$\frac{1}{2}+\frac{1}{5}+\frac{1}{50}\quad \text{キュービット}$$

であることを示せ．

（問 2.2.2）足袋の大きさを文（もん）という単位で表すが，これはどのように測ったものであるか．

（問 2.2.3）日本の長さの単位に間（けん）がある．１間とはどんな個別単位か．

（問 2.2.4）人の身体の一部を個別単位にしたものに尋（ひろ）がある．尋は何を測るための個別単位であるか．

単位の量を加合していくことと，単位の量ずつに等分していくこととは同じことの裏表のような関係である．単位は国や民族の違いによって，いろいろなものがあった．それでは不便なので，1790年５月フランスの立憲議会は単位を統一しようと決議をした．フランス革命勃発１年後のことである．ラグランジュ，ラプラス，ボルダ，モンジュらの数学者が新しい単位の制定に努力した．その結果，1799年12月**メートル法**が制定され，

**子午線の長さの4000万分の１＝１m**

と決めた．１m は普遍単位となる．18 世紀の初め頃，地球は完全な球形ではなく，極の近くで縮み，赤道の近くで膨れた偏平な形であることを確認するため，フランスの科学者たちが世界各地で子午線１度の長さの観測をしていたのがメートル法制定で役立った．厳密には，子午線の長さ＝40007880m だから，その4000 万分の１は1.000197 mになる．それに

しても，地球の形からヒントを貰って考え出された普遍単位が，大昔のキュービット尺と近かったというところに，不思議さを感じる．

普遍単位が決まり，直線上に普遍単位をとっていくと，メートルの物指ができる．

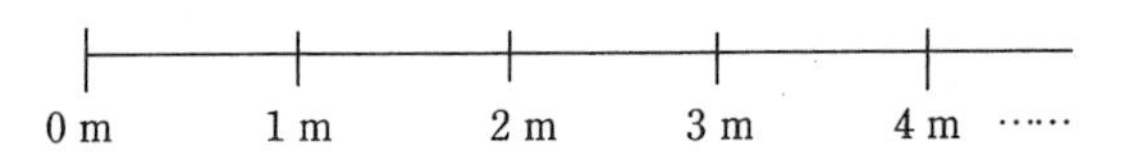


対象になる物と物指を直接比較すると，その物の長さがアルキメデスの公理によって「何 m とはんぱ」という形で表される．この操作を**測定**という．「はんぱ」を表現するために**補助単位**

$$1\,\mathrm{m} = 10\mathrm{dm}(\text{デシメートル}) = 100\mathrm{cm}(\text{センチメートル}) = 1000\mathrm{mm}(\text{ミリメートル})$$

が採用された．また，大きな長さを測る単位として

$$1\,\mathrm{km}(\text{キロメートル}) = 1000\mathrm{m}$$

がある．

## §3. 重　さ

２つの物 A, B の重さ $a$, $b$ を比較するには天秤を用いるとよい．

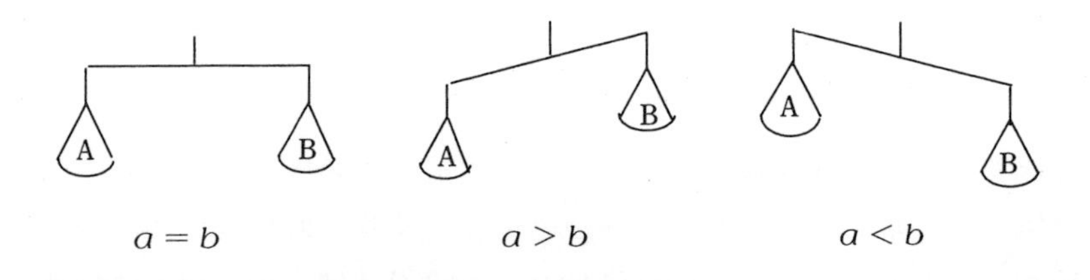


上の図のような３つの場合のどれかが起きるから，量の大きさ(重さ)を数値化しなくても，その大小を直接比較できる．

ところが２つの物Ａ，Ｂの重さを直接比較できない場合もある．例えば子犬と猫の重さを比べようとすれば，これらを同時に天秤にかけることは子犬と猫が喧嘩する可能性が高い．それでシーソーの端にある大きさの石をくくりつけておく．子犬の重さ，石の重さ，猫の重さをそれぞれ $a$, $b$, $c$ とし，下図のように

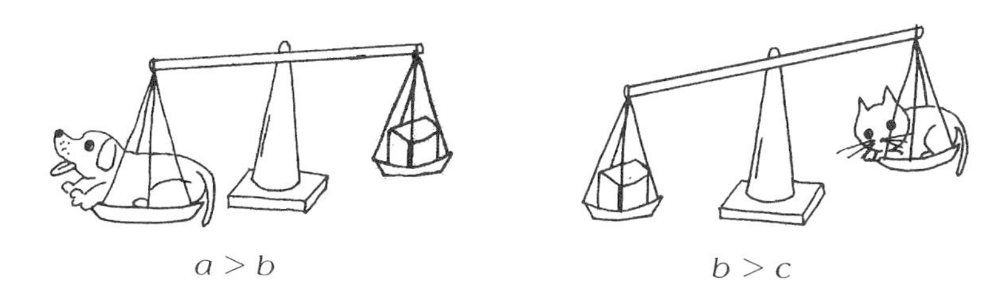

$a > b$　　　　$b > c$

ならば，$a > c$ と判断することである．長さと同じように間接比較することができる．

もしも $a > b$, $c > b$ ならば，間接比較できないから，初めの石と別の石をくくりつけて比較する．大きさが同じような石なら，仲立ちの物の重さは $2b$ と見なされ，間接比較すればよい．

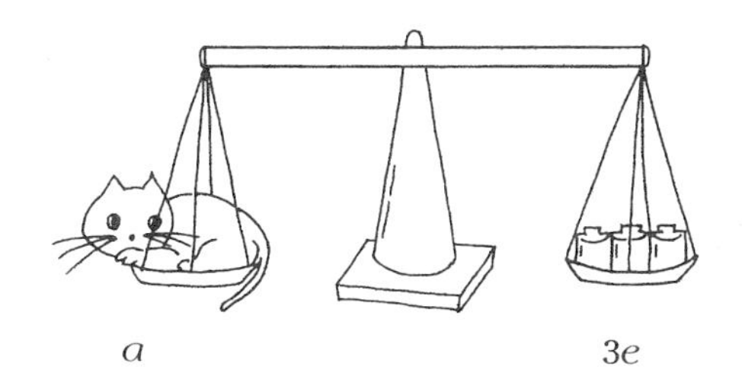

$a$　　　　$3e$

天秤の一方の皿に載せるものは，同じ型の乾電池をいくつか用意しておけば，§２で説明した個別単位として利用することができる.「はんぱ」を測るには，乾電池よりもっと小さい物，例えば１円硬貨をたくさん用意して利用すればよい．幸いなことに

**1円硬貨の重さ＝1g**(グラム)

と，個別単位である1円硬貨が**普遍単位**になっているのである．重さの場合，普遍単位はこのように簡単に得られる．実際的な国際取り決めは，当初は摂氏4°の水1リットルの重さ＝1000gとすることであった．そして1キログラムを普遍単位，1グラムをその補助単位として

**1000g＝1kg**

と決めた．1885年，重さはフランスのセーブル(Sèvres)という町に保管されている国際キログラム原器の重さを基準とするようになった．この原器は白金90％，イリジウム10％からなる合金の円柱で，底の直径39mm高さ39mmからなる．化学者たちはモル分子数を重さの単位に使う．

**重さは線分で表示できる**

ことも，数学的な問題を解くときには大事な原理である．上皿バネ秤の上皿に何も載っていないとき，針の先端の位置に0(kg)の印をつける．1kgの錘を1個置いたときの針の先端の位置に1(kg)の印をつける．1kgの錘を2個置いたときの針の先端の位置に2(kg)の印をつける．1kgの錘を3個置いたときの針の先端の位置に3(kg)の印をつける．以下同様の作業を行うと，バネ秤が完成する．2kgの錘と十数枚の1円貨幣を皿に置くと針は2と3の印の間に止まるだろう．こうして，重さという量は連続的に変化しうることが分かる．

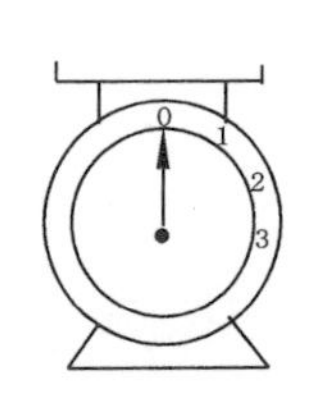

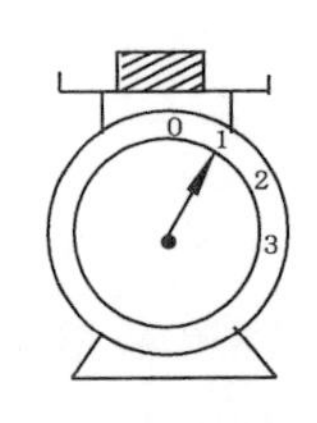

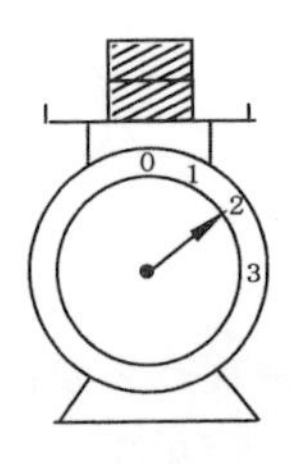

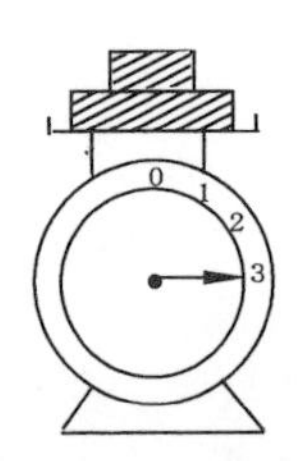


上皿バネ秤の円形の目盛とテープの目盛とを対応させると，重さは線分の長さとして表現されることが，次の図をみれば分かる．

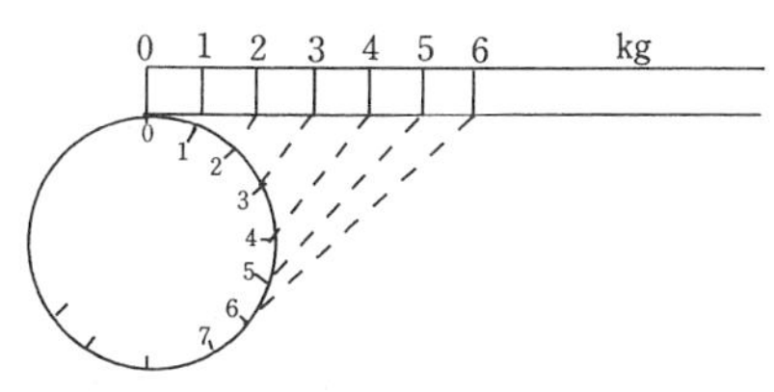


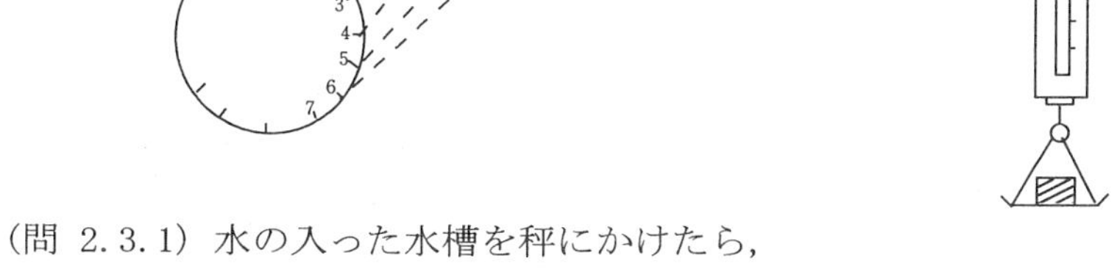


(問 2.3.1) 水の入った水槽を秤にかけたら，針は100gの目盛を指した.次のようなとき，針は秤の目盛のどこを指すか.

(1) 50gの水をさらに加えたとき.

(2) 50gの石を沈めたとき.

(3) 50gの木片を浮かべたとき.

(4) 50gの金魚を泳がせたとき.

(5) 50gの砂糖を溶かしたとき.

(問 2.3.2) 55kgの体重のお母さんが，5 kgの幼児をおぶって体重計の上に載ると，秤の目盛は何kgを指すか.

(問 2.3.3) 水を入れた水槽の重さを台秤で測ったら500gあった. 次に重さ100gで，体積$20cm^3$の石を右図のように台秤の上の水槽に入れた. このとき

(1) 上のバネ秤の目盛は何gのところを指すか.

(2) 下の台秤の目盛は何gのところを指すか.

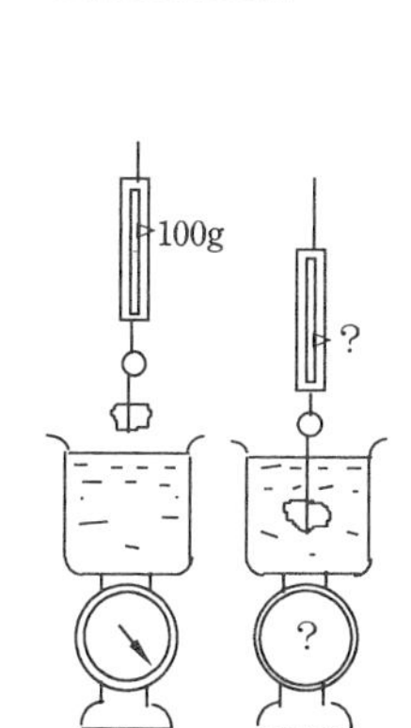


## §4. 時　間

時間とは何か. このことについて，古代のキリスト神学者アウグスティヌス(Aurelius Augustinus ; 354. 11. 13 ～ 430. 8. 28)は『告白』という本の中で次のように述べている:

「時間とは何でしょうか. だれも私に尋ねないとき，私は分かってい

ます．尋ねられて説明しようと思うと，分からなくなるのです．…

にもかかわらず，私たちは時の隔たりを知覚し，お互いを比較し，この時間の方が長いとか，あの時間の方が短いとかいいます．… だが，過ぎ去った時間は**もはやないもの**であり，来るべき時間は**まだないもの**ですから，だれが測ることができるのでしょうか．」

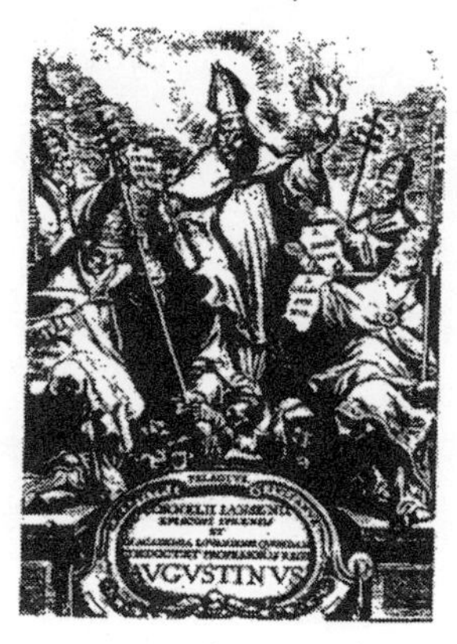


聖アウグスティヌス

この文章の中に時間を捉える重要な内容が隠されている．

時間(time)を英々辞典でひくと間隔(interval)となっている．例えば，まゆこちゃんとみつお君が「用意ドン」で目を閉じて片足立ちを始めたとする．片足立ちを始めてから倒れるまでの間(interval)が「片足立ちをしている時間」という．

まゆこちゃん

みつお君

図で分かることは「片足立ちをしている時間はまゆこちゃんの方が長い」ということになる，また次の図の場合，２人は同時に片足立ちを始め，しばらくして２人が一緒に倒れたとすると「２人が片足立ちをしていた時間は同じ」ということになり，時間を**直接比較**できる．

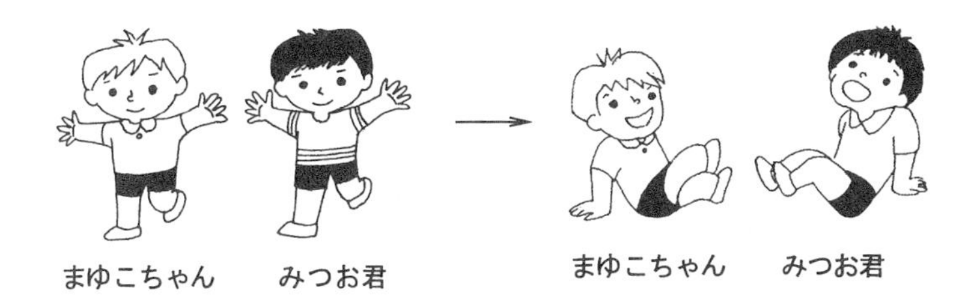


しかし，この場合，まだ時間は目に見える形に把握されていない．そこで，「歌を歌っている間」の時間を取り上げてみよう．歌詞を歌い始めてから歌い終わるまで，普通の歩き方で歩いてみる．例えば，「春の小川」を歌っている間に歩いた距離と，「どんぐりころころ」を歌っている間に歩いた距離を比較してみる．すると，「春の小川」を歌っている間に歩いた長さの方が，「どんぐりころころ」を歌っている間に歩いた長さよりも大きかった．それで「春の小川」を歌っている時間の方が「どんぐりころころ」を歌っている時間より長かったといえる．つまり

**時間は長さに置き換えて，目に見える形で表せる**．そして，時間を長さに置き換えると，大小の比較ができる．

(問　2.4.1) 寝ている間にも時間が経過していることを示すには，どんな工夫をすればよいか，論じよ．

隠れんぼの鬼が目をつぶって数を数える．みつお君は９で隠れ，まゆこちゃんは18で隠れ，あつし君は20で隠れた．隠れるのが一番早かったのはのはみつお君，隠れるのが一番遅かったのはあつし君，３人が隠れ終わるまでの時間は20ということになる．このように

**時間の長さは定まった時間で区切ると数で表せる**.（連続量の分離量化）数読みの時間が**個別単位**になっている．

時間を長さで表現することは大昔にも行われていた．地平線上に顔を出し始めた太陽に向かって，ある人が歩き始める．そして太陽が地平線上に完全に真ん丸い姿を出すまで，その人は180m = 360キュービット歩く．この間に要した時間は２分である．２分間に歩いた距離 180m の走路を１スタジアム(stadium)といい，長さの単位とした．その後，スタジアムは長さの単位から競技場を意味するものへと変わっていった．

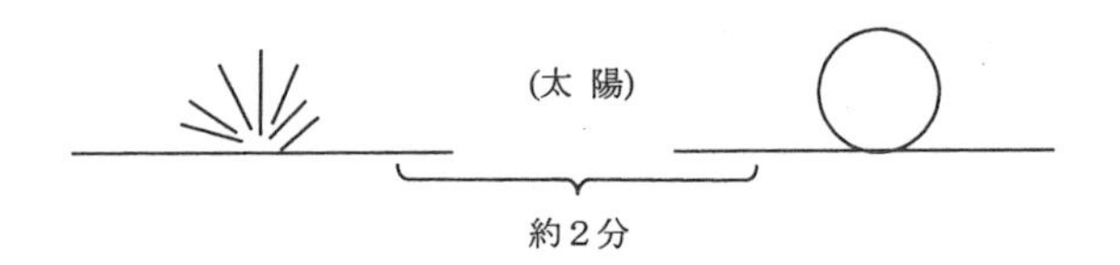


太陽が地平線上に顔を出し始めてから，完全にその姿を出し終わるまでの時間も，また時間の個別単位といえよう．

時間にもいろいろな個別単位があったことが理解できる．それで世界共通の時間の**普遍単位**として，短い時間を計る秒が生まれた．

１秒は，紐の長さが 24.8cm の振り子が１往復する時間ときめる．この単位によって短い時間を計る計測器が「ストップウオッチ」である．

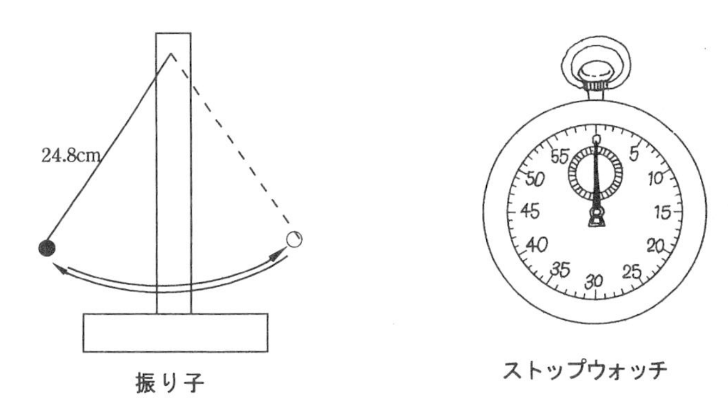

振り子　　　　ストップウォッチ

現在の秒は，1900 年1月0日（1月1日の前日）のグリニジ標準時正午における太陽の黄道上の1年（1回帰年）の 31,556,925.9747 分の1＝1秒とされている．

**60秒＝1分，60分＝1時間，24時間＝1日，365日＝1年**

という単位換算が行われる．1秒は意外に短く，1分は意外に長い，

秒を計測するストップウォッチ，分と時間を計測する時計，いずれも下図のように，回転を直進に直すことにより，**時間を線分表示できる**．

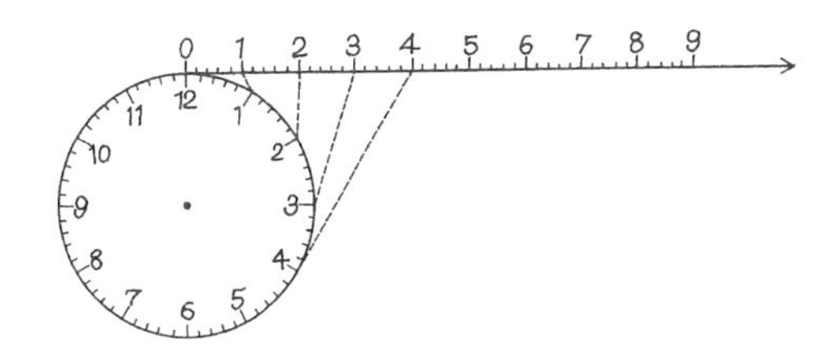


長さ，重さ，時間がいずれも線分表示できるということは，それらが

**加法や減法**(足し算と引き算)**ができる量**

であることを意味する．

時間で大事なことは時間と時刻の区別である．

**時間とは経過した時の流れの大きさ**

を表し，

**時刻とは時の流れのなかのある定まった時**

を表す．時間は線分で大きさが与えられるが，時刻は点で表される．

（問 2.4.2）下線を引いた部分は時間か時刻か．

(1) 午前9時に駅に向かって出発した．

(2) 大川橋で時計を見ると10時3分だった．

(3) 父は風呂に40分ぐらい入っている．

(4) うちの時計は1日に7分くらい進む．

(5) 列車は30分遅れて駅に到達した．

(6) 母は毎日5時間くらいしか眠っていない．

(7) 妹は8月25日の午後0時に生まれた．

(8) 僕は毎朝6時に起きる．

（問 2.4.3）午前0時は昨日か，今日か．正午は午前か午後か，いずれであるか．（**連続性の意味**を問うている．）

**（例 2.4.1）** 長さ＋長さ＝長さ，　長さ－長さ＝長さ；
重さ＋重さ＝重さ，　重さ－重さ＝重さ

と同じように

時間＋時間＝時間，　時間－時間＝時間

も線分の加合から計算できる。ところが時間にはさらに

時刻＋時間＝時刻，　時刻－時刻＝時間，　時刻－時間＝時刻

という演算が新たに加わる．「私は今朝8時に学校に着いた．全部の勉強が終わって学校を出たのは午後2時30分だった．学校にいた時間はどれだけか？」という問題は

8時は午前8時で時刻を，2時30分は午後2時30分で時刻を示す．問題はこれら2つの時刻の間に流れた時間を問うている．この場合，時刻を時間に直す．つまり午前8時は夜中の午前0時から8時間経過した時点を指す．午後2時30分は夜中の午前0時から14時間30分経過した時点を示す．それで，時刻－時刻を時間－時間に直して

14時間30分－8時間＝6時間30分

とする.

(問 2.4.4)　(1)　午後4時35分から午後9時20分までの時間

(2)　午前10時50分から5時間45分たった時刻

を求めよ.

いま物 A, B がある. これらの物の側面を表す量(長さとか重さなど)をそれぞれ $m(A)$, $m(B)$で表す. 物 A と B を合併した物を A ∪ B で表す. そのとき

$$m(A \cup B) = m(A) + m(B) \qquad (1)$$

が成り立つ場合, $m(A)$などを**外延量**という. (1)式は

長さ＝長さ＋長さ,

重さ＝重さ＋重さ,

時間＝時間＋時間

などを抽象的にまとめた表現である. $m$ は「測った物」(測度 ; measure)の頭文字を表す. また, 外延量は(1)式からも分かるように加減算と関係のある量である.

## §5. 量の測定, 小数と分数

外延量は単位で分割して(分離量化して), それを数えること (それを測定という) で大きさを知った. その場合に半端ができると, 自然数だけでは数値化できない. それで単位の分割をして, 半端の部分の大きさをも数値化するために, 小数や分数が作り出された.

### (I) 小数の発生

小数は**初めに単位ありき**という場合に生まれる. 例えば, ある紐を 1 m 尺で測ったら, 3つ分と半端が出たとする. 半端を測るために1m尺を10等分して, 小さい単位 0.1m を作り出す. 半端が 0.1m 単位の 5 つ分あれば, 紐の長さは 3 m + 0.5m = 3.5m とする. もしも半端が 0.5m より長く, 0.6m より短ければ, 0.1m をさらに 10 等分して 0.01m という新しい単位

を作る．半端の半端が 0.01 mの７つ分あれば 0.07 mとなり，紐の長さは 3.57 mと測れる．

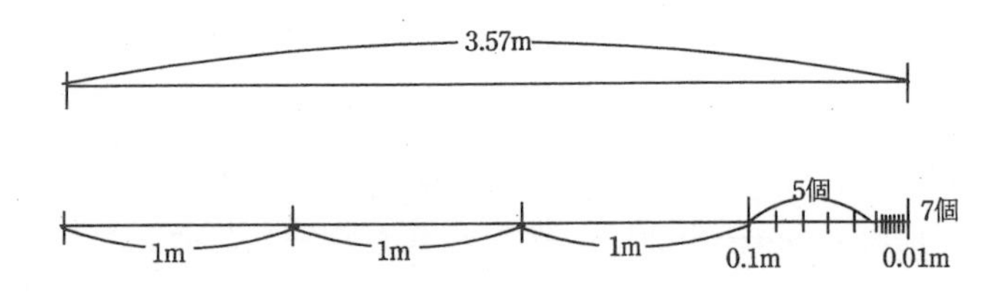


小数の表記は1585年オランダの数学者ステヴィン (Simon Stevin ; 1548 ~1620)が書いた『十分の一の術』(De Thiende)という小冊子に出てくる．

商業貿易国家オランダは利子の計算を必要とし，その計算を便利ならしめるために小数が必要だった．ステヴィンの表記は３⓪５①７②というものだった．⓪は小数点，①は小数１位，②は小数２位を示す．

ステヴィン『十分の一の術』

ステヴィン

## (Ⅱ) 分数の発生

分数は初めに単位なかりしとき，どんなものでも個別単位にできるというところから発生した．小数も分数も半端の測り方にかかわるから，ここでは説明の都合上，２ｍ と半端の場合を取り上げる． 半端を $a$ mとする．$a$ m を個別単位と考えて，１m を測ってみる．下図のように１m が半端の $a$m の３つ分あれば，$a\mathrm{m}=\left(\dfrac{1}{3}\right)\mathrm{m}$ と書き，棒の長さ $\left(2+\dfrac{1}{3}\right)\mathrm{m}=2\dfrac{1}{3}\mathrm{m}$ と書き表す．

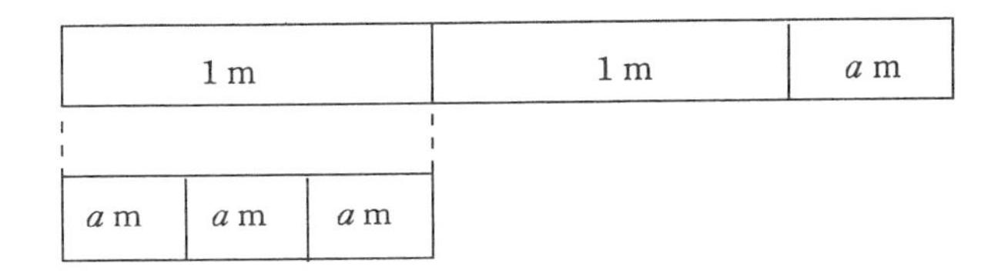


もしも下図のように１m が $a$m で測り切れずに，３つ分より多く４つ分より少ない場合，$a$m の３つ分を越える半端を $b$m とし，$b$m をもって $a$m を測る．もしも $a$m が $b$m の４つ分あったとすると

$a\mathrm{m}=4b\mathrm{m}$ だから，$1\mathrm{m}=(3a+b)\mathrm{m}=(12b+b)\mathrm{m}=13b\mathrm{m}$

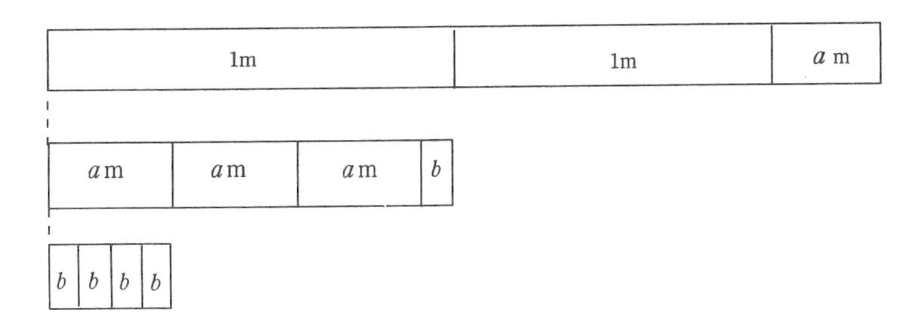


となる．このとき

$$b\mathrm{m}=\frac{1}{13}\mathrm{m}$$

と書くと

$$a\mathrm{m}=\frac{4}{13}\mathrm{m}$$

となって，棒全体の長さ $2\dfrac{4}{13}\mathrm{m}$ である．

### (Ⅲ) 外延量のテープ化，タイル化，線分化

外延量のシェーマ(視覚的映像)として，

(Ⅱ)のようなテープ図か

(Ⅰ)のような線分図か

いずれかを使用すればよい．それは

① 連結することにより量の加法が，分割することにより量の減法ができる．

② 並列することにより大小比較ができる．

③ いくらでも分割できて，どんな大きさの量でも表現できる．

テープ化，タイル化，線分化は

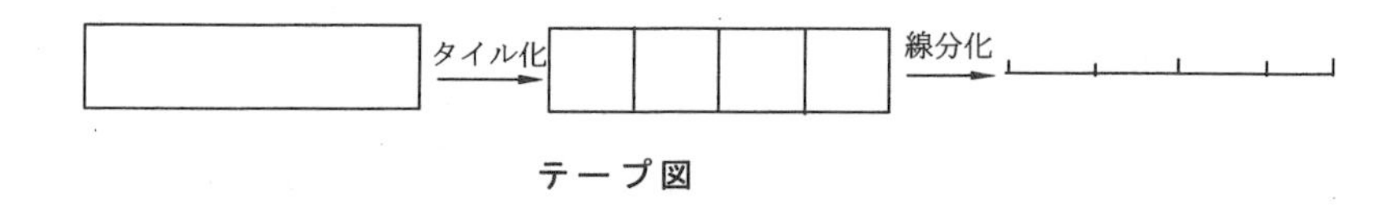


テープ図

という手順で，順次抽象化して行けばよい．

加減算の文章題を解くには，次のような図解法を使用するのがよい．ここで $a$，$b$ は問題の中の条件に出てくる条件の定数，$x$ は求める数(答)とすると，次の6通りの型が得られる．

**加法について**

第1用法　$a+b=x$

第2用法　$x+b=c \longrightarrow x=c-b$

第3用法　$a+x=c \longrightarrow x=c-a$

## 減法について

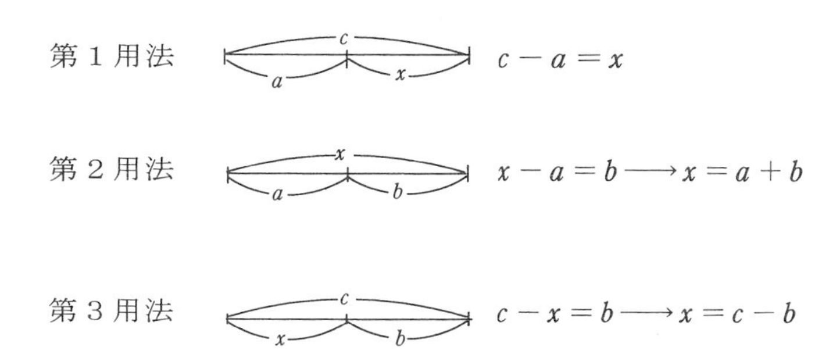


（問 2.5.1）次の問題は加法・減法の三用法のどれかによって解ける．

(1) かごに475g の大根を載せて，秤に掛けたら675g あった，かごの重さはいくらか．

(2) 紐がある，この紐から 2.4 m切り取って残りの 3.7 mで荷造りをした．はじめの紐の長さはいくらか．

(3) 1500 m自由形の競泳で16分30秒の記録を作るには，残りの 500 m を５分32秒で泳がなくてはいけない．初めの 1000 mは何分何秒で泳いだか．

(4) 昨日の雨量は 30mm であったが，豪雨で翌朝には 118mm になった．一夜のうちに何 mm 降ったか．

**（例 2.5.1）** ３人姉妹の貯金の合計は 24,600 円である．長女は次女よりも 1,500 円多く，次女は三女より 2,400 円多い．３人の貯金高はそれぞれいくらか．

**（解）** 三女の貯金高を基準と考え，$x$ 円とする．

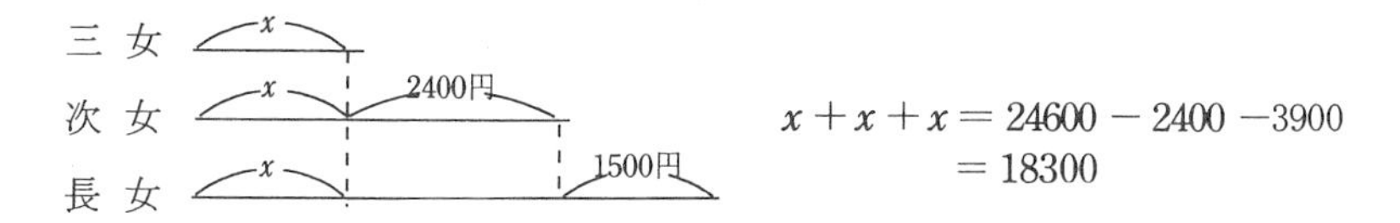

求める $x$ の値は 18,300 円を3等分すると得られる．それで

三女＝ 6,100 円，次女＝ 8,500 円，長女＝ 10,000 円

（問 2.5.2）次の問題を解け．

(1) 甲乙２人が同額のお金をもっていた．甲は420円使い，乙は1,400円使ったため，甲の残金は乙の残金の２倍になった．はじめの所持金はいくらか．

(2) 父の体重は妹の体重より 42kg 重く，妹の体重の３倍よりも6kg 少ない．父の体重と妹の体重を求めよ．

(3) １年生 450 人，２年生 410 人，３年生 380 人を２つのホールに分けて入れようと思う．２年生と３年生は別々のホールに入れ，１年生を２つのホールに分けて入れ，各々のホールの人数を等しくしようと思う．１年生をどのように分けたらよいか．

## §6. 面積と体積

面積や体積は長さの複合外延量であるが，§2で説明した方法で今一度説明しておこう．

### (I) 面　積

アとイの千代紙の大きさを比較しよう．どちらが大きいかは即断できない．

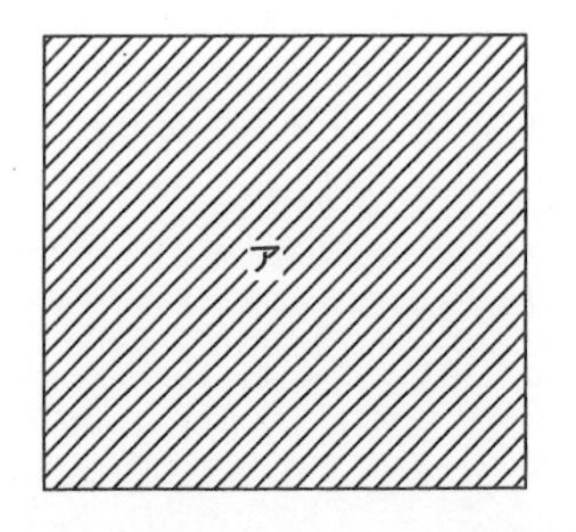


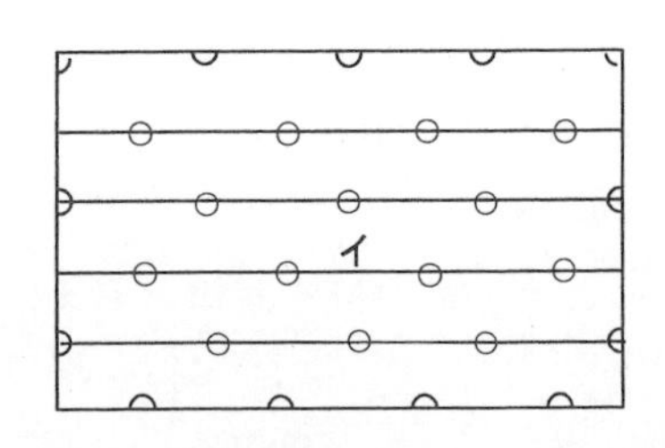


イをアの上に重ねる．両方の共通部分以外の出っぱりがアにもイにも出る．イの出っぱりを切り取り，アの出っぱりの上に重ねると，アの方に

余分の部分が出てくる．アの広さを $a$, イの広さを $b$ とすると $a > b$ となる．これは広さの**直接比較**にあたる．

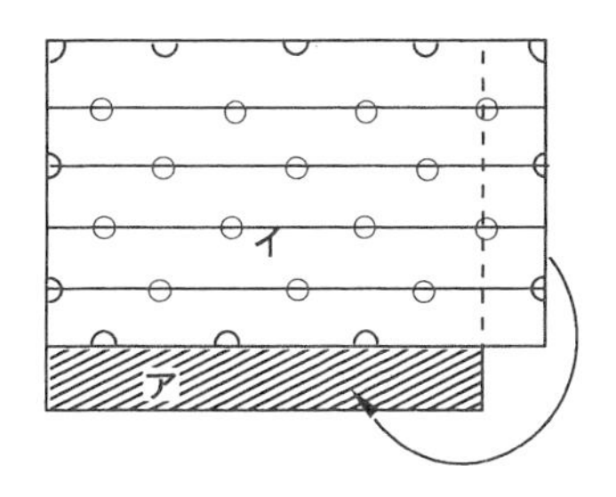


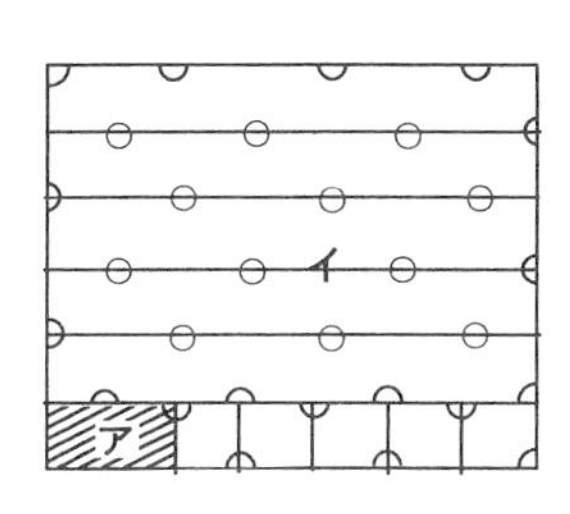


いま２枚のハンカチがあり，その大きさを比較したい．この場合，ハンカチが上のアとイのような形をしておれば，ハンカチを切るのはもったいない．この場合，どちらかのハンカチと広さの同じ紙ウをもってくればよい．ウの広さを $c$ とすると，$a > c$, $c = b$ だから $a > b$ といえる．これは**間接比較**にあたる．

ウとエは同じ大きさの小区画（広さ $e$）に分かれているので，区画の数を数えるとウは $16e$, エは $18e$ あるので，エの方がウより広いことが分かる．この場合，**小区画**が**個別単位**にあたる．

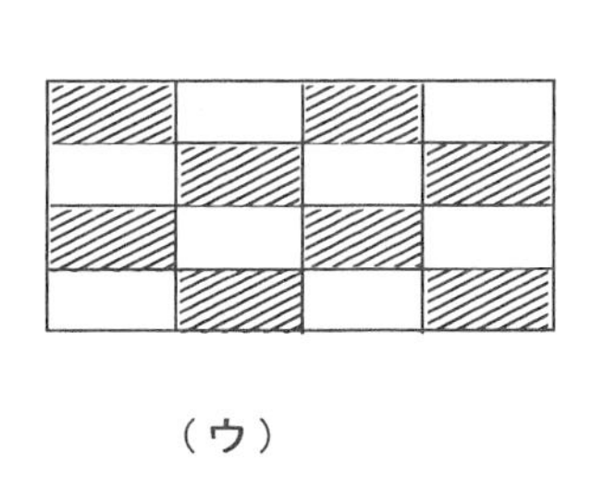

（ウ）

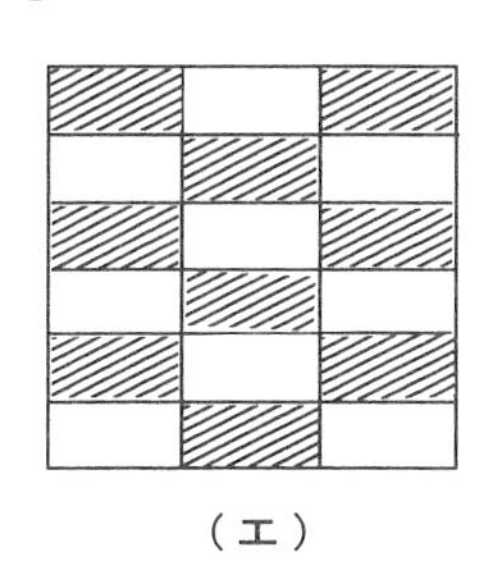

（エ）

最後に**広さを表す量である面積**の**普遍単位**として，１辺が１cm の正方形の面積 $1\ \mathrm{cm}^2$ をとる．

面積は，切り捨てたり，付け加えたりしなければ，**形を変えても不変である**．このことは，斜線を引いた三角形の面積が $1\ \mathrm{cm}^2$ であることを示す次の図を見れば理解できる.

$1cm^2$ は

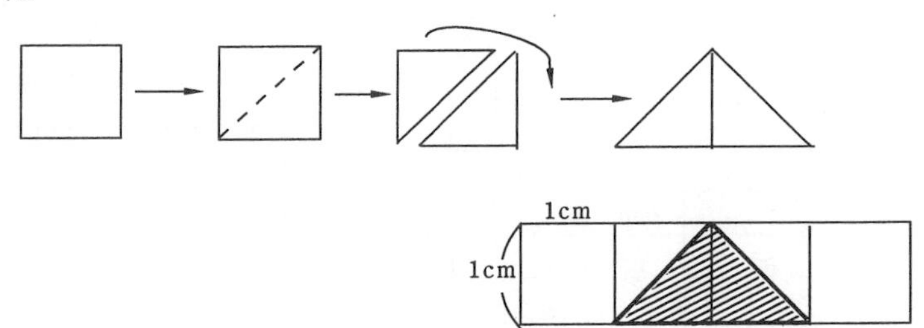


また，次のようないろいろな形の面積も $1\ cm^2$ であることは理解できるだろう.

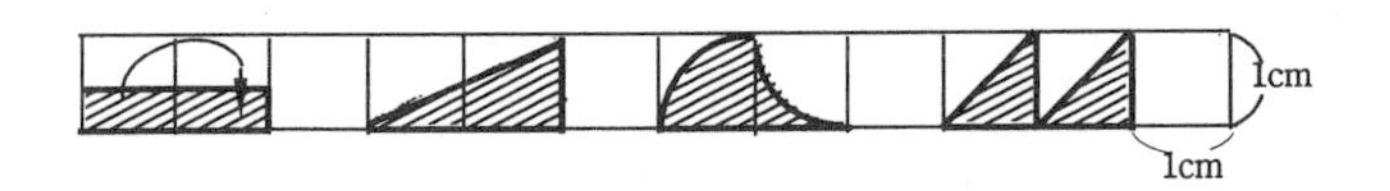


(問 2.6.1) 次の面積は何 $cm^2$ であるか. ただし1ますは $1cm^2$ である.

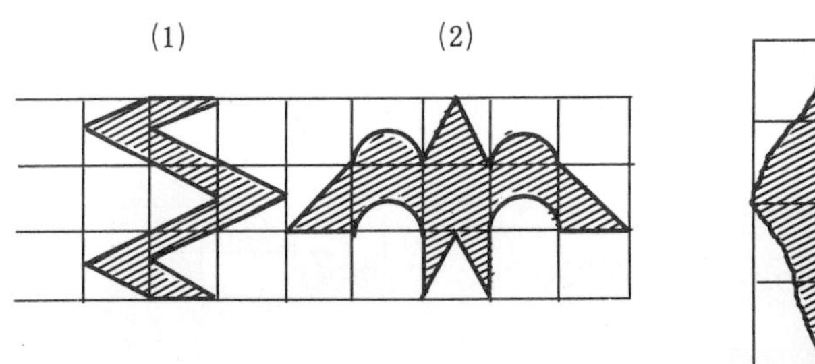


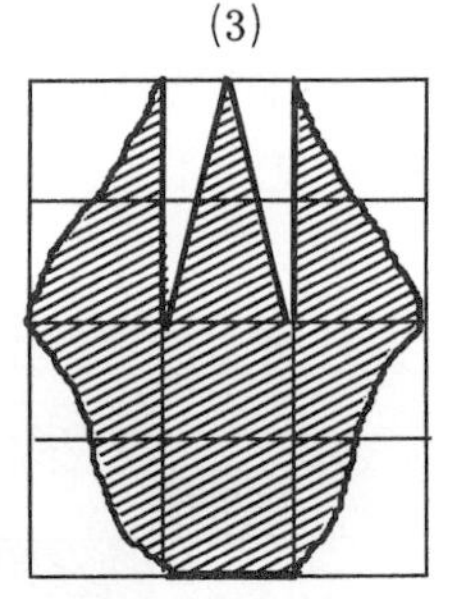


面積は加法・減法ができることはいうまでもない. 例えば

$$3cm^2 + 4cm^2 = 7cm^2,$$

$$12cm^2 - 3cm^2 = 9cm^2$$

である. 一方，縦が 3cm，横が4cm の長方形の面積は図のように $1cm^2$ が $3\times4=12$ 個あるから

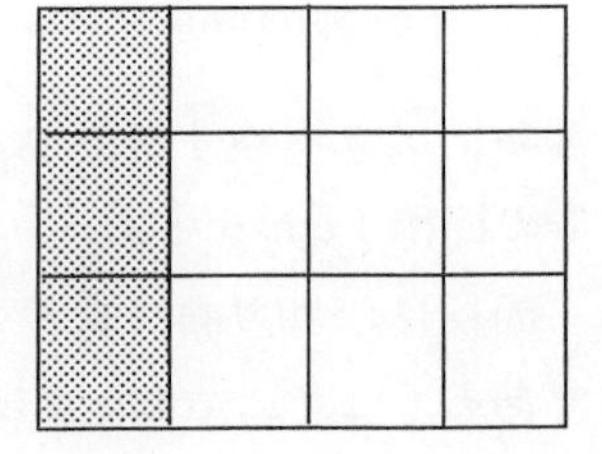

$$3cm\times4cm = (3\times4)cm^2 = 12cm^2$$

と求められる．別の求め方は次章で説明される．

（問 2.6.2）暗点のある部分の面積を求めよ．

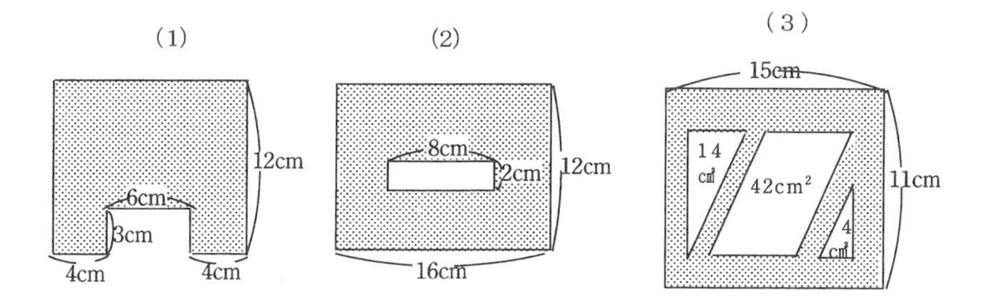


面積の単位は，もとになる正方形の1辺の長さによって名称が変わる．

| | | |
|---|---|---|
| もとになる正方形の1辺 | 1㎜は1平方ミリメートル | $1\text{mm}^2$ |
| | 1㎝は1平方センチメートル | $1\text{cm}^2$ |
| | 1mは1平方メートル | $1\text{m}^2$ |
| | 10 mは1アール | $100\text{ m}^2 = 1\text{a}$ |
| | 100 mは1ヘクタール | $10000\text{ m}^2 = 1\text{ha}$ |
| | 1㎞＝1000mは1平方キロメートル | $1000000\text{m}^2 = 1\text{km}^2$ |

を形成する．以上から

$$1\text{ha} = 100\text{a},$$

$$1\text{km}^2 = 100\text{ha}$$

であることも分かる．

（問2.6.3）佐渡島の面積は約 $860\text{km}^2$ ある．

(1) 本州は佐渡島の約265倍ある．本州は約何万 $\text{km}^2$ か．

(2) 新幹線の東京・博多間は1175km ある．新幹線の道床の幅は平均して約20m とすれば，新幹線の用地は佐渡島の約何分の一か．

## （Ⅱ）体　積

靴をいれる戸棚がある，先着順に靴を戸棚に置くと，遅れてきたまゆこちゃんはこの戸棚に靴を入れることができないで困っている．

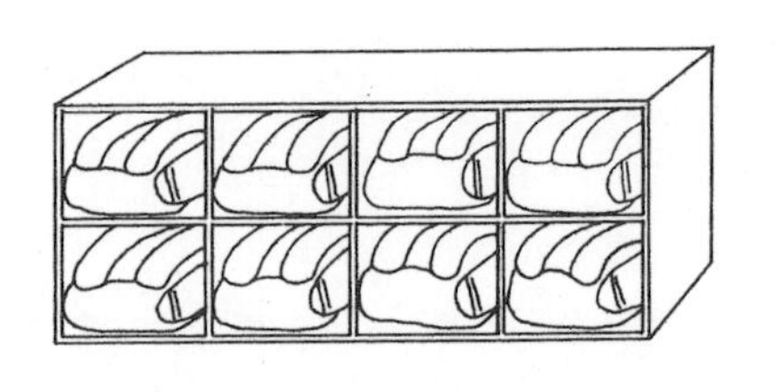

このことから，物は同時に同じ場所に二つ以上入ることはできない．このことを**事物の不加入性**という．それで、湯が一杯入った浴槽に入ると,空いた空間(場所)がないので，湯が人の体に追い出されて，湯に浸かった体の大きさ分だけ流れ出る．体積はこのような考え方から求められる．

まず，図のようなアとイ，二つの石がある．同じ大きさの容器に同じ高さだけ水を入れる.この容器にそれぞれの石を入れると水嵩がふえる.

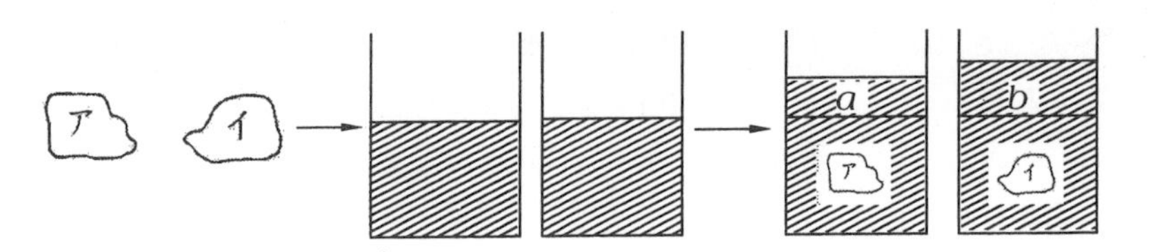


石をこれらの容器に入れると，不加入性によりそれぞれの容器の水嵩は増す.もとの水の高さはおなじだから，水嵩の低い方の石アの体積 $a$ が，石イの体積 $b$ より小さい．これが体積の**直接比較**である.

(問 2.6.4) ある大きさの石と木片がある．どちらの体積が大きいか比べてみたい．しかし先の説明のように，容器の水の中に木片を入れても浮いてしまう．こんな場合，どうすれば石と木片の体積の比較ができるか．いろいろ工夫してみよ.

容器に一杯水を張ったなかに固体を入れ，あふれ出した水をすべて別の容器に移す．移し替えた容器の水を，小さなコップでくみ出し，何杯あるか数えてみる．このことは小さなコップの体積が**個別単位**にあたる．

個別単位はどんなものでもよいが，やはり万国共通の単位を作った方が良い．それで

１辺が１cm の立方体の体積を**普遍単位**とし，1 cm³(立方センチメートル)と書く．

さらに大きな体積を表すのに，１辺が 1m の立方体の体積を 1m³(立方メートル)と書く．

面積の場合と同じように

$$1\mathrm{cm}^3 = 1\mathrm{cm}\times1\mathrm{cm}\times1\mathrm{cm}$$

$$1\mathrm{m}^3 = 1\mathrm{m}\times1\mathrm{m}\times1\mathrm{m} = 100\mathrm{cm}\times100\mathrm{cm}\times100\mathrm{cm} = 1000000\mathrm{cm}^3$$

である．液体の体積を示す場合には，「立方センチメートル」cm³以外に「リットル」，つまり

$$1000\mathrm{cm}^3 = 10\mathrm{cm}\times10\mathrm{cm}\times10\mathrm{cm} = 1\,l$$

を使うことが多い．

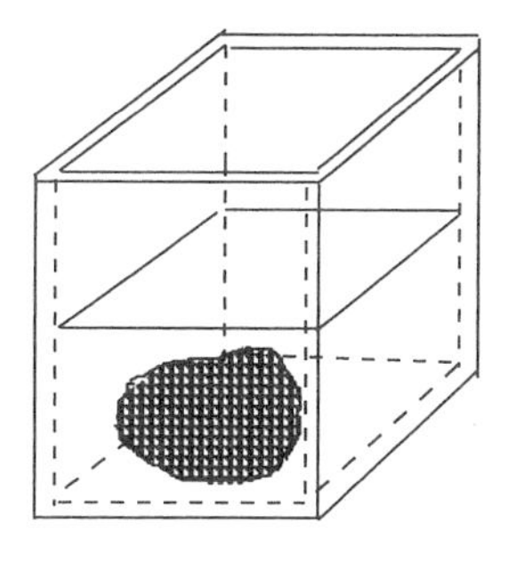

（問 2.6.5）内法が縦 30cm, 横 40cm, 高さ 50cm の直方体の箱に深さ 30cm まで水が入っている．この中に体積が 3600cm³ の物体を右図のように完全に沈めた．水面は何 cm 上がるか．

（問 2.6.6）下図のような６枚の長方形を全部使って，1つの直方体を作る．すると，この直方体の体積は 66cm³になる．このとき

６枚の長方形の辺の長さのうち，１カ所だけ長さの分からないところがある．この長さを求めよ．

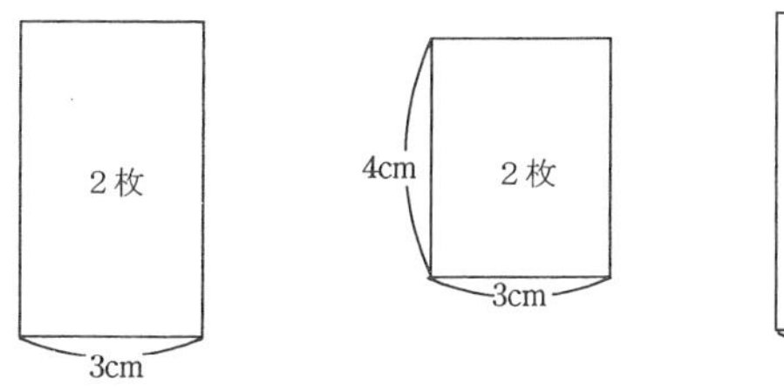

## 練習問題2

1． 同種の貨幣8枚と天秤が1台ある．貨幣のうち1枚は偽金で，他より軽い．天秤を使って偽金を見つけだす最小の回数を求めよ．

2．(1) 1004 − 768 を計算するのに次のようにした．

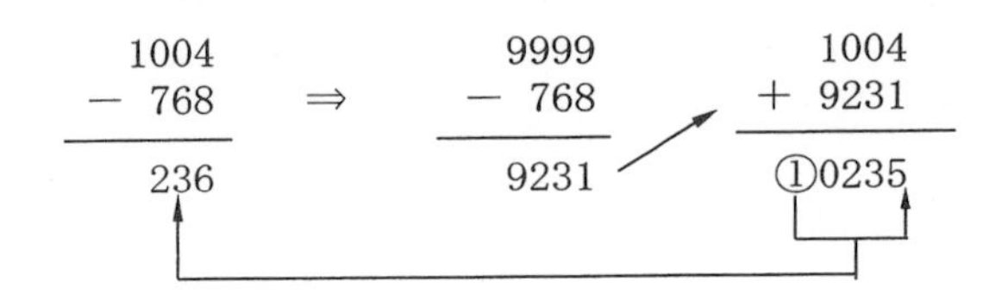

このような計算方法が正しいことを説明せよ．

(2) 9時16分 − 6時29分を計算するのに次のようにした．

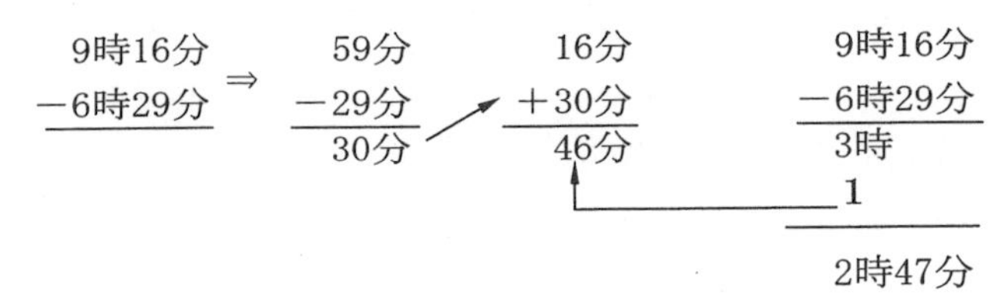

この計算が正しいことを説明せよ．
その方法により，10時5分 − 5時23分を計算せよ．

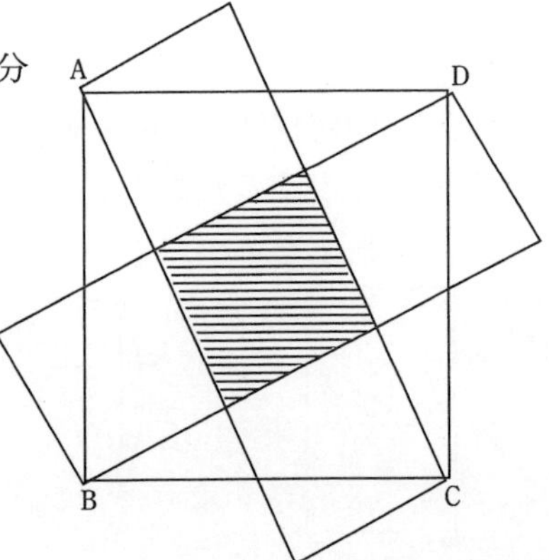


3． 1辺が2 cmの正方形ABCDの上に5個の同じ大きさの正方形でできた十字形が，図のように重なっている．斜線をつけた正方形の面積を求めよ．

４．下の図は直角三角形 PQR のそれぞれの辺を１辺とする正方形を描いたものである．PQ ＝ 4cm, PR ＝ 3cm,　QR ＝ 5cm とする．

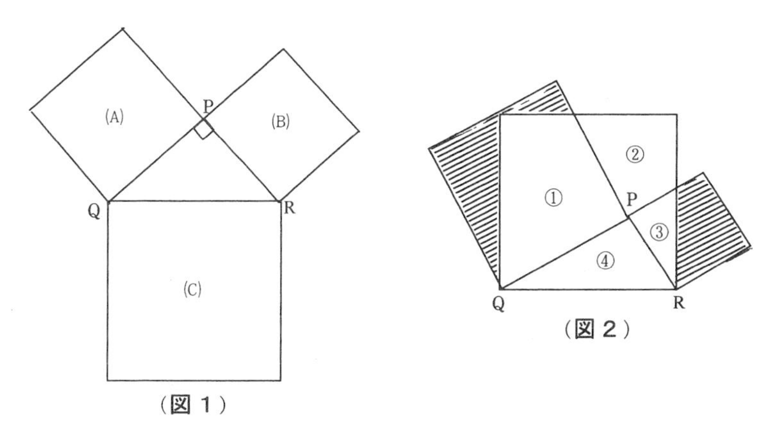


（図１）　（図２）

(1)　(A), (B), (C)を各正方形の面積とすると，(A)＋(B)−(C)の値(2)(図2)は，(図1)で(C)の部分を QR を軸として折り曲げたものである．斜線の部分を合わせた面積は，どの番号の部分の和と等しくなるか．

５．１辺が 2cm の立方体をいくつか積み重ねて，右図のような立体を作った．見えない面はすべて平面になっている．

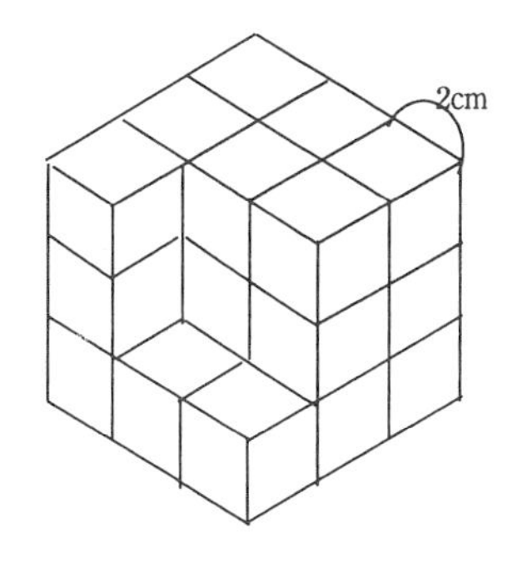


(1)　この立体の表面積と体積を求めよ．

(2)　この立体の表面に赤色を塗って，それをばらばらにしたとき，３面だけに赤色が塗ってある１辺 2cm の立方体は何個あるか．

６．分数は測られるものと測るものの共通の約量を求めて，測られるものを測り切ろうとした．この原理を２量の最大公約量を求めるのに利用したのが**ユークリッドの互除法**と呼ばれるものである．例えば６と４の最大公約数を求めよう．２辺が６と４長方形を考える．短い辺をもって長い辺をきると，長方形内部に１辺４の正方形が含まれる．残る辺の長さ２で短い辺４を測って行くと２つ分とれて，完全に１辺２の正方形で元の長方形が埋め尽くされてしまう．この方法で次の各２数の最大公約数を求めよ．

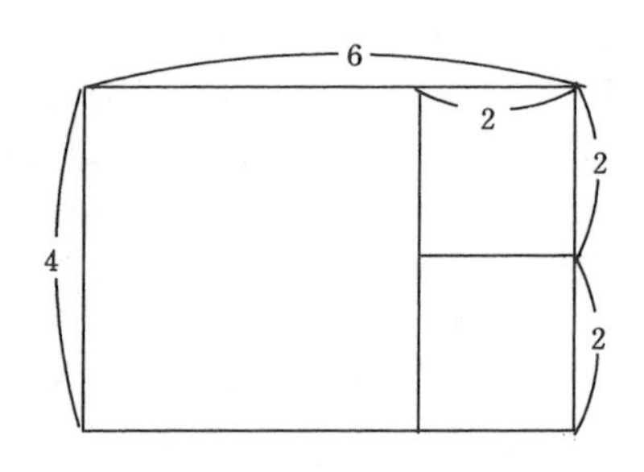


(1) (28，36)　　(2) (5，23)

**7**．分数の加法では，線分図で行うよりはタイルを使用する方が分かりやすい．例を$\frac{1}{2}+\frac{1}{3}$にとってみよう．大きさ１のタイル（１辺が１のタイル）の斜線部がそれぞれ$\frac{1}{2}$と$\frac{1}{3}$である．$\frac{1}{2}$のタイルを３等分し，$\frac{1}{3}$のタイルを２等分すると，１のタイルの中の小区画はすべて$\frac{1}{6}$となる．それで求める数は$\frac{5}{6}$である．

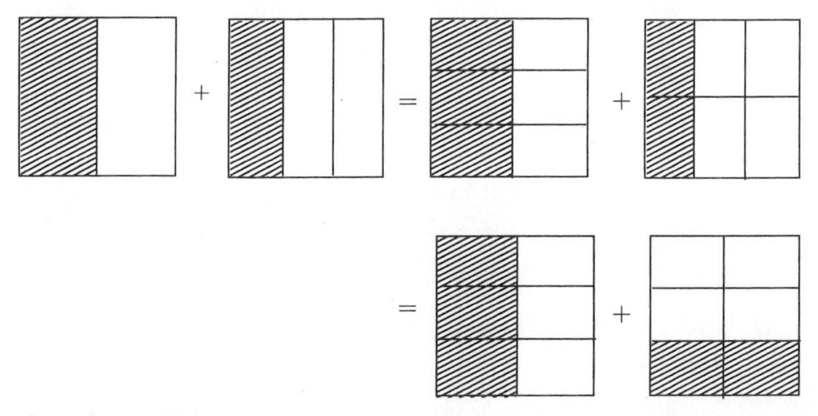

$1\frac{1}{3}+\frac{3}{4}$の計算をタイルで行ってみよ．

# 第３章　内包量と乗法・除法

## §1. 乗法と除法

２つの数 $a, b$ の積 $ab$ は数値を掛け合わせるだけでなく，２つの量 $a$ と $b$ から１つの新しい量を作ることである．古代のギリシャ人たちは加法にこだわったので，２つの量を掛けて新しい量を創造することができなかった．

$$2 + 2 + 2 = 2\times3$$

ときめるのは，ギリシャ的発想である．

数学の真理を探究する普遍的な方法を見つけようと努力したのは，哲学者**デカルト**(Rene Descartes ; 1596. 3. 31 ～ 1650. 2. 11)である．彼の遺稿の中から見つかった**『精神指導の原理』**という本の中で，$a \times b$ は

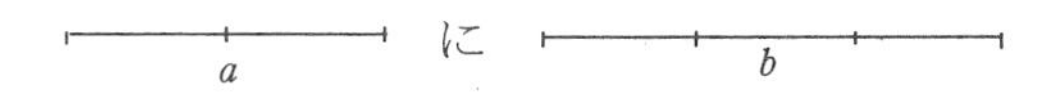


を直角に合わせ

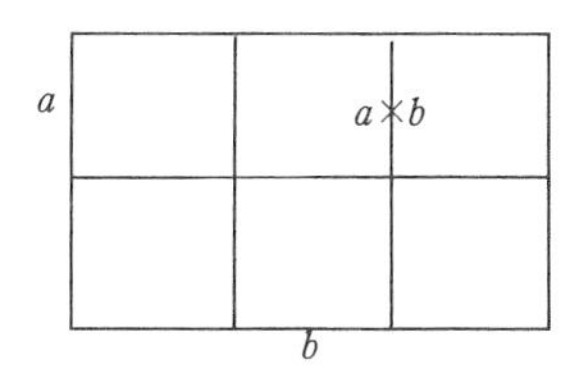


と長方形が作られるようにすると，積を視覚的にとらえることができると述べた．デカルトよりさらに 300 年以上前のフランスの神学者**ニコル・オレーム**(Nicole Oresme : ?～ 1382. 7. 11) は，２数の積を表す長方形の縦と横の長さは，それぞれ意味の違う量を表し

**縦の長さは強さを表す量** (intensio)

**横の長さは広がりを表す量** (extensio)

であるとした.

**ニコル・オレーム**

**ルネ・デカルト**

例えば,「いま, 3羽の兎がいるとして, 耳の数はいくらか」という問題では, 1羽あたりの兎の耳の数を2本/羽, 兎の数が3羽とすると

2本/羽×3羽＝6本

を視覚的に

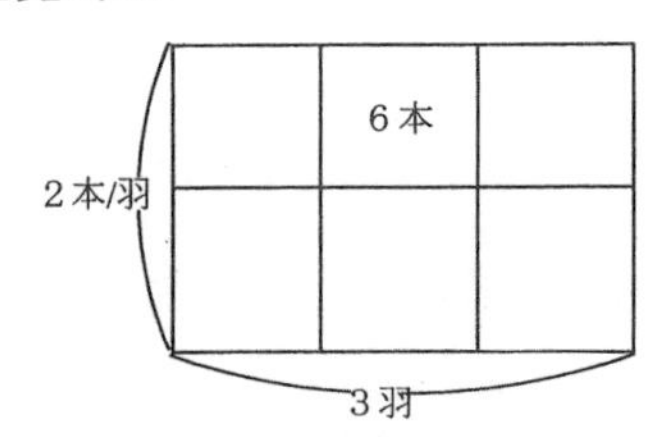

と表される. 一方, 2本＋2本＋2本＝6本という形式は, 図では

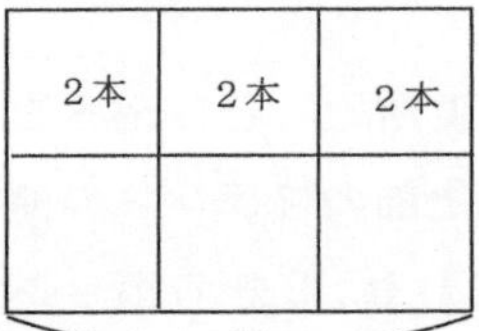

2本　2本　2本

3羽

となる．

今一つの別の例は，1時間に 3.6km ＝ 3600 m歩く人がいる．この割合で1分間では 60 m歩き，1秒間では 1m 歩く．このことを図で示すと

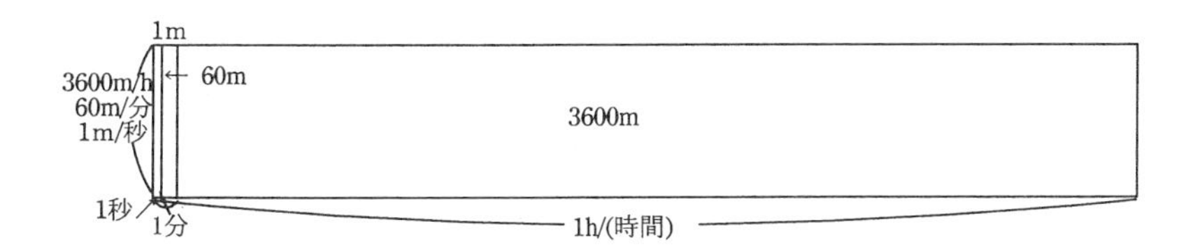


なる．つまりこの人の歩く距離は

1時間では 3600m,

1分間では　60m,

1秒間では　　1m

というように違うけれども，**同じスピードで歩いている**ことにはかわりはない．この場合，台の1時間，1分，1秒の上に乗る長方形の面積 3600m, 60m, 1m は異なるが，長方形の縦の長さは変わらない．つまり

**速さ　3600m/h，60m/分, 1m/秒**

は長方形の縦の長さで示される．これが

速さ＝1単位時間あたりの歩行距離＝$v$

という新しい量を示す．そして距離を $S$, 時間を $t$ と表すと

$$v \times t = S$$

となり，速さと時間という2つの異なる量から距離という第三の量が掛け算(乗法)によって生み出される．

それで先程の兎の耳についても，長方形の縦の長さは2本/羽という量を表すと考えてよい．

次に3つの数 $a, b, c$ の間で，乗法と除法の3つの関係

$$a \times b = c,\quad c \div b = a,\quad c \div a = b$$

が成り立つ．これらを図で表現すると

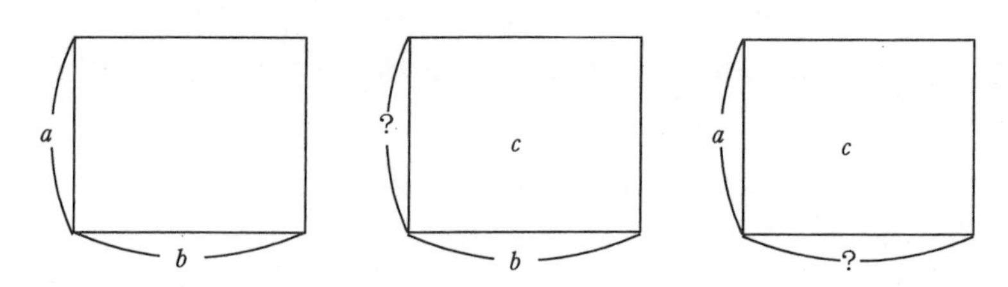


となる．割り算では真ん中の図で表されるのは**等分除**，右端の図で表されるのは**包含除**である．要するに

**乗法**　(1あたり量)×(分量)＝(全体量)，

**除法**　(全体量)÷(分量)＝(1あたり量)，　　**等分除**

　　　(全体量)÷(1あたり量)＝(分量)，　　**包含除**

が長方形の各辺と面積の関係で示される．つまり，**1あたり量は縦の長さ，分量は横の長さ，全体量は面積**で表現できる．

分量と全体量を外延量にとるとき，1あたり量は**内包量**という．従って

$$\text{内包量} = \frac{\text{外延量}}{\text{外延量}}$$

によって，内包量は定義される．それで上の長方形では**内包量は縦の長さ，分母の外延量は横の長さ，分子の外延量は面積**で表現される．

**(例 3.1.1)**　(内包量)＝(外延量)÷(外延量)の例は

(単価)＝(売上総額)÷(売上個数)，　$a$ 円/個＝$c$ 円÷$b$ 個，

(速度)＝(距離)÷(時間)，　$a\text{km/h} = c\text{km} \div b\text{h}$,

(人口密度)＝(人口)÷(面積)，　$a$ 人/m$^2$＝$c$ 人÷$b$m$^2$,

(密度)＝(重さ)÷(体積)　$a\text{g/cm}^3 = c\text{g} \div b\text{cm}^3$,

(濃度)＝(溶質の量)÷(溶液の量)　$a\text{g/g} = c\text{g} \div b\text{g}$

などがある．量の記号も割算になっていることに注目せよ．

内包量に関する基本的な法則は，次の３つの法則

| | |
|---|---|
| 外延量÷外延量＝内包量 | （第一法則） |
| 内包量×外延量＝外延量 | （第二法則） |
| 外延量÷内包量＝外延量 | （第三法則） |

である．

**（例 3.1.2）** 乗法と加法が混合した計算，例えば，4×3＋5の場合，**なぜ掛け算を先にするのか？**

加法と減法は，4cm ＋ 3cm とか，5g ＋ 2g というように同じ量同士でないとできない．しかし，乗法は異種の量の間の算法である．

4km/h×3h ＋ 5km

では，掛け算を先にして 12km とし，加数の 5km と同じ種類の量にしなければ足し算ができない．時間の 3h と長さの 5km は加えることができない．それで数の計算の前に，量の計算をしっかり身につけておくと

**乗除は加減より先行する**

ことははっきり分かる．

（問 3.1.1） 内包量に関する３つの法則を使って量に関する次の問題を解け．

① 体積 $100cm^3$ で重さが 70g のエーテルの密度を求めよ．

② 毎時 5km で 24km を進むに要する時間を求めよ．

③ 濃度５％の食塩水 300g 中の食塩の量を求めよ．

④ 音速は 15 ℃のとき毎秒 340m で，気温が 1 ℃高くなるにつれて，毎秒 0.6m の割合で速くなる．気温 25 ℃のときの音速を求めよ．

⑤ いも 100g 中に熱量が 132 カロリー，鰯の丸干し 100g 中に 300 カロリー含まれている．いもを 400g と鰯の丸干し 150g を食べると，全部で何カロリーになるか．

⑥ 牛肉 100g 中には脂肪が 5g, バター 100g 中には脂肪が 75g 含まれている. バター 300g 中に含まれている脂肪の量と同量を牛肉からとるには, 牛肉が何 g 必要か.

⑦ ある金属は $1\ \mathrm{cm}^3$ の重さが 8 g である. 面積が $4000\mathrm{cm}^2$ のこの金属の板の重さが 8 kg であるとき, この板の厚さは何 cm か.

⑧ 太郎は山の向こうの町へ行くのに, 平地を 1 時間 4 km の速さで 30 分間歩き, 坂を 1 時間 2 km の速さで 2 時間登り, 1 時間 6 km の速さで坂を 10 分間で下った. 太郎の平均時速を求めよ.

## § 2. いろいろな乗法と除法

(1) 典型的な乗法は, 前節の

内包量×外延量＝外延量

であるが,

長方形の面積＝縦の長さ×横の長さ,

直方体の体積＝底面積×高さ

というように

**外延量×外延量＝外延量**

となる乗法もある. これらは, 典型的な乗法とどんな関係にあるのだろうか. そのことについて考えてみたい.

例えば, 縦と横の長さがそれぞれ 3cm と 4cm の長方形の面積は

$$3\mathrm{cm}\times 4\mathrm{cm} = 12\mathrm{cm}^2$$

であるが, 下図のように

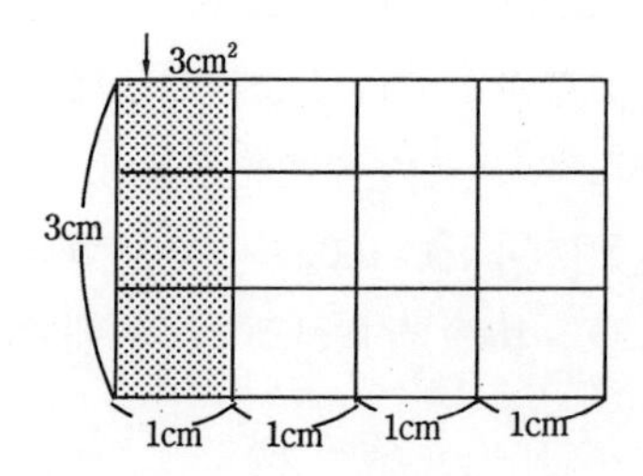

底辺上のどの 1cm の上にも $3\text{cm}^2$ が載っていると考えると

$$3\text{cm}^2/\text{cm} \times 4\text{cm} = 12\text{cm}^2;$$

ところが，量記号 $\text{cm}^2/\text{cm}$ は $\text{cm}^2 \div \text{cm}$ の意味があるから $\text{cm} \times \text{cm} \div \text{cm} = \text{cm}$ と考えてよい．それで

$$3\text{cm} \times 4\text{cm} = 3\text{cm}^2/\text{cm} \times 4\text{cm}$$

と解釈できる．

底面積が $12\text{cm}^2$ で高さが 2cm の直方体の体積は

$$2\text{cm} \times 12\text{cm}^2$$
$$= 2\text{cm}^3/\text{cm}^2 \times 12\text{cm}^2 = 24\text{cm}^3$$

か，あるいは

$$12\text{cm}^2 \times 2\text{cm} = 12\text{cm}^3/\text{cm} \times 2\text{cm}$$
$$= 12\text{cm}^3/\text{段} \times 2\text{段} = 24\text{cm}^3$$

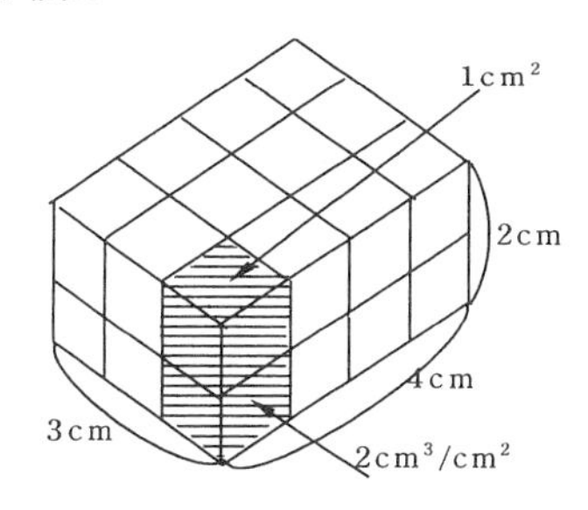


と解釈すれば，内包量×外延量に直せる．しかし，これらの場合でも同種の量の積から異種の量，異種の量の積から異種の量が生み出されることには変わりはない．

（2）乗法の難しさは，量×量だけでなく，**操作を示す乗法**もある．外延量の測定では，単位で測っていく（連続量を分離量化する，分割する）という操作が必要だった．線分の長さが 1 m 単位で測って３つ分とれると 3m，1m を３等分してその２つ分であれば $\frac{2}{3}$m，というように

**単位量のいくつ分かをとっていく操作を倍（操作）という**．

一般的に，ある量 $a$ の１つ分，２つ分，３つ分，…を $a$ の１倍，２倍，３倍，…という，さらに $a$ の５つに分けた３つ分を $\frac{3}{5}$ 倍または 0.6 倍という．倍という言葉を使うと，$3\text{g/cm}^3 \times 4\text{cm}^3 = 12\text{g}$ では，12g は 3g の４倍になっている．そこで

$$\underset{(1つ分あたり)}{3\text{g}} \times \underset{(4つ分)}{4} = 12\text{g}$$

と解釈してもよい．また $3\mathrm{g/cm^3}\times 4\frac{3}{5}\mathrm{cm^2}=13\frac{4}{5}\mathrm{g}$ は

$$3\mathrm{g}\quad\times 4\frac{3}{5}=13\frac{4}{5}\ \mathrm{g}$$

(1つ分あたり)$\left(4\frac{3}{5}\text{倍}\right)$

と解釈される．

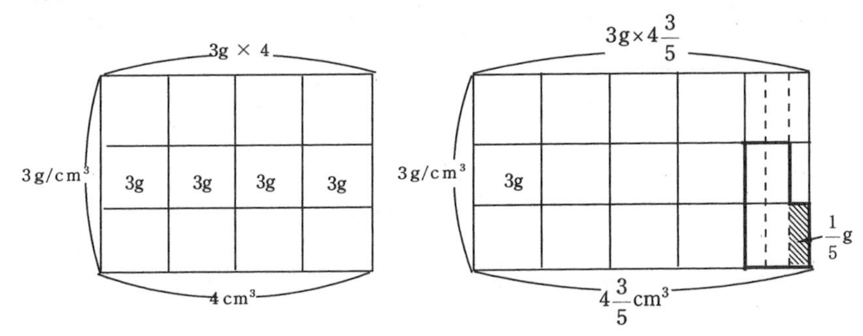


このような乗法は

(単位とみる量)×倍＝求める量(比べる量)

外延量×倍＝外延量

とみることができる．そこで§1と同じように，**倍の基本法則**

| | |
|---|---|
| (比べる量)÷(単位とみる量)＝倍 | (第一用法) |
| (単位とみる量)×倍＝比べる量 | (第二用法) |
| (比べる量)÷倍＝単位とみる量 | (第三用法) |

が成り立つ．

(３) 商業に使われる数学では

単位とみる量を**元高**，倍を**歩合**，比べる量を**歩合高**

と呼んでいる．それで

| | |
|---|---|
| (歩合高)÷(元高)＝(歩合) | (定義) |
| (元高)×(歩合)＝(歩合高) | (法則) |
| (歩合高)÷(歩合)＝(元高) | |

倍数が0.1, 0.01, 0.001 をそれぞれ1割, 1分, 1厘という歩合の言葉で呼ぶ. また倍数を100倍したものを**百分率**(パーセント)と呼び

$0.1 = 10\ \%,\ 0.01 = 1\ \%,\ 0.001 = 0.1\ \%$

と書く.

(問 3.2.1) 次の問題を計算せよ.

① 2500円の2割はいくらか.

② 160kgの35%は何kgか.

③ 元高が12000円で歩合高が4320円であるという. 歩合はいくらか.

④ 歩合が13.2%で歩合高が66000円であると, 元高はいくらか.

**(元高)＋(歩合高)＝合計高**

**(元高)－(歩合高)＝差引高** または **残高**

とすると

**(元高)×(1＋歩合)＝合計高**

**(合計高)÷(1＋歩合)＝元高**

が成立する.

(問 3.2.2) 次の問題を解け.

① 元高10万円に対して歩合が3割5分のとき, 合計高はいくらか. 差引高はいくらか.

② 歩合が12%で, 元高が75キロリットルであるときの合計高と残高を求めよ.

③ 合計高が26,0400円で歩合が8分5厘であると, 元高はいくらか.

## §3. 小数と分数の乗法・除法

この節では，小数や分数の乗法と除法が面積図でどのように行われるかをみていこう．

**(例 3.3.1)** 2.1cm×3.2cm，$1\frac{1}{2}$cm×$2\frac{1}{3}$cm の計算の仕方を面積図で説明せよ．

**(解)** 下の図の通りである．

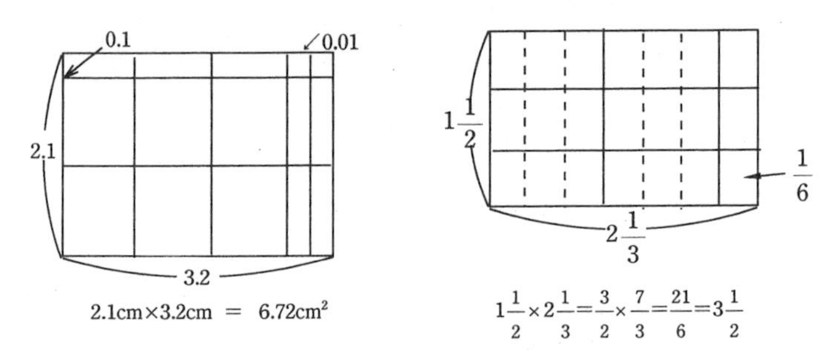


**(例 3.3.2)** 4.8kg の肥料を $3a$(アール)の畑に散布すると，$1a$ あたりの散布量はいくらか．また，4.83kg の肥料を $2.3a$ の畑に散布するときは $1a$ あたりの散布量はいくらか．

**(解)** 土台が $3a$ の上に，面積1の正方形と0.1の長方形を並べていく．

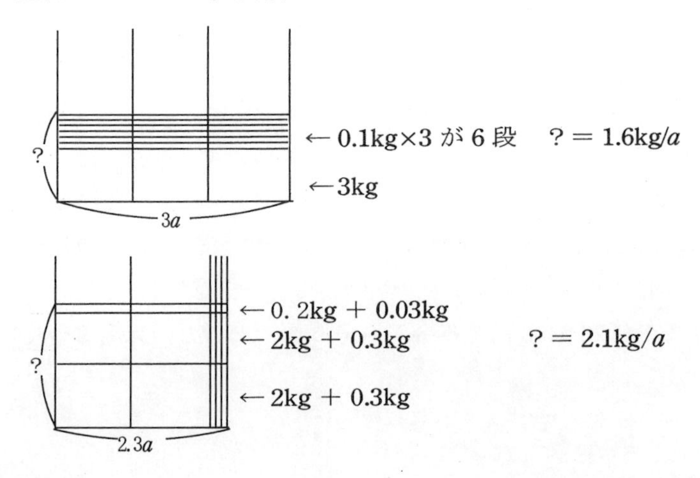

**(例 3.3.3)** 水槽に水を注入する．4時間かかって$\frac{5}{3}$t(トン)の水がたまった．流量(1時間あたりの注水量)はいくらか．

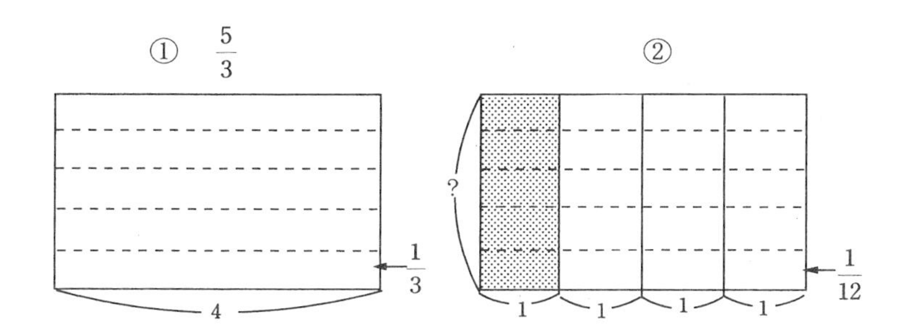


①図で注水量を5等分したものが，横に長い各長方形で$\frac{1}{3}$に相当する．②図で①図を4等分すると，1つの区画は$\frac{1}{12}$になる．土台の1時間あたりの区画数は5であるから，1時間あたりの注水量は斜線部分の$\frac{5}{12}$になる．

それで

$$\frac{5}{3}\div 4=\frac{5}{3}\times\frac{1}{4}=\frac{5}{12}$$

である。

ここで大事なことは**1あたり量の上に載っている区画の面積の数値とその区画の高さの数値が同じである**という事実である．下図の

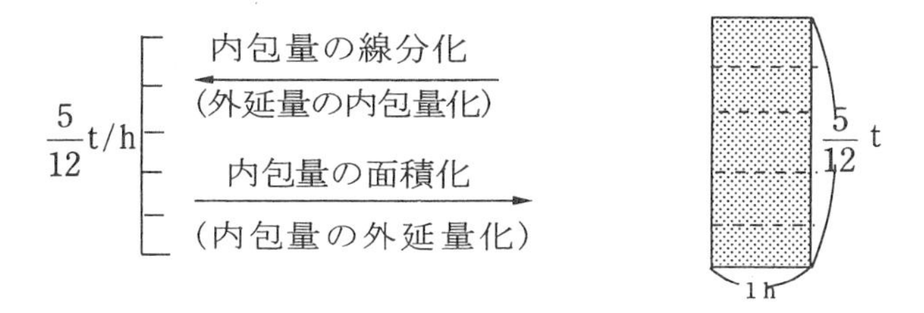

といった思考の手続きが行われて，分数÷分数の結果が出てくるのである．

**(例 3.3.4)** 水槽に水を注入する．3時間半で$\dfrac{3}{5}$tの水がたまった．流量を求めよ．

**(解)** 土台の3.5h＝$\dfrac{7}{2}$hの上に載っている$\dfrac{3}{5}$は，7等分されて，斜線部の値は

$$\frac{3}{5}\div 7=\frac{3}{5}\times\frac{1}{7}$$

となる．この値の2つ分を取れば，1hあたりの量が求まる．それで

$$\frac{3}{5}\div\frac{7}{2}=\frac{3}{5}\times\frac{2}{7}$$

という，**分数÷分数は除数の分数の分母子をひっくりかえして掛ければよい**ということが得られる．

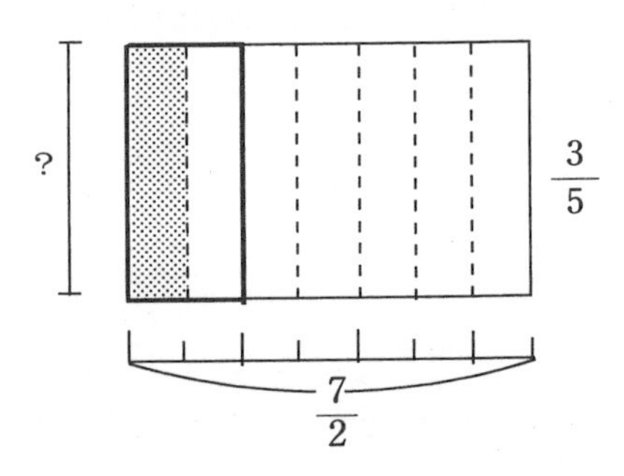


(問 3.3.1) 次の計算を面積図で行え．

①　$\dfrac{7}{2}\times\dfrac{3}{4}$　　②　$5\div\dfrac{2}{3}$　　③　$\dfrac{7}{8}\div\dfrac{5}{3}$

# 練習問題3

1．太郎君の家から公園までの道程は 13km である．太郎君がその道程を，はじめは自転車で毎時 13km の速さで行き，途中から毎時4km の速さで歩いたところ，家から公園まで1時間30分かかった．このとき，太郎君が自転車に乗っていたのは何分か．面積図で求めよ．

2．A，B 2地点を時速4kmで行くと，時速 3.5km で行くよりも 15 分早く着くという．A，B 2点間の距離を求めよ．

3．(1)　甲地点から乙地まで往復するのに，行きは毎時4 km，帰りは毎時6 km の速さで歩いた．平均の速さは毎時何 km か．

(2)　ある物品を作るのに，第1日は3時間で24個，第2日は5時間で45 個作った．平均1時間当たりの作業量は何個か．

(3)　商品を仕入れ値の2割増しの定価をつけたが，売れないので定価の2割引きで売った．その損益は原価に対してどうなるか．

(4)　左右の腕の長さの違う天秤で，ある物体の重さを測ったところ，右の皿へ載せたときは 10g，左の皿に載せたときは 12.1kg であった．正しい重さはいくらか．　[立命館大]

4．流れの速さが毎時2 km の川で 8 km の距離を舟で往復するのに3時間かかるという．舟の静水における速さを求めよ．　[福岡大]

[類題]*　流れの速さが毎時 $a$km の川で，$s$km 離れた2地点間を船で往復したら，$t$ 時間かかった．静水ならば船の速さはどれだけか．

[早稲田大]

5．1個の定価 100 円の林檎を定価 20 %引きで買うのと，品物を 20 %だけ多くもらうのとでは，どちらが有利か．　[専修大]

6*．ある等速運動をしている列車が，450m 鉄橋を渡りはじめてから渡りおわるまで 33 秒かかった．また，この同じ列車が同じ速さで 760m のトンネルを通過するとき，22 秒は列車が全くトンネルに隠れていた．

(1)　この列車の速さは毎秒何 m か.

(2)　この列車の長さは何 m か.

(3)　この列車の反対方向から長さ $l$ m の貨物列車が毎秒 $v$ m の速さで進んできて，この列車とすれ違った．すれ違いに要する時間を $t$ 秒とするとき，$t$ を $l$ と $v$ で表せ.

(4)　貨物列車の速さが毎秒 12m 以上，毎秒 15m 未満で，その長さが 384 mのとき，すれちがいに要する時間の範囲を求めよ．［岩手大］

# 第4章　正負の量と数

## §1. 変位と位置

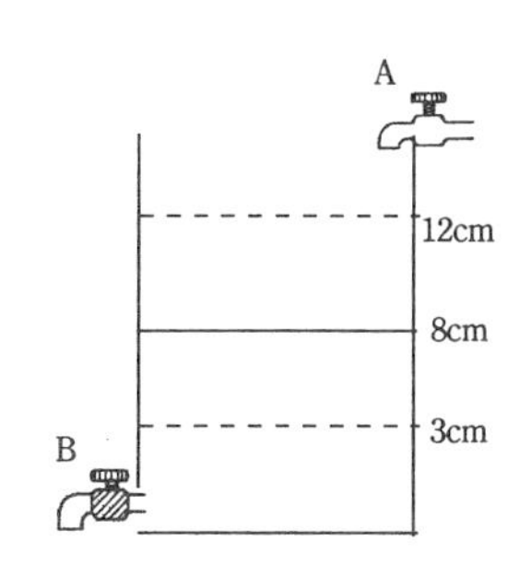


右図のような水槽に，深さ8 cm のところまで水が入っている．上から水道の栓Aを開くと「水は増える」．反対に下の水道の栓Bを開くと「水は減る」．一般に「増える」「減る」の変化を表す量を**変位**という．水道の栓AもBも開かなければ，水位は変化しないので，そのときの変位は0で表す．このときの0は今まで理解してきた無のゼロ，絶対量としてのゼロではなくて，有のゼロである．水道栓Bのところにバケツをおけば，水槽の水位が「減る」ことはバケツの水位が「増える」ことで，「増える」とか「減る」とかいうのは相対的なものである．その意味で，本章では

**絶対量ばかりではなく相対量も取り扱う**

ことにする．

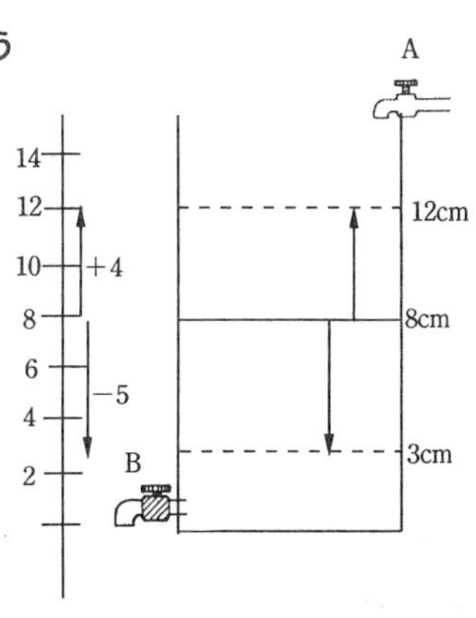


右図の例で，8cm の貯水量に水道栓Aを開いて水位が 12cm になったら，**＋ 4cm の変位**があるという．反対に水道栓Bを開いて水位が 3cm になったら，**－ 5cm の変位**があったという．「＋ 4cm の変位」を**正の変位**，「－ 5cm の変位」を**負の変位**という．

正の変位の大きさを表す＋1, ＋2, ＋3, …のような数を**正の数**，負の変位の大きさを表す−1，−2，−3, …のような数を**負の数**という.

変位の大きさだけ変位の方向に矢印をいれたものを**矢線ベクトル**という．水槽の場合，矢線ベクトルの上向きは水位の増加や正の変位，下向きは水位の減少や負の変位，そして矢線の長さが変位の大きさを示す.

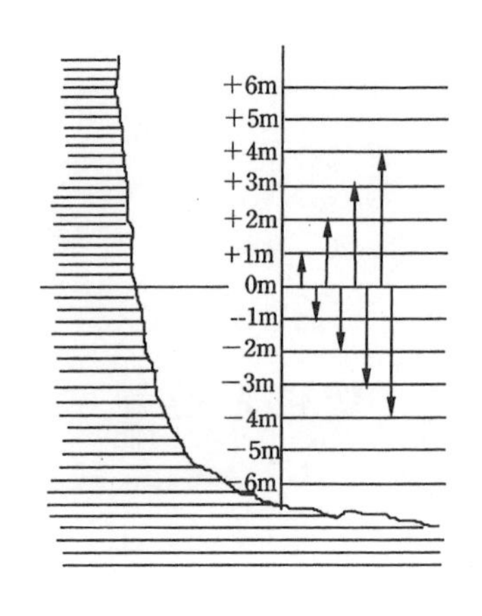


水力発電の貯水湖において，発電機の機能を十分発揮させるのに必要な最低限の貯水量は決まっている．このとき，貯水量は体積ではなく水位が問題になる．基準の標高より水位が高ければ発電は可能である. 発電可能なとき，基準水位からその水位までの変位は正の量である．基準水位を0m とし，基準から＋2m の変位のところに＋2m の目盛りを，また−3m の変位のところに−3m の目盛りを入れた棒を湖にさしておけば基準点からの水位の変化の様子がすぐ分かる.

上下の方向を左右の方向に，つまり縦の方向を横にすると，下図のようになる.

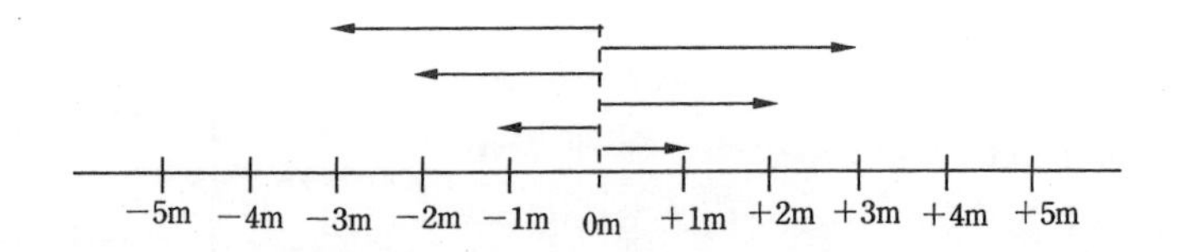


これらの図で矢線ベクトルの終点は基準点0m からの水位(位置)を示しているので，これを**位置ベクトル**という．先の水槽の場合，任意の位置8cm のところからの増減であったから，このような任意の地点から

の変位を**変位ベクトル**という．矢線ベクトルの始点が基準点の場合が位置ベクトル，任意の点の場合が変位ベクトルである．このように０を基準に右側(上側)に正の数を，左側(下側)に負の数を等間隔に目盛った直線を**数直線**という．

(問 4.1.1) 琵琶湖の水位が－38cm ということは，何を意味するか説明せよ．

変位の大きさを**絶対値**という．変位 $a$ の絶対値を $|a|$ と書く．絶対値は変位の大きさだけに関係し，方向は考えない．

数直線上に２点 A，B をとり，A点からB点に向かう変位ベクトルを

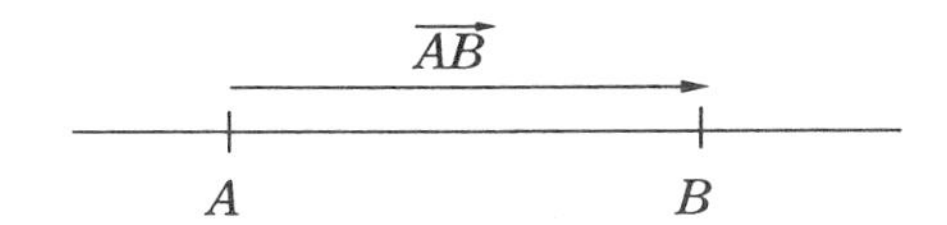


$\overrightarrow{AB}$ という記号で表す．

**(例 4.1.1)**

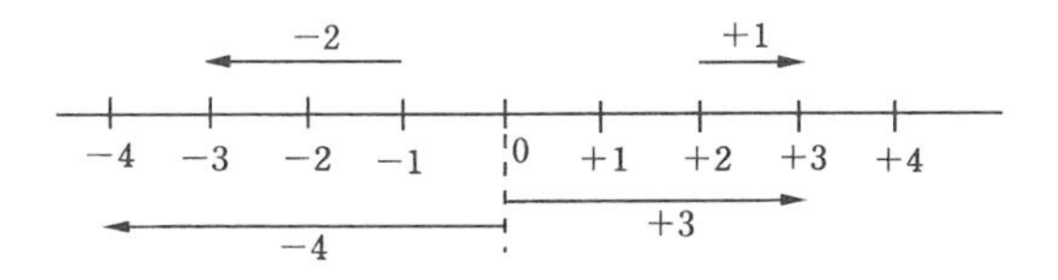


図の変位ベクトル＋１，－２の絶対値はそれぞれ $|+1|=1, |-2|=2$ である．また，位置ベクトル＋3，－4の絶対値はそれぞれ $|+3|=3, |-4|=4$ である．

(問 4.1.2) 次の図の各変位ベクトルを正負の数で書け．また，その絶対値も求めよ．

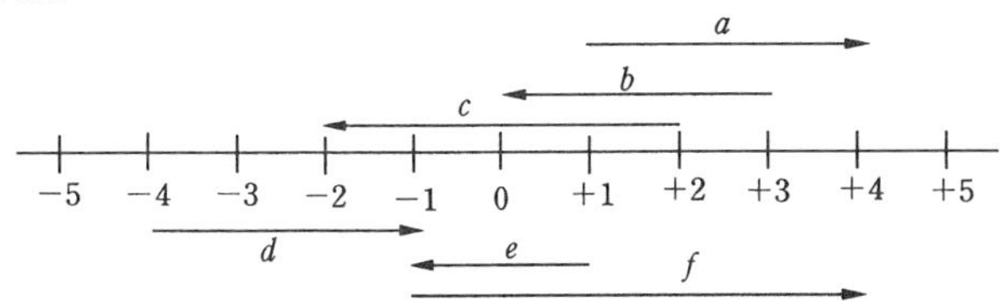

（問 4.1.3）絶対値が６であるような数を求めよ．また絶対値が０であるような数を求めよ．

## §2. 正負の数の加法と減法

雨季に貯水池の水位がある位置から昨日＋4m 変位し，今日また＋3m 変位したとすれば，全体で

$$(+4\mathrm{m})+(+3\mathrm{m})=+7\mathrm{m} \qquad ①$$

上がったことになる．このことを**変位の合成**という．

一般に変位の合成は

**変位＋変位＝変位**

と加法で表される．

同じ貯水池で昨日＋4m 変位し，今日－3m 変位すれば，２日間で

$$(+4\mathrm{m})+(-3\mathrm{m})=+1\mathrm{m} \qquad ②$$

上がったことになる．また昨日－4m 変位し，今日＋3m 変位すれば，水位が 4m 下がって，それから 3m 回復したから，結局 1m 水位が下がったことになる．

それで

$$(-4\mathrm{m})+(+3\mathrm{m})=-1\mathrm{m} \qquad ③$$

になる．水位が昨日－4m 変位し，今日－3m 変位すれば，2日間で 4m と 3m 続けて下がったことになるので

$$(-4\mathrm{m})+(-3\mathrm{m})=-7\mathrm{m} \qquad ④$$

となる。

＋4，－3 の＋や－を**正の符号**，**負の符号**，あるいは単に**符号**という．

**同符号の２数の和を求めるには，２数の絶対値の和に，同じ符号をつければよい。**

**異符号の２数の和を求めるには，２数の絶対値の差に，絶対値の大きい方の符号をつければよい．**

始めの変位を基準点からの変位，つまり位置ベクトルとすると，ある位置からの変位は

**位置＋変位＝位置**

となる．この型の計算は，位置を時刻，変位を時間とすれば

**時刻＋時間＝時刻**

という計算で習得ずみである．

**(例　4.2.1)** 正負の数の加法を数直線と矢線ベクトルで説明しよう．

(＋4)＋(＋3)
被加数　加数
＝＋ 7

**被加数の矢線ベクトルの始点から加数の矢線ベクトルの先端までを結んだ矢線ベクトルの示す数が答である．**

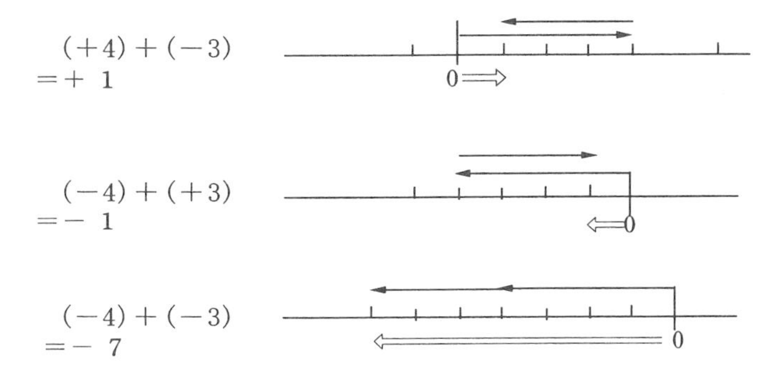


**(例　4.2.2)** 正負の数の減法を数直線と矢線ベクトルで説明しよう．

(＋4)－(＋3)
被減数　減数
＝＋ 1

減法の典型は**求差**である．被減数を表す矢線ベクトルを数直線の上に，減数を表す矢線ベクトルを数直線の下にひくとき，

**差は減数を表す矢線ベクトルの先端から被減数を表す矢線ベクトルの**

**先端を結んだ矢線ベクトルで示される.**

このことを利用して，以下の3通りの差の計算をする.

$(+4)-(-3)$
$=+7$

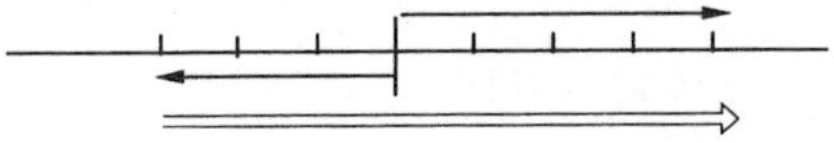

$(-4)-(+3)$
$=-7$

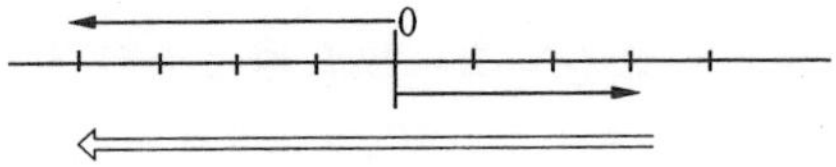

$(-4)-(-3)$
$=-1$

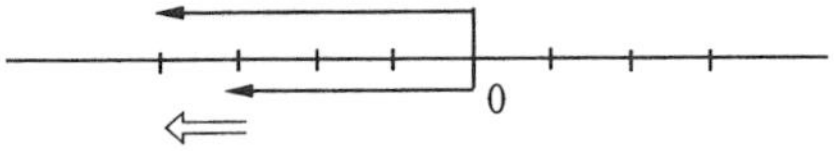

（**例** 4.2.3）（**例** 4.2.2）の方法を用いて

$$0+(+3)=+3$$

$$0+(-3)=-3$$

$$0-(+3)=-3$$

$$0-(-3)=+3$$

であることも説明できる．0を示す矢線ベクトルは点にすぎない．この例は**符号の法則**を説明している.

そこで，正負の数の減法は

**ある数を引くには，減数の符号を変えて加えればよい.**

つまり

$$(+4)-(-3)=(+4)+(+3)=+7$$

$$(-4)-(-3)=(-4)+(+3)=-1$$

となるのである.

（問 4.2.1）次の計算をせよ.

⑴ $(+3)+(+6)$　　⑵ $(-2)+(-5)$

⑶ $(+2)+(-4)$　　⑷ $(-5)+(+2)$

⑸ $(+8)-(-7)$　　⑹ $(-3)-(-2)$

(7)　$(-2)-(+7)$

(8)　$(-5)-0$

(9)　$0-(-4)$

(10)　$(+2.3)+(-1.4)$

(11)　$(-2.7)-(-3.2)$

(12)　$\left(+\dfrac{1}{2}\right)-\left(-\dfrac{1}{3}\right)$

(13)　$\left(+\dfrac{1}{3}\right)+\left(-\dfrac{1}{2}\right)$

(14)　$\left(-\dfrac{1}{2}\right)+\left(+\dfrac{2}{3}\right)$

(15)　$(+3)+(-7)+(+9)$

(16)　$(+3)-(-7)-(+9)$

(17)　$(-3)-(+7)-(+9)$

(18)　$(-3)+(-7)-(-9)$

(19)　$(-4)+(+6)-(-2)+(-5)$

(20)　$(+8)-(-3)+(-7)+(+5)-(+4)$

## §3．正負の数の乗法と除法

正と負は相対的なものであるから，負の量は正の量と反対の意味をもつ量である．水槽に水が(＋ 1.5$l$/分)で注入されるとすれば，同じ流量で水が水槽から排水されることは(－ 1.5$l$/分)と表される．基準の時間を0分にとり，そのときの水槽内の水の量を0$l$ときめる．[何遍もいうように，この0は水が入っていないということではない。]

右図でA栓だけを開けば流量 ＋ 1.5$l$/分で水が入り，1分後，2分後，3分後の水量は

(＋ 1.5$l$/分)×(＋ 1分)＝＋ 1.5$l$(1.5$l$ 増)

(＋ 1.5$l$/分)×(＋ 2分)＝＋ 3.0$l$(3.0$l$ 増)

(＋ 1.5$l$/分)×(＋ 3分)＝＋ 4.5$l$(4.5$l$ 増)

増えることになる．同じように1分前，2分前，3分前の水量は

(＋ 1.5$l$/分)×(－ 1分)＝－ 1.5$l$(1.5$l$ 減)

(＋ 1.5$l$/分)×(－ 2分)＝－ 3.0$l$(3.0$l$ 減)

(＋ 1.5$l$/分)×(－ 3分)＝－ 4.5$l$(4.5$l$ 減)

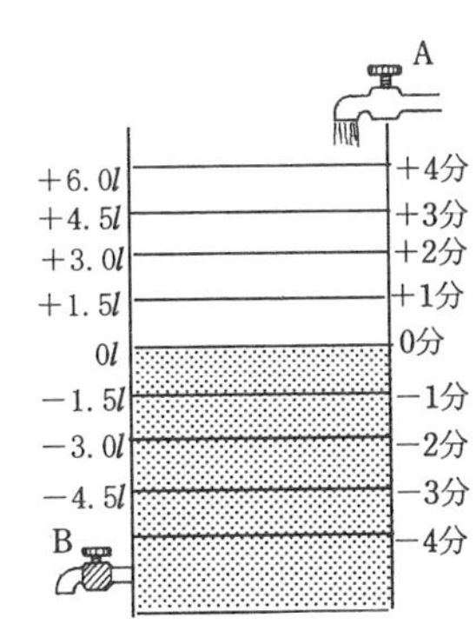

減ることになる.

次に基準時0分のとき $0l$ の状態と考え，B栓を開いて排水した場合の1分後，2分後，3分後の水量は

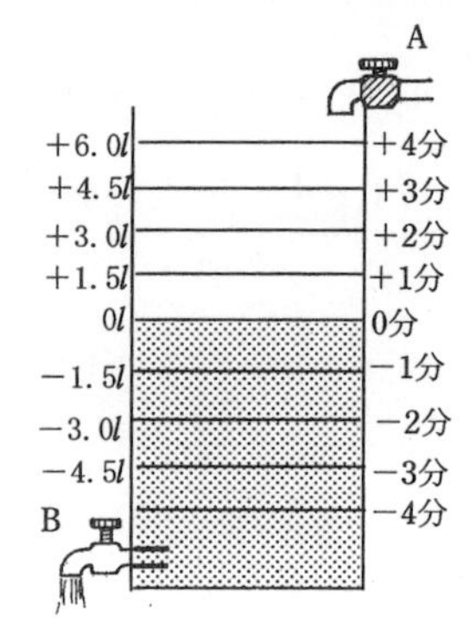


$(-1.5l/分)\times(+1分)=-1.5l$（$1.5l$ 減る）

$(-1.5l/分)\times(+2分)=-3.0l$（$3.0l$ 減る）

$(-1.5l/分)\times(+3分)=-4.5l$（$4.5l$ 減る）

また，同様に1分前，2分前，3分前の水量は基準時の水量より多く，

$(-1.5l/分)\times(-1分)=+1.5l$（$1.5l$ 多い）

$(-1.5l/分)\times(-2分)=+3.0l$（$3.0l$ 多い）

$(-1.5l/分)\times(-3分)=+4.5l$（$4.5l$ 多い）

だけ基準時の水量より多くたまっている.

以上の説明から，正負の量の乗法における符号の関係は

$$(+)\times(+)=+$$

$$(+)\times(-)=-$$

$$(-)\times(+)=-$$

$$(-)\times(-)=+$$

であり，

**正の量(数)を掛けるとき被乗数の符号をそのまま，負の量(数)を掛けるとき被乗数の符号を反対に変える**

という規則が成り立つ.

以上の計算を，2本の互いに直角に交わる数直線を使って表現しよう．横の数直線は時間が目盛られている．縦の数直線は流量が目盛られているとしよう.

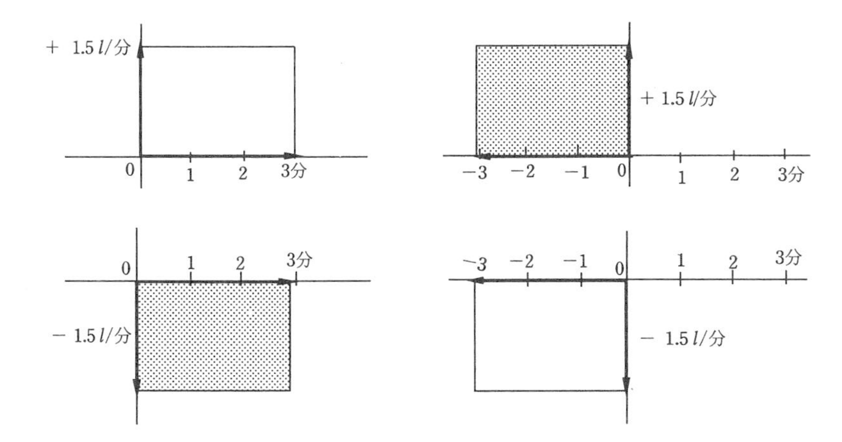


上の図の長方形の面積は３分間の水量を示し，白い面積は正の量，陰影部の面積は負の量を示す．

正負の量の乗法も

流量×時間＝貯水量(排水量)

つまり

内包量×外延量＝外延量

を使って説明した．正負の量の除法も

貯水量÷時間＝流量　　(外延量÷外延量＝内包量)

か，あるいは

貯水量÷流量＝時間（外延量÷内包量＝外延量)

によって求められる．符号を除いた絶対値の割り算の結果に，符号の規則に従って符号をつければよい．

$(+)\div(+)=+$

$(+)\div(-)=-$

$(-)\div(+)=-$

$(-)\div(-)=+$

であることは，上の図の２辺の符号と面積の符号の関係である．

(問 4.3.1) 東西に延びている道がある．東に向かって旅する旅人は，道端の１本杉を時速 3.75km で通過した．旅人は４時間後には１本杉からいかほど離れるか．また，３時間前の旅人の位置を求めよ．

（問 4. 3. 2） 次の計算をせよ．

⑴ $(+6)\times(+17)$　⑵ $(-13)\times(-7)$

⑶ $(+18)\times\left(-\dfrac{2}{3}\right)$　⑷ $(+1.2)\times(-0.5)$

⑸ $(-1.5)\times(+4)$　⑹ $\left(-\dfrac{5}{3}\right)\times\left(+\dfrac{6}{25}\right)$

⑺ $(+12)\div(-4)$　⑻ $(-16)\div(+8)$

⑼ $(+24)\div(-0.8)$　⑽ $(-3.6)\div(-0.9)$

⑾ $(-6)\div\left(-\dfrac{2}{3}\right)$　⑿ $\left(-\dfrac{3}{4}\right)\div\left(+1\dfrac{1}{2}\right)$

（問 4. 3. 3） 次の計算をせよ．

⑴ $0\times(+5)$　⑵ $(-2.5)\times 0$

⑶ $0\div(-2)$　⑷ $0\div(+3.14)$

⑸ $(-5)\div 0$　⑹ $0\div 0$

## §4. 代 数 和

（１） $(-4)+(+6)+(-2)+(+6)$

を符号の規則に従って

$$-4+6-2+5$$

と略記する．このように括弧を外した式を**代数和**という．加法は加える順序を変えても値は変わらないから，この式は

$$6+5-4-2=11-6=5$$

としてよい．また，

$$\begin{aligned}-4+6-2+5&=(-4)-(-6)+(-2)-(-5)\\&=\{(-4)-(-6)\}+\{(-2)-(-5)\}\\&=+2+3=5\end{aligned}$$

ともなり，代数和は多様な括弧つきの正負の数の加減を一通りに表現できる利点がある．さらにプラスの数ばかりと，マイナスの数ばかりを集めて，前者の和から後者の和を引けばよいから，簡単に計算できる．

（2）琵琶湖の水位は現在－38cm である．雨が降り続いているので，水位は1日3cm の割合で増えている．4日後の水位は

$$-38\text{cm}+(3\text{cm/日})\times 4\text{日}=-38\text{cm}+12\text{cm}=-26\text{cm}$$

となる．このように加法・減法は同じ量でなければ行えない．乗法・除法は異種の量の間の演算だから，乗除を先にして量の質を同じにしなければならない．それで

**乗除は加減に先行する．**

(例 4.4.1) $\dfrac{1}{3}\times 1.2-\left(1.75-2\dfrac{3}{4}\right)\div\dfrac{2}{3}$

$$=0.4-(1.75-2.75)\times\frac{3}{2}$$

$$=0.4+1\times 1.5=0.4+1.5=1.9$$

(問 4.4.1) 次の計算をせよ．

(1) $-3+23-19$

(2) $-10+5-9+17$

(3) $-2\times 3-\{(-2)-8\}$

(4) $(-4)\times(-2)+12\div(-3)$

(5) $(-3-2)\times 4-4\times(+3)$

(6) $-\dfrac{4}{3}\div\left(\dfrac{3}{4}-\dfrac{5}{6}\right)$

（3）三つ以上の数の乗法では，どの二つの数の乗法を先にしてもよい．例えば，

$$(-3)\times(+5)\times(-2)=\{(-3)\times(+5)\}\times(-2)$$
$$=(-3)\times\{(+5)\times(-2)\}=30$$

である．このことを利用して，分数÷分数は除数の分数の分母子をひっくり返して掛ければよいことを説明しよう．

(**例** 4. 4. 2) $\left(-\frac{5}{3}\right)\div\frac{3}{4}$ を求めよ.

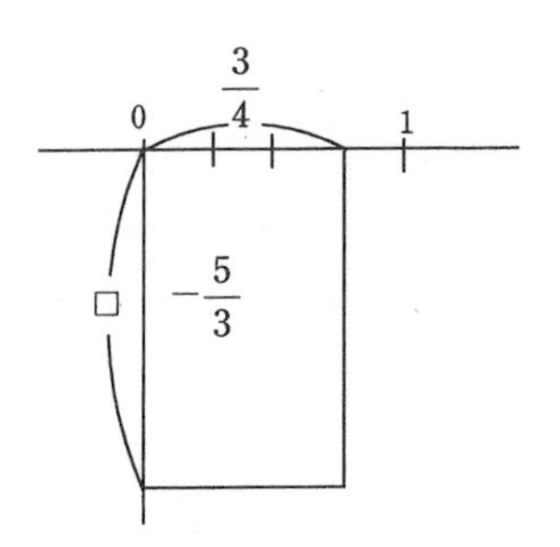


結果は

$$\square\times\frac{3}{4}=-\frac{5}{3}$$

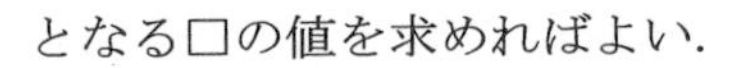
となる□の値を求めればよい.

両辺に $\frac{4}{3}$ を掛けると

$$\left(\square\times\frac{3}{4}\right)\times\frac{4}{3}=\left(-\frac{5}{3}\right)\times\frac{4}{3},$$

$$\square\times\left(\frac{3}{4}\times\frac{4}{3}\right)=-\frac{5\times4}{3\times3},\quad \square=-\frac{20}{9}$$

(問 4. 4. 2) 小数÷小数は小数点の移動などで計算が煩わしい. 整数÷整数に直せると便利である. 3.4055÷0.139 を計算するのに

$$\square\times 139/1000 = 34055/10000$$

となる□を求めればよい. (**例** 4. 2. 2) と同じようにして, □を求めよ.

## §5. 座 標 平 面

互いに直角に交わる数直線によって作られる平面を**座標平面**という. 座標平面を使うといろいろ数学的に便利な表現ができる. そのことを説明しよう.

(1) 直角に交わる数直線を**座標軸**という. 二つの座標軸によって, 平面は四つの部分に分割される. それらを図のように, 第Ⅰ象限, 第Ⅱ象限, 第Ⅲ象限, 第Ⅳ象限と名づける.

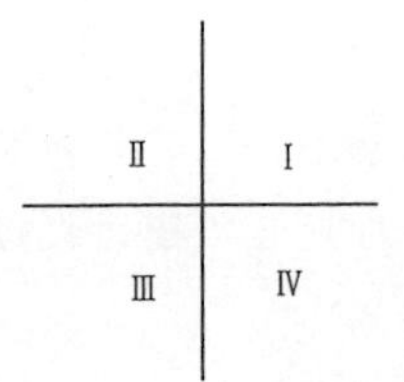


第Ⅰと第Ⅲの象限で両軸上に辺をもつ長方形の面積は正の符号, 第Ⅱと第Ⅳの象限で両軸上に辺をもつ長方形の面積は負の符号をもつと考

えてよい.

（２）座標軸のうち，例えば横軸上の３の目盛と縦軸上の２の目盛を通る軸の平行線の交点Ｐの位置は，３と２という数値によって特徴づけられる. それでＰ(3, 2)という表現をして，位置を示す．3，２をそれぞれ点Ｐの**横座標**，**縦座標**という.

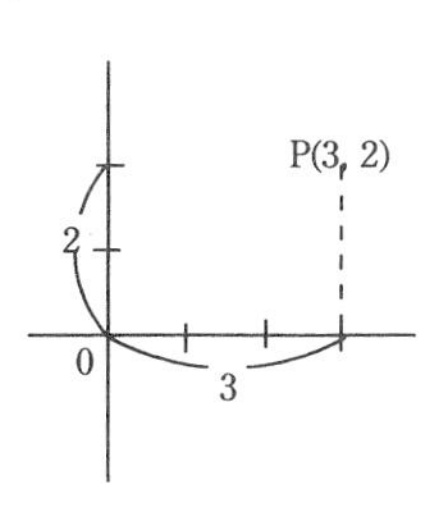


(問 4.5.1) 座標平面上に次の各点を打点せよ。

Ｐ(2, 3),　Ｑ(－２,　2),　Ｒ(－３,　0),

Ｓ(－４,　－３), Ｔ(0,　－１), Ｕ(3,　－２)

(問 4.5.2) Ｐ(2, －3)を左へ３，上へ５移動した点の座標を求めよ.

(問 4.5.3) Ｐ(2,　3)の横軸に関する対称点 Ｑ，縦軸に関する対称点Ｒ，原点に関する対称点Ｓの座標を求めよ.

## 練習問題４

１．次の事柄を正の数，負の数を使って表せ.

⑴ 700 円の利益を＋ 700 円と表すとき, 1200 円の損失.

⑵ ある地点から北へ 3km の地点を＋ 3km と表すとき，南へ 9km の地点.

⑶ － 600 円の収入.

⑷ 気温が－３℃上がる.

⑸ 時計が日に－5分遅れる.

２．横軸上には小さい数から大きい数まで，順番に左から右へと配列されている．このことを利用して，絶対値が３より小さい整数をすべて求めよ.

３．$-\dfrac{1}{2}$ より大きく，$-\dfrac{1}{3}$ より小さい分数で，分母が12であるものを求めよ.

4．$-\frac{3}{2}$より大きく，$-\frac{2}{3}$ より小さい分数で，分母が6である分数のうち，整数でないものを求めよ．

5*．$a$ は$-3$ より大きく5より小さい数であり，$b$ は$-5$ より大きく2より小さい数である．これについて，次の各問に答えよ．

(1)　$-a$ は，どんな範囲の値をとる数か．

(2)　$b^2$ は，どんな範囲の値をとる数か．

(3)　$a+b$ は，もっとも小さい値をとるときでも，いくらより大きいか．

(4)　$a-b$ は，もっとも大きい値をとるときでも，いくらより小さいか．

(5)　$ab$ は，もっとも大きい値をとるときでも，いくらより小さいか．

(6)　$a^2-b$ は，もっとも小さい値をとるときでも，いくらより大きいか．

6*．$a>b>c$ で，$a+b+c=0$ であるとき，次の中から，どんな場合にも成立しないものを選べ．

(1)　$a$ は正の数，$b$ は0, $c$ は負の数である。

(2)　$a, b, c$ はどれも正の数である．

(3)　$a, b$ は正の数で，$c$ は負の数である．

(4)　$a$ は正の数で，$b, c$ は負の数である．

(5)　$a, b, c$ はどれも負の数である．

7．次の計算をせよ．[これらは入学選抜試験以外には無意味だが，慎重に計算すれば間違うことはない．]

(1)　$(-2)^3\div 2-(8-10)\times 7$　[京都]

(2)　$3\frac{1}{5}\times\left(-\frac{1}{16}\right)-\frac{3}{2}\div\left(-\frac{3}{4}\right)$　[国立高専]

(3)　$\frac{1}{3}\times 1.2-\left(1.75-2\frac{3}{4}\right)\div\frac{3}{2}$　[駒沢大高]

(4)　$-\frac{2^2}{5}\times 1\frac{2}{3}+\left\{0.75-3^2\div\left(-1\frac{1}{5}\right)^2\right\}$　[明治学院高]

８．経済で重要なのは

**売値－原価**

である．この値が正ならば**利潤**という．この値が負ならば**損失**という．

$$\frac{\text{売価}-\text{原価}}{\text{原価}}=\frac{\text{売価}}{\text{原価}}-1$$

を**利潤率**または**損益率**という．利潤率と損益率の関係を述べよ．

９．資産には，株式のように価格が上下してリスクのあるものと，銀行預金のように元金が保証されているリスクのないものと，２通りある．

１年間の資産の収益率は

$$\text{収益率}=\frac{\text{1年後の資産価格}-\text{現在の資産価格}}{\text{現在の資産価格}}$$

と決める．次の問に答えよ．

①　100 円の株式価格が１年後に 116 円に上昇したときの収益率はいくらか．

②　100 円の株式価格が１年後に94 円に下落したときの収益率はいくらか．

③　100 円の株式を 20 株購入し，1000 円を銀行預金した．１年後に株式価格は 105 円に上昇した．銀行預金は３％の利率で利子が付いた．この投資家の収益率を求めよ．

④　③の問題で１年後に株式価格は95 円に下落した．銀行預金の金利は１％である場合，この投資家の収益率を求めよ．

減因乗或ハ自乗五ヲ乗シ其外剰ル數ヲ以テ式ノ異ナル名ノ
ヒトシキヲ數理ノヒトシキ物數ヲ兩式ヨリ求メ其左右ノ式相消テ
帰除平方及ヒ幾乗方等ニ除シテ其見ルトコロ眞數ヲ得ル
ナリ▲術意ヲ以テ數ニ拘ルヘカラズ只理ニ随フヘシ又數ヲ以
テ理ニ拘ルヘカラズ正負ニ随フヘシタトヘハ術意ハ加入スレド
數ハ減去スルアリ術意ハ減去スレド數ハ加入スルアリ是レ理與
數別法ナリ故ニ學フモノ多ク數ニ泥ム今所載ノ略式ヲ以
テ大抵示之手

○加入之格　加入ハ正負直ナリ然レド異名ハ相減シ同名ハ相加フ

タトヘハ[illegible]ヲ以テ[illegible]ニ加フレハ[illegible]トナル
是レ異名相加フル故少ヲ以テ多ヲ減シ余リ正三トナル
異名ハ正ト負負ト正ナリ同名ハ正ト正負ト負ナリ
又[illegible]ヲ以テ[illegible]ニ加フレハ[illegible]トナル
是レ同名ナル故ニ相和シテ負九トナルナリ
又[illegible]ヲ以テ[illegible]ニ加フレハ[illegible]トナル
是レ同名ナル故ニ相和シテ正十一トナルナリ
又[illegible]ヲ以テ[illegible]ニ加フレハ[illegible]トナル
是レ上ハ異名ナル故相減シテ負九トナル下ハ其儘正二ナリ
又[illegible]ヲ以テ[illegible]ニ加フレハ[illegible]トナル
是レ上ハ同名相和シテ負十トナル下ハ其儘正六ナリ
又[illegible]ヲ以テ○[illegible]ニ加フレハ[illegible]トナル
是レ上ハ其儘負六下ハ異減シテ空トナル
又[illegible]ヲ以テ[illegible]ニ加フレハ[illegible]トナル
是レ上ハ同加シテ正四下ハ同加シテ正九ナリ
又[illegible]ヲ以テ[illegible]ニ加フレハ[illegible]トナル
是レ上下トモ異減シテ負六正三ナリ
又[illegible]ヲ以テ[illegible]ニ加フレハ[illegible]トナル○是レ上ハ異減シテ正三中ハ同加シテ負四下ハ其儘正八ナリ

又[illegible]ヲ以テ[illegible]ニ加フレハ[illegible]トナル
是レ上中ハ其儘負二負十六下ハ異減シ負三ナリ
又[illegible]ヲ以テ[illegible]ニ加フレハ[illegible]トナル○是レ上ハ異減シテ正三次ハ其儘負二次ハ同加シテ負三下ハ其儘正四ナリ
又[illegible]ヲ以テ[illegible]ニ加フレハ[illegible]トナル○是レ上ハ同加シテ負九次ハ異減シテ正六次ハ同加シテ正三十五下ハ異減シテ正十五トナル
又[illegible]ヲ以テ[illegible]ニ加フレハ[illegible]トナル○是レ上ハ異減シテ負十次ハ同加シテ負三十四次ハ同加シテ正十次ハ異減シテ負六下ハ其儘負三ナリ
又[illegible]ヲ以テ[illegible]ニ加フレハ[illegible]トナル○是レ上ハ異減シテ負十次ハ同加シテ負十四次ハ其儘正三次ハ其儘空次ハ同加シテ負[illegible]次ハ其儘負七下ハ異減シテ正二ナリ
又[illegible]ヲ以テ[illegible]ニ加フレハ[illegible]トナル
又○○○○[illegible]ヲ以テ[illegible]ニ加フレハ[illegible]トナル
又[illegible]ヲ以テ[illegible]ニ加フレハ[illegible]トナル
又[illegible]ヲ以テ[illegible]ニ加フレハ[illegible]トナル
右加入之格各相同シ外倣之

○減去之格　減去ハ正負相反ス然レド異名ハ相減シ同名ハ相加フ

タトヘハ[illegible]ヲ以テ[illegible]ヲ減スレハ[illegible]トナル
是レ減スル方之負二ヲ反スレハ正トナル故正六ニ同加シ

西脇利忠『算法天元禄』（元禄10年1697年）上巻3，4葉

加入之格　$(-2)+(+5)=+3$

$(-3)+(-6)=-9$

減去の格　$(+6)-(-2)=+8$

などの計算が説明されている．

第Ⅱ部

# 代数入門

ある時，幼いアインシュタインは叔父さんに
「代数とはどんなもの」と尋ねたところ，
頭のよい叔父さんは「ずるい算数だよ」と
答えたという．

# 第５章　文字の使用

## §1．記号の説明

これからは数を示すのに，1, 2, 3, … という数字だけではなく，字母 $a, b, c$, …の文字も使う．それで**数** $a$ というとき，それは３とか５とかの数の代わりに使用されている．

（1）　２つの数 $a$ と $b$ を足したものを

$$a + b$$

と書き，$a$ と $b$ の**和**といい，$a$ プラス $b$（$a$ plus $b$）と読む.

（2）　数 $a$ から数 $b$ を引いたものを

$$a - b$$

と書き，$a$ と $b$ の **差** といい，$a$ マイナス $b$（$a$ minus $b$）と読む.

（3）　２つの数 $a, b$ が同じ数であることを

$$a = b$$

と書き，$a$ と $b$ は**等しい**といい，（$a$ equals $b$）と読む．$a$ を**左辺**，$b$ を**右辺**という.

（4）　$a$ で表される数と $b$ で表される数の和が $c$ に等しいことを

$$a + b = c$$

と書く.

（5）　２つの数 $a$ と $b$ を掛けることを

$$a \times b \quad \text{または} \quad ab$$

と書き，$a$ と $b$ の**積**といい，（$a$ into $b$）と読む．文字で表される数を掛けるときは乗法記号×を省略する.

数３と数 $b$ の積は $3 \times b$ と書かないで，$3b$ と書く．しかし $3\times2$ は

32と書かない．32は三十二を表すからである．

$3b$ のように数と文字の積では，３を $b$ の**係数**という．

（６）数 $a$ を数 $b$ で割ったものを

$$a \div b,\ \text{または}\ \frac{a}{b},\ \text{または}\ a/b$$

と書き，その結果を**商**といい，($a$ by $b$) と読む．

文字をもって数を表し，＋，－，×，÷などの演算記号を使って，数と数との関係を表して，数の理屈を考える分野を**代数学(Algebra)**という．

また，文字と演算記号を総称して**代数記号**という．代数記号を継ぎ合わせたものを**代数式**という．

＋の記号はキリストの十字架，×の記号は聖アンデレの斜め十字架であると言われている．＋は15世紀頃には使用されていた．×はイギリスの数学者**オートレッド**(William Oughtred;1575. 3. 5 ～ 1660. 6. 30)の書いた本『数学の鍵』(1648年)の中に初めて出てきた．この本の中で差の記号は～と表されている．

代数学(Algebra)はアラビヤ語の al-jabr からきた言葉と言われている．この言葉は，９世紀のイスラムの数学者**アル・フワリズミ** (Al-Khwarizmi ; 800より前～847より後)が書いた本の題名の中に出てくる．

$$a = b \text{ から } a - c = b - c$$

とすることを al-jabre という．al は定冠詞で英語の the にあたる．

オートレッド

アル・フワリズミ

## §2. 代数式

§1の記号を使って，さらに多くの演算をしていこう．

（1）　2つの数 $a, b$ に対し

$$a+b=b+a, \quad ab=ba$$

が成立する．数では，例えば $3+2=2+3=5$, $3\times2=2\times3=6$ から明らかだろう．この性質は**交換法則**という．

（2）　3つの数 $a, b, c$ の和は，$a+b$ と $c$ の和ときめる．式で書くと

$$(a+b)+c \equiv a+b+c$$

となる．≡は「…とおく」という意味の記号である．さらに，$a$ と $b+c$ の和であると決めてもよい．それで

$$(a+b)+c=a+(b+c) \equiv a+b+c$$

（3）　3つの数 $a, b, c$ の積は，$ab$ と $c$ の積，あるいは $a$ と $bc$ の積と決める．式で書くと

$$(ab)c=a(bc) \equiv abc$$

(2), (3)の性質は，数のどの2つを先に結び付けて（括弧の中を先に計算すること）も，結果は同じであることを示している．この性質を**結合法則**という．

（4）　数 $a$ を何個か加えること（**累加**）は

$$a+a=2a,$$
$$a+a+a=3a$$
$$\cdots\cdots\cdots$$
$$\underbrace{a+a+\cdots a}_{n\text{個}}=na$$

と書く．$a$ を何個か掛けること（**累乗**）は

$$a\times a=a^2$$
$$a\times a\times a=a^3$$
$$\cdots\cdots\cdots$$
$$\underbrace{a\times a\times\cdots\times a}_{n\text{個}}=a^n$$

と書く．$a^n$ の $n$ は**指数**という．

（例 5.2.1） $a+a+a+b+b=3a+2b$,

$a\times a\times a\times b\times b=a^3b^2$

$$a\times a\times a\div b\div b=\frac{a^3}{b^2}$$

（問 5.2.1） 次の式を×, ÷の記号を使わないで表せ．

① $c\times b$　　② $x\times b\times 4$　　③ $5a\div 3$

④ $3a\times 7$　　⑤ $x\times 4$　　⑥ $(-9a)\div(-3)$

⑦ $a\div b\times c$　　⑧ $a\div b+c\times 6$　　⑨ $ab-bb+c\div 3$

（5） $ax$, $4bx$, $5a^2\div b$ のような加法と減法の記号＋，－がない代数式を**単項式**という．それに対し，$a+b$ は２項式，$a^2+b^3-c^4$ は３項式，$a-b+c-d-e$ は５項式という．３項式以上を**多項式**という．

２項式以上と単項式，２項式以上同士を掛けるときは，括弧を使う．例えば $(a+b)c$, $(a+b)(c+d)$ のように書く．括弧には

丸括弧　(　　)

鍵括弧　{　　}

角括弧　[　　]

がある．

（問 5.2.2） 次の式を×, ÷の記号を使わないで表せ．

① $(a+b)\times 3$　　② $(a+b)\div c$　　③ $a\div(b+4)\times 3$

（6） ＋，－の記号は加法と減法の記号であると同時に，正の量と負の量を示す記号でもある．さらに，数 $a$ が正の数であるとき，$+a=a$ というように，＋記号を省略することもある．このことは初めて代数を学ぶ人が難しいと感じる原因になっている．負の量のところで学んだ符号の法則

$+(+2)=2$, $+(-2)=-2$, $-(+2)=-2$, $-(-2)=+2$

を思い出すと，$b>0$ または $b=0$ のとき

$$a+(+b)=a+b, \qquad ①$$
$$a+(-b)=a-b, \qquad ②$$
$$a-(+b)=a-b, \qquad ③$$
$$a-(-b)=a+b \qquad ④$$

が成り立つ．$b<0$ のとき，$b=-c$ とおくと，$c>0$ となる．それで

$$+b=+(-c)=-c,$$
$$-b=-(-c)=+c$$

となるから，①から④までの式は

$$a+(-c)=a-c=a+b,$$
$$a+(+c)=a+c=a-b,$$
$$a-(-c)=a+c=a-b,$$
$$a-(+c)=a-c=a+b$$

となる．それで①から④までの規則はすべての $b$ に対して成り立つ．

代数式の文字に特定の数値をあてがうことを**代入**という．

(**例** 5.2.2) $a=1, b=-2, c=3$ を

$$a-b+c, \quad -a+b+c$$

に代入して，値を求めよ．

(**解**) $a-b+c=(a-b)+c$

$$=\{1-(-2)\}+3=(1+2)+3=6,$$

$$-a+b+c=-a+(b+c)$$
$$=-1+\{(-2)+3\}=-1+\{3+(-2)\}$$
$$=-1+1=0$$

(問 5.2.3) ① $a=3, b=-2, c=-1$ のとき，

$a+(-b)+c,\ a-(-b)+c$ の値を求めよ．

② $a=-2, b=-3, c=5$ のとき，

$a+b+c,\ a-b+c$ の値を求めよ．

③ $a=-1, b=-2, c=1$ のとき，

$-a-(-b)+c,\ -(-a)+(-b)-c$ の値を求めよ.

（7） 2つの数 $a, b$ が正数であれ，負数であれ

$$a \times b = +ab, \qquad ⑤$$

$$(-a) \times b = -ab, \qquad ⑥$$

$$a \times (-b) = -ab, \qquad ⑦$$

$$(-a) \times (-b) = +ab \qquad ⑧$$

が成立する．特に，

$$(+a) \times (+a) = (-a) \times (-a) = a^2$$

これらの規則は，第Ⅰ象限と第Ⅲ象限の面積は正の符号，第Ⅱ象限と第Ⅳ象限の面積は負の符号をとるという前の章の説明を思い出せばよい.

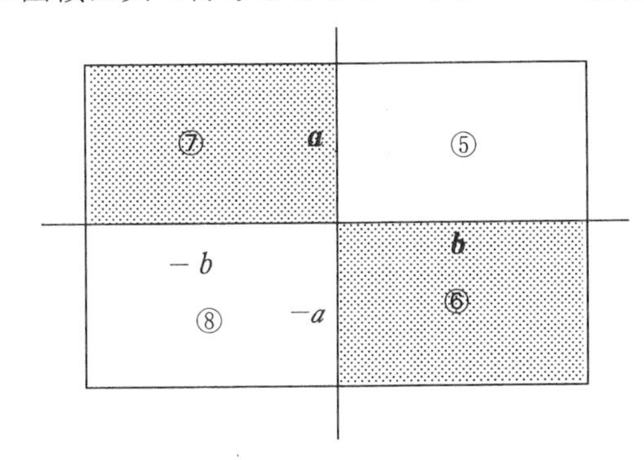


（8） 3つの数 $a, b, c$ に対して**分配法則**

$$a(b+c) = ab + ac$$

が成り立つ．もしも $a, b, c$ がすべて正であると，下の図は分配法則が成立することを示している.

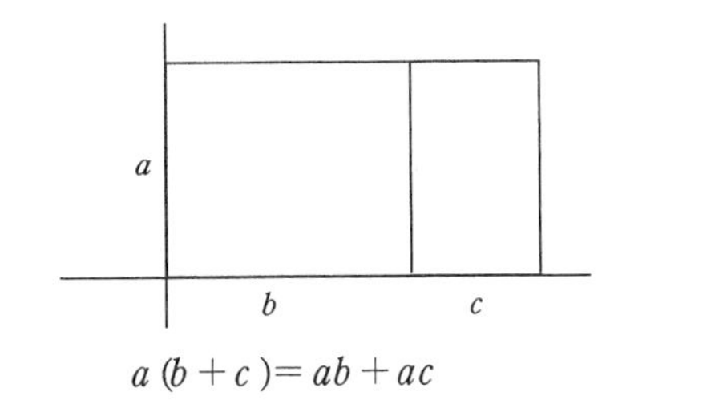


$a(b+c) = ab + ac$

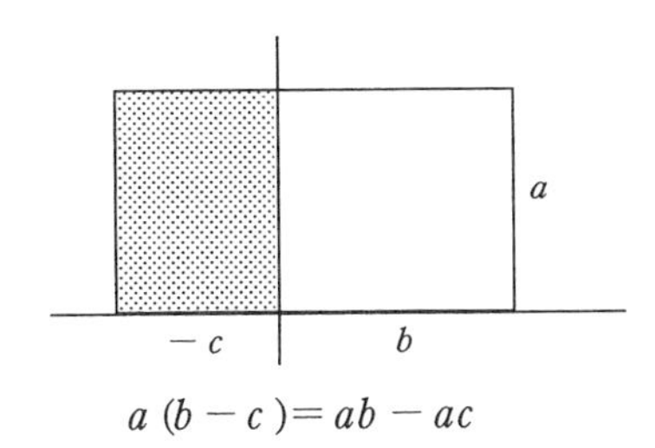


$a(b-c) = ab - ac$

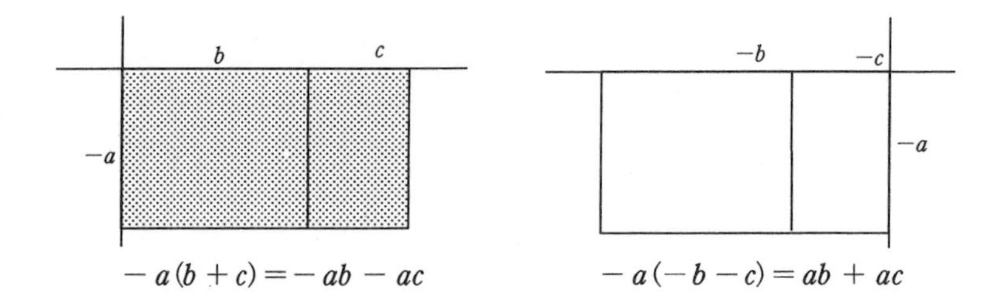


$-a(b+c)=-ab-ac$　　$-a(-b-c)=ab+ac$

**加法・減法は線分の和で，乗法は面積図で示せば，規則は視覚的に理解できる．**

積は交換できるから

$$a(b+c)=(b+c)a,$$
$$ab+ac=ba+ca$$

となり，分配法則から上式の左辺同士が等しい．それで

$$(b+c)a=ba+ca$$

となる．また，図からこの法則が成立することも分かる．

**(例 5.2.3)** ある代数式の中のいくつかの項は，括弧の前に＋または－の符号をつけてまとめることができる．

$$a-2b+c+2d-3e+f$$
$$=a+(-2b+c)+(2d-3e+f)$$
$$=a-(2b-c)+(2d-3e+f)$$

逆に，代数式の括弧をなくすときは，内側の方の括弧から省き始めるのがよい．

$$a-[b+\{c-(d+e)\}]$$
$$=a-[b+\{c-d-e\}]$$
$$=a-[b+c-d-e]=a-b-c+d+e$$

(問 5.2.4) 次の各式の括弧をとり，同じ文字の項を集めて簡単にせよ．

① $1-[2-\{3-(4-5)\}]$

② $a-[a-\{a-(a-a)\}]$

③ $x-\{y-(z-x)\}$

④　$a+b-[a-b+\{a+b-(a-b)\}]$

⑤　$2a-[3b+\{4c-(3b+2a)\}]$

## §3. 多項式の加法と減法

（１）　単項式の中で，掛け合わせている文字の個数を，**単項式の次数**という．この場合，単なる数字は次数０と数える．

（例 5.3.1）　$3ab$ は文字が $a, b$ ２個だから2次，

$5pqr$ は文字が $p, q, r$ ３個だから3次，

$2a^2b^3$ は文字が $a$ 2個と $b$ 3個だから，$(2+3)$ 次＝５次．

（２） ２つの単項式で，ある文字の次数が同じものを，**その文字に対する同類項**という．同類項は分配法則を使ってまとめることができる．

（例 5.3.2） $2a+5a=(2+5)a=7a$,

$2a-5a=(2-5)a=-3a$,

（３）　多項式をつくる各単項式の次数の中で，最大のものを**多項式の次数**という．

（例 5.3.3） $a^2-2a+1$ の各項は左から２次，１次，０次であるから，２次の式という．

$-2x+y$ は各項が１次であるから，次数は１次．

$a^2-ab+b^2$ は各項が全部２次であるから，次数は２次．

（４）　**多項式の加法**

多項式を加えるときは，まず同類項を加える．

（例 5.3.4）

①　$2a+3b$ に $a-5b$ を加えよ。

$$
\begin{aligned}
(2a+3b)+(a-5b) &= 2a+3b+a-5b \\
&=(2a+a)+(3b-5b) \\
&=(2+1)a+(3-5)b=3a-2b
\end{aligned}
$$

②　$2a-3b+c,\ b-2c+3d,\ -a+3c-2d$ を加えよ．

これは①のようにしてもよいが，縦書きにしてもよい．

$$\begin{array}{r} 2a-3b+c\phantom{+3d} \\ b-2c+3d \\ -a\phantom{-2b}+3c-2d \\ \hline a-2b+2c+d \end{array}$$

**（5）　多項式の減法**

ある多項式から多項式を引くときは，引く多項式の各項の符号を変えて加えるとよい．

**（例 5. 3. 5）**

① $2a+3b$ から $a-5b$ を引け．

$$\begin{aligned}(2a+3b)-(a-5b)&=(2a+3b)-(+a-5b)\\&=2a+3b-a+5b=(2a-a)+(3b+5b)\\&=(2-1)a+(3+5)b=a+8b\end{aligned}$$

② $3x^2+2x-1$ から $5x^2-4x+2$ を引け．

$$\begin{aligned}&(3x^2+2x-1)-(+5x^2-4x+2)\\&=3x^2+2x-1-5x^2+4x-2\\&=(3x^2-5x^2)+(2x+4x)+(-1-2)\\&=(3-5)x^2+(2+4)x+(-3)=-2x^2+6x-3\end{aligned}$$

（問 5. 3. 1）

① $a+b-c,\ b+c-a,\ c+a-b$ を加えよ．

② $7a-4b+c,\ 6a+3b-5c,-12a-b+4c$ を加えよ．

③ $3a^2-2ab+b^2$ と $a^2-2ab+3b^2$ を加えよ．

④ $7a+14b$ から $4a+10b$ を引け．

⑤ $3x^2+2x-1,\ 5x^2-4x+2$ はそれぞれ $x$ の何次式か．前者から後者を引け．

# §4. 文字による量の表現

数量は数と単位によって表される．

**（例 5. 4. 1）** ① 午前6時の気温が $a$ ℃（摂氏 $a$ 度）であった．それから6

時間経って気温が8℃上昇した．正午の気温はいくらか．

② $c$ 人いるクラスで3人が欠席した．出席者の人数を求めよ．

**(解)** 同じ単位の場合は量の加減ができる．

① $a^\circ + 8^\circ = (a+8)^\circ$

② $c$ 人－3人＝$(c-3)$人

**(例 5.4.2)** ① 単価 $p$ 円の物を $x$ 個売ったときの収入R円を求めよ．

② ①において，1個の物を造るのに費用が1個あたり $c$ 円かかるとき，粗利益P円はいくらか．

③ もしも1個あたり $t$ 割の税金がかかるとすると，税金を引いた純利益 $\Pi$（パイ）円はいくらか．

**(解)** ① $p$ 円/個×$x$ 個＝R円，R円＝$px$ 円

このとき，数同士，量の単位同士を掛け合わせる．つまり，

$p \times x = px$, 円/個×個＝円

とすることである．

② 総費用＝$c$ 円/個×$x$ 個＝$cx$ 円だから，

P円＝$px$ 円－$cx$ 円＝$(px-cx)$円＝$(p-c)x$ 円

③ 税金の総金額 $=\dfrac{t}{10}$（$p$円/個×$x$ 個）$=\dfrac{t}{10}px$円, 純利益は

$$\Pi\text{円} = \text{P円} - \frac{t}{10}px\text{円} = (p-c)x\ \text{円} - \frac{t}{10}px\text{円}$$

$$= \left\{(p-c)x - \frac{t}{10}px\right\}\text{円} = \left\{(p-c) - \frac{t}{10}p\right\}x\text{円}$$

$$= \left(p - c - \frac{t}{10}p\right)x\text{円}$$

(問 5.4.1) 次の数量を数と文字を使って表せ．

① $a$ 人が50円ずつ出して，$b$ 円の品物を買ったときの残金．

② 定価 $a$ 円の品物がある．この品物を定価の $p$ 割引で買った．代金はいくらか．

③ 1本 $a$ 円の鉛筆を6本と，1冊 $b$ 円のノートを3冊買ったときの代金はいくらか.

④ $x$kg の米に $y$g の麦を混ぜたものの重さはいくらか.

⑤ 自動車で $y$kmを行くにの2時間かかった．自動車の平均時速を求めよ.

⑥ 水が50 $m^3$ 入っている水槽から，毎分 4 $m^3$ の割合で水が流れ出している． 水を流し始めてから $x$ 分後の水槽の水の量 $y$ $m^3$を $x$ を使って表せ.

⑦ 濃度 $a$ %の食塩水300g に含まれる食塩の重さは何 g か.

⑧ $a$m の紐から，$b$cm の紐を3本切り取った．残りの紐の長さはいくらか.

## 練習問題5

1．$a=1,\ b=2,\ c=3,\ d=-4,\ e=5$ のとき，次の式の値を求めよ.

① $a-3b+4c$

② $7a-2b-3c-4a+5b+4c+2a$

③ $a-b^2+c^3+d^3$

④ $(a+b)(b+c)-(b+c)(c+d)+(c+d)(d+e)$

⑤ $(a-2b+3c)^2-(b-2c+3d)^2+(c-2d+3e)^2$

⑥ $5a^2+3ab-2b^2-ab+19b^2-2ab-7b^2$

⑦ $\dfrac{b^2-2bc+c^2}{a^2-2ab+b^2}$

⑧ $\dfrac{4a+3b}{b-c}-\dfrac{4c+3d}{b+d}-\dfrac{5d+4e}{a-d+c}$

2．次の式を簡単にせよ.

① $4x-(y-x)-3\{2y-3(x+y)\}$

② $2x-3y-[(4x-2y)+5\{3x-2(x-y)\}]$

3．$x=a+2b-3c,\ y=b+2c-3a,\ z=c+2a-3b$ のとき $x+y+z$ の値はいくらになるか．

4．$a=x-2y+3z, b=y-2z+3x, c=z-2x+3y$ のとき $a+b+c-2(x+y+z)$ の値を求めよ．

5*．A 地とその東方 $a$km 離れた B 地の 2 国間に旅客機が就航している．偏西風があるため，B 地行きは追い風，A 地行きは向かい風となる．B 地行きの飛行時間と A 地行きの飛行時間は，それぞれ 8 時間と 10 時間である．もし，偏西風がなかったら，AB 間の片道の飛行時間は何時間になるか．　［名城大, 都市情報］

# 第6章　一元一次方程式

## §1. 等式の性質

等号＝を使って，二つの代数式をつないだものを**等式**という．そして等式を形作る各代数式を**辺**という．そのとき左側にある代数式を**左辺**，右側にあるものを**右辺**といい，二つ併せて**左右両辺**（または略して**両辺**）という．等式の中で

$$a + b = b + a$$

とか

$$a(b + c) = ab + ac$$

のような等式は，どんな数 $a$, $b$, $c$ に対しても成り立つ．このような方程式を**恒等式**という．しかし

$$2x - 1 = 3x + 1$$

のような等式は，どんな $x$ に対しても成り立つとは限らない．例えば，

$x = 0$　　とおくと，左辺＝$-1$，右辺＝$1$となり，左辺≠右辺；
$x = -1$　とおくと，左辺＝$-3$，右辺＝$-2$となり，左辺≠右辺；
$x = -2$　とおくと，左辺＝$-5$，右辺＝$-5$となり，左辺＝右辺；

というように，$x$ が特定の数をとる場合だけ，等式が成立する．このように，代数式の中の文字に，特別な値を代入すると，左右両辺の値が等しくなる等式を**方程式**という．方程式を成り立たせる文字の値を**方程式の解**という．方程式の解を求めることを**方程式を解く**という．

本章では，方程式を解くために必要な等式の性質を調べよう．

まず

**$a = b$ ということは $a - b = 0$ と同じことと決める．**

すると

(1)　$a=b$ ならば $a+c=b+c$

(2)　$a=b$ ならば $a-c=b-c$

(3)　$a=b$ かつ $k\neq 0$ ならば $ka=kb$

(4)　$a=b$ かつ $k\neq 0$ ならば $\frac{1}{k}a=\frac{1}{k}b$

という性質が成り立つ．(1)の性質は

$(a+c)-(b+c)=a+c-b-c=a-b,$

$a=b$ は $a-b=0$ と同じこと，

だから $(a+c)-(b+c)=0$ となり，これは $a+c=b+c$ と同じことから，正しいことが分かる．

(問 6.1.1)　等式の性質 (2), (3), (4)も成り立つことを示せ．

(問 6.1.2)　$a=b, c=d$ ならば $a\pm c=b\pm d$ であることを示せ．

## §2.　一元一次方程式

数 $x$ が未知とする．単に $x$ を含む方程式を**一元一次方程式**という．それは一つの未知数(元)とその未知数が１次だからである．この未知数 $x$ の値を求めることを**一次方程式を解く**という．**元**という言葉は，江戸時代の数学者(和算家という)たちが，未知数のことを「天元の一」と呼んでいたことに由来する．

**(例 6.2.1)** 次の一元一次方程式を解け．

①　$2x=8$　　②　$3x+4x=14$

③　$\frac{x}{3}-\frac{x}{4}-\frac{x}{6}=9$

**(解)** ①　両辺を２で割る(1/2を掛ける)と，$x=4$.

②　分配法則から

$(3+4)x=14,$

$7x=14,$

両辺を 7 で割って $x = 2$.

③ 両辺に $3\times4\times6$ を掛けると

$$4\times6x + 3\times6x + 3\times4x = 3\times4\times6\times9,$$

$$24x + 18x + 12x = 12\times54,$$

分配法則から

$$(24 + 18 + 12)x = 12\times54,$$

$$54x = 12\times54,$$

$$\therefore \quad x = 12$$

上の例の一次方程式は，式を変形すれば，左辺に $x$ を含む式，右辺は定数という形に書き直すことができる．文字で書くと

$$ax = b$$

と表される．

> $ax = b$ の解
>
> $a \neq 0$ ならば $x = \dfrac{b}{a}$
>
> $a = 0$ ならば $0x = b$ の形になり，
>
> $b = 0$ のとき $0x = 0$ で $x$ は**不定**.
>
> $b \neq 0$ のとき $0x = b$ で $x$ は**不能**

**解が不定というのは，限りなく多くの解があって 1 つに決まらないこと；解が不能というのは，解はないこと**

を意味する．

(問 6.2.1) 次の 1 次方程式を解け．

① $x + 6 = 0$ ② $x - 3 = -2$ ③ $8 + x = 7$

④ $\dfrac{1}{2}x = -8$ ⑤ $\dfrac{2}{3}x = 1$ ⑥ $-0.5x = 1$

⑦　$x+\frac{2}{3}x=10$

⑧　$\frac{1}{5}x-\frac{1}{4}x=1$

⑨　$\frac{x-1}{2}+\frac{x-2}{3}=3$

⑩　$\frac{1}{2}(2-x)-\frac{1}{5}(5x-21)=0$

⑪　$\frac{x+3}{2}+\frac{x+4}{3}+\frac{x+5}{4}=16$

⑫　$1-2\{x-3(1+x)\}=0$

⑬　$2x-[3-\{4x+(x-1)\}-5]=8$

**(例 6.2.2)** 次の方程式を解け.

①　$3x-4=2x+5$

②　$1-x=7+2x$

③　$0.4x-1.5=0.9-0.2x$

**(解)** ①　両辺に4を加えると

$$3x=2x+9,$$

両辺に$-2x$を加えると

$$3x-2x=9,$$

それで　$x=9$

②　両辺から1を引くと

$$-x=2x+6,$$

両辺から$2x$を引くと

$$-x-2x=6,$$

$$-3x=6,$$

それで　$x=-2$

③　両辺に10を掛けると

$$4x-15=9-2x,$$

両辺に15を加えると

$$4x=24-2x,$$

両辺に$2x$を加えると

$$6x=24$$

それで　$x=4$

この例を一般化すると，１次方程式は

$$ax + b = cx + d$$

の形をしている．

$ax + b = cx + d$，両辺から $b$ を引き

$ax = cx + d - b$，両辺から $cx$ を引き

$ax - cx = d - b$，分配法則により

$(a - c)x = d - b$，

$a \neq c$ ならば $x = \dfrac{d - b}{a - b}$

$a = c$ で

$d = b$ ならば $0x = 0$ となり，$x$ は**不定**

$d \neq b$ ならば $0x = d - b \neq 0$ となり，$x$ は**不能**.

**(問 6.2.2)** 次の一次方程式を解け．

① $5x + 50 = 4x + 56$

② $16x - 11 = 7x + 70$

③ $24x - 49 = 19x - 14$

④ $3x + 23 = 78 - 2x$

⑤ $7(x - 18) = 3(x - 14)$

⑥ $16x = 38 - 3(4 - x)$

⑦ $7(x - 3) = 9(x + 1) - 38$

⑧ $5(x - 7) + 63 = 9x$

⑨ $\dfrac{3}{4}x + 5 = \dfrac{5}{6}x + 2$

⑩ $\dfrac{4}{3}x + 24 = 2x + 6$

⑪ $\dfrac{2x}{3} = \dfrac{176 - 4x}{5}$

⑫ $\dfrac{x}{3} - \dfrac{x}{4} + \dfrac{1}{6} = \dfrac{x}{8} + \dfrac{1}{12}$

⑬ $\dfrac{x - 3}{4} = \dfrac{x - 5}{6} + \dfrac{x - 1}{9}$

⑭ $\dfrac{7x + 9}{4} = -\dfrac{2x - 1}{9} + 7 + x$

⑮ $\dfrac{3x - 4}{2} - \dfrac{6x - 5}{8} = \dfrac{3x - 1}{16}$

（問 6.2.3）次の一次方程式を解け．

① $ax + b = d$　　② $ax + b = cx$

③ $ax = cx + d$

**（例 6.2.3）** $2(x + a) = 3x - 5$ の解は $x = 1$ であるという．$a$ の値はいくらか．

**（解）** $x = 1$ が解ならば，$x = 1$ を方程式に代入すると

$$2(1 + a) = 3\times1 - 5$$

が成立する．それで

$$2 + 2a = -2,\quad 2a = -4,$$

それで　$a = -2$

（問 6.2.4）次の問に答えよ．

① $x$ についての方程式 $\dfrac{x+a}{2} - \dfrac{x-1}{3} = 1$ を解くと，解が4になったという．$a$ の値はいくらか．

② $x$ についての方程式 $\dfrac{x-a}{2} = \dfrac{x+a}{3}$ の解が 15 となるように，$a$ の値を求めよ．

## §3. 論理的な表現

（I）２数 $a, b$ に対し，すべてが0の場合

$$a = b = 0, \qquad ①$$

すべて0か，それともどれか一つが0である場合，**少なくとも一つが0である**という．このとき

$$ab = 0, \qquad ②$$

２数とも0でない場合，**すべてが0ない**という．このとき

$$ab \neq 0, \qquad ③$$

②式の**否定**は③式であるから，

「少なくとも一つが0」の**否定**は「すべてが0でない」；

「すべてが0でない」の**否定**は「少なくとも一つが0」

となる．また，

$a = b$ ということは $a - b = 0$ と同じであり，

$a \neq b$ ということは $a - b \neq 0$ と同じである．

（Ⅱ） 上の論理的な表現を三つの数 $a, b, c$ の場合に拡張しよう．

$a, b, c$ がすべて０であることは

$$a = b = c = 0, \qquad ④$$

３数とも０か，または２数が０，または１数が０の場合は，**少なくとも一つが０である**といい，

$$abc = 0, \qquad ⑤$$

３数とも０でない場合は，**すべてが０でない**といい

$$abc \neq 0, \qquad ⑥$$

３数のうち，少なくとも二つが等しい場合は

$$(a - b)(b - c)(c - a) = 0, \qquad ⑦$$

３数すべてが等しくない場合は

$$(a - b)(b - c)(c - a) \neq 0 \qquad ⑧$$

と表す．「少なくとも二つが等しい」の否定は「全部が等しくない」ことであり，このことは⑦式と⑧式から明らかだろう．

**（例 6.3.1）** $abc \neq 0$ のとき，$ax + by = c$ を $y$ について解け．

**（解）** 方程式をある数について解くということは，等式の性質を用いて，等式を変形して，元の方程式から別の方程式を導くことである．与式から

$$by = -ax + c$$

条件から $b \neq 0$ だから

$$y = \frac{c - ax}{b}$$

（問 6.3.1）

① $a = 3(2 - x)$ を $x$ について解け．

② $V = abc$ を $c$ について解け．ただし $abc \neq 0$ とする．

③　$S=\dfrac{1}{2}(a+b)h$　を $b$ について解け．ただし $abh\neq 0$ とする．

④　$V=\dfrac{1}{3}\pi r^2 h$　を $h$ について解け．ただし $rh\neq 0$ とする．

⑤　$\dfrac{1}{a}+\dfrac{1}{b}=\dfrac{1}{c}$　を $a$ について解け，ただし，これが唯一つの解をもつ条件は何か．

## §4. 一次方程式の文章題

文章題を解くには，立式が大事である．立式には，外延量や内包量の知識が必要である．

**(例 6.4.1)**　鉛筆を子供に分けるのに，1人4本ずつとすれば12本余り，1人7本ずつとすれば9本不足する．鉛筆の総数と子供の人数を求めよ．

**(解)**　文章を面積図で表すと下図のようになる．子供の人数を $x$ 人とする．これは**過不足算**といわれる問題である．

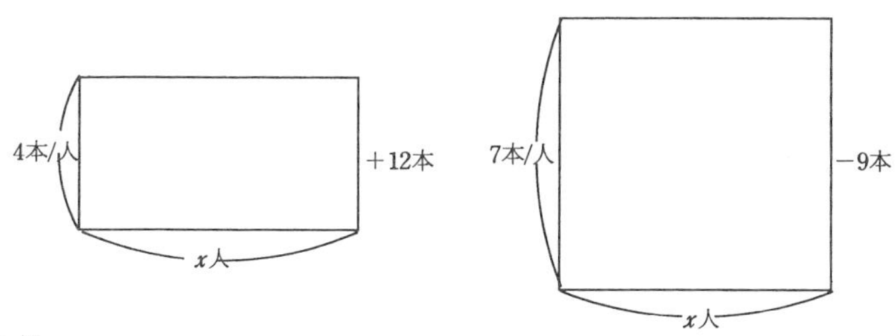


題意により

左図から　鉛筆総数＝4本/人 ×$x$ 人＋12本＝$4x$ 本＋12本＝$(4x+12)$本，

右図から　鉛筆総数＝7本/人 ×$x$ 人−9本＝$7x$ 本−9本＝$(7x-9)$本

$$\therefore\ 4x+12=7x-9$$

$$4x-7x=-9-12,$$

$$-3x=-21,$$

$$x=7$$

子供の人数は7人，鉛筆総数は$(4\times 7+12)$本$=40$本となる.

(問 6.4.1) 何人かの人に蜜柑を配るのに，1人に6個ずつ配れば，ちょうどよかったところ，1人に8個ずつ配ったので12個不足した．人数と蜜柑の個数を求めよ.

(問 6.4.2) 砂糖を袋に分けて入れようと思い，はじめ1袋300gずつ入れると砂糖が1.1kg残った．そこで1袋400gずつ入れると，袋が二つと砂糖が100g残った．袋の数はいくらか．また砂糖は何kgあるか.

(問 6.4.3) ある湖のまわりに木を植えるために，苗木を600本用意した．しかし，最初の計画よりも木と木の間を2m遠く離したので，苗木は最初予定したよりも30本余ってしまった．最初，木と木の間は何mにするつもりだったのか.

**(例 6.4.2)** 50円貨と100円貨があわせて83枚ある．その金額は5700円だった．それぞれの貨幣は何枚あるか.

**(解)** 50円貨が$x$枚あるとすると，100円貨は$(83-x)$枚ある.

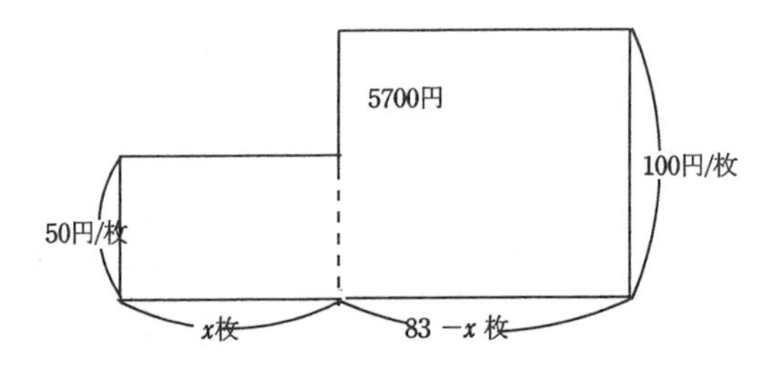


上の図より，

$$50\text{円/枚}\times x\text{枚}+100\text{円/枚}\times(83-x)\text{枚}=5700\text{円},$$

$$50x\text{円}+100(83-x)\text{円}=5700\text{円}$$

$$50x+100(83-x)=5700$$

を解いて

$$-50x=-2600$$

$$x=52,\ 83-x=31$$

それで，50円貨は52枚，100円貨は31枚となる．これは**鶴亀算**と呼ばれる問題である．

（問 6.4.4）和夫君の家では兎と鶏を全部で13羽飼っている。その足の数は34本である．兎と鶏はそれぞれ何羽いるか．

（問 6.4.5）ある工員の日給は3500円である．残業をしたときは，別に500円の加給金がつく．一月間に26日働き，賃金96500円を貰った．残業した日数を求めよ．

（問 6.4.6）ある野球場で，ある日の入場者は9450人で，入場料収入は956400円あった．入場料は大人120円，子供80円である．この日の大人と子供の入場者数を求めよ．

（問 6.4.7）ある運送会社は，製品500個を運ぶのに，1個につき500円の運賃を貰う．もしも品物を壊した場合，運賃を貰えないのみか，1個につき700円の賠償金を払うという取り決めで，物を運んだ．その結果203200円の金額を運送会社は受け取った．壊れた品物は何個か．

**（例 6.4.3）** 弘子さんと伯父さんの家とは1080m離れている．弘子さんは毎分60mの速さで，伯父さんは毎分75mの速さで歩く．それぞれの家から向かい合って同時に歩きだした．２人は出発後，何分で出会うか．

**（解）** これは**旅人算**（出会い）の問題である．両人が出発してから出会うまでの時間を $x$ 分とする．両人の運動を図示すると下図のようになる．

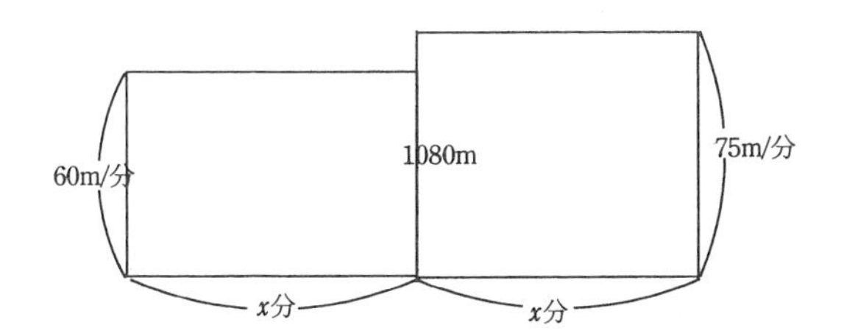


よって

$$60\text{m/分} \times x\text{分} + 75\text{m/分} \times x\text{分} = 1080\text{m},$$

$$(60x + 75x)\text{m} = 1080\text{m},$$

$$135x = 1080, \quad x = 8$$

つまり，8分後に出会う．

**(例 6.4.4)** 分速 65m の甲が家を出てから 16 分後に，乙が甲の速さの5倍の自転車に乗って，甲を追いかけた．甲が出発してから何分後に乙は甲に追いつくか．

**(解)** これは**旅人算**(追いかけ)の問題である．乙が出発してから $x$ 分後に甲に追いつくとする．

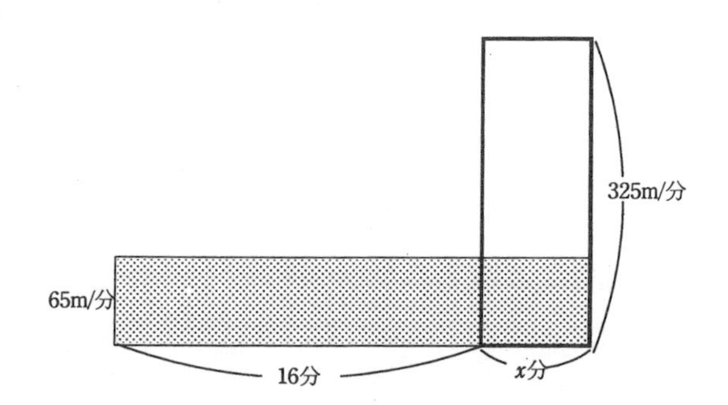


甲の進む距離＝ 65m/分 ×(16 ＋ $x$)分＝ 65(16 ＋ $x$)m,

乙の進む距離＝ 325m/分 ×$x$ 分＝ 325$x$m,

2つの距離は等しいから［斜線部と太枠部の面積は等しいから］

$$65(16 + x) = 325x,$$

$$1040 + 65x = 325x,$$

$$260x = 1040, \qquad x = 4$$

乙は4分後に甲に追いつく．

(問 6.4.8) 同じ時刻に分速 100m の甲は P 町から Q 町へ向かって出発し，分速 90m の乙と分速 70m の丙は Q 町から P 町へ向かって出発した．途中甲は乙と出会ってから2分後に丙と出会ったという．P 町から Q 町までは何 m あるか．

(問 6.4.9) 山下君は，家を午前8時に出発し，毎分 80m の速さで行くと，始業時刻より4分早く学校につき，毎分 65m で行くと始業時刻に2分遅れる．この学校の始業時間は何時何分か．また山下君の家から学校までの距離はいくらか．

（問 6.4.10）A地点にいる8人が 20km 離れたB地点に行くのに，5人乗りの車が1台しかない．そこで5人が車で，3人が駆け足で同時に出発した．B地点の手前 $x$ km の所で，車に乗っていた4人は降り，駆け足でB地点に向かった．1人は車を運転して引き返し，走ってくる3人を拾って，再びB地点に向かった．B地点に到達したのは8人同時だった．

車の時速は 60km，駆け足の時速は 12km，乗り降りに要する時間は考えないものとして，$x$ の値を求めよ．　［慶応義塾志木高］

**（例 6.4.5）** 4時から5時までの間で，時計の長針と短針の重なる時刻はいくらか．

**（解）** これは**時計算**といわれる種類の問題であるが，旅人算の一種である．日本では長針・短針をもつ**アナログ時計**は電車の駅のプラットホームぐらいでしか見かけないが，イギリスでは至る所でアナログ時計を見かける．

長針の角速度は(360/60)$^\circ$/分＝6$^\circ$/分，

短針の角速度は(30/60)$^\circ$/分＝0.5$^\circ$/分

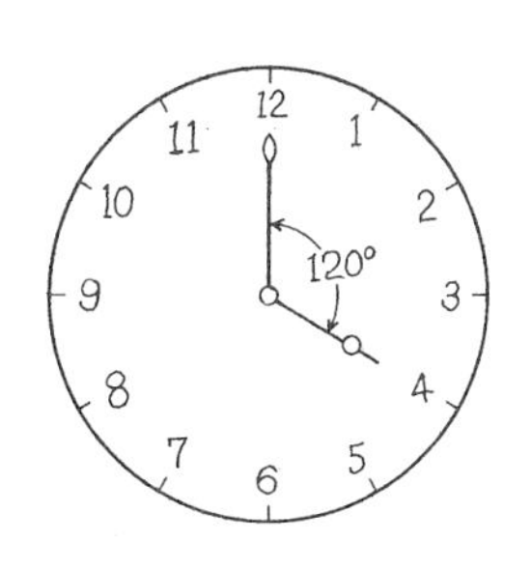


である．4時 $x$ 分で長針と短針が一致するとすると

長針が4時から4時 $x$ 分まで進む角度は

$6^\circ$/分 × $x$ 分 ＝ $6x^\circ$，

短針が0時から4時 $x$ 分まで進む角度は

$30^\circ$/時 × 4時 ＋ $0.5^\circ$/分 × $x$ 分 ＝ $(120+0.5x)^\circ$

題意によって

$$6x=120+0.5x,\quad 5.5x=120,\quad x=\frac{240}{11}=21\frac{9}{11}$$

それで，長針と短針が重なるのは，4時21分$49\frac{1}{11}$秒である.

(問 6.4.11) 4時から5時までの間で，時計の長針と短針が一直線になるのは何時何分か.

(問 6.4.12) 4時から5時までの間で，時計の長針と短針が直角になるのは何時何分か.

**(例 6.4.6)** 長さ 220m の特急列車が長さ 200m の普通電車に追いつき，これを全く追い越すまで何秒かかるか. ただし特急列車は毎秒24m，普通電車は毎秒 20m の速さで進んでいるものとする.

**(解)** これは**通過算**といわれる種類の問題である. 東海道線の京都－神戸間は複々線になっていて，この問題のような情景に出会うことがある.

特急列車が普通列車に追いついてから，追い越すまでの情景図は下の図の通りである.

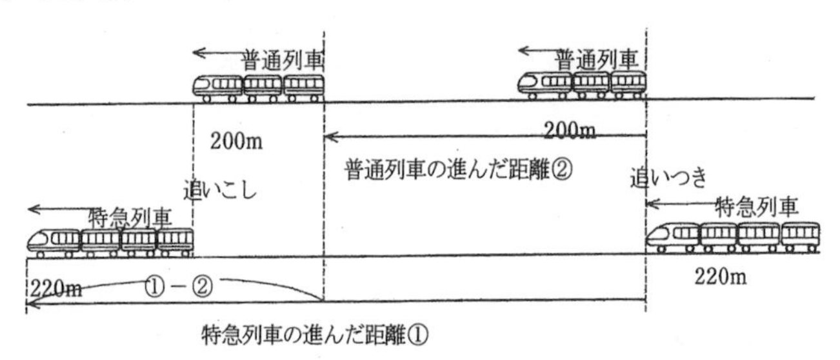


特急列車が普通列車に追いつき，追い越すまでの時間を $x$ 秒とすると，この間に

特急列車の進んだ距離＝ 24m/秒 ×$x$ 秒＝ 24$x$m　　①

普通列車の進んだ距離＝ 20m/秒 ×$x$ 秒＝ 20$x$m　　②

①－②＝ 2つの列車の長さの和＝ 220m ＋ 200m

$$24x - 20x = 420,$$

$$4x = 420,$$

$x$ 秒＝ 105 秒＝ 1 分 45 秒

(問 6.4.13) 電車が長さ 1320m の鉄橋を渡り始めてから渡り終わるまでに1分5秒かかる．　また，この電車がある地点を通過するのに5秒かかったとすると，この電車の長さはいくらか．電車の速さを $v$m/秒，電車の長さを $x$m として，問題を解け．

**(例 6.4.6)** 3％の食塩水を 200g と，5％の食塩水を 400g を混ぜ，これを水で薄めて4％の食塩水を作りたい．何 g の水が必要か．

**(解)** 3％の食塩水 200g 中の純食塩の量＝ 0.03g/g×200g ＝ 6g，

　　5％の食塩水 400g 中の純食塩の量＝ 0.05g/g×400g ＝ 20g，

水を $x$g 加えると

$$0.04\text{g/g}\times(200+400+x)\text{g} = 6\text{g} + 20\text{g},$$

それで

$$0.04(600+x) = 26,$$
$$24 + 0.04x = 26,$$
$$0.04x = 2, \qquad x = 50$$

水は 50g 加えるとよい．

(問 6.4.14) 10％の食塩水 200g がある．このうち，$x$g を5％の食塩水と入れ替えたところ，8％の食塩水となった．$x$ の値を求めよ．［明星高］

**(例 6.4.7)** 長さ 20m の甲，乙2つの巻尺で2点 A, B 間を測った結果，甲では 250.5m，乙では 249m と測れた．甲と乙の巻尺を調べたら，正しい物指で 12cm の差があった．甲，乙にはそれぞれいくらの伸び縮みがあったか．また A, B 間の正確な距離はいくらか．

［神戸女学院中，類題は香川大］

**(解)** この問題の厄介なことは，甲も乙も狂った物指であること．しかし甲と乙を**個別単位**と考えたら，厄介でなくなる．

　甲尺で AB は 250.5m÷20m/回＝ 12.525 回測れる．

　乙尺で AB は 249m÷20m/回＝ 12.45 回測れる．

短い物指である甲尺の真の長さを $x$m とすると，長い物指である乙尺の

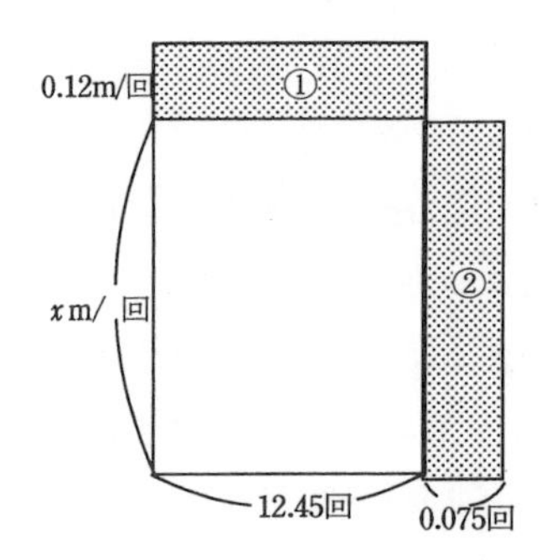


長さは$(x + 0.12)$m である．したがって

真の長さ$=(x + 0.12)$m/回×12. 45回

$= x$m/回× 12.525 回,

それで

$$12.45(x + 0.12) = 12.525x$$

$$0.075x = 1.494,$$

$$x = 19.92$$

それで，甲尺の長さは 19.92m，乙尺の長さは 20.04m，AB ＝ 249.498m となる．

(例 6. 4. 8) いつも同じ割合で水が入っている水槽がある．この水槽一杯の水を，毎分 9 $l$ 流れ出すＡ管を使うと 10 分間で，毎分 13 $l$ 流れ出すＢ管を使うと6分間で空にすることができる．この水槽には，毎分何 $l$ の水が入っているか．

**(解)** 水槽の容積をＶ $l$，注水の流量を $x$ $l$/分とすると，

Ａ管ではＶ $l$ ＋ $x$ $l$/分 ×10 分＝ 9 $l$/分 ×10 分　　①

Ｂ管ではＶ $l$ ＋ $x$ $l$/分 ×6 分＝ 13 $l$/分 ×6 分　　②

①, ②式を整理し

$$V + 10x = 90,$$

$$V + 6x = 78,$$

上式から下式を引くと

$$4x = 12, \quad x = 3$$

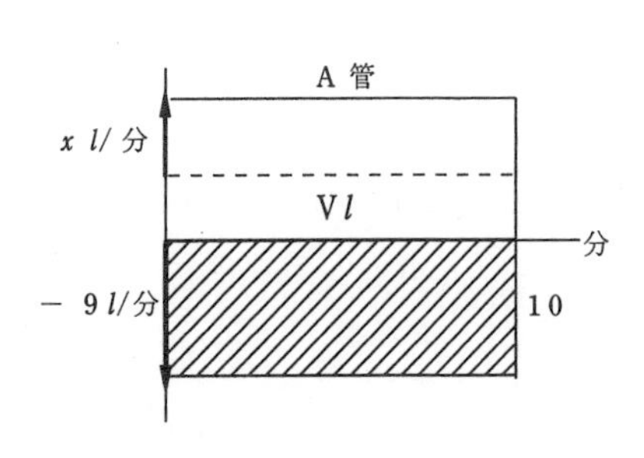


注水は 3 $l$/分である．

(問 6. 4. 15) 水槽の水をくみ出すのに，ポンプＡを２台とポンプＢを１台用いると 40 分かかる．ポンプＢを１台増やして４台用いると 28 分かかる．ポンプＡを１台だけ用いると，くみ出しに何時間何分かかるか．

**[ヒント]** 水槽の水の量を 1V(ボリューム)として，ポンプ A, B 1 台の排水量を量単位Ｖで表せ．

**(例 6.4.9)** A, B, C の3人がある地点から同方向に出発した．Bは A より3分遅れて出発し，それから9分後に A に追いついた．Cは A よりも6分遅れて出発し，それから9分後に A に追いついた．このとき，C は何分後に B に追いつくか．

**(解)** 出発点から, B が A に追いついた地点までの距離を $a$m としよう．

Aの分速は $\dfrac{1}{12}a$ m/分，Bの分速は $\dfrac{1}{9}a$m/分である．

**<u>AとBの運動</u>** (陰影部が $a$m である.)

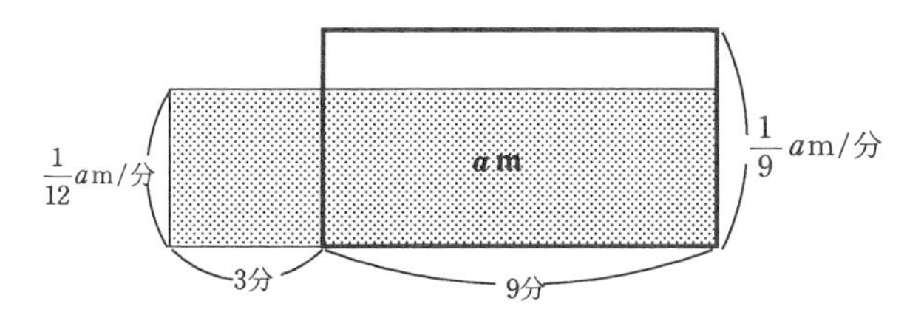


**<u>AとCの運動</u>**

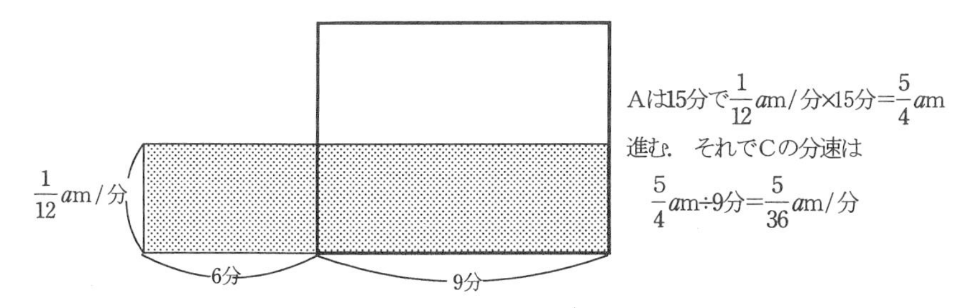


Cが出発してから $x$ 分後に B に追いつくとすると,

$$\frac{1}{9}a(3+x)=\frac{5}{36}ax,$$

両辺に 36 を掛け，$a$ で割ると

$$4(3+x)=5x, \quad x=12$$

Cは出発後 12 分で B に追いつく．

(問 6.4.16) 兄が3分で行くことのできる道程を，妹は5分かかる．いま，妹が出発してから 20 分後に，兄が妹を追いかけると，何分後に追いつくか.

[**ヒント**：兄が 3 分で行く距離を $a$m とせよ.]

(問 6.4.17) ある仕事を，A君なら 12 日で，B君なら 15 日でやり遂げる．いま，B君が 4 日間だけA君に協力すると，後A君は単独でその仕事を何日で仕上げるか.

[**ヒント**：ある仕事を 1 W(ワーク)という量にすると，A, B の 1 日あたりの仕事量が計算できる.]

(問 6.4.18) 蜜柑なら 20 個，林檎なら 15 個買える金額で，蜜柑を 12 個買い，残りのお金で林檎を買ったところ，ちょうど買うことができた．林檎は何個買うことができるか.

[**ヒント**：蜜柑 20 個が買える金額を 1C(コスト)とすると，蜜柑と林檎の単価が得られる.]

## 練習問題 6

**1**．現在父は41歳，子供は14歳である．父の年齢が子供の年齢の 4 倍になるのはいつか.

**2**．50 円切手と 80 円切手を合計 20 枚買って，代金を 1210 円払った．それぞれ何枚ずつ買ったか.

**3**．9%の食塩水 100g に，20 %の食塩水と水と合わせて 150g 加え，混ぜ合わせたら 10 %の食塩水ができた．20 %の食塩水は何 g 加えたか.

[愛知県]

**4**．長さ 120m の列車が時速 90km で走っている．この列車の最前部がトンネルの手前 500m の地点の踏切にさしかかってから，列車がトンネルを抜けきるまで 2 分かかった．トンネルの長さはどれだけか．トンネルの長さを $x$m として，方程式をたてて求めよ. [石川県]

**5**．A 君と B 君が，片道 6km を往復するロードレースに出場した．スタートして最初，A 君は 1 km あたり 3.9 分，B 君は 1 km あたり 4.1 分の速さで走った.

次に，A君が折り返してB君とすれ違ったときから，A君は1 km あたり 4.2 分の速さに落として走り，B君は1 km あたり 3.8 分の速さに上げて走り，それぞれゴールインした. 次の問に答えよ.

⑴ A君とB君がすれ違った地点は，折り返し地点から何 km か.

⑵ A君とB君が再び並んだ地点は，折り返し地点から何 km か.

［中央大付属高］

6．右の図のような長方形 ABCD があり，点 PはAを，点QはBを同時に出発し，長方形の周上をA→B→C→D→A→…の向きに，

Pは 12cm/秒，Qは 15cm/秒

の速さで動く．次の問に答えよ.

⑴　QがPを始めて追い抜くのは，出発して何秒後か.

⑵　Qがある角を曲がったとき，Qから見て真っすぐ前方を動いているPが初めて見えるのは，出発して何秒後か.　［武蔵高］

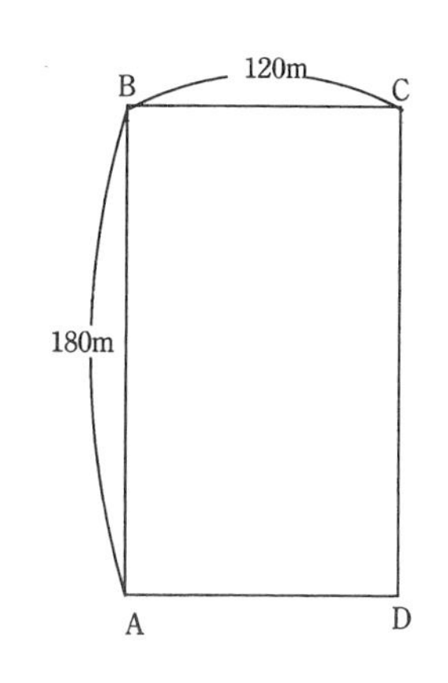


7．分母に3を加え，分子から23を引くと $\frac{9}{11}$ に等しくなり，約分すると $\frac{11}{9}$ になる分数を求めよ.　［拓殖大第一高］

8．原価に 100 円の利益を見込んで定価をつけた品物を，定価の1割引で売ると，原価に対して5分の利益がある．この品物の原価はいくらか.　［佼成学園女子高］

9．原価が1個A円の品物N個に5割増の定価をつけて，売ったが，品物の4割が売れ残った．それで定価の $x$ 割引で，製品を売ったが，残品の $\frac{1}{4}$ がさらに売れ残った．しかしながら，予定の利益の7割2分だけの利益を上ることができた．$x$ を求めよ.　［近畿大］

# 第７章　二元一次連立方程式

## §1. 内包量と外延量の拡張

まず，簡単な例，鶴亀算から始めよう．

**(例 7.1.1)** 鶴と亀があわせて 10 匹いる．足の総数は 28 本である．鶴と亀の数はそれぞれ何匹か．

**(解)**　鶴と亀の数をそれぞれ $x$ 匹，$y$ 匹とする．鶴と亀の特徴は

| | 鶴 | 亀 |
|---|---|---|
| 頭 | 1 個/匹 | 1 個/匹 |
| 足 | 2 本/匹 | 4 本/匹 |

という内包量が２行２列の数値配列で示される．行とは横行，列とは縦列を意味する．

頭の総数は　1 個/匹 ×$x$ 匹＋ 1 個/匹 ×$y$ 匹＝ 10 個,

足の総数は　2 本/匹 ×$x$ 匹＋ 4 本/匹 ×$y$ 匹＝ 28 本,

量記号を取り除くと

$$\begin{cases} 1x + 1y = 10 & \text{①} \\ 2x + 4y = 28 & \text{②} \end{cases}$$

と書ける．未知数が $x$, $y$ ２つあり，それぞれ１次だから，①, ②を併せて**二元一次連立方程式**という．これを解くために

①×4　　$4x + 4y = 40$　　③

とし，③－②を計算すると

$$2x = 12, \qquad x = 6$$

これを①に代入して

$$y = 4$$

（解終わり）

この例で，内包量をまとめて

$$\begin{pmatrix} 1 & 1 \\ 2 & 4 \end{pmatrix}$$

と書き，**行列**という．未知数 $x$, $y$ をまとめて

$$\begin{pmatrix} x \\ y \end{pmatrix}$$

と書き，**ベクトル**という．鶴と亀の頭数の和と足数の和もベクトルで表し

$$\begin{pmatrix} 1 & 1 \\ 2 & 4 \end{pmatrix}\begin{pmatrix} x \\ y \end{pmatrix} = \begin{pmatrix} 10 \\ 28 \end{pmatrix}$$

と表現できる．すると，

行列×ベクトル＝ベクトル

の形に書くことができる．　行列

$\begin{pmatrix} 1 & 1 \\ 2 & 4 \end{pmatrix}$ を $\boldsymbol{A}$,

ベクトル

$\begin{pmatrix} x \\ y \end{pmatrix}$ を $\boldsymbol{x}$, $\begin{pmatrix} 10 \\ 28 \end{pmatrix}$ を $\boldsymbol{b}$

とおくと，この問題は

$$\boldsymbol{Ax} = \boldsymbol{b}$$

と表現できる．これは一元一次方程式

$$ax = b$$

と形式的に同じである．違うところは，乗法 $\boldsymbol{Ax}$ が

$$(1\ \ 1)\begin{pmatrix}x\\y\end{pmatrix}=1\times x+1\times y,$$

$$(2\ \ 4)\begin{pmatrix}x\\y\end{pmatrix}=2\times x+4\times y,$$

というように，積和になっていることである．

**(例 7. 1. 2)** いくつかの蜜柑を大人と子供に分けたいと思う．子供は大人より２人多い．子供１人に４個，大人１人に２個ずつ配ると29個が余る．子供１人に６個，大人１人に３個ずつ配ると１個余る．

(1) 大人の人数は何人か．

(2) 蜜柑は全部でいくつあるか．

**(解)** 大人の人数を $x$, 蜜柑の数を $y$ とする．題意により

| | 子供 | 大人 |
|---|---|---|
| 第一の分配法 | 4 個/人 | 2 個/人 |
| 第二の分配法 | 6 個/人 | 3 個/人 |

子供の人数は $x+2$ である．それで

$$4\text{ 個/人}\times(x+2)\text{人}+2\text{ 個/人}\times x\text{ 人}=(y-29)\text{個} \quad ①$$

$$6\text{ 個/人}\times(x+2)\text{人}+3\text{ 個/人}\times x\text{ 人}=(y-1)\text{個} \quad ②$$

となる．量の記号を省略すると

$$\begin{cases}4(x+2)+2x=y-29 & ③\\ 6(x+2)+3x=y-1 & ④\end{cases}$$

となる．③④式を整理すると

$$\begin{cases}6x-y=-37 & ⑤\\ 9x-y=-13 & ⑥\end{cases}$$

となる．⑤−⑥を計算すると

$$-3x=-24,$$

$$x = 8,$$

これを⑤に代入すると

$$48 - y = -37,$$

$$y = 85$$

それで，大人は8人，子供は10人，蜜柑は85個ある．

（例 7.1.3）と同じように，③，④を行列とベクトルの形

$$\begin{pmatrix} 4 & 2 \\ 6 & 3 \end{pmatrix}\begin{pmatrix} x+2 \\ x \end{pmatrix} = \begin{pmatrix} y-29 \\ y-1 \end{pmatrix}$$

に書き直せる．行列

$$\begin{pmatrix} 4 & 2 \\ 6 & 3 \end{pmatrix}$$

は1人1人に分配される1あたり量をまとめて表現したものである．また⑤，⑥式も

$$\begin{pmatrix} 6 & -1 \\ 9 & -1 \end{pmatrix}\begin{pmatrix} x \\ y \end{pmatrix} = \begin{pmatrix} -37 \\ -13 \end{pmatrix}$$

と表現し直すことができる．いずれにしても，この問題でも

行列×ベクトル＝ベクトル

の形に書くことができる．

## §2.　二元一次連立方程式の一般的解法

**（例 7.2.1）**
$$\begin{cases} x + 2y = 10 \\ 3x - y = 9 \end{cases}$$

を解け．

**（解）** **加減法**と呼ばれる一般的解法を使う．加減法は $x$ か $y$，いずれかの係数を揃える工夫をする．例えば $y$ の係数を2になるように揃える．

上式　　　　$x + 2y = 10$

下式×2　　$6x - 2y = 18$

この2式を加えると

$$7x = 28, \qquad x = 4$$

上式 ×3　　$3x + 6y = 30$

下式　　$3x - y = 9$

上式から下式を引くと

$$7y = 21, \qquad y = 3$$

**(公式)**　$\begin{cases} ax + by = g & ① \\ cx + dy = h & ② \end{cases}$　を解け.

①× $d$　　$adx + bdy = gd$

②× $b$　　$bcx + bdy = hb$

辺々相引くと

$$(ad - bc)x = gd - hb \qquad ③$$

①× $c$　　$acx + bcy = gc$

② ×$a$　　$acx + ady = ha$

辺々相引くと

$$(bc - ad)y = gc - ha,$$

符号を変えて

$$(ad - bc)y = ha - gc \qquad ④$$

③と④とから

> $ad - bc \neq 0$ ならば
>
> $$x = \frac{gd - hb}{ad - bc}, \quad y = \frac{ha - gc}{ad - bc}$$

条件 $ad - bc \neq 0$　は

$$\frac{a}{c} \neq \frac{b}{d}$$

と同じである．それで

$\dfrac{a}{c} \neq \dfrac{b}{d}$　ならば

$x = \dfrac{gd - hb}{ad - bc}$，$y = \dfrac{ha - gc}{ad - bc}$

$\dfrac{a}{c} = \dfrac{b}{d} = \dfrac{g}{h}$　ならば，③，④式は

$$0x = 0,\quad 0y = 0$$

となって，$x$，$y$ は不定(解は無数にある)．

$\dfrac{a}{c} = \dfrac{b}{d} \neq \dfrac{g}{h}$　ならば，③，④式は

$$0x \neq 0,\quad 0y \neq 0$$

となって，$x$, $y$ は不能(解はない)．

［注］ ①,②式の $x$，$y$ の係数の配列を考えてみよう．

$\begin{pmatrix} a & b \\ c & d \end{pmatrix}$, $\begin{pmatrix} b & g \\ d & h \end{pmatrix}$, $\begin{pmatrix} a & g \\ c & h \end{pmatrix}$ に対して

$$\begin{vmatrix} a & b \\ c & d \end{vmatrix} = ad - bc,\quad \begin{vmatrix} b & g \\ d & h \end{vmatrix} = hb - gd,\quad \begin{vmatrix} a & g \\ c & h \end{vmatrix} = ha - gc$$

と計算することに決めると，ただ一つ決まる解は

$$x = \frac{-\begin{vmatrix} b & g \\ d & h \end{vmatrix}}{\begin{vmatrix} a & b \\ c & d \end{vmatrix}},\quad y = \frac{\begin{vmatrix} a & g \\ c & h \end{vmatrix}}{\begin{vmatrix} a & b \\ c & d \end{vmatrix}}$$

と表される．$|\quad|$ で示される値は**２行２列の行列式**の値という．

(問 7.2.1) 次の連立方程式を解け．

(1) $\begin{cases} 3x + 2y = 1 \\ 2x - y = 10 \end{cases}$　［愛知］

(2) $\begin{cases} 3x - 4y = 7 \\ x - 2y = -3 \end{cases}$　［福井］

(3) $\begin{cases} 2x - y = 4 \\ 3x - 5y = 5 \end{cases}$ ［埼玉］

(4) $\begin{cases} 4x + 6 = 2(x + 3y) \\ 3x - 9 = x + 11y \end{cases}$ ［国立高専］

(5) $\begin{cases} 2(y - 5x) + 4(2x - y) = 4 \\ 2x - 3(y - 3) = 0 \end{cases}$

(6) $\begin{cases} 1.2x - 0.9y = 1 \\ 0.16x - 0.27y = -0.1 \end{cases}$

**(例 7.2.2)** 連立方程式

$$\begin{cases} y = x - 2 & ① \\ 3x + 2y = 11 & ② \end{cases}$$

を解け.

**(解)** ①式を②式に代入すると

$$3x + 2(x - 2) = 11,$$

整理して

$$5x - 4 = 11,$$

$$5x = 15,$$

$$\therefore\ x = 3, \quad y = 3 - 2 = 1$$

このような解き方を**代入法**という. しかし基本的な解き方は

$$\begin{cases} x - y = 2 \\ 3x + 2y = 11 \end{cases}$$

と連立させて, 加減法によって解くことである.

**(例 7.2.3)** 連立方程式

$$\begin{cases} x + y = 8 & ① \\ x - y = 2 & ② \end{cases}$$

を解け.

**(解)** ①＋② $2x = 10, \quad x = 5$

①－② $2y = 6, \quad y = 3$

この解き方を**消去法**というが, 加減法の一種に過ぎない.

連立方程式の解き方は, できるだけ係数は整数になるように案配し, 加減法で解けばよい.

## §3. 内包量が未知の場合

**(例 7.3.1)** A, B ２種類の缶詰がある．A を３個と B を２個買ったときの代金は 1400 円；A を７個と B を４個買ったときの代金は 3100 円だった．A, B の缶詰の単価を求めよ．

**(解)**

| | A | B |
|---|---|---|
| 単価 | $x$ 円/個 | $y$ 円/個 |

に対し

| | 第一のパック | 第二のパック |
|---|---|---|
| A | ３個 | ７個 |
| B | ２個 | ４個 |

から

$x$ 円/個 ×3 個＋ $y$ 円/個 ×2 個＝ 1400 円,

$x$ 円/個 ×7 個＋ $y$ 円/個 ×4 個＝ 3100 円

量記号を省略すると

$$(x,\ y)\begin{pmatrix}3\\2\end{pmatrix}=1400 \qquad (x,\ y)\begin{pmatrix}7\\4\end{pmatrix}=3100$$

となる．これらをまとめると

$$(x,\ y)\begin{pmatrix}3 & 7\\2 & 4\end{pmatrix}=(1400,\ 3100)$$

という形に書き直すことができる．これは

横ベクトル×行列＝横ベクトル

の形になっている．

$$(x,\ y)^t=\begin{pmatrix}x\\y\end{pmatrix},\ \begin{pmatrix}3 & 7\\2 & 4\end{pmatrix}^t=\begin{pmatrix}3 & 2\\7 & 4\end{pmatrix},\ (1400,\ 3100)^t=\begin{pmatrix}1400\\3100\end{pmatrix}$$

と右肩に t のついたものは，横に並んでいるものを縦に直すことを意味し，**転置する**(transpose)という．

$$xA = b$$

を転置すると

$$(xA)^t = b^t \text{ は } A^t x^t = b^t$$

となり，

$$\begin{pmatrix} 3 & 2 \\ 7 & 4 \end{pmatrix}\begin{pmatrix} x \\ y \end{pmatrix} = \begin{pmatrix} 1400 \\ 3100 \end{pmatrix}$$

という形になる．つまり

$$\begin{cases} 3x + 2y = 1400 & ① \\ 7x + 4y = 3100 & ② \end{cases}$$

①×2　　$6x + 4y = 2800$　　③

②−③　　$x = 300,$

これを①に代入すると，

$$900 + 2y = 1400,$$
$$2y = 500,$$
$$y = 250,$$

従って．A 缶は 300 円，B 缶は 250 円である．

## §4.　二元一次連立方程式の文章題

二元一次連立方程式の応用問題を解くには，問題の文章をよく読んで，立式をしなければならない．そのためには，今までの数学の内容がよく理解されていなければならない．

**(例 7.4.1)**　2桁の自然数がある．その自然数は，各桁の数字の和の7倍に等しい．また 10 位の数と 1 位の数を入れ替えてできた2桁の数は，元の自然数より 36 小さい．元の自然数を求めよ．

**(解)**　2桁の自然数は $10x + y$ と表される．桁の数字を入れ替えた数は $10y + x$ と表される．題意によって

$$\begin{cases} 10x + y = 7(x + y) \\ 10y + x = 10x + y - 36 \end{cases}$$

これらを整理すると

$$\begin{cases} 3x - 6y = 0 \\ 9x - 9y = 36 \end{cases}$$

さらに最初の式を3で，第二の式を9で割ると

$$\begin{cases} x - 2y = 0 & ① \\ x - y = 4 & ② \end{cases}$$

②−①を計算すると，$y = 4$；それで $x = 8$. 求める数は84である.

(問 7.4.1) 2桁の自然数が2つある．一つの自然数は他の自然数の各桁の数字をひっくり返したものである．それらの2数の和は99，それらの2数の差は45である．2つの数を求めよ．

(問 7.4.2) 2桁の正の整数がある．この整数は，各桁の数の和の4倍よりも3大きい．また10位の数字と1位の数字を入れ替えた整数は，元の整数より9大きい．もとの整数を求めよ．

(問 7.4.3) 二つの自然数 $x$, $y$ がある．その和を9で割ると商が8で，余りが5になる．また $x$ を $y$ で割ると商が3で，余りが9になる．$x$, $y$ を求めよ．

**(例 7.4.2)** A, B 2種類の食塩水がある．A の食塩水を240g, B の食塩水を120g取り出して混ぜると，8％の食塩水ができる．また，A の食塩水を80g, B の食塩水を160g取り出して混ぜると，10％の食塩水ができる．A, B 2種類の食塩水の濃度はそれぞれ何％か．

**(解)** A の濃度は $x$ ％，B の濃度は $y$ ％とすると，それぞれの混合食塩水の中の食塩の量は

$$\frac{x}{100}\mathrm{g/g}\times 240\mathrm{g}+\frac{y}{100}\mathrm{g/g}\times 120\mathrm{g}=\frac{8}{100}\mathrm{g/g}\times 360\mathrm{g}$$

$$\frac{x}{100}\mathrm{g/g}\times 80\mathrm{g}+\frac{y}{100}\mathrm{g/g}\times 160\mathrm{g}=\frac{10}{100}\mathrm{g/g}\times 240\mathrm{g}$$

である．量記号を除けて，整理すると

$$\begin{cases} 240x + 120y = 2880 \\ 80x + 160y = 2400 \end{cases}$$

上式を 120 で，下式を 80 で割ると

$$\begin{cases} 2x + y = 24 \\ x + 2y = 30 \end{cases}$$

これを解いて，$x = 6$，$y = 12$ を得る。

（問 7.4.4）10 %の食塩水と 20 %の食塩水をいくらかずつ混ぜて，16 %の食塩水 500g を作ろうと思ったが，10 %の食塩水と間違えて水を入れてしまった．このとき，何%の食塩水ができるか．

（問 7.4.5）濃度 $x$ %の食塩水を A，$y$ %の食塩水を B とする．A, B をそれぞれ 5 : 2 の割合で混ぜると 7 %，3 : 4 の割合で混ぜると9%の食塩水になる．

(1) 濃度の値 $x, y$ を求めよ．

(2) 食塩水 A200g に，食塩水 B を $z$g 加えて10%の食塩水を作りたい．$z$ を求めよ．［駒沢大付属高］

（問 7.4.6）茶 12kg とコーヒー 3kg の値段は 42000 円である．コーヒー 12 kg と茶 3kg の値段は 33000 円だった．それぞれ 1kg の値段はいくらか．

**（例 7.4.3）** 1 男 1 女が共に働いて15日で完成する仕事がある．この仕事を 7 男 9 女でかかれば 2 日でできる．もしもこの仕事を 1 人の男でやるとすると何日かかるか．

**（解）** この仕事全体量を 1 W とする．1 日の仕事量を男が $x$ W/日，女が $y$ W/日こなすとする．

$$x\text{W/日} \times 15\ \text{日} + y\text{W/日} \times 15\ \text{日} = 1\ \text{W}$$

$$7x\text{W/日} \times 2\ \text{日} + 9y\text{W/日} \times 2\ \text{日} = 1\ \text{W}$$

量の計算をすると

$$\begin{cases} 15x\text{W} + 15y\text{W} = 1\ \text{W} \\ 14x\text{W} + 18y\text{W} = 1\ \text{W} \end{cases}$$

Wで割ると

$$\begin{cases} 15x + 15y = 1 \\ 14x + 18y = 1 \end{cases}$$

$$x=\frac{1\times18-1\times15}{15\times18-14\times15}=\frac{3}{60}=\frac{1}{20},\ y=\frac{1\times15-1\times14}{15\times18-14\times15}=\frac{1}{60}$$

1W÷$x$W/日＝1W×20 日/W=20 日

が答である.

（問 7.4.7）ある印刷会社で，印刷機 A，B を使って，合わせて 77000 枚のポスターを印刷する．午前中は A, B とも２時間かけて印刷したところ，A の印刷枚数は B の印刷枚数より 1000 枚多かった．午後は，１時間あたりの印刷枚数を，A は午前中の１割増で，B は２割増でそれぞれ２時間印刷した．さらに，A だけ午前中の３割増で１時間印刷して，すべてのポスターができあがった．午前中の１時間あたりの A, B の印刷枚数をそれぞれ求めよ.

（問 7.4.8）甲乙２人が働いて 15 日でこなす仕事がある．今，ともに６日働き，甲が休んだ．その残りの仕事を乙が一人で 24 日間で仕上げた．甲１人でこの仕事をすれば，何日かかるか.

（問 7.4.9）あるプールに注水するのに A と B の２つの水道管がある．A, B ２つの管を使って水を入れ始めた．A 管を１時間と B 管を２時間使ったらプールの 1/3 だけ水が入った．さらに A 管を４時間と B 管を１時間使って注水したら，プールは満水になった．A 管，B 管それぞれ１本でプールに注水すると何時間かかるか．［プールの容積を V$\mathrm{m}^3$ とせよ.］

**（例 7.4.4）** 川の上流に A 地点，下流に B 地点がある．ボートを漕いで AB 間を往復したところ，下りは 20 分かかり，上りは 30 分かかった．AB 間の距離を 6km とすると，ボートの静水での速さと川の流れの速さを求めよ.

**（解）** ボートの静水中の速さを $x$m/分，川の流速を $y$m/分とすると，

川下りの速さは$(x+y)$m/分，川上りの速さは$(x-y)$m/分

である．それで，題意により

$(x+y)$ m/分 ×20 分＝6000m

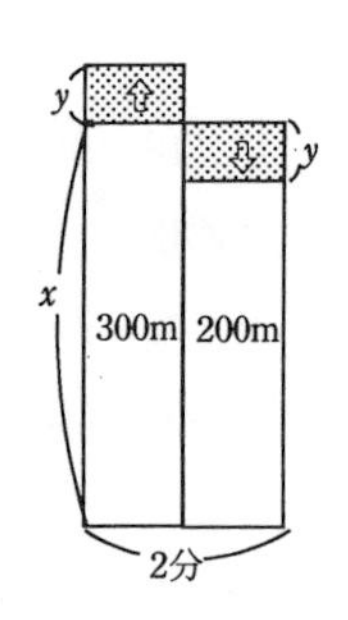


$$(x-y)\text{m/分}\times 30\text{分}=6000\text{m}$$

量の計算をして，整理すると

$x+y=300$ ①

$x-y=200$ ②

①＋② $2x=500$，$x=250$

①－② $2y=100$，$y=50$

従って，ボートの静水中の速さは250m/分，

川の流速は50m/分である．

(問 7. 4. 10) ある中学校の本年度の入学者は 288 人で，前年度に比べると男子は14％多く，女子では10％少なくなったので，全体では８人多くなった．本年度の男子と女子の入学者数を求めよ．[昨年度の男女の入学者数をそれぞれ $x$, $y$ 人とせよ．]

(問 7. 4. 11) 現在の父の年齢は，子供の年齢の３倍より１歳若い．いまから12年後には，父の年齢が子供の年齢の２倍となる，現在の父と子供の年齢を求めよ．

(問 7. 4. 12) 分数の分子に１を加え，分母から１を引くと，その値は１になる．分子に分母を加え，分母より分子を減ずれば，その値は４になる．分数の値を求めよ．［分数を $y/x$ とせよ．］

(問 7. 4. 13) 分数がある．分母子の差は 12，分母子に 5 を加えると 3/4 になるという．そのような分数を求めよ．

(問 7. 4. 14) 兄弟が，メダルを用い，次のルールに従ってゲームをした．

［ルール］

| １枚のメダルを投げるごとに，<br>表が出れば兄は弟から３点をもらい，<br>裏が出れば弟は兄から２点をもらう． |
|---|

兄が 100 点，弟が 140 点を持ち点としてゲームをはじめた．１枚のメダルを 40 回投げ終わったところで，兄の持っている点数が弟の持っている点数の２倍になっていたという．このとき，表の出た回数，裏の出た回数をそ

れぞれ求めよ．［佐賀］

## §5. 古い数学書からの問題

中国で古く秦漢の時代から伝えられた算術書に『**九章算術**』がある．263 年に魏(かの魏史倭人伝の魏である)の劉徽(りゅうき)が注釈をしてまとめたものが現存する．その本の第８章が「方程」と名付けられ，連立方程式の問題が取り上げられている．

「牛が５頭，羊が２頭なら，その代価の金は10両である．また，牛が２頭，羊が５頭なら，その代価の金は８両である．では，牛と羊それぞれの代価の金はいくらか．」

牛と羊の代価の金をそれぞれ $x$ 両/頭，$y$ 両/頭とすると

$x$ 両/頭 ×5 頭＋ $y$ 両/頭 ×2 頭＝ 10 両

$x$ 両/頭 ×2 頭＋ $y$ 両/頭 ×5 頭＝ 8 両

となり，量計算をして，量の単位を外すと

$$5x + 2y = 10$$

$$2x + 5y = 8$$

これを解いて

$$x=\frac{34}{21},\quad y=\frac{20}{21}$$

牛１頭の代価は金1両と 13/21, 羊１頭の代価は金 20/21 両である．

時代が下がって，江戸時代，和泉の国の和算家**西脇利忠**が元禄の頃に書いた『算法天元録』の「方程門」の章には

「例えば，馬３匹と牛５匹の価は併せて 226 両，また馬５匹と牛４匹の価は併せて 264 両である．馬と牛の１匹の価はいくらか」

と金額が時価に修正されている．馬１頭は32両，牛１頭は 26 両である．

当時の貨幣単位は

金　１両＝４分＝ 16 朱

＝銀 60 匁

＝銅貨の銭４貫＝4000 文

九章算術　卷八　九
禾秉實八斗下禾一秉實三斗
術曰如方程置上禾三秉正下一十秉負益實六斗
正次置上禾二秉負下禾五秉正益實一斗正以正負
術入之
言上禾三秉之實少益其六斗然後于下禾十秉相
當也放亦互其算而以六斗爲差實者下禾之
餘實
今有牛五羊二直金十両牛二羊五直八両問牛羊
各直金幾何答曰牛一直金一両二十一両之一十
算羊一直金二十一分両之二寸
術曰如方程
假令爲同斎頭位爲牛當相乗右行定
更置牛十羊四直金二十両左行牛十羊二十
一使之然也以少行減多行則牛數盡惟羊與直金
之數見可得而知也以小推大雖四五行不異也
今有賣牛二羊五以買一十三豕有餘一千賣牛三
豕三以買九羊錢適足賣六羊八豕以買五牛錢不足
九章算術　卷八　十
六百問牛羊價各幾何答曰牛價一千二百羊價五
百豕價三百

**「九章算術」の「方程」の部分**

である．当時，上米１石が銀 27 匁といわれていたから，馬１頭は上米 65 石くらいの相場になる．

以下，「九章算術」の問題を列挙する．

(問 7.5.1)　５羽の雀と６羽の燕がいる．それぞれを集めて重さを量ってみると，雀をまとめたものは重く，燕をまとめたものは軽かった．そこで，雀と燕とを１羽だけ入れ替えてみると，秤はちょうど平らになった．そして雀と燕とを併せた重さは１斤であった．それでは，雀と燕，それぞれ１羽の重さはいくらか．［１斤＝16 両である．］

(問 7.5.2)　甲乙２人が銭をもっているが，その数は分からない．しかし甲が乙の銭の半分を貰えば，銭は 50 となり，乙が甲の銭の 2/3 を貰えば，やはり銭は 50 になる．それでは，甲と乙の持っている銭は，それぞれいくらか．

(問 7.5.3)　２頭の馬と１頭の牛の価が，１万より多いこと馬半頭分の価に等しい．また，１頭の馬と２頭の牛の価が１万に足りないこと牛半頭の価に等しい．それでは，牛と馬１頭の価は，それぞれいくらか．

## 練習問題７

１．三元連立一次方程式を解くには，まず$z$を消去して$x$，$y$の値を求めればよい．この方法で，次の方程式を解け．

(1) $\begin{cases} x-y+z=0 \\ y-2z=1 \\ x-3z=-1 \end{cases}$　　(2) $\begin{cases} x+y+z=-4 \\ 3x+y-2z=8 \\ -2x-2y+z=2 \end{cases}$

２．$3x-2y=9a$，$4x+y=5a+3$，$5x+4y=4a$が同時に成り立つような$a$の値を求めよ．［広島大］

３．３桁の整数がある．三つの数字の和は 10 で，真ん中の数字の４倍は他の２つの数字の和に等しい．また，元の数の数字を逆に並べてできる数は，元の数より 198 大きいという．元の数を求めよ．

４．銀 60 %を含む合金と，銀 90 %を含む合金を混ぜて，銀 80 %を含む合金をつくるつもりであったが，間違って 60 %を含むものを 1.5kg 多くしたため，銀を 75 %含む合金ができた．何 kg ずつ混ぜればよかったか．

５．ある村で選挙のため調べた本年１月現在の有権者数は 5373 人で，これと前回の調べと比べると，男は４%増，女は２%減となり，結果は48人増となっている．前回の男女有権者の数を求めよ．

６．A, B, C ３つの食塩水がある．A, B を 100g とって混ぜると５%の食塩水になり，A を 100g，C を 300g とって混ぜると 10 %になり，B を 200g，C を 300g とって混ぜると 10 %になり，B を 200g，C を 400g とって混ぜるとまた 10 %になるという．A, B, C はそれぞれ何%の食塩水か．ただし，$a$ %の食塩水というのは，100g 中に食塩が$a$ g 含まれているものをいう．

７．$a$および$b$はいずれも３桁の正整数で，10 位の数字は同じであるが，1 位の数字と 100 位の数字は相互に交換したものである．この交換した

２つの数字の和は $a$ および $b$ の 10 位の数字に等しい．一定速度の飛行機が 0.5 時間で $a$km，1.04 時間で $b$km 飛行したとする．この飛行機の時速を求めよ．また $a$ および $b$ を求めよ．　［共立薬大］

# 第8章　一元一次不等式

## §1. 不等号と不等式

二つの数$a, b$があり，「$a$が$b$より大きい」ことを$a > b$，または$b < a$と書く．

$a > b$は$a - b > 0$と同じことである．

「$a$が$b$より小さい」ことを$a < b$と書く．

$a < b$は$a - b < 0$と同じことである．

数直線上の位置で$a, b$が表されているとき，$a > b$は「$b$を表す点が$a$を表す点より左側にある」ことと同じである．

記号$>$，$<$を**不等号**という．以下，不等号に関する諸性質をあげていこう．

> (Ⅰ)　２つの数$a, b$があれば，
>
> $$a > b \text{ か } a = b \text{ か } a < b$$
>
> のいずれか一つだけが成立する．(**三一律**)

(問　8.1.1)　三一律を仮定すると

「任意の数$a$に対し，$a > 0$か$a = 0$か$a < 0$のいずれか一つだけが成立すること」を示せ．

「$a > b$か，または$a = b$である」ことを$a \geqq b$と書く．

「$a < b$か，または$a = b$である」ことを$a \leqq b$と書く．

日常語（日本語）の表現では，$a \geqq b$は「$a$は$b$ **以上**」，$a \leqq b$は「$a$は$b$ **以下**」，$a > b$は「$a$は$b$ **をこえる**」，$a < b$は「$a$は$b$ **未満**」というよう

に複雑である．

**(例 8.1.1)** 「$3 \geqq 2$」という表現は「3は2以上」で正しい．というのは「$3 \geqq 2$」は「$3 > 2$ または $3 = 2$」のことである．

「$3 > 2$」や「$3 = 2$」のように真か偽かはっきりしている文章を**命題**という．「$3 > 2$」は真，「$3 = 2$」は偽である．2つの命題を**または**で結び付けたものは**どちらか1つが真ならば，全体を真とみる**．従って

「$2 \geqq 2$」は「$2 > 2$ または $2 = 2$」で「偽または真」

となり，正しい表現なのである．

(II) $a > 0$，$b > 0$ ならば $a + b > 0$，

$a < 0, b < 0$ ならば $a + b < 0$

(III) $a > b$，$b > c$ ならば $a > c$ (**推移律**)

$a > b$ は $a - b > 0$ と同じ．$b > c$ は $b - c > 0$ と同じ．それで(II)を使って

$$(a - b) + (b - c) = a - c > 0$$

となり，このことは $a > c$ と同じである．

(IV) $a > 0$，$b > 0$ ならば $ab > 0$，

$a > 0$，$b < 0$ ならば $ab < 0$，

$a < 0$，$b < 0$ ならば $ab > 0$，

$a < 0$，$b > 0$ ならば $ab < 0$

この性質は正負の数のところで説明ずみである．

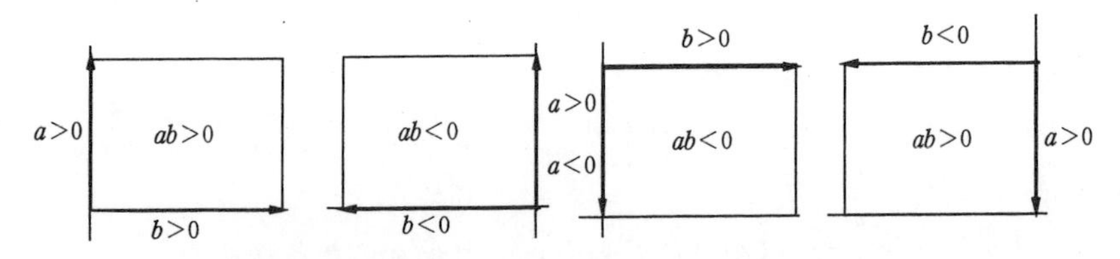


(V) $c$ がどんな数であっても

$a > b$ ならば $a + c > b + c$，$a - c > b - c$，

$a < b$ ならば $a + c < b + c$，$a - c < b - c$

このことは，

　$a>b$ は $a-b>0$ と同じであるから，$(a+c)-(b+c)=a-b>0$ となり，正しいことが分かる．

(VI) $a>b,\ c>0$ ならば $ac>bc,\ \dfrac{a}{c}>\dfrac{b}{c}$；

　$a>b,\ c<0$ ならば $ac<bc,\ \dfrac{a}{c}<\dfrac{b}{c}$

このことは，$c>0$ ならば

　$a>b$ は $a-b>0$ と同じであり，$ac-bc=(a-b)c=$正×正$>0$ であることから，正しいことが分かる．

(問 8.1.2) 次の性質が成立することを示せ．

(1) $a \geqq b,\ c \geqq d$ ならば $a+c \geqq b+d$

(2) $a \geqq b>0,\ c \geqq d>0$ ならば $ac \geqq bd$

(3) $a>b$ ならば $a>\dfrac{a+b}{2}>b$

(4) $a>b>0,\ c>d>0$ ならば $ac>bd,\ \dfrac{a}{d}>\dfrac{b}{c}$

(問 8.1.3) 次の数量の関係を不等号を使って表せ．

(1) $a$ は $b$ より大きく，$a$ と $b$ の差は7より大きい．

(2) $a$ 円/本の鉛筆3本と $b$ 円/冊のノート2冊の代金は1000円以下である．

(3) $x$ km の距離を時速4km で歩いて，$t$ 時間以上かかった．

(4) $a$ 人の子供に $b$ 個の林檎を，1人4個ずつ分配すると，最後の1人は4個貰えなかった．

(5) 現在，父は $a$ 歳，子供は $b$ 歳である．2年前，子供の年齢は父の年齢の半分より小さかった．

## §2. 一元一次不等式の解法

未知数 $x$ の二つの多項式が不等号で結ばれているものを，**一元不等式**という．$x$ の次数が1次のとき，**一元一次不等式**という．

この節では、一元一次不等式の解を例題によって探って行く．

**(例 8.2.1)** 不等式 $3x-7<2$ を解け．

**(解)** 不等式の両辺に7を加えても，前節の性質(V)により，不等号の向きは変わらないから

$$3x-7+7<2+7$$

$$3x<9,$$

両辺を3で割っても，性質(VI)により，不等号の向きは変わらないので

$$x<3.$$

不等式の解は，方程式の解が一つだったのに反し，数の集まり(**数の集合**)で，本来なら

$$A=\{x|x<3\}$$

と書かねばならないが，今後は $x<3$ というように略記する．図で表すと

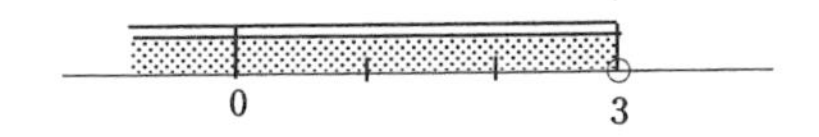


陰影部の領域である．

**(例 8.2.2)** 不等式　$-5x+9<2x-5$ を解け．

**(解)** 両辺から9を引くと

$$-5x+9-9<2x-5-9,$$

$$-5x<2x-14,$$

両辺から $2x$ を引くと

$$-5x-2x<-14,$$

$$-7x<-14,$$

両辺を$(-7)$で割ると，性質(VI)から不等号の向きが変わる．それで

$$x>2$$

**（例　8.2.3）** $\dfrac{x-1}{3}-\dfrac{x-3}{2}\geqq 1$　を解け．

**（解）**　分母をなくすため，両辺に６を掛けても，不等号の向きは変わらない．

$$2(x-1)-3(x-3)\geqq 6,$$

整理して

$$-x+7\geqq 6,$$

両辺から７を引くと

$$-x\geqq -1$$

それで　$x\leqq 1$

（問　8.2.1）次の不等式を解け．

(1)　$3x+1>2x-3$　　(2)　$4x-3<7x+5$

(3)　$2x-1\leqq 4x+3$　　(4)　$7x-2\geqq 4x+7$

(5)　$-2x+4<3x-8$　　(6)　$2x+3>7x-7$

(7)　$4(x-3)>3(x+1)$　　(8)　$2(2x-1)<3x+5$

(9)　$1.8x+2>0.5x+0.7$　　(10)　$0.2x-0.4<0.3x-1$

(11)　$\dfrac{x}{3}-\dfrac{1}{2}<\dfrac{x}{4}-\dfrac{1}{3}$　　(12)　$\dfrac{x}{2}+1<\dfrac{2}{3}x+2$

(13)　$\dfrac{4x-7}{3}<2x-1$　　(14)　$\dfrac{3x-1}{4}<\dfrac{6x+1}{5}$

(15)　$2x-4\leqq\dfrac{1}{3}x+6$　　(16)　$\dfrac{4x-7}{5}>2(x-1)$

(17)　$\dfrac{x-4}{2}\leqq 2x+1$　　(18)　$\dfrac{x-1}{2}-1<\dfrac{x+2}{3}$

**（例　8.2.4）** もっとも一般的な一元一次不等式

$$ax+b>cx+d$$

を解こう．

両辺から $b$ を引くと

$$ax>cx+d-b,$$

両辺から$cx$を引くと

$$ax - cx > d - b,$$
$$(a - c)x > d - b$$

ここから，係数 $a, b, c, d$ の場合分けが必要になる.

（i） $a > c$ ならば$x > \dfrac{d - b}{a - c}$

（ii） $a < c$ ならば$x < \dfrac{d - b}{a - c}$

(iii) $a = c,\ d < b$ ならば，$0 \cdot x > d - b =$負数となり，$x$は不定.

(iv) $a = c,\ d \geqq b$ ならば，$0 \cdot x > 0$ または$0 \cdot x >$正となる$x$は存在しない.

(例 8.2.5) 連立一次不等式

$$\begin{cases} 5x - 3(2x + 5) \geqq 3x - 1 \\ \dfrac{5x-7}{3} - \dfrac{4x-5}{2} < 1 \end{cases}$$

を解け.

①式を整理すると$-x - 15 \geqq 3x - 7$,　　③

②式の両辺に6を掛けて分母を払うと

$$2(5x - 7) - 3(4x - 5) < 6,$$

整理して　　$-2x + 1 < 6$　　④

③の解は $x \leqq -2$, ④の解は $x > -5/2$

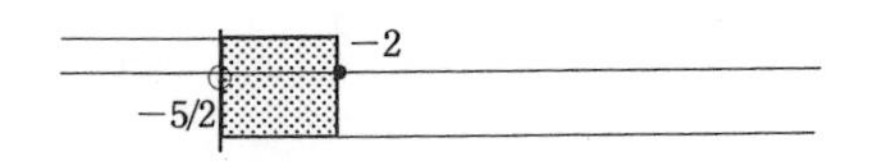


二つの解の共通する部分は $-5/2 < x \leqq -2$

(問 8.2.2) 次の連立不等式を解け.

(1) $\begin{cases} \dfrac{x-1}{2} - \dfrac{x-4}{3} \geqq 2 \\ \dfrac{2-3x}{4} - \dfrac{1}{3} < 3 - \dfrac{5x}{6} \end{cases}$　　［成蹊高］

(2)　$x-2 \leqq 5x-4 < 2x+3$　［桜美林高］

(3)　$0 < \frac{1}{3}(2x-1) - \frac{1}{8}(6x+5) + 1 < \frac{1}{4}$

(問 8.2.3)　次の各問に答えよ.

(1)　不等式 $3(x+5) > 7x-8$ の解で，自然数であるものは何個あるか.　［栃木］

(2)　不等式 $2x-5 < 5x+7$ の解のなかで，一番小さい整数を求めよ.　［国立高専］

(3)　不等式 $3(x+4) > 5x-1$ の解のなかで，一番大きい自然数を求めよ.

(4)　不等式 $\frac{2x-3}{3} > a - \frac{x-4}{2}$ の解が $x>1$ となるとき，$a$ の値はいくらか.　［福岡大付属大濠高］

## §3.　一元一次不等式の文章題

**(例 8.3.1)**　ある美術館の入館料は，大人1人250円，子供1人120円である．ある日の入館者は大人と子供合わせて220人で，入館料の合計は40000円以下であったという．この日の子供の入館者は，少なくとも何人であったか.　［鹿児島］

**(解)**　子供の入館者数を $x$ 人とすると，大人の入館者数は$(220-x)$人.
それで入館料は

120円/人 ×$x$ 人＋250円/人 ×$(220-x)$人＝$120x$ 円＋$250(220-x)$円

である．量の単位を外して

$$120x + 250(220-x) \leqq 40000,$$

整理して

$$-130x \leqq -15000, \qquad \therefore \quad x \geqq 1500/13 = 115.38\cdots$$

$x$ は自然数でなければならないから，この不等式の解の数のなかで最小の整数を選べばよい．　それで $x=116$.　　答は116人.

(問 8.3.1)　1本の定価 120 円の鉛筆がある．この鉛筆をA店では定価の1割引きで売っている．B店では，1ダースまでは定価どおりで，1ダースを越えると，越えた1本につき定価の25%引きで売っている．鉛筆を何本以上買うと，B店の方がA店で買うより安くなるか．不等式をたてて求めよ．

［注・1ダースとは12本のこと］ ［石川］

（問 8.3.2） ある遊園地の入園料は，1人300円であるが，30人以上の団体になると2割引きになる．30人未満の団体が入園するのに，ちょうど30人の団体として料金を払った方が安くなるのは，何人以上の場合か．

（問 8.3.3） 自然数$x$があり，$x$に10を加えたものは，$x$を4倍したものより大きいという．$x$に当てはまる数をすべて求めよ． ［徳島］

**（例 8.3.2）** 13%の食塩水300gに，10%の食塩水を何g以上加えると，12%以下の食塩水になるか． ［東京農大一高］

**（解）** 10%食塩水を$x$g加えるとすると，混合食塩水のなかの純食塩の量は

$$0.13\text{g/g}\times 300\text{g} + 0.1\text{g/g}\times x\text{g} = (39 + 0.1x)\text{g}$$

一方，12%食塩水$(300 + x)$g中の純食塩の量は

$$0.12\text{g/g}\times(300 + x)\text{g} = 0.12(300 + x)\text{g},$$

題意により

$$39 + 0.1x \leqq 0.12(300 + x),$$

$$3 \leqq 0.02x,\quad x \geqq 3/0.02,$$

よって$x \geqq 150$. 10%食塩水は150g以上加える．

（問 8.3.4） 1cm$^3$の重さが$a$gである金属Aが$x$cm$^3$と，1cm$^3$の重さが金属Aの1.5倍である金属Bがある．この2種類の金属を溶かし合わせて，重さ160gで体積が60cm$^3$の合金をつくりたい．

(1) $a$と$x$の関係式を求めよ．

(2) AとBをそれぞれ何gずつにすればよいか．ただし，$a$は整数とする． ［海城高］

**（例 8.3.3）** ある大学の野球部で，合宿所の修理のため，野球部出身の卒業生全員に対し，1人5000円ずつの寄付を募った．寄付依頼に要する

費用は，１人１回あたり 150 円である．①卒業生の 74 ％が寄付に応じてくれれば必要額を超えるはずであった．しかし，② 68 ％の卒業生しか寄付に応じてくれなかったので，132500 円の不足を生じた．そこで，③寄付に応じてくれた卒業生に対して，1 人 1000 円ずつの追加寄付を募ったところ，そのうちの 50 ％が応じてくれたが，まだ 25000 円以上不足した．

卒業生数を $x$ 人，修理代金を $y$ 円として，次の問に答えよ．

(1) 文中の①～③の各部分を，方程式または不等式で表せ．

(2) $x$ の範囲を求めよ．

(3) $x$ の 68 ％が整数になるように $x$ を定めよ．また，このときの $y$ を求めよ．　［立教大・法］

**（解）** (1) ①　応募人数は $0.74x$ 人，予定応募金額は 5000 円/人 $\times 0.74x$ 人 $= 3700x$ 円，必要経費は 150 円/人 $\times x$ 人 $= 150x$ 円．それで

$$y < 3700x - 150x = 3550x$$

②　応募金額は 5000 円/人 $\times 0.68x$ 人 $= 3400x$ 円，実際に集まった金額は $3400x$ 円 $- 150x$ 円 $= 3250x$ 円．それで

$$y = 3250x + 132500$$

③　再応募してくれた人数は $0.34x$ 人，再募集時の必要経費は 150 円/人 $\times 0.68x$ 人 $= 102x$ 円．再募集で集まった寄付金額 $=$ 1000 円/人 $\times 0.34x$ 人 $= 340x$ 円．それで

$$y \geqq 3250x + 340x - 102x + 25000$$
$$= 3488x + 25000$$

(2) ①～③の不等式と等式から

$$3550x > 3250x + 132500 \geqq 3488x + 25000$$

を得る．両辺から $3250x$ を引くと

$$300x > 132500 \geqq 238x + 25000\ ;$$

それで $x > 1325/3$，$x \leqq 117500/238$ ;

これらを同時に満たす整数値 $x$ は

$$442 \leqq x \leqq 451$$

(3) (2)で求めた $x$ の整数値のなかで，0.68 を掛けて小数点以下に数値が出ない可能性のあるのは 450 と 445．$0.68\times450=306$，$0.68\times445=302.5$ となるので，$x=450$ 人，$y=159{,}5000$ 円が求める答である．

（問 8.3.5）ある高校の運動部で，部室改築のため，運動部出身の卒業生全員に対し，1 人 3000 円ずつ寄付を募った．寄付依頼に要する費用は，1人 1 回あたり 150 円である．卒業生の 70 %が寄付に応じてくれれば，必要額を超えるはずであった．しかし，64 %の卒業生しか寄付に応じてくれなかったので，43200 円の不足を生じた．そこで、寄付に応じてくれた卒業生に対して，1 人 1000 円ずつの追加寄付を募ったところ，そのうちの 40 %が応じてくれたが，まだ 2400 円以上不足した．

運動部出身の卒業生を $x$ 人として，次の問に答えよ．

(1) 部室改築費用を，$x$ を用いて表せ．

(2) $x$ についての不等式を作り， $x$ の範囲を求めよ．

(3) $x$ を求めよ． ［白陵高］

**（例 8.3.4）** A君は，3回の数学のテストの平均点が 77 点であった．4回目のテストで何点以上得点すれば，4回のテストの平均点が80点以上になるか．

**（解）** 4回のテストの点数を，それぞれ $a, b, c, d$ とする．

$$a+b+c=77\times3=231, \qquad ①$$

かつ

$$a+b+c+d\geqq 80\times4 \qquad ②$$

①を②に代入すると

$$231+d\geqq320,$$

よって，$d\geqq89.$ 89 点以上とればよい．

ここで，**各人得点の合計＝平均点×人数**である．

（問 8.3.6）男子 24 人，女子 16 人の学級でテストがあった．男子の平均点は 84 点だった．学級全体の平均点が 83 点以上になるのは，女子の平均点が何点以上のときか．

(問 8.3.7) 何個かのあめを，A, B, C の３人で分けることにし，１回にＡが４個とるごとにＢは６個，Ｃは９個とることにした．３人で何回かとると，９個残った．

もう一度やり直すことにして，今度は１回に，Ａが４個とるごとにＢは５個，Ｃは６個とることにしたので，３人がそれぞれ１度目より２回多くとることができた．しかし，そのあとは，Ａが４個とるとＢは５個すべてはとれず，Ｃは１個もとることができなかった．

１度目に１人があめをとった回数を $x$ とする．

このとき，次の問に答えよ．

(1) １度目にあめを分けたときを考えて，あめの総数を $x$ を用いて表せ．

(2) ２度目にあめを分けたときを考えると，あめの総数は何個以上何個以下か，$x$ を用いて答えよ．

(3) あめの総数を求めよ．　［広島大付属高］

## 練習問題 8

1．ネズミは毎月１匹あたり新たに２匹ずつの割合で増え，ネコ１匹は１日につきネズミを７匹ずつ殺す．月の初めに48匹いたネズミの繁殖を防ぐため，毎月同数のネコを月末に１日だけ放つ．月末に放つネコは少なくとも何匹必要か．そのとき何カ月目の終わりにネズミはいなくなるか．　［同志社大］

2．濃度６％の食塩水 200g がある．これに水を加えて 3.5％から４％までの食塩水にしたい．加える水の重さの範囲を求めよ．　［函館大・商］

3．１個 50 円の菓子と１個 80 円の菓子をあわせて15個を買い，その代金を 1000 円以下にするには，80 円の菓子は何個まで買えるか．　［福岡大］

4．不等式 $(2a-b)x+3a-4b<0$ の解が $x<\dfrac{4}{9}$ のとき，不等式 $(a-4b)x+2a-3b>0$ の解を求めよ．　［東京農大］

5．分母と分子の和が 90 になる正の既約分数がある．その分数を小数に直し，小数第２位以下を切り捨てて 0.6 を得た．この分数を求めよ．

［宮崎大］

6．１％，５％，10％の水溶液がある．これら２種または３種の水溶液を混ぜ合わせて，7.3％の水溶液を 100 g 作る場合，１％水溶液は何 g まで使用することが可能か．また，10％水溶液にはどのような制限があるか．

［名城大・都市情報］

7．ある鉄道の旅客運賃計算規則は下記の通りである．それによると，距離が 319km, 349km のときの運賃は，それぞれ 970 円, 1010 円となる．下記の文中の $a, b$ に当てはまる数を求めよ．ただし，$a, b$ は共に0.1 の整数倍の数である．

旅客運賃は，距離が 300km 以下の分に対しては１ km につき $a$ 円，300km を超過した分に対しては１ km につき $b$ 円として計算し，その結果において，10 円未満の端数は 10 円に切り上げるものとする．

［東大］

8．ある野球選手の昨日までの打率は，小数第４位を四捨五入して 0.381 だった．ところが今日の試合で３打数１安打であったため，打率が0.375 ちょうどとなった．この選手の今日までの打数と安打数を次の順で求めよ．

⑴　昨日までの打数を $x$, 安打数を $y$ とすると（ ① ）$\leqq \dfrac{y}{x} <$（ ② ）となる．

⑵　今日の結果から式（ ③ ）ができる．

⑶　⑴,⑵より（ ④ ）$< x \leqq$（ ⑤ ）

⑷　$x$ は正の整数であるから，$x =$（ ⑥ ）または（ ⑦ ）または（ ⑧ ）

⑸　これから，今日までの打数は（ ⑨ ），安打数は（ ⑩ ）

［松山商大］

第III部

# 多項式の代数

代数方程式を解くこと，それと同値な幾何の作図題の解法のために，多項式の理論は 19 世紀までの古典的な代数学の主たる対象だった．20 世紀に入るとそれは可換体の理論として抽象化された．

# 第9章　整式の計算

## §1．冪の乗法と除法

すでに学んだとおり，冪(べき)の記法は

$$a^n = \underbrace{aaa\cdots\cdots aa}_{n\text{ 個}}$$

であるから，例えば

$$a^3 \times a^4 = aaa \times aaaa = a^7 = a^{3+4},$$

$$(a^3)^2 = a^3 \times a^3 = a^6 = a^{3\times 2},$$

$$(ab)^3 = ababab = aaabbb = a^3b^3$$

$$a^7 \div a^4 = aaaaaaa \div aaaa = aaa = a^{7-4}$$

のように計算される．これを一般化すると

> $m$, $n$ を正の整数とすると
>
> (1)　$a^m \times a^n = a^{m+n}$
>
> (2)　$(a^m)^n = a^{mn}$
>
> (3)　$(ab)^m = a^m b^m$
>
> (4)　$\dfrac{a^m}{a^n} = a^{m-n}$,　$a^0 = 1$
>
> が成立する．

**(例9.1.1)**　$2a^2b \times 3a^3b^2 = 2\times 3a^2a^3b^1b^2 = 6a^5b^3$

**(例9.1.2)**　$n$ を正の整数とする．

$$\frac{1}{a^n} = \frac{1}{aaa\cdots aa} = a^{-n}$$

ときめると

$$\frac{a^n}{a^n}=1=a^{n-n}$$

であるから

$$a^0=1$$

かつ，　$m, n$ がどんな正の整数でも

$$\frac{a^m}{a^n}=a^{m-n}$$

が成立する．

（問 9.1.1）次の計算をせよ．

(1)　$a^4\times a^2$　(2)　$a^2\times a$　(3)　$x^2\times x^7$

(4)　$(x^4)^2$　(5)　$(x^2y)^4$　(6)　$p^2\times p^3\times p^4$

(7)　$3x^2\times 5x^3$　(8)　$2x^4\times(-x^2)$　(9)　$7x^2y\times 2x^3y^2$

(10)　$(-6ax^3)(-3a^2x)$　(11)　$(-5x)^2(-2y)$　(12)　$(-3x^2)^2$

(13)　$(-2x^2y)^3$　(14)　$(-30x^5y^3)(-5x^4y^2)$

**（例 9.1.3）**　次の計算をせよ．

(1)　$6a^8\div 3a^5=(6\div 3)a^{8-5}=2a^3$

(2)　$(-15x^5y^2)\div(-3x^3y^3)=5x^{5-3}y^{2-3}=5x^2y^{-1}=\frac{5x^2}{y}$

(3)　$\left(\frac{-a^2}{b}\right)^3=\frac{\left(-a^2\right)^3}{b^3}=-\frac{a^6}{b^3}$

(4)　$\left(\frac{a}{b}\right)^n=\frac{aaa\cdots a}{bbb\cdots b}=\frac{a^n}{b^n}$

（問 9.1.2）次の計算をせよ．

(1)　$a^8\div a^7$　(2)　$b^4\div b^4$　(3)　$6x^3y^2\div 3xy^3$

(4)　$12b^3c^3\div(-6b^2)$　(5)　$(-16a^4y^4)\div(-4a^2y^2)$

(6)　$3xy^2\div(-9x^3y^4)$　(7)　$10x^0$　(8)　$(-5x)^0$

(9) $\dfrac{-12a^2b^3}{-3ab^3}$　(10) $\dfrac{(x+y)^4}{(x+y)^2}$　(11) $\dfrac{14(a-b)^5}{-7(a-b)^2}$

## §2. 多項式の乗法

ある文字について，加減乗の計算だけを含み，除法を含まない式を，その文字の**整式**という．例えば，多項式

$$3x^2+4x+5$$

とか

$$x^2+\frac{x}{a}+\frac{1}{a^2}$$

は，どれも $x$ についての2次の整式である．しかし，後者の式は $a$ については整式ではない．

まず，2つの二項式の積を求めるには，次の諸公式によるのがよい．

**（公式）**
（Ⅰ）$(x+a)(x+b)=x^2+(a+b)x+ab$
（Ⅱ）$(x+a)^2=x^2+2ax+a^2$
（Ⅲ）$(x-a)^2=x^2-2ax+a^2$
（Ⅳ）$(x+a)(x-a)=x^2-a^2$
（Ⅴ）$(ax+b)(cx+d)=acx^2+(ad+bc)x+bd$

これらの諸公式はいろいろな方法で証明される．

第一の方法は掛け算の筆算形式によるものである．

$$\begin{array}{r} 32 \\ \times\ 45 \\ \hline 160 \\ 128\phantom{0} \\ \hline 1440 \end{array} \qquad \begin{array}{r} x+a \\ \times\quad x+b \\ \hline bx+ab \\ x^2+ax\phantom{+ab} \\ \hline x^2+(a+b)x+ab \end{array}$$

第二の方法は分配法則 $a(b+c)=ab+ac$, $(b+c)a=ba+ca$ を利用するものである．$x+a=\mathrm{A}$ とおくと

$$
\begin{aligned}
(x+a)(x+b) &= \mathrm{A}(x+b)=\mathrm{A}x+\mathrm{A}b \\
&= (x+a)x+(x+a)b=(x^2+ax)+(xb+ab) \\
&= x^2+(a+b)x+ab
\end{aligned}
$$

となる．

第三の方法は図を使う方法である．　$x, a, b>0$ とする．

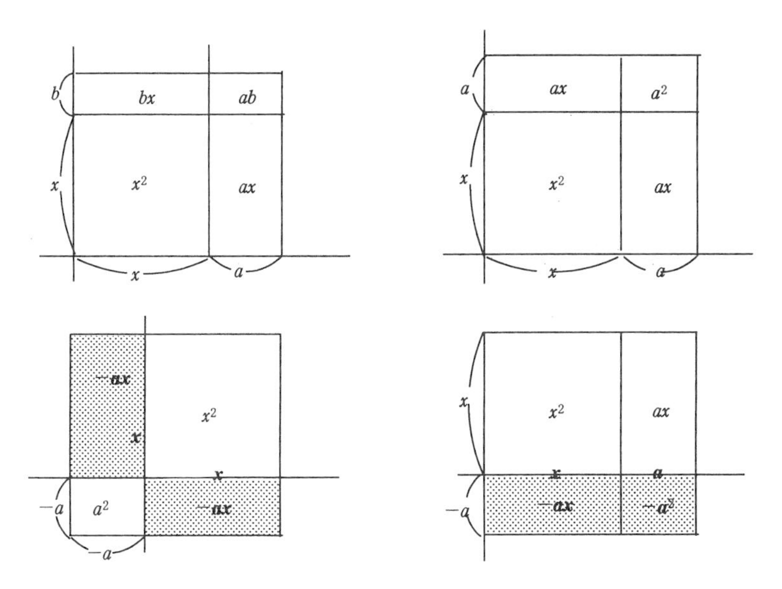


$(x+a)(x-a)$ の場合，$ax$ と $-ax$ の符合付きの面積は相殺(キャンセル)されて，結局 $x^2$ と $-a^2$ だけが残ることが分かる．

(例 9.2.1) 次の計算をせよ．

(1) $(x+3)(x+5)=x^2+8x+15$,

(2) $(x-3)(x-5)=x^2-8x+15$,

(3) $(x-5y)(x+6y)=x^2+(-5y+6y)x-30y^2=x^2+xy-30y^2$

(4) $(x+8)^2=x^2+16x+64$

(5) $(x-2y)^2=x^2-4xy+4y^2$

(6) $(m+n-2)(m+n+2)=(m+n)^2-4=m^2+2mn+n^2-4$,

このとき $m+n$ を1つの文字 $x$ で表すと(公式Ⅳ)が使える.

括弧を外して乗法を行うことを，その式を**展開する**という.

(問 9.2.1) 次の各式を展開せよ.

(1) $(x+2)(x+5)$　　(2) $(x+2)(x-5)$

(3) $(y-5)(y-10)$　　(4) $(x+3y)(x+5y)$

(5) $(3x-5)(3x+8)$　　(6) $(2a-3b)(2a+5b)$

(7) $(x-5)^2$　　(8) $(2x+3y)^2$

(9) $(2a+1/2)^2$　　(10) $(1/2-2x)^2$

(11) $(a+x)(a-x)$　　(12) $(x+y)(y-x)$

(13) $(x^2+1)(x^2-1)$　　(14) $\{(a+b)+5\}\{(a+b)-5\}$

**(例 9.2.2 )** $(a+b+c)^2$を展開せよ.

$$
\begin{aligned}
(a+b+c)^2&=\{a+(b+c\}^2\\
&=a^2+2a(b+c)+(b+c)^2\\
&=a^2+(2ab+2ac)+(b^2+2bc+c^2)\\
&=a^2+b^2+c^2+2ab+2bc+2ca
\end{aligned}
$$

これは次のように図示しても求められる.

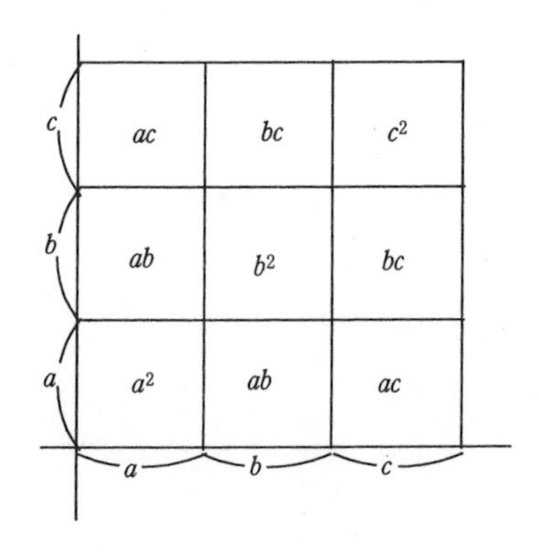

(例 9.2.3) $(x-a)(x+a)(x^2+a^2)$ を展開せよ.

$$(x-a)(x+a)(x^2+a^2)=(x^2-a^2)(x^2+a^2)$$
$$=(x^2)^2-(a^2)^2=x^4-a^4$$

(問 9.2.2) 次の各式を展開せよ.

(1) $(5x+4)(3x+2)$　　(2) $(3x-5)(2x+3)$

(3) $(a+b-c)^2$　　(4) $(x-y-z)^2$

(5) $(a-b+c)(a+b-c)$　　(6) $(x^2+xy+y^2)(x^2-xy+y^2)$

(7) $(a+b-c+d)(a+b+c-d)$　　(8) $(x^2+x+1)^2$

(9) $(x-2y+3)^2$

(10) $(x-y)(x+y)(x^2+y^2)(x^4+y^4)$

(例 9.2.4) $(a+b)^3$ を展開せよ.

$$(a+b)^3=(a+b)^2(a+b)$$
$$=(a^2+2ab+b^2)(a+b)$$
$$=(a^2+2ab+b^2)a+(a^2+2ab+b^2)b$$
$$=(a^3+2a^2b+ab^2)+(a^2b+2ab^2+b^3)$$
$$=a^3+3a^2b+3ab^2+b^3$$

(問 9.2.3) 次の各式を展開せよ.

(1) $(x+1)^3$　　(2) $(x+3)^3$

(3) $(a-b)^3$　　(4) $(x-3)^3$

(5) $(x-2y)^3$　　(6) $(2x+1)^3$

(問 9.2.4) $(a+b)^3$を展開するのに, 図で説明する方法を述べよ. 立体の鳥瞰図で示す方法と, 平面上で表現する方法と2通り説明せよ.

[注]　公式を図で求める方法では, 文字はすべて正とした. もしも文字が負の数であれば, 果たして公式は成り立つか, 疑問に思うことがあるかもしれない. それで $x<0$, $a>0$ の場合を例にとって説明しよう.

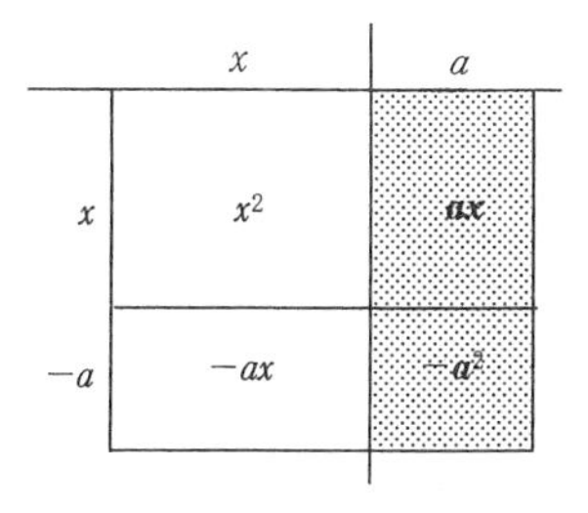


$x^2$ と $-ax$ はともに第Ⅲ象限にあるから正,

$ax$ と $-a^2$ は第Ⅳ象限にあるので負である．$-ax$ と $ax$ は正と負で相殺されてしまう．それで残るのは $x^2$ と $-a^2$ だけで，従って $(x+a)(x-a)=x^2-a^2$ は成立する．$x<0$，$a<0$ の場合も同様に公式は成り立つことは説明できる．

## §3. 因 数 分 解

一つの整式Aがいくつかの整式 B, C,…の積に等しいとき，B, C, …をAの**因数**という．そしてAをBC…と表すことを**因数分解**という．

**(例 9.3.1)** 最も簡単な因数分解は

$$ax-ay+az+\cdots=a(x-y+z+\cdots)$$

である．これは分配法則そのものである．このときの $a$ は各項にすべて含まれていて(共通因数という)，それを括弧の外に出すことなので，このことを**共通因数を括り出す**という．

図で説明しよう．$ax$ は縦軸上に $a$，横軸上に $x$ をとった第Ⅰ象限内の長方形で表される．$-ay$ は縦軸上に $a$，横軸上に $-y$ をとった第Ⅱ象限内の長方形で表される．$az$ も同様に，第Ⅰ象限内の長方形である．すると左辺は全体の長方形の面積で，それは縦が $a$，横が $x-y+z+\cdots$ の長方形になる．

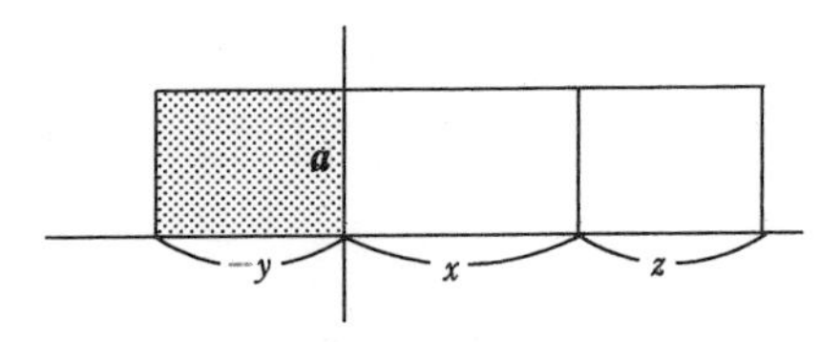


(問 9.3.1) 次の各式を因数分解せよ．

(1) $2x-4$　　(2) $x^2+xy$

(3) $8a^3b-4ab^3$　　(4) $25a^2+10a-5$

(5) $a^2x^2+a^2y-a^3$　　(6) $46\times173-46\times73$

**(例 9.3.2)** 共通因数を括り出すやや複雑なものを練習しょう．

(1) $(a+b)x+(a+b)y$　　(2) $x(a-b)-(b-a)$

(3) $2x(x+2)-5(x+2)$　　(4) $pq-2-2q+p$

**(解)** 第一の解法　因数を別の記号に置き換える方法.

(1) $a+b=\mathrm{A}$ とおくと, 与式$=\mathrm{A}x+\mathrm{A}y=\mathrm{A}(x+y)=(a+b)(x+y)$

(2) $a-b=\mathrm{A}$ とおくと, $b-a=-(a-b)=-\mathrm{A}$,

与式$=x\mathrm{A}-(-\mathrm{A})=(x+1)\mathrm{A}=(x+1)(a-b)$

(3) $x+2=\mathrm{A}$ とおくと, 与式$=2x\mathrm{A}-5\mathrm{A}=(2x-5)\mathrm{A}=(2x-5)(x+2)$

(4) 与式$=(pq-2q)+(p-2)=(p-2)q+(p-2)=(p-2)(q+1)$

第二の解法　図解法. 与式で長方形を作るとよい.

(1)

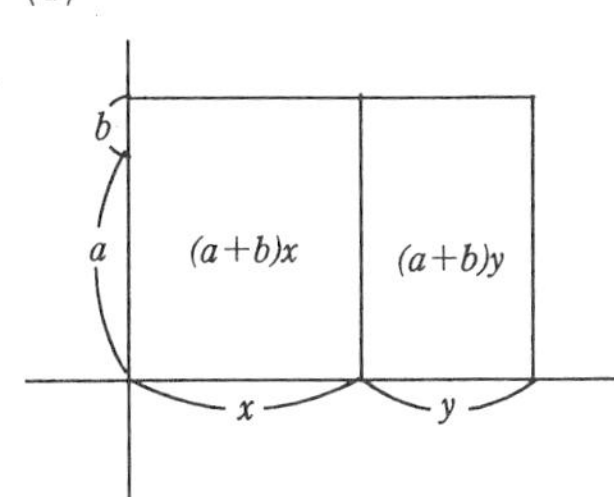


縦 $a+b$, 横 $x+y$ の長方形

(2) $x(a-b)-b+a$ と変形する.

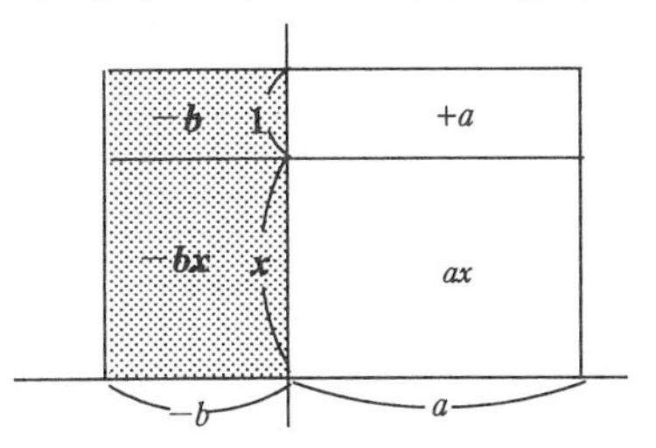


縦 $x+1$, 横 $a-b$ の長方形

(3)

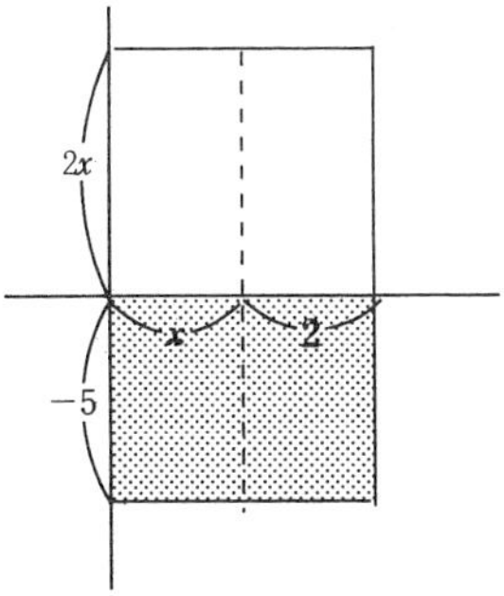

縦 $2x-5$, 横 $x+2$ の長方形

(4) $pq-1\times2-2q+1\times p$ と考える.

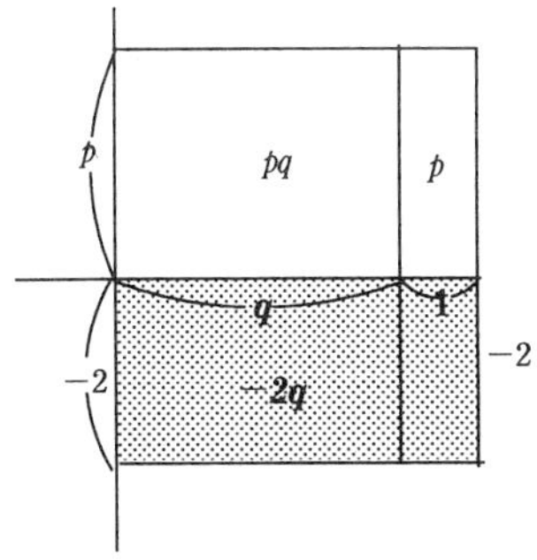


縦 $p-2$, 横 $q+1$ の長方形

(問 9.3.2) 次の各式を因数分解せよ.

(1) $ab(x+y)+cd(x+y)$　　(2) $18(a^2+b^2)-36$

(3) $b(x-y)-a(x-y)$　　(4) $(a+b)^2-2a(a+b)$

(5) $x^2(x-y)+x^3(x-y)$　　(6) $m(x+y)-x-y$

(7) $(2a+b)(a+b)-(a+2b)(a+b)$

(8) $2(a-2b)^2+6(a-2b)$　　(9) $px-p+x-1$

(10) $ab-ax+bc-cx$　　(11) $ab+4cd+2bc+2ad$

(12) $xy-3y^2-2ax+6ay$　　(13) $3ac+d-3ad-c$

**(例 9.3.3)** 次の各式を因数分解せよ.

(1) $x^2+7x+10$　　(2) $x^2-7x+10$　　(3) $x^2-3x-10$

**(解)** 第一の解法　公式 $x^2+(a+b)x+ab=(x+a)(x+b)$ を使う方法.

(1) 足して 7, 掛けて 10 となる 2 数は 2 と 5 だから

$$x^2+7x+10=(x+2)(x+5)$$

(2) (1)と同様に

$$x^2-7x+10=(x-2)(x-5)$$

(3) 足して $-3$, 掛けて $-10$ となる 2 数は $+2$ と $-5$ だから

$$x^2-3x-10=(x+2)(x-5)$$

第二の解法　図解法による.

(3) $x^2$ を表す 1 枚のタイル, $-x$ を表す 3 本の棒タイル, $-10$ を表す 10 個の小タイルを用いる. 1 枚のタイルは第Ⅰ象限におく. $-10$ を表す 10 個のタイルは第Ⅱ象限におく. 10 個のタイルをおくときに, 少し試行錯誤をしなければならない. 次頁の左図のようにおくとうまくいくが, 右図のようにおくと, 別の整式 $x^2+3x-10$ の因数分解になる.

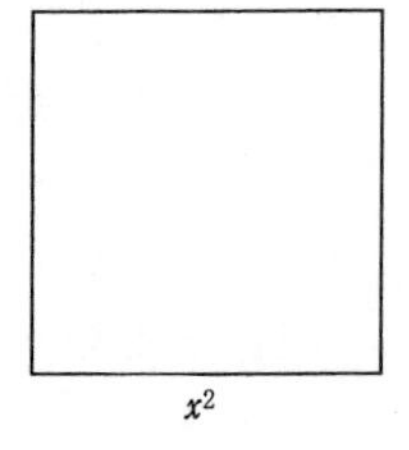


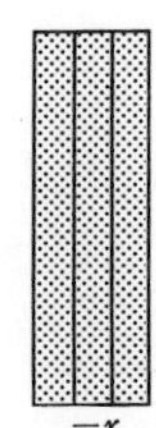


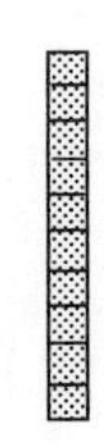

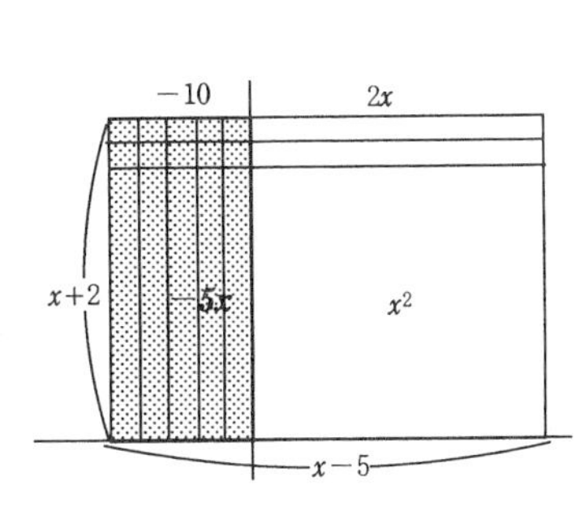


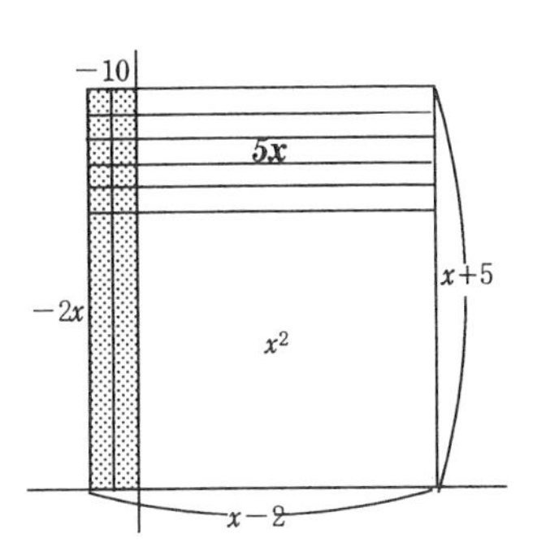


（問 9.3.3）次の各式を因数分解せよ．

(1)　$x^2 - 5x + 6$　　(2)　$x^2 + 7x + 12$

(3)　$x^2 - x - 12$　　(4)　$y^2 - 4y - 12$

(5)　$x^2 - 4x - 21$　　(6)　$x^2 + 3x - 18$

(7)　$x^2y^2 + 6xy - 16$　　(8)　$6a^2 + 5ab + b^2$

(9)　$x^2 + 3xy + 2y^2$　　(10)　$x^2 - \frac{3}{2}x + \frac{1}{2}$

**（例 9.3.4）**次の各式を因数分解せよ．

(1)　$x^2 - 4x + 4$

(2)　$25x^2 + 30xy + 9y^2$

(3)　$4(x - y)^2 - 12(x - y) + 9$

**（解）**第一の方法　公式 $x^2 + 2ax + a^2 = (x + a)^2$ を用いること．

(1)　$4 = 2^2$ だから $x^2 - 4x + 4 = (x - 2)^2$

(2)　$5x = \mathrm{X}, 3y = \mathrm{Y}$ とおくと，与式$= \mathrm{A}^2 + 2\mathrm{AB} + \mathrm{B}^2 = (\mathrm{A} + \mathrm{B})^2$

$= (5x + 3y)^2$

(3)　$x - y = \mathrm{A}$ とおくと，与式$= 4\mathrm{A}^2 - 12\mathrm{A} + 9 = (2\mathrm{A} - 3)^2$

$= (2x - 2y - 3)^2$

第二の方法　図解法による．

(1) 1枚の $x^2$ タイルと $-x$ の棒タイル4本，4個のタイルを座標平面上に正方形になるようにおく．

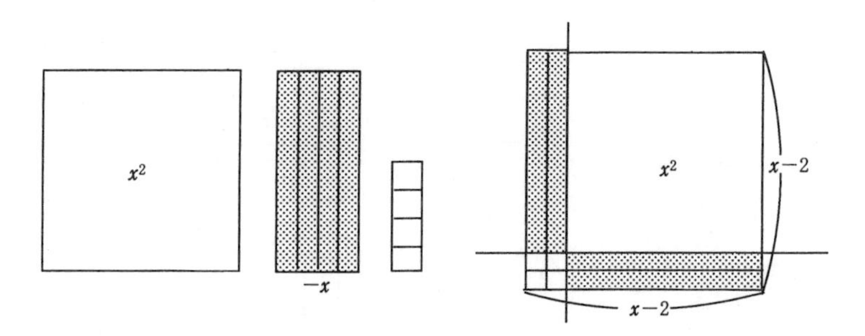


(3) 与式を展開して $4x^2 - 8xy + 4y^2 - 12x + 12y + 9$ とする．座標平面に敷き詰める四角形は，まず $(2x)^2$, $(-2y)^2$,$(-3)^2$ がおかれる．下図のような配置図が考えられる．

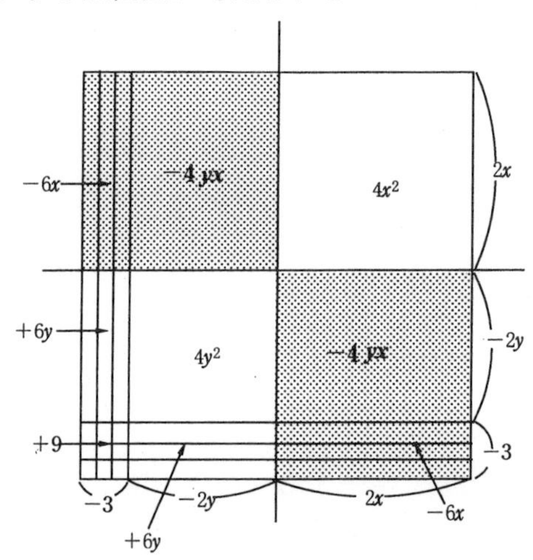


(問 9. 3. 4) 次の各式を因数分解せよ．

(1) $x^2 + 8x + 16$ (2) $y^2 - 10y + 25$

(3) $4a^2 + 4a + 1$ (4) $a^2 + x^2 - 2ax$

(5) $(a + x)^2 - 2(a + x) + 1$ (6) $x^2 - 2 + \dfrac{1}{x^2}$

(7) $\dfrac{1}{a^2} + \dfrac{2}{a} + 1$ (8) $(x - y)^2 + 4(x - y + 1)$

**(例 9.3.5)** 次の各式を因数分解せよ．

(1)　$9x^2y^2 - 16$　　(2)　$(x + y)^2 - 4x^2$　　(3)　$x^4 - 16$

**(解)** <u>第一の方法</u> 公式 $x^2 - a^2 = (x + a)(x - a)$ を用いること．

(1)　与式 $= (3xy)^2 - 4^2 = (3xy + 4)(3xy - 4)$

(2)　$x + y = \mathrm{A}$ とおくと，与式 $= \mathrm{A}^2 - (2x)^2 = (\mathrm{A} + 2x)(\mathrm{A} - 2x)$

$$= (x + y + 2x)(x + y - 2x) = (3x + y)(-x + y)$$

(3)　与式 $= (x^2)^2 - 4^2 = (x^2 + 4)(x^2 - 4) = (x^2 + 4)(x + 2)(x - 2)$

<u>第二の方法</u>　図解法を(2)の場合に説明しよう．

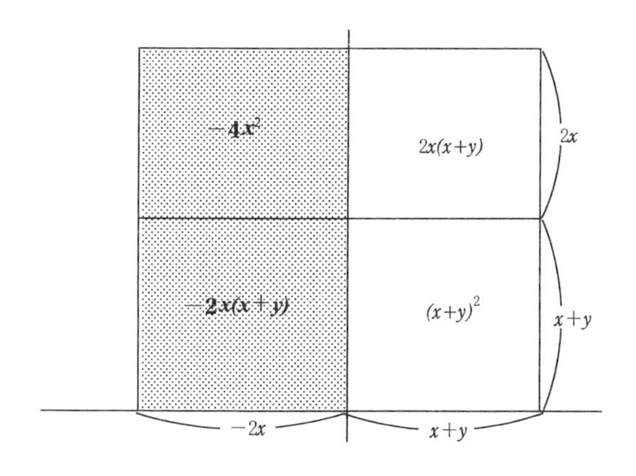


$(x + y)^2$ と $-4x^2$ をそれぞれ第Ⅰ象限と第Ⅱ象限（または第Ⅳ象限）において方形をつくると，自然に $2x(x + y)$ と $-2x(x + y)$ が相殺される．

(問 9.3.5) 次の各式を因数分解せよ．(10)以後は数値計算をせよ．

(1)　$9x^2 - 49y^2$　　(2)　$4x^2 - \dfrac{1}{4y^2}$

(3)　$1 - 64a^2b^2$　　(4)　$(x - y)^2 - a^2$

(5)　$4(x - y)^2 - 1$　　(6)　$(2x - y)^2 - (y - 2x)^2$

(7)　$(a + b - c)^2 - (a - b + c)^2$　　(8)　$x^4 - y^4$

(9)　$x^8 - 1$　　(10)　$100^2 - 98^2$

(11)　$201^2+689^2-199^2-789^2$　［学習院女子高］

(12)　$\left(1-\frac{1}{2}-\frac{1}{3}-\frac{1}{6}\right)^2-\left(1-\frac{1}{2}+\frac{1}{3}+\frac{1}{6}\right)^2$　［明星高］

## §4. 複雑な因数分解

**（例 9.4.1）** 次の各式を因数分解せよ．

(1)　$2x^2+5x-3$　　(2)　$x^3y-xy^3$

(3)　$x^4-5x^2+4$　　(4)　$x^3-1$

(5)　$x^4+x^2y^2+y^4$

**（解）** 第一の方法　いくつかの公式を組み合わせて使うこと．

(1)　与式 $=(2x^2-x)+(6x-3)=x(2x-1)+3(2x-1)$

$=(2x-1)(x+3)$

(2)　与式 $=xy(x^2-y^2)=xy(x+y)(x-y)$

(3)　与式 $=(x^2-1)(x^2-4)=(x+1)(x-1)(x+2)(x-2)$

(4)　与式 $=(x^3-x^2)+(x^2-x)+(x-1)$

$=x^2(x-1)+x(x-1)+(x-1)=(x-1)(x^2+x+1)$

(5)　与式 $=(x^4+2x^2y^2+y^4)-x^2y^2=(x^2+y^2)^2-(xy)^2$

$=(x^2+y^2+xy)(x^2+y^2-xy)$

第二の方法　図解法による．

(1) 2枚の $x^2$ タイルと $+x$ の棒タイル５本と $-3$ 個のタイルを座標平面上に方形になるように並べる．$-3$ 個のタイルを第Ⅳ象限におくとうまくいかないが，第Ⅱ象限にもってくると成功する．

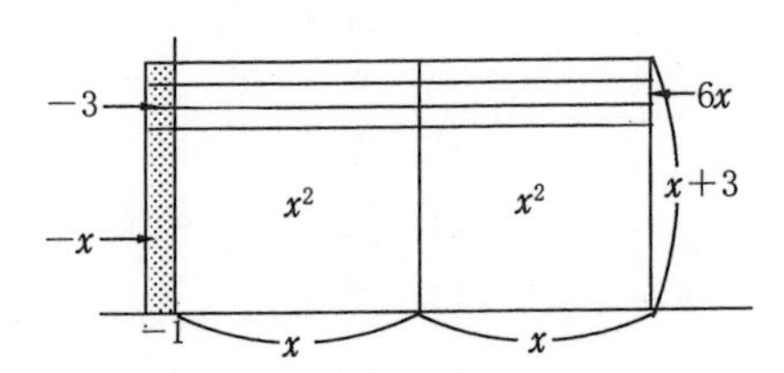

(4)　$x^3$ を $x \times x^2$ と表現する．第Ｉ象限に $x^3$ を，第Ⅳ象限に $-1$ をおく．相殺されるのは，正方形の $x^2$ と細長い $-1 \times x^2$，それに $+x$ と $-x$ である．

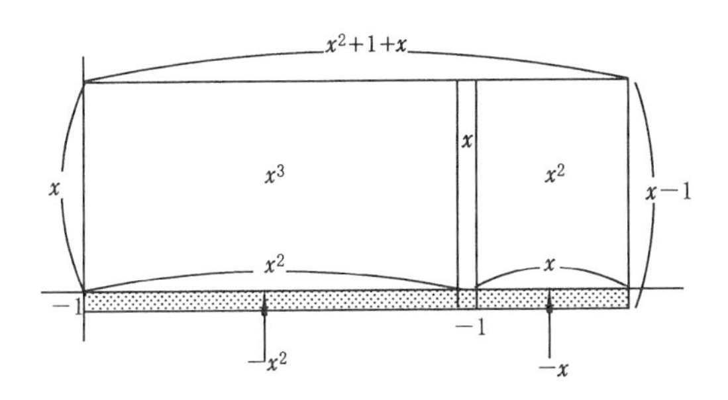


(5)　まず $x^4 = (x^2)^2$，$y^4 = (y^2)^2$ の正方形を第Ｉ象限に置いてみる．すると，左図のように与式より $x^2y^2$ が一つ分多くなる．それを相殺するため，第Ⅳ象限に $(-xy) \times (xy)$ をもってくると，下右図のように $x^3y$ や $xy^3$ が相殺され，因数分解ができる．

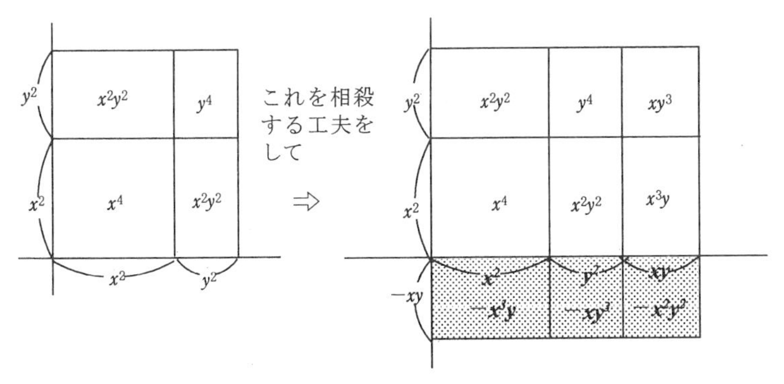


(問 9.4.1)　次の各式を因数分解せよ．

(1)　$3x^2 - 12x + 12$　　(2)　$4a^2 - x^2 - 6x - 9$

(3)　$5x^2 + 9x - 2$　　(4)　$5x^2 + 16x + 3$

(5)　$3x^2 - 14xy - 24y^2$　　(6)　$x^3 + 1$

(7)　$x^3 - a^3$　　(8)　$x^3 + a^3$

(9)　$(x+y)^2+2(x+y)(x-y)+(x-y)^2$

(10)　$(a^2+b^2)^2-4a^2b^2$　　(11)　$x^6-y^6$

(12)　$8a^3-27b^3$　　(13)　$4(ab+cd)^2-(a^2+b^2-c^2-d^2)^2$

(14)　$(x-3y)^3-(y-3x)^3$　　(15)　$(x+2y)^3+(y+2x)^3$

**(例 9.4.2)** 因数分解でもっとも難しいのは

$$x^3+y^3+z^3-3xyz$$

を分解することであろう．

**第一の方法**　公式 $x^3+y^3=(x+y)(x^2-xy+y^2)$ を適用すると

$$\begin{aligned}与式&=\{(x+y)^3+z^3\}-3x^2y-3xy^2-3xyz\\&=(x+y+z)\{(x+y)^2-(x+y)z+z^2\}-3xy(x+y+z)\\&=(x+y+z)\{(x^2+2xy+y^2)-xz-yz+z^2-3xy\}\\&=(x+y+z)(x^2+y^2+z^2-xy-yz-zx)\end{aligned}$$

**第二の方法**　図解法

$x^3, y^3, z^3$を $x\times x^2$, $y\times y^2$, $z\times z^2$ を第一図のように第I象限に並べる．隙間を埋めて，第二図のようにする．そうすると相殺しなければならないもの，つまり $x^2y$, $x^2z$, $xy^2$, $y^2z$, $xz^2$, $yz^2$ が生じる．これらを相殺するには，第Ⅲ象限に $-x^2y$, $-x^2z$, …などを作り出さねばならない．そうしたものが第三図である．

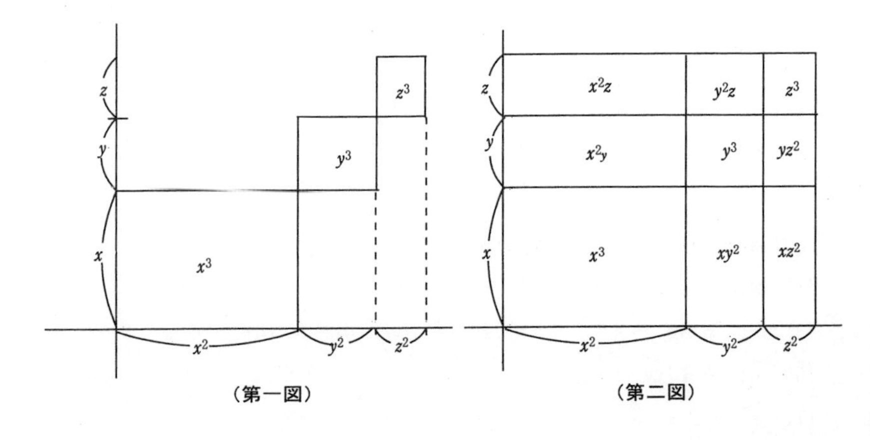


（第一図）　　（第二図）

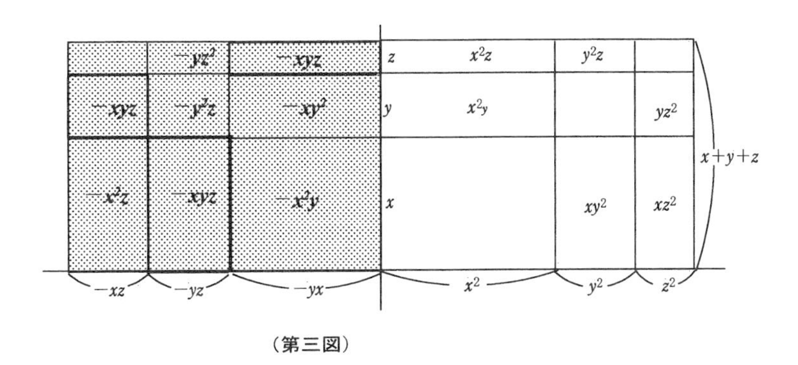


（第三図）

式の書いてない部分と太枠の部分以外の文字式の部分は相殺される.

(問 9.4.2) 次の各式の因数分解をせよ.

(1)　$x^2-5x+xy-2y+6$　[武蔵工大付属高]

(2)　$a^2(a+1)+a^2-a-2$　[明星高]

(3)　$(x+1)(x+2)(x+3)(x+4)-24$　[函館大・商]

(4)　$2x^2-3xy-2y^2+x+3y-1$　[高岡商大・法]

(5)　$x^2y^2+2x^2y-3x^2-4y^2-8y+12$　[倉敷芸科大]

(6)　$(a+b+c)^3-a^3-b^3-c^3$　[松阪大・政経]

## §5.　多項式の除法

**(例** 9.5.1) 次の割り算を実行せよ.

(1)　$(ax+ay)\div(x+y)=a(x+y)\div(x+y)=a$

被除数が因数分解できて，その中に除数と同じ多項式があるなら，それを消去すればよい.

(2)　$(x^4-y^4)\div(x-y)=(x-y)(x+y)(x^2+y^2)\div(x-y)$

$$=(x+y)(x^2+y^2)$$

(3)　$(x^4-x^3-8x^2+x+1)\div(x^2+2x-1)$

これは被除数が簡単に因数分解できないから，筆算による割り算を行う.

$$
\begin{array}{rl}
 & x^2-3x-1 \qquad \text{商} \\
x^2+2x-1 \,\big)\!\!\! & \overline{x^4-x^3-8x^2+x+1} \\
 & x^4+2x^3-x^2 \\
\hline
 & -3x^3-7x^2+x \\
 & -3x^3-6x^2+3x \\
\hline
 & -x^2-2x+1 \\
 & -x^2-2x+1 \\
\hline
 & 0
\end{array}
$$

(4)　$(x^4-8x^2+x+1)\div(x^2+2x-1)$

これも筆算形式で割り算を行う.

$$
\begin{array}{rl}
 & x^2-2x-3 \qquad \text{商} \\
x^2+2x-1 \,\big)\!\!\! & \overline{x^4 \qquad -8x^2+x+1} \\
 & x^4+2x^3-x^2 \\
\hline
 & -2x^3-7x^2+x \\
 & -2x^3-4x^2+2x \\
\hline
 & -3x^2-x+1 \\
 & -3x^2-6x+3 \\
\hline
 & +5x-2
\end{array}
$$

1 次式 $5x-2$ を**剰余**という. 除数は 2 次式, 剰余は除数よりも低次である.

(問 9.5.1)　次の計算をせよ.

(1)　$(x^2+5x+6)\div(x+3)$　　(2)　$(x^2+2x-15)\div(x+5)$

(3)　$(a^2-ab-ac+bc)\div(a-c)$　　(4)　$(x^3+4x^2+5x+2)\div(x+2)$

(5)　$(2x^3+5x^2-3x+5)\div(2x^2-x+1)$

(6)　$(4x^4+4x^3+3x^2+15x+4)\div(2x^2+3x-1)$

(7)　$(a^2+b^2+c^2+2ab+2bc+2ca)\div(a+b+c)$

**整除の定理**　A, B を文字 $x$ についての多項式とする．
A の次数は B の次数より大きいとして，

$$A = BQ + R$$

が成り立つ．ここで多項式 R の次数は B の次数より小さい．

実際に A を B で割ってみると

$$\begin{array}{r|l} & Q \\ B & A \\ & BQ \\ \hline & R \end{array}$$

となるから

$$A - BQ = R,$$

従って，

$$A = BQ + R$$

となる，

（問 9. 5. 2）多項式Aを $x^2-2x-1$ で割ると，商が $2x-1$ で，剰余が $3x+1$ であった．Aはどんな多項式か．

（問 9. 5. 3）$x^4-10x^2+2x+6$ をある式で割ると，商が $x^2-4x-3$ で，余りが $50x+33$ であった．ある式を求めよ．

## 練習問題９

１．次の式を因数分解せよ．

(1)　$8x^2-3x-5$　［東京芸大］

(2)　$x^2y-x^2z+y^2z-xy^2$

(3)　$27x^3-y^3z^3$

(4)　$(a+b+c)(bc+ca+ab)-abc$　［日大］

(5)　$(a^2-1)(b^2-1)+4ab$　［八戸工大］

(6)　$xyz(x^3+y^3+z^3)-(x^3y^3+y^3z^3+z^3x^3)$　［法政大・法］

2．$a+b+c=1,\ a^2+b^2+c^2=3$のとき，$ab+bc+ca$ の値を求めよ．

［日大］

3．$(x+y+z)^3-x^3-y^3-z^3$を因数分解せよ．　［静岡大］

4．実数 $x,\ y,\ z$ に対し

$$x+y+z=a,\quad x^3+y^3+z^3=a^3$$

の２式が成立するとき，$x,\ y,\ z$ のうち少なくとも１つは $a$ に等しいことを示せ．　［京大］

5．$a^2-bc=b^2-ac=c^2-ab$ という関係があれば，

$a^3+b^3+c^3-3abc$ の値はいくらか．　［早大］

6．$a+b+c=0,\quad a^2+b^2+c^2=1$ のとき，$a^4+b^4+c^4$ の値を求めよ．

［福岡大］

7．$\mathrm{A}=ax^3+bx^2+cx+d,\ \mathrm{B}=bx^3-ax^2+dx-c$

$\mathrm{C}=cx^3-dx^2-ax+b,\ \mathrm{D}=dx^3+cx^2-bx-a$

とする．

(1)　$\mathrm{A}^2$を計算せよ．

(2)　$\mathrm{A}^2+\mathrm{B}^2+\mathrm{C}^2+\mathrm{D}^2$を因数分解せよ．　［立教大］

# 第10章　分　数　式

## §1.　倍数と約数

整式AをCで割った商をQとし

$$A = CQ$$

となって余りRが0となるとき，CをAの**約数**，AをCの**倍数**という．本来は約式，倍式というべきだが，長い間の慣用で，約数，倍数という．

CがAの約数であると同時に，他の整式Bの約数でもあるとき，CをA，Bの**公約数**という．公約数の中で最大の次数をもつものを**最大公約数**という．最大公約数は英語の greatest common measure の頭の文字をとってG. C. M. と略記する。

（例10.1.1）単項式 $12x^2y^2$, $18x^3y^2$ の公約数は

$x$ に関する約数　1,　$x$,　$x^2$

$y$ に関する約数　1,　$y$,　$y^2$

の上列から1つ, 下列から1つ，選んで掛け合わせたもの（1×1は省く）

$$x,\ y,\ xy,\ x^2,\ y^2,\ x^2y,\ xy^2,\ x^2y^2$$

であり，最大次数をもつものは $x^2y^2$ である．数値係数の G. C. M. も添えると，$6x^2y^2$ が G. C. M.である．

整式 A が整式 B の倍数であると同時に，他の整式 C の倍数でもあるとき, A をBとCとの**公倍数**といい，公倍数の中で最小次数のものを**最小公倍数**という．最小公倍数は英語の least common multiple の頭の文字をとってL. C. M.と略記する．

（例10.1.2）$6x^2y$，$4xyz$ の公倍数は

$x$ に関する倍数 $x^2, x^3, x^4, \cdots\cdots$

$y$ に関する倍数 $y, y^2, y^3, \cdots\cdots$

$z$ に関する倍数 $z, z^2, z^3, \cdots\cdots$

の３つの列から一つずつ選んで掛け合わせたものである．最小公倍数は

第一列を掛け合わせた $x^2yz$

である．数値係数の最小公倍数も添えると $12x^2yz$ が最小公倍数である．

次に数個の多項式の最大公約数と最小公倍数を求めよう．求め方の基本は，それぞれの多項式が因数分解されていることである．

(**例**10.1.3) $5(a+b)^2(x-y)^3$ と $10(a+b)^4(x-y)^2$ の G.C.M. と L.C.M. を求めよ．G.C.M. を求める場合，二つの多項式の同類項の最小次数のものを掛ければよい．一方，L.C.M. を求める場合，二つの多項式の各項の同類項の最大次数のものを掛ければよい．

$$\text{G.C.M.} = 5(a+b)^2(x-y)^2,$$

$$\text{L.C.M.} = 10(a+b)^4(x-y)^3$$

(**例**10.1.4) $x^2+7x+12$, $x^2+8x+15$ の G.C.M.と L.C.M.を求めよ．

$$x^2+7x+12 = (x+3)(x+4) = (x+3)^1(x+4)^1(x+5)^0$$

$$x^2+8x+15 = (x+3)(x+5) = (x+3)^1(x+4)^0(x+5)^1$$

と因数分解できる．それで

$$\text{G.C.M.} = x+3,$$

$$\text{L.C.M.} = (x+3)(x+4)(x+5)$$

(問10.1.1) 次の各式の最大公約数と最小公倍数を求めよ．

(1) $4x^3y, 6xy^4$　(2) $8a^3b^2c, 12ab^3c^4$

(3) $(x+y)^2(x-y), (x+y)(x-y)^2$

(4) $a^2-16, a^2+8a+16$

(5) $x^2-3x+2, x^2+2x-3$

(6) $x^3-5x^2-6x, x^3-x, x^4+2x^3+x^2$

## §2.　分数式の約分

整式Aを整式Bで割ったとき，商がQ，余りRとすると

$$A = BQ + R \qquad ①$$

と表されることは，前章で知った．①式を

$$\frac{A}{B} = Q + \frac{R}{B}$$

と表すとき，$\frac{A}{B}$ や $\frac{R}{B}$ を**分数式**という．AやRを**分子**，Bを**分母**と呼ぶのは，分数の場合と同様である．また，分子や分母を総称して**項**という．

分数式の計算は，分数の計算と全く同様に行えばよい．

分数式の分母と分子の両項に公約数があれば，分母子を公約数で割って分数式を簡単にできる．例えば

$$A = A'C, \quad B = B'C$$

とすると

$$\frac{A}{B} = \frac{A'C}{B'C} = \frac{A'}{B'}$$

とできる．このような演算を**約分**という．

分母子に公約数がない分数式を**既約分数式**という．分母子を，分母と分子の最大公約数で約分すると，直ちに既約分数式が得られる．

**(例10. 2. 1)**　$\dfrac{x^2-6x+9}{x^2+5x-24}$ を約分せよ．

**(解)**　$\dfrac{x^2-6x+9}{x^2+5x-24} = \dfrac{(x-3)^2}{(x-3)(x+8)} = \dfrac{x-3}{x+8}$

分数式 $\frac{A}{B}$ に整式Cを掛けることは

$$\frac{A}{B} \times C = \frac{AC}{B}$$

と定める．

**(例10. 2. 2)** $\dfrac{1}{x+3}-\dfrac{3}{x-1}$ に $(x+3)(x-1)$ を掛けよ.

**(解)** 被乗数の分数式の各項に，乗数の $(x+3)(x-1)$ を掛ければよい. 分配法則によって，それは保証されている.

$$\left(\frac{1}{x+3}-\frac{1}{x-1}\right)\times(x+3)(x-1)$$

$$=\frac{(x+3)(x-1)}{x+3}-\frac{3(x+3)(x-1)}{x-1}$$

$$=(x-1)-3(x+3)=-2x-10$$

(問10. 2. 1) 次の各分数式を約分せよ.

(1) $\dfrac{8a^4b^2c}{10ab^3c^4}$　(2) $\dfrac{18(p+q)^2}{24(p+q)}$　(3) $\dfrac{4a}{2a^2-2ab}$

(4) $\dfrac{a^2-ax}{a^2-x^2}$　(5) $\dfrac{x^2+3x+2}{x^2+4x+3}$　(6) $\dfrac{x^2-4x+4}{x^2-4}$

(7) $\dfrac{2-x}{x^2-5x+6}$　(8) $\dfrac{6+x-x^2}{6-5x+x^2}$　(9) $\dfrac{(a+b)^2-c^2}{a^2-(b-c)^2}$

(10) $\dfrac{x^2-xy-ay+ax}{x^2+bx-xy-by}$

(問10. 2. 2) 次の各式を簡単にせよ.

(1) $\dfrac{x+2}{x-1}\times(x-1)(x-2)$

(2) $\left(\dfrac{1}{x-1}+\dfrac{3}{x-2}\right)\times(x-1)(x-2)$

## §3. 分数式の通分

分数式の分母と分子に同じ式を掛けても，値は変わらない. 整式 C ≠ 0 とすると

$$\frac{B}{A}=\frac{AC}{BC}$$

となる．分母の違う二つ以上の分数式を，分母と分子に適当な式を掛けて同じ分母をもつ分数式に変えることを**通分**するという．

通分は，各分数式の分母の最小公倍数を共通の分母にするように通分するのが，一番簡単である．

**(例10.3.1)**　$\frac{c}{2ab}$，$\frac{b}{3ca}$ を通分せよ．

**(解)**　分母の最小公倍数は $6abc$ である．それで

$$\frac{c}{2ab}=\frac{3abc^2}{6abc},\quad \frac{b}{3ca}=\frac{2b^2}{6abc}$$

**(例10.3.2)**　$\frac{1}{x-1}$，$\frac{2x}{x^2-1}$，$\frac{x-2}{x^2+3x+2}$ を通分せよ．

**(解)**　分母を因数分解すると

$$x^2-1=(x-1)(x+1),$$

$$x^2+3x+2=(x+1)(x+2)$$

となるから，3つの分母の最小公倍数は $(x-1)(x+1)(x+2)$ である．

それで

$$\frac{1}{x-1}=\frac{(x+1)(x+2)}{(x-1)(x+1)(x+2)}$$

$$\frac{2x}{x^2-1}=\frac{2x}{(x-1)(x+1)}=\frac{2x(x+2)}{(x-1)(x+1)(x+2)}$$

$$\frac{x-2}{x^2+3x+2}=\frac{x-2}{(x+1)(x+2)}=\frac{(x-1)(x-2)}{(x-1)(x+1)(x+2)}$$

(問10.3.1)　次の各分数式を通分せよ．

(1)　$\frac{3}{x}$，$\frac{5}{3x}$　　(2)　$\frac{3z}{4x^2y}$，$\frac{2z}{6xy}$

(3)　$\frac{a}{bc}$，$\frac{b}{ca}$，$\frac{c}{ab}$　　(4)　$\frac{x+y}{x-y}$，$\frac{x-y}{x+y}$

(5) $\dfrac{1}{a-b}$, $\dfrac{-2}{b-a}$　　(6) $\dfrac{2}{x^2-y^2}$, $\dfrac{1}{y-x}$

(7) $\dfrac{a}{b+c}$, $\dfrac{b}{c+a}$, $\dfrac{c}{a+b}$　　(8) $\dfrac{x}{(x-y)(y-z)}$, $\dfrac{y}{(z-y)(x-z)}$

(9) $\dfrac{bc}{(a-b)(a-c)}$, $\dfrac{ac}{(b-c)(b-a)}$, $\dfrac{ab}{(c-a)(c-b)}$

## §4. 分数式の加法と減法

分数式の四則算法(加減乗除)は，分数の四則算法と形式的には全く同じにすればよい．

同じ分母の分数式の加減は

$$\frac{\mathrm{B}}{\mathrm{A}}+\frac{\mathrm{C}}{\mathrm{A}}=\frac{\mathrm{B}+\mathrm{C}}{\mathrm{A}}$$

$$\frac{\mathrm{B}}{\mathrm{A}}-\frac{\mathrm{C}}{\mathrm{A}}=\frac{\mathrm{B}-\mathrm{C}}{\mathrm{A}}$$

のようにすればよい．異なる分母の分数式の加減は，まず各分数式を通分してから、加減する。

多くの分数式からできている式を，唯一つの既約分数式に変形することを，分数式を**簡単にする**という．

(**例**10. 4. 1)　$\dfrac{x}{x-2y}+\dfrac{2y}{2y-x}=\dfrac{x}{x-2y}+\dfrac{-2y}{x-2y}$

$$=\frac{x-2y}{x-2y}=1$$

(**例**10. 4. 2)　$\dfrac{2x}{x^2-4y^2}-\dfrac{1}{x+2y}=\dfrac{2x}{(x-2y)(x+2y)}-\dfrac{x-2y}{(x-2y)(x-2y)}$

$$=\frac{x+2y}{(x+2y)(x-2y)}=\frac{1}{x-2y}$$

(問10. 4. 1)　次の各式を簡単にせよ.

(1)　$\dfrac{a}{a+b}+\dfrac{b}{a+b}$　　(2)　$\dfrac{a}{bc}+\dfrac{b}{ca}+\dfrac{c}{ab}$

(3)　$\dfrac{x}{x-y}-\dfrac{x}{x+y}$　　(4)　$\dfrac{1}{x^2+xy}+\dfrac{1}{xy+y^2}$

(5)　$\dfrac{1}{2x+y}+\dfrac{1}{2x-y}-\dfrac{3x}{4x^2-y^2}$　　(6)　$\dfrac{a(a+b)}{a-b}-\dfrac{5ab-a^2}{b-a}$

## §5.　分数式の乗法と除法

分数式の乗法と除法は，形式的に分数の乗法や除法と同じである.

$$\frac{\mathrm{A}}{\mathrm{B}}\times\frac{\mathrm{C}}{\mathrm{D}}=\frac{\mathrm{AC}}{\mathrm{BD}}$$

$$\frac{\mathrm{A}}{\mathrm{B}}\div\frac{\mathrm{C}}{\mathrm{D}}=\frac{\mathrm{A}}{\mathrm{B}}\times\frac{\mathrm{D}}{\mathrm{C}}=\frac{\mathrm{AD}}{\mathrm{BC}}$$

分母や分子が，また分数式になっているような分数式を**繁分数式**という.

(例10. 5. 1)　$\dfrac{x^2-1}{x^2+3x-10}\times\dfrac{x^2+5x}{xy-y}\div\dfrac{x^2+x}{xy-2y}$

$$=\frac{(x-1)(x+1)}{(x+5)(x-2)}\times\frac{x(x+5)}{y(x-1)}\times\frac{y(x-2)}{x(x+1)}=1$$

(例10. 5. 2)　繁分数式

$$\frac{\dfrac{4}{x}+2}{x+\dfrac{2}{x}+3}$$

を簡単にせよ.

(解)　$\dfrac{\dfrac{2}{x}+2}{x+\dfrac{2}{x}+3}=\dfrac{\dfrac{4+2x}{x}}{\dfrac{x^2+2+3x}{x}}=\dfrac{2(x+2)}{x}\div\dfrac{(x+1)(x+2)}{x}$

$$=\frac{2(x+2)}{x}\times\frac{x}{(x+1)(x+2)}=\frac{2}{x+1}$$

（問10. 5. 1） 次の各式を簡単にせよ.

(1) $\dfrac{4a^2}{b^2c^2}\times\dfrac{3b}{ca}\times\dfrac{c^2}{6ab}$　　(2) $\dfrac{2x^2}{yz}\times\dfrac{3y^2}{zx}\div\dfrac{6xy}{z^2}$

(3) $\dfrac{1}{ax}\div\dfrac{1}{by}\div\dfrac{b}{a}$　　(4) $\dfrac{x^2+3x+2}{x+3}\times\dfrac{x+2}{x^2+4x+3}$

(5) $\dfrac{x^2-y^2}{x^2-4y^2}\div\dfrac{xy+y^2}{x^2+2xy}$　　(6) $\dfrac{x+y}{x-y}\times\dfrac{x^2-y^2}{x^2+y^2}$

(7) $\dfrac{x+5}{x+4}\div\dfrac{25-x^2}{16-x^2}$　　(8) $\dfrac{x^2+5x-84}{x^2-49}\div\dfrac{x^2-144}{x^2+5x-14}$

(9) $\left(1+\dfrac{3x}{1-x}\right)\left(1+\dfrac{x}{1+x}\right)$　　(10) $\left(x+1-\dfrac{30}{x}\right)\left(x-4-\dfrac{5}{x}\right)$

(11) $\dfrac{x+3-\dfrac{1}{x+3}}{x+5-\dfrac{3}{x+3}}$　　(12) $\dfrac{\dfrac{1}{x+1}+\dfrac{1}{x-1}}{\dfrac{y}{x-1}-\dfrac{y}{x+1}}$

(13) $\dfrac{\dfrac{1}{x+1}}{1-\dfrac{1}{x+1}}$　　(14) $\dfrac{1}{x-\dfrac{1}{x+\dfrac{1}{x}}}$

## §6. 分数方程式

$$\frac{x+1}{x-1}=\frac{x-4}{x-2}$$

のように，未知数 $x$ に関する分数式を含む方程式を**分数方程式**という.

分数方程式を解くには，まず分母を払って，整式で表される方程式に直してから解く．そのとき，根の値が分母を0にするならば，その値は根から除外する．上の方程式は，

$$(x-1)(x-2)\neq 0$$

と仮定して，分母を払うと

$$(x+1)(x-2)=(x-4)(x-1),$$
$$x^2-x-2=x^2-5x+4,$$
$$4x=6,$$
$$\therefore\quad x=\frac{3}{2}$$

この値は分母を0にしないから，根である．

**(例10. 6. 1)** $\dfrac{1}{x+3}+\dfrac{3}{x-1}=\dfrac{4}{x^2+2x-3}$

を解け．

**(解)** 右辺の分母は $x^2+2x-3=(x+3)(x-1)$ と因数分解できる．それで，両辺に $(x+3)(x-1)$ を掛けると

$$x-1+3(x+3)=4,$$
$$4x=-4,$$
$$\therefore\quad x=-1$$

この値は分母を0にしないから，与えられた方程式の根である．

(問10. 6. 1) 次の各方程式を解け．

(1) $\dfrac{x}{x-5}=\dfrac{1}{2}$　(2) $\dfrac{x-2}{x+3}=\dfrac{3}{8}$

(3) $\dfrac{x-1}{x+1}=\dfrac{x+3}{x+10}$　(4) $\dfrac{x-3}{x+5}=\dfrac{x-2}{x+2}$

(5) $\dfrac{x+1}{x+4}=\dfrac{x-4}{x+2}$　(6) $\dfrac{2}{x-3}-\dfrac{4}{3-x}=\dfrac{3}{x^2-9}$

(7) $\dfrac{x+4}{x-7}-\dfrac{x+1}{x+5}=\dfrac{x+6}{x^2-2x-35}$　(8) $\dfrac{x+5}{x-8}-\dfrac{x+2}{x+6}=\dfrac{7x-4}{x^2-2x-48}$

(9) $\dfrac{2x}{x+5}-\dfrac{1}{x+3}=\dfrac{1}{x+5}+\dfrac{2x}{x+3}$

**(例10. 6. 2)** 次の連立方程式を解け.

$$\frac{1}{x}+\frac{2}{y}=8,\ \frac{3}{x}-\frac{1}{y}=3$$

**(解)** $\frac{1}{x}=X,\ \frac{1}{y}=Y$ と置き換えると

$$\begin{cases} X+2Y=8 & ① \\ 3X-Y=3 & ② \end{cases}$$

となり，これは二元一次連立方程式である.

①＋2×②とすると　$7X=14$

$X=2$

3×①−② とすると　$7Y=21$

$Y=3$

逆数をとると，$x=1/2, y=1/3$

**(例10. 6. 3)** $\frac{x}{y}=\frac{7}{4},\ \frac{x-2}{y+1}=1$ を解け.

**(解)** 各方程式の分母を払って整理すると

$$\begin{cases} 4x-7y=0 & ① \\ x-y=3 & ② \end{cases}$$

①−7×②　$-3x=-21,\ x=7$

①−4×②　$-3y=-12,\ y=4$

(問10. 6. 2) 次の連立方程式を解け.

(1) $\begin{cases} \frac{x}{y}=\frac{3}{5} \\ 4x-3y+6=0 \end{cases}$　(2) $\begin{cases} \frac{5}{2x+3y}=\frac{12}{5} \\ 3x=8y \end{cases}$

(3) $\begin{cases} \frac{2}{x+y}=\frac{1}{2} \\ \frac{1}{x-y}=\frac{1}{2} \end{cases}$　(4) $\begin{cases} \frac{x-1}{y-1}=\frac{1}{2} \\ \frac{3x+y}{3x-y}=14 \end{cases}$

(5)　$\dfrac{1}{x}+\dfrac{1}{y}=\dfrac{5}{6},\ \dfrac{1}{x}-\dfrac{1}{y}=\dfrac{1}{6}$

(6)　$\begin{cases}\dfrac{2}{x}+\dfrac{7}{y}=29\\ \dfrac{5}{x}-\dfrac{6}{y}=2\end{cases}$　　(7)　$\begin{cases}\dfrac{2}{3x}+\dfrac{5}{4y}=\dfrac{7}{12}\\ \dfrac{4}{x}-\dfrac{2}{3y}=\dfrac{32}{15}\end{cases}$

## §7.　分数方程式の文章題

**(例10.7.1)** 分数がある．もしも分母に1を加えると 1/2 に等しくなる．また，分子から3を引くと 1/3 に等しくなる．この分数を求めよ．

**(解)** 分子を $x$，分母を $y$ とおくと，題意により

$$\frac{x}{y+1}=\frac{1}{2} \quad ①$$

$$\frac{x-3}{y}=\frac{1}{3} \quad ②$$

①, ②の分母を払って整理すると

$$\begin{cases}2x-y=1 & ③\\ 3x-y=9 & ④\end{cases}$$

④－③とすると

$$x=8$$

これを③に代入すると

$$16-y=1,\ y=15$$

$y=15$ は①, ②式の分母を0にしないから，求める分数は 8/15 である．

**(例10.7.2)** 甲乙2人協力すれば15日で仕上がる仕事を，2人で5日した後，乙が他の仕事に変わったので，残りを甲1人でしたら18日かかった．甲乙各1人でやると幾日かかるか．

**(解)** この仕事を量に換算して 1W(1仕事)としよう．これを甲は $x$ 日，乙は $y$ 日で仕上げるとする．甲乙の1日の仕事量は，それぞれ

$$\left(\frac{1}{x}\right)\mathrm{W/日},\ \left(\frac{1}{y}\right)\mathrm{W/日}$$

である．共同で仕事するときの 1 日あたりの仕事量は $\left(\frac{1}{x}+\frac{1}{y}\right)\mathrm{W/日}$．題意によって

$$\left(\frac{1}{x}+\frac{1}{y}\right)\mathrm{W/日}\times 15日 = 1\mathrm{W}.$$

$$\left(\frac{1}{x}+\frac{1}{y}\right)\mathrm{W/日}\times 5日+\frac{1}{x}\mathrm{W/日}\times 18日 = 1\mathrm{W}$$

整理し，量記号を省略すると

$$\begin{cases}\dfrac{1}{x}+\dfrac{1}{y}=\dfrac{1}{15}\\[2mm] \dfrac{23}{x}+\dfrac{5}{y}=1\end{cases}$$

$1/x = \mathrm{X}$, $1/y = \mathrm{Y}$ とおくと

$$\begin{cases}\mathrm{X} + \mathrm{Y} = 1/15 & ①\\ 23\mathrm{X} + 5\mathrm{Y} = 1 & ②\end{cases}$$

5 ×①−②を計算すると

$$-18\mathrm{X}=-\frac{2}{3},\ \mathrm{X}=\frac{1}{27}$$

すると

$$\mathrm{Y}=\frac{1}{15}-\frac{1}{27}=\frac{4}{135}$$

X，Yの逆数をとると

$$x = 27,\ y = 33.75$$

一人では甲は 27 日，乙は 33.75 日かかる．

(問10. 7. 1) 分母と分子の差が 18 に等しく，約分すると 2/3 になるような分数はいくらか．

(問10. 7. 2) 田舎で 5km の距離を自動車で行くと，電車で行くよりも 12 分早くつく，自動車の速さは電車の速さの4/3倍であるという．電車の速さを求めよ．

(問10. 7. 3) 甲乙協力すれば，ある予定時間に仕上がる工事がある．その半分を甲 1 人ですると 1 時間早く，乙 1 人ですると 2 時間多くかかるという．両人協力する場合の予定時間を求めよ．

(問10. 7. 4) ある仕事を甲は $a$ 日で仕上げ，乙は $b$ 日で仕上げるという．両人協力して働けば，何日で仕上がるか．

(問10. 7. 5) 120 海里を隔たる港に向かって航行している船が，目的地から 12 海里のところで機関に故障を起こしたので，速さを 10 ノット遅くして航海を続けて目的地に到着した．そして結局，この航海に要した時間は，同じ距離を4ノットだけ少ない速さで進んだ時間に等しくなったという．はじめの船の速度を求めよ．

(問10. 7. 6) ある船が河を上下するのに，3km 上がるに要する時間と，5km 下がるに要する時間は等しいという．船は静水中では毎時 12km の速さで進むものとして，河の流れの速さを求めよ．

(問10. 7. 7) ある距離を行くのに，もしも毎時の速さを 9 km 増やしたら，現にかかった時間の 5 分の 4 で到達する．また，もしも毎時の速さを 9 km だけ減らしたら，現にかかった時間より2 時間半多くかかる．その距離を求めよ．

(問10. 7. 8) ある果物の値段は 1000 円について中は上よりも 5 個，下は中よりも 10 個だけ安い．また上 5 個，下4個の値は中 9 個の値に等しいという．1000 円につき各何個買うことができるか．

## 練習問題10

1． $x-\dfrac{1}{x}=1$ のとき，$x^3-\dfrac{1}{x^3}$ の値を求めよ．　［日大］

2．$x+\dfrac{1}{x}=1$のとき，$x^3+\dfrac{1}{x^3}$ の値を求めよ．

3．$abc\neq0$，$a+b+c=0$ のとき，

$a\left(\dfrac{1}{b}+\dfrac{1}{c}\right)+b\left(\dfrac{1}{c}+\dfrac{1}{a}\right)+c\left(\dfrac{1}{a}+\dfrac{1}{b}\right)$ の値を求めよ． [熊本商大]

4．$\dfrac{b}{a(a+b)}+\dfrac{c}{(a+b)(a+b+c)}+\dfrac{d}{(a+b+c)(a+b+c+d)}+\dfrac{1}{a+b+c+d}$

の値を求めよ． [共立薬大]

5．$\dfrac{a}{(a-b)(a-c)}+\dfrac{b}{(b-c)(b-a)}+\dfrac{c}{(c-a)(c-b)}$ の値を求めよ．[立正大，経]

6．相異なる$x$，$y$に対して，$x+y=2a$ のとき

$\dfrac{(x-a)(y-a)}{(x-a)^2+(y-a)^2}$ の値を求めよ． [甲南大]

7．$\dfrac{x^2+2x-2}{x^3+1}=\dfrac{a}{x+1}+\dfrac{bx+c}{x^2-x+1}$

が，どんな$x$に対しても成り立つように$a,b,c$の値を求めよ．[徳島大]

8．(1) $x+y+z=a$，$\dfrac{1}{x}+\dfrac{1}{y}+\dfrac{1}{z}=\dfrac{1}{a}$ならば，$x^3+y^3+z^3=a^3$

が成り立つことを証せ．

(2) 逆に$x+y+z=a$，$x^3+y^3+z^3=a^3$，$axyz\neq0$ならば

$\dfrac{1}{x}+\dfrac{1}{y}+\dfrac{1}{z}=\dfrac{1}{a}$ が成り立つことを示せ． [順天堂大]

9．$a+b+c=0$，$abc\neq0$ のとき

$\dfrac{a^2+b^2+c^2}{a^3+b^3+c^3}+\dfrac{2}{3}\left(\dfrac{1}{a}+\dfrac{1}{b}+\dfrac{1}{c}\right)$ の値を求めよ． [早稲田大]

# 第11章　一元二次方程式

## §1.　平　方　根

ある数が相等しい二つの数に分解されるとき，この分解された数をある数の**平方根**という．

例えば

$$25 = 5\times 5$$

だから，5 は 25 の平方根である．ところが，また

$$25 = (-5)\times(-5)$$

と分解できるから，－5 もまた 25 の平方根である．

一般に

**正数の平方根は２つあって，両者は絶対値が等しく，符号を異にする．**

ある数の正の平方根を表すのに$\sqrt{\ }$，負の平方根を表すのに$-\sqrt{\ }$という記号を使う．$\sqrt{\ }$を**平方根号**という．平方根の根を英語で root というが，記号$\sqrt{\ }$は root の r から変化した記号と言われている．

（例11.1.1）　$\sqrt{4}=2,\qquad -\sqrt{4}=-2$

$$\sqrt{25}=5,\qquad -\sqrt{25}=-5$$

$$\sqrt{\frac{4}{9}}=\frac{2}{3},\qquad -\sqrt{\frac{4}{9}}=-\frac{2}{3}$$

$a, b$ が正数のとき　$\sqrt{81a^2b^6}=9ab^3$

この例から，25 の平方根は＋5 あるいは－5 であることを，記号で±5 と

も表す．記号±を**複号**という．また，$\sqrt{25}$ を $25^{\frac{1}{2}}$ と表すこともある．

(問11.1.1) 次の各式を計算せよ．文字は正数を表す．

(1) $\sqrt{16}$　(2) $-\sqrt{36}$　(3) $\pm\sqrt{49}$　(4) $\sqrt{121}$

(5) $-100^{\frac{1}{2}}$　(6) $-\sqrt{\frac{1}{4}}$　(7) $\pm\sqrt{\frac{64}{100}}$

(8) $\left(x^6\right)^{\frac{1}{2}}$　(9) $-\sqrt{25a^2}$　(10) $\sqrt{625n^4}$

(11) $-\sqrt{0.01}$　(12) $+\sqrt{0.25}$　(13) $\sqrt{0.04x^2}$

**[注]** $a$ が正負のどんな数であっても，$a^2$ は必ず正数であるから，負数は相等しい２つの数に分解されることはない．それで目下のところ，**負数には平方根がない**とする．

## §2. 無 理 数

古代中国で紀元前100年頃にできた天文学の本が『周髀算経』である．この本の最初の方で，下のような図がでている．直角をはさむ２辺の長さが $a,b$；斜辺の長さが $c$ である直角三角形を図のように組合わせた正方形をつくる．

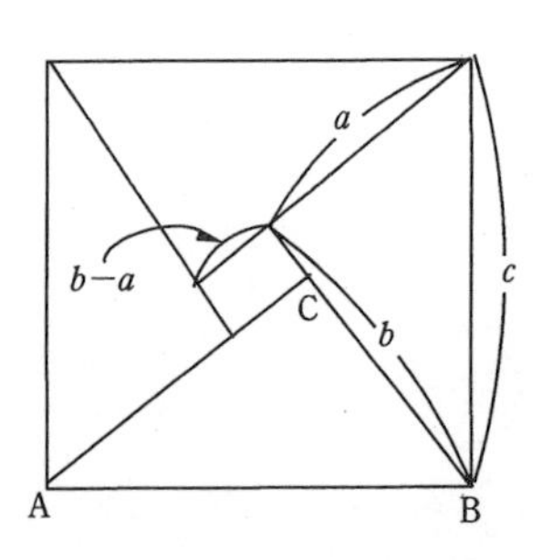


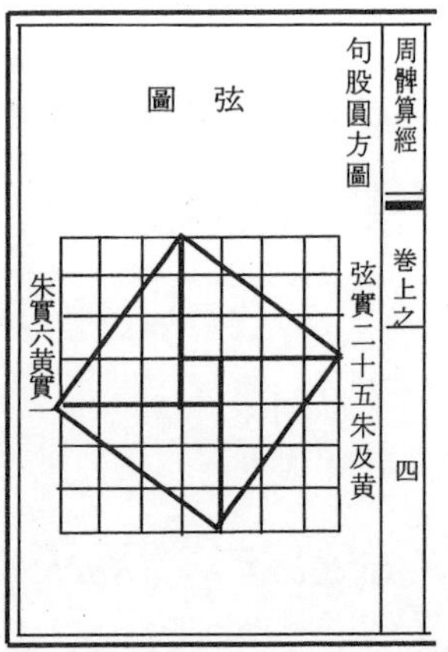

面積計算をすると

$$c^2=4\times\left(\frac{1}{2}ab\right)+(a-b)^2$$
$$=2ab+(a^2-2ab+b^2)$$
$$=a^2+b^2$$

となる．これは**ピュタゴラスの定理**と呼ばれる定理である．中国の古典にでてきたり，ピュタゴラスの名前がついたりしていることから，この定理は有史以前から世界の方々で発見されていた．

さて，$a=b=1$ とおくと，$c^2=2$，従って $c=\sqrt{2}$ となる．$\sqrt{2}$ という数はどんな数なのだろうか．

$$\left(\sqrt{2}-1\right)\left(\sqrt{2}+1\right)=1.$$

それで

$$\sqrt{2}-1=\frac{1}{\sqrt{2}+1}$$

$$\sqrt{2}+1=2+\left(\sqrt{2}-1\right)=2+\frac{1}{\sqrt{2}+1}$$

これらの関係式を順次使って

$$\sqrt{2}=1+\frac{1}{\sqrt{2}+1}=1+\cfrac{1}{2+\cfrac{1}{\sqrt{2}+1}}$$

$$=1+\cfrac{1}{2+\cfrac{1}{2+\cfrac{1}{\sqrt{2}+1}}}=1+\cfrac{1}{2+\cfrac{1}{2+\cfrac{1}{2+\cfrac{1}{\sqrt{2}+1}}}}$$

このような操作を続けて行くと，どこまで行っても $\dfrac{1}{\sqrt{2}+1}$ が現れて，終わることがない．このような分数を**連分数**という．これらの連分数を $\left(\sqrt{2}+1\right)$ が出てくる手前で打ち切ってみると

$$1+\frac{1}{2}=\frac{3}{2}=1.5$$

$$1+\cfrac{1}{2+\cfrac{1}{2}}=\frac{7}{5}=1.4$$

$$1+\cfrac{1}{2+\cfrac{1}{2+\cfrac{1}{2}}}=\frac{17}{12}=1.41666\cdots$$

この後は,

$$\frac{41}{29}=\underline{1.4}1379310345\cdots.$$

$$\frac{99}{70}=\underline{1.4142}8571429\cdots.$$

$$\frac{236}{169}=\underline{1.1420}118343\cdots.$$

……

というように

$$\sqrt{2}=1.41421356237\cdots$$

に近づいていく．このように

整数でもなく，分数でもなく，いくらでもそれに近い値を求めることのできる数を**無理数**という．

無理数に対し，整数や分数をあわせて**有理数**という．分数は

$3/4=0.75.$

$3/7=0.\underline{428571}428571\cdots$

のように，小数に直すと，割り切れて**有限小数**になるか，それとも同じ何個かの数の配列を繰り返してどこまでも続く**循環無限小数**になるか，いずれかである．例えば，3/7 の場合．3 を 7 で割ってみると，余りは 7 より小さい数で

$$0, 1, 2, 3, 4, 5, 6$$

のいずれかである．余り 0 は割り切れることだから，その場合は除く．それで 7 回割り算を実行すると，余りの種類は 6 通りしかないから，そのうちに 1, 2, 3, 4, 5, 6 のどれかが 2 回以上出現する．2 回現れたら，それ以後の計算は，それ以前と同じことが繰り返される(循環節という)．だから商に現れる数字も繰り返されて循環小数になる．それで

分　数 $\begin{cases} \text{有限小数} \\ \text{循環無限小数} \end{cases}$

となる．従って

**無理数とは，整数と分数以外の数**

ということができる．

(問11. 2. 1)　次の分数を小数に直せ．

$$\frac{1}{7},\quad \frac{8}{13},\quad \frac{13}{27}$$

(問11. 2. 2)　$\left(\sqrt{3}-1\right)\left(\sqrt{3}+1\right)=2$　であるから

$$\sqrt{3}-1=\frac{2}{\sqrt{3}+1},\qquad \sqrt{3}+1=2+\left(\sqrt{3}-1\right)=2+\frac{2}{\sqrt{3}+1}$$

であることを利用して，$\sqrt{3}$ を連分数に展開せよ．連分数の最初の数項を計算して，$\sqrt{3}$ の近似値を求めよ．

(問11. 2. 3)　$\left(\sqrt{5}-2\right)\left(\sqrt{5}+2\right)=1$　であるから

$$\sqrt{5}-2=\frac{1}{\sqrt{5}+2}$$

$$\sqrt{5}+2=4+\left(\sqrt{5}-2\right)=4+\frac{1}{\sqrt{5}+2}$$

であることを利用して，$\sqrt{5}$ を連分数に展開せよ．連分数の最初の数項を計算して，$\sqrt{5}$ の近似値を求めよ．

(問11. 2. 4) ピタゴラスの定理を利用して，$\sqrt{3}$，$\sqrt{5}$ を作図せよ．

**(例11. 2. 1)** 0.272727 ⋯ という無限小数を分数で表せ.

**(解)** $0.272727\cdots = x$ とおくと

$$27.272727\cdots = 100x$$

下の式から上の式を引くと

$$27 = 100x - x = 99x,$$

それで

$$x=\frac{27}{99}=\frac{3}{11}$$

(問11. 2. 5) 次の循環小数を分数で表せ.

(1) 0.267267267 ⋯　　(2) 3.545454 ⋯　　(3) 0.99999 ⋯

## §3. 無理数の計算

無理数の計算も，すべて今までの計算方法が適用される．この節では，文字はすべて正数とする．注意することは

$$\left(\sqrt{a}\right)^2=a$$

となることである.

$$ab=\left(\sqrt{a}\right)^2\left(\sqrt{b}\right)^2=\left(\sqrt{a}\sqrt{b}\right)^2$$

であるから

(Ⅰ)　$\sqrt{ab}=\sqrt{a}\sqrt{b}$

また

$$\frac{a}{b}=\frac{\left(\sqrt{a}\right)^2}{\left(\sqrt{b}\right)^2}=\left(\frac{\sqrt{a}}{\sqrt{b}}\right)^2$$

であるから

(Ⅱ)　$\sqrt{\frac{a}{b}}=\frac{\sqrt{a}}{\sqrt{b}}$

が成立する.

**(例11. 3. 1)** 次の各式を簡単にせよ.

(1) $\sqrt{50}=\sqrt{25\times2}=\sqrt{25}\sqrt{2}=5\sqrt{2}$

(2) $\sqrt{6}\sqrt{18}=\sqrt{6}\sqrt{6}\sqrt{3}=6\sqrt{3}$　(3) $\dfrac{\sqrt{27}}{\sqrt{3}}=\sqrt{\dfrac{27}{3}}=\sqrt{9}=3$

(4) $\sqrt{18}+\sqrt{8}-\sqrt{2}=3\sqrt{2}+2\sqrt{2}-\sqrt{2}=4\sqrt{2}$

(5) $\left(3+2\sqrt{2}\right)\left(4-3\sqrt{2}\right)=12+8\sqrt{2}-9\sqrt{2}-6\left(\sqrt{2}\right)^2=-\sqrt{2}$

(問11. 3. 1) 次の各式を簡単にせよ.

(1) $\sqrt{3}\sqrt{7}$　(2) $\sqrt{6}\sqrt{\dfrac{1}{2}}$

(3) $\sqrt{20}-\sqrt{5}$　(4) $\sqrt{50}+\sqrt{8}-\sqrt{32}$

(5) $5\sqrt{45}-3\sqrt{20}-2\sqrt{5}$　(6) $\sqrt{6}\left(3\sqrt{6}-5\sqrt{8}\right)$

(7) $\sqrt{\dfrac{3}{16}}+\sqrt{\dfrac{3}{4}}-\sqrt{\dfrac{3}{25}}$　(8) $\left(\dfrac{-1-\sqrt{2}}{2}\right)^2$

(9) $\left(5-\sqrt{3}\right)\left(1+\sqrt{3}\right)$　(10) $\left(\sqrt{7}+3\right)\left(\sqrt{7}+4\right)$

(11) $\left(3+4\sqrt{6}\right)\left(4-6\sqrt{6}\right)$　(12) $\left(x-2\sqrt{y}\right)\left(x+4\sqrt{y}\right)$

(13) $\left(a-3\sqrt{b}\right)^2$　(14) $\left(2x+\sqrt{x+3}\right)^2$

**(例11. 3. 2)** 次の各式の分母を有理数になるように変形せよ.

(1) $\dfrac{\sqrt{a}}{\sqrt{b}}=\dfrac{\sqrt{a}\times\sqrt{b}}{\sqrt{b}\times\sqrt{b}}=\dfrac{\sqrt{ab}}{b}$

(2) $\dfrac{c}{a+\sqrt{b}}=\dfrac{c\left(a-\sqrt{b}\right)}{\left(a+\sqrt{b}\right)\left(a-\sqrt{b}\right)}=\dfrac{c\left(a-\sqrt{b}\right)}{a^2-b}$

このようにすることを**分母を有理化する**という.

(問11.3.2) 次の各式を有理化せよ．文字は正数とする．

(1) $\dfrac{3\sqrt{a}-4\sqrt{b}}{2\sqrt{a}-3\sqrt{b}}$　　(2) $\dfrac{\sqrt{x+1}+3}{\sqrt{x+1}+2}$

(3) $\dfrac{x}{x+\sqrt{x^2-1}}$　　(4) $\dfrac{x}{1+\sqrt{x^2-1}}$　　[東京経大・経]

**(例11.3.3)** $a>b>0$ とするとき

$$\sqrt{a+b\pm 2\sqrt{ab}}=\sqrt{a}\pm\sqrt{b}$$

することができる．なぜならば

$$\left(\sqrt{a}\pm\sqrt{b}\right)^2=\left(\sqrt{a}\right)^2\pm 2\sqrt{a}\sqrt{b}+\left(\sqrt{b}\right)^2$$
$$=a+b\pm 2\sqrt{ab}$$

だから，両辺の正の平方根をとればよい．

$$\sqrt{5+2\sqrt{6}}=\sqrt{3+2+2\sqrt{3\times 2}}=\sqrt{3}+\sqrt{2}$$

$$\sqrt{4-\sqrt{12}}=\sqrt{4-2\sqrt{3}}=\sqrt{3+1-2\sqrt{3\times 1}}=\sqrt{3}-1$$

$$\sqrt{6+4\sqrt{2}}=\sqrt{6+2\sqrt{8}}=\sqrt{4+2+2\sqrt{4\times 2}}=2+\sqrt{2}$$

(問11.3.3) 次の各数を有理数の平方根の和または差の形に表せ．

(1) $\sqrt{7+2\sqrt{12}}$　　(2) $\sqrt{11-2\sqrt{28}}$

(3) $\sqrt{8+\sqrt{60}}$　　(4) $\sqrt{12-6\sqrt{3}}$

(5) $\sqrt{2+\sqrt{3}}$　　(6) $\sqrt{4\dfrac{1}{2}+\sqrt{8}}$

(7) $\sqrt{28-5\sqrt{12}}$　　(8) $\sqrt{101-28\sqrt{13}}$

(9) $\sqrt{6-4\sqrt{3}+\sqrt{16-8\sqrt{3}}}$　　(10) $3\sqrt{5}-\sqrt{2}+\sqrt{7+2\sqrt{10}}$

（問11．3．4）　$\sqrt{2}\fallingdotseq 1.414$, $\sqrt{3}\fallingdotseq 1.732$, $\sqrt{5}\fallingdotseq 2.236$, $\sqrt{6}\fallingdotseq 2.449$　として，次の数の近似値を求めよ．

(1)　$\sqrt{50}+\sqrt{48}-\sqrt{2}$　　(2)　$2\sqrt{6}+\sqrt{12}\left(1-\sqrt{2}\right)$

(3)　$\sqrt{14-6\sqrt{5}}$　　(4)　$\sqrt{6+2\sqrt{2}+2\sqrt{3}+2\sqrt{6}}$

(5)　$\dfrac{1}{\sqrt{6+2\sqrt{5}}}$　　(6)　$\dfrac{\sqrt{12+6\sqrt{3}}}{1+\sqrt{3}}$

(7)　$\dfrac{1}{1+\sqrt{2}+\sqrt{3}}$　　(8)　$\dfrac{\sqrt{6}}{\sqrt{2}+\sqrt{3}+\sqrt{5}}$

**（例11．3．4）**　$\dfrac{1}{3-\sqrt{7}}$　の整数部分が $a$，小数部分が $b$ のとき，$a$ の値と，$a^2+ab+2b^2$の値を求めよ．　［鹿児島経大・経］

**（解）**　$\dfrac{1}{3-\sqrt{7}}=\dfrac{3+\sqrt{7}}{\left(3-\sqrt{7}\right)\left(3+\sqrt{7}\right)}=\dfrac{3+\sqrt{7}}{2}$　であり，かつ　$2<\sqrt{7}<3$

であるから，　$5<3+\sqrt{7}<6$　となる．そこで

$$a=2,\ b=\left(\sqrt{7}-1\right)/2$$

となる．

$$a^2+ab+2b^2=4+\left(\sqrt{7}-1\right)+\left(\sqrt{7}-1\right)^2/2$$
$$=3+\sqrt{7}+4-\sqrt{7}=7$$

（問11．3．5）　$x=\dfrac{\sqrt{3}+\sqrt{2}}{\sqrt{3}-\sqrt{2}}$，$y=\dfrac{\sqrt{3}-\sqrt{2}}{\sqrt{3}+\sqrt{2}}$のとき

(1)　$x^2+y^2$　　(2)　$\dfrac{y}{x^2}+\dfrac{x}{y^2}$　　(3)　$\sqrt{x^3+y^3-2}$　の値を求めよ．

［阪南大・経］

（問11．3．6）　$\sqrt{5}$　の整数部分を $a$，少数部分を $b$ とするとき，$ab(2a+b)$の

値を求めよ. ［本郷高］

（問11．3．7） $2x=1+\sqrt{2}+\sqrt{5}$，$2y=-1+\sqrt{2}-\sqrt{5}$ のとき，

(1) $(x+y)^2-(x-y)^2$ の値　　(2) $x^2-y^2$ の値を求めよ.

［甲陽学院］

（問11．3．8） $2x+y=\sqrt{3}$，$x-2y=\sqrt{2}$ のとき，$(3x+y)^2-(x+3y)^2$ の値を求めよ. ［明治大付属中野高］

（問11．3．9） $\sqrt{7(a-3)}$ が整数になる最小の自然数 $a$ の値はいくらか.

［聖母学院高］

（問11．3．10） $\left(1+\sqrt{2}\right)\left(a-3\sqrt{2}\right)$ が有理数であるとき，有理数 $a$ の値を求めよ. ［関西大第一高］

**（例11．3．5）** $\sqrt{2}$ は有理数でないことの理由を説明しよう.

**有理数とは，整数と分数のすべての総称である.**

整数も分母が1の分数とみれば，有理数は分数の総称とも考えられる.
この場合，16/14 は 8/7 と同じであるから，分数はすべて既約分数とする.

そこで $\sqrt{2}$ は有理数と考えて，$\sqrt{2}=\dfrac{q}{p}$ とおいてみよう．ただし，

$p$ と $q$ には1以外に約数はなく，$\dfrac{q}{p}$ は既約分数とする．$p$ 倍して

$$\sqrt{2}p=q$$

両辺を2乗すると

$$2p^2=q^2 \qquad ①$$

となり，$q^2$ は偶数である．ところが

偶数$^2$＝偶数，　奇数$^2$＝奇数

であるから，$q$ も偶数である．それで

$$q=2n,\ n \text{ は自然数} \qquad ②$$

とおく．②を①に代入して

$$2p^2=(2n)^2$$

$\therefore\quad p^2=2n^2=$偶数

それで $p$ も偶数になり，

$p=2m$, $m$ は自然数　　　③

となる．②，③から，$\dfrac{q}{p}$ は既約分数でなくなる．このことは，$\sqrt{2}=\dfrac{q}{p}$ とおいたことが間違いだったことを意味する．つまり，$\sqrt{2}$ は有理数ではなかった．

## §4. 一元二次方程式の解法

第6章§3で

$ab=0$ は「少なくとも $a, b$ の一つが $0$ である」こと，

「$a=0$ または $b=0$」

を意味することを述べた．このことを使って二次方程式を解く．

**(例11.4.1)** $a>0$ のとき，$x^2=a$ を解け．

**(解)** $x^2=a$ ならば $x^2-a=0$,

$$\therefore\ \left(x-\sqrt{a}\right)\left(x+\sqrt{a}\right)=0$$

それで

$$x-\sqrt{a}=0 \text{ または } x+\sqrt{a}=0,$$

$$x=\sqrt{a} \text{ または } x=-\sqrt{a}$$

となる．複号を使うと $x=\pm\sqrt{a}$ としてもよい．

例えば　$4x^2=48$ では，両辺を4で割ると

$$x^2=12,$$

$$x=\pm\sqrt{12}=\pm2\sqrt{3}$$

(問11.4.1) 次の各方程式を解け．

(1)　$x^2=100$　　　(2)　$2x^2=50$

(3)　$3x^2-27=2x^2$　　　(4)　$20x(x-2)=1-40x$

(5)　$\dfrac{3x^2-26}{7}=4$　　(6)　$(x+7)^2=\dfrac{2}{3}$

**(例11. 4. 2)**　$x^2-3=4x$ を解け.

両辺に＋3を加えると

$$x^2=4x+3,$$

両辺から $4x$ を引くと

$$x^2-4x=3$$

両辺に4を加えると

$$x^2-4x+4=7$$

$$(x-2)^2=7$$

となる. $x-2=\mathrm{X}$ と置き換えると, $\mathrm{X}^2=7$ となり, (例10. 4. 1) の型の方程式になる.

$$\therefore\ \mathrm{X}=x-2=\pm\sqrt{7}$$

$$x=2\pm\sqrt{7}$$

(問11. 4. 2)　次の各方程式を解け.

(1)　$x^2+6x=16$　　(2)　$x^2-2x=8$

(3)　$x^2+6x+4=0$　　(4)　$x(x+4)=-1$

(5)　$(x-1)(x-2)=21$　　(6)　$5x^2-3x=1$

(7)　$0.5x^2-3x+1.5=0$　　(8)　$0.3x^2-2x-1.2=0$

(9)　$\dfrac{1}{2}x^2+3x-1=0$　　(10)　$\dfrac{3}{4}x^2-\dfrac{2}{5}x=1\dfrac{1}{4}$

**(例11. 4. 3)**　$x^2=0$ を解け.

いうまでもなく $x=0$ が解である.

(問11. 4. 3)　次の方程式を解け.

(1)　$x^2-4x+4=0$　　(2)　$0.5x^2+x=-0.5$

**(例11. 4. 4)**　$a>0$ のとき, $x^2=-a$ を解け.

この方程式は，**平方して負数になる数**，つまり**虚数**を求めることを要求している．その数は今までに習った数，有理数や無理数とは違う．けれども，加減乗除や冪の規則は同じように成立する．

$-1$ の平方根を $i$ と書く．$i=\sqrt{-1}$ とおき，**虚数単位**という．

$$i^2=-1,$$
$$(-i)^2=(-i)(-i)=+i^2=-1$$
$$(+i)(-i)=(-i)(+i)=-i^2=-(-1)=+1$$

ときめる．冪の規則を形式的に援用すると

$$\left(\sqrt{a}\,i\right)^2=\left(\sqrt{a}\right)^2 i^2=a\times(-1)=-a$$

となる．このことを利用すると

$x^2+a=0$ は $x^2-\left(\sqrt{a}\,i\right)^2=0$ と同じである．

$$\left(x-\sqrt{a}\,i\right)\left(x+\sqrt{a}\,i\right)=0$$

$x=\sqrt{a}\,i$ または $x=-\sqrt{a}\,i$，ただし $i=\sqrt{-1}$;

または $x=\pm\sqrt{a}\,i$ と書いてもよい．

**(例11. 4. 5)** $x^2-2x+3=0$ を解け．

$$x^2-2x+1=-2,$$
$$(x-1)^2=-2,$$

$x-1=\mathrm{X}$ とおくと

$$\mathrm{X}^2=-2$$

と置き換えられる．

$$\mathrm{X}=x-1=\pm\sqrt{2}\,i,$$

$$\therefore\ x=1\pm\sqrt{2}\,i$$

**（公式）** $a \neq 0$のとき，$ax^2+bx+c=0$を解け．

$c$を右辺に移項し，両辺を$a$で割ると

$$x^2+\frac{b}{a}x=-\frac{c}{a}$$

両辺に $\left(\frac{b}{2a}\right)^2$ を加えると

$$x^2+2\frac{b}{2a}x+\left(\frac{b}{2a}\right)^2=-\frac{c}{a}+\left(\frac{b}{2a}\right)^2=\frac{b^2-4ac}{4a^2}$$

$$\therefore\ x+\frac{b}{2a}=\pm\frac{\sqrt{b^2-4ac}}{2a}$$

$$\therefore\ x=\frac{-b\pm\sqrt{b^2-4ac}}{2a}$$

この式を**一元二次方程式 $ax^2+bx+c=0$ の解の公式**という．解の公式は**根の公式**ともいう．二次方程式を満たす$x$の値を**根**ともいう．

$32x^2+4x-15=0$ の根は, 公式で

$$a=32,\ b=4,\ c=-15$$

とおいて

$$x=\frac{-4\pm\sqrt{4^2-4\times32\times(-15)}}{2\times32}=\frac{-4\pm\sqrt{16+1920}}{64}$$

$$=\frac{-4\pm44}{64}=\frac{40}{64}\text{ または }-\frac{48}{64}$$

$$x=\frac{5}{8}\text{ または }-\frac{3}{4}$$

(問11. 4. 4) 次の各方程式を解け．

(1) $x^2+9x+18=0$　　(2) $2x^2+5x-3=0$

(3)　$4x^2 = 12x - 9$　　(4)　$9x^2 - 24x + 16 = 0$

(5)　$0.3x^2 - 0.6x + 0.1 = 0$　　(6)　$x^2 - 2\sqrt{3}x + 2 = 0$

(7)　$2x^2 - 2(\sqrt{3} - 1)x - \sqrt{3} = 0$　　(8)　$16x^2 + 3a^2 = 16ax$

(9)　$(x - 1)(x - 4) + (2x - 3)(2x - 5) = 33$

(10)　$2(x + 2)(x + 1) - 6(x - 5) = 3(x - 3)(x + 9)$

(11)　$x^2 + 2(a - b)x = 2ab - b^2$

(12)　$(b - c)x^2 + (c - a)x + a - b = 0$

(13)　$(a + b)x^2 + cx - a - b - c = 0$

(14)　$(a^2 - b^2)(x^2 - 1) = 4abx$

**[注]** $a \neq 0$で，$x$ の係数が偶数の場合，つまり $ax^2 + 2bx + c = 0$ の解は

$$x = \frac{-2b \pm \sqrt{4b^2 - 4ac}}{2a} = \frac{-b \pm \sqrt{b^2 - ac}}{a}$$

となり，この公式を使う方が簡単である.

また，$x^2 - 8x + 15 = 0$ の場合，因数分解により

$$(x - 3)(x - 5) = 0$$

とし，$x = 3$ または $x = 5$ とした方が公式を適用するより簡単である．要は，自分が解きやすい方法で解けばよい.

## §5.　一元二次方程式の文章題

**(例11.5.1)**　面積が $270\text{m}^2$ の長方形の土地がある．その1辺は他の辺より 3m 長いという．長方形の隣り合った辺の長さを求めよ.

**(解)**　一つの辺を $x$m とすると，他の辺は $(x + 3)$ m である．題意により

$$x(x + 3) = 270$$

$$x^2 + 3x - 270 = 0$$

$$x = \frac{-3 \pm \sqrt{3^2 - 4 \times 3 \times (-270)}}{2} = \frac{-3 \pm \sqrt{1089}}{2} = \frac{-3 \pm 33}{2}$$

$x = 15$ または $-18$

$x = -18$ は題意にあわない．それで 15m と 18m が答である．

（問11. 5. 1）縦が 10m，横が 12m の長方形の形をした土地がある．この土地に，右の図のように，縦，横同じ幅の道をつけたところ，道を除いた土地の面積が，もとの土地の面積の $\frac{2}{3}$ になった．

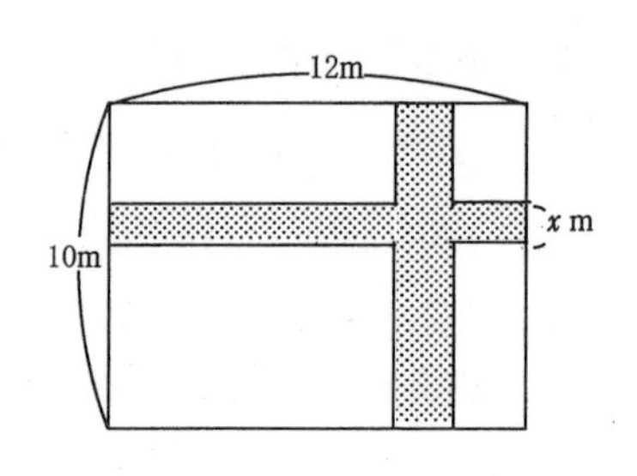


このとき，道の幅を $x$m として，道の幅を求めよ．［栃木］

**（例11. 5. 2）** 2桁の数がある．その数は数字の積の2倍に等しく，10位の数字は1位の数字より3小さい．この数を求めよ．

**（解）** 10位の数字を $x$ とすると，1位の数字は $x+3$ である．この数は $10x+(x+3)$ と表される．題意により

$$10x+(x+3)=2x(x+3),$$
$$2x^2-5x-3=0$$
$$(2x+1)(x-3)=0$$
$$x=-1/2\text{（題意に不適）または } x=3$$

それで求める数は 36 である．

（問11. 5. 2）大小2数がある．その差は7で，積は 78 になるという．この2数を求めよ．

（問11. 5. 3） 2数があって，その和は 60，その平方の和は 1872 である．2数を求めよ．

（問11. 5. 4）3数がある．第二の数は第一の数の 2/3，第三の数は第一の数の半分に当たる．また，3数の平方の和は 549 である．3数を求めよ．

（問11. 5. 5）ある数と，その数の平方根を加えると 210 になる．ある数はいくらか．

**（例11. 5. 3）** ある人が若干のお金を出して商品を仕入れ，これを 24 万円で売却したところ，100 円につき資金分に当たる損失を出したという．仕入れ額を求めよ．

**（解）** 仕入れ値を $x$ 万円とする．損失額は$(x-24)$万円である．題意によると，損失率は 100 円あたり $x$ 円だから，$\dfrac{x}{100}$ になる．それで

$$x\times\frac{x}{100}=x-24$$

$$x^2=100(x-24),$$

$$x^2-100x+2400=0,$$

$$(x-40)(x-60)=0,$$

$x=40$ または $60$

答は 40 万円，あるいは 60 万円である．

**（例11．5．4）** 布地何巻かを 337500 円で購入し，1 巻あたり 24000 円で売却した．その結果の利益は布地 1 巻分の買値に相当したという．布地は何巻仕入れたか．

**（解）** 購入巻数を $x$ 巻とすると，1 巻あたりの仕入れ値は $\dfrac{337500}{x}$ 円．

売却収入は 24000 円/巻 $\times x$ 巻 $=24000x$ 円．それで

利益 $=24000x$ 円 $-$ 337500 円 $=1$ 巻あたりの仕入れ値

$$\therefore\ 24000x-337500=\frac{337500}{x}$$

両辺に $x$ を掛けると

$$24000x^2-337500x=337500$$

両辺を 1500 で割ると

$$16x^2-225x-225=0$$

$$x=\frac{225\pm\sqrt{225^2+4\times16\times225}}{32}=\frac{225\pm15\sqrt{225+64}}{32}$$

$$=\frac{225\pm15\times17}{32}=\frac{225\pm255}{32}$$

$=15$ または $-\dfrac{30}{32}$（不適）

答は15巻の布地を仕入れた.

(問11. 5. 6) 鶏卵の値段が下落して，60円あたり10個を増やすならば，20個につき値6円下落するという．今，鶏卵20個の値段はいくらか.

(問11. 5. 7) ある人が農地を借りて地代84万円を支払った．その中40アールは自分で使用し，その他を1アールにつき500円ずつ高く他人に貸したのでその貸賃だけでちょうど全部の地代を得ることができた．ある人が借りた土地の面積は何アールか.

(問11. 5. 8) 5000万円を銀行に預け，年末にその利息を回収した．そのうち25万円を使い，残りを元金に合算して，これを前と同じ利率で預けたところ，さらに1年後に5382万円に増えた．年利率を求めよ.

(問11. 5. 9) 水槽がある．2本の注水管がある．もしもそのうちの1つの注水管を用いると，他の管より6時間早く満杯にできる．もしも2本とも使うと，4時間で満杯にできる．それぞれ1本を使うとき，何時間で満杯にできるか.［水槽の容積をV，甲管なら$x$時間で満杯と仮定する.］

(問11. 5. 10) 甲乙共同してある仕事をすると14日と2/5で完成する．もしも甲1人でやると，乙1人でするより12日早くできあがる．甲1人では何日でこの仕事をするか.［全仕事量をW，甲がWを$x$日で行うと仮定する.］

**(例11. 5. 5)** 甲はA地点からB地点に向かって，乙はB地点からA地点に向かって，それぞれ一定の速さで同時に出発した．両者は出発3時間後にすれ違ったが，乙がAに到達したのは甲がBに到達した2時間後だった．次の問に答えよ.

(1) 甲，乙の速さを毎時$a$km，$b$kmとして，AB間の距離を$a, b$で表せ.

(2) 甲，乙が出発してから到達までに要した時間を，秒未満を四捨五入して求めよ.　［久留米大・医］

**(解)** (1)次頁の図を参考にすれば

AB 間の距離

$= a\text{km/h}\times 3\text{h} + b\text{km/h}\times 3\text{h}$

$=(3a + 3b)\,\text{km}$

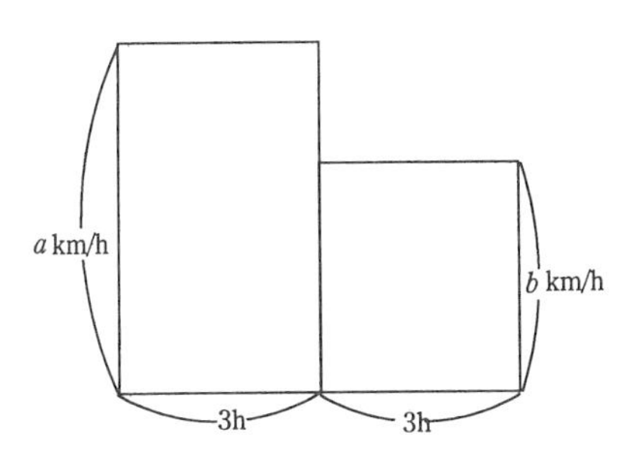


(2)　甲の所要時間 $=\dfrac{3(a+b)}{a}\text{h}$

乙の所要時間 $=\dfrac{3(a+b)}{b}\text{h}$

題意により

$$\frac{3(a+b)}{b}=\frac{3(a+b)}{a}+2$$

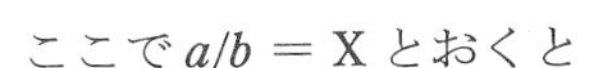

ここで $a/b = \text{X}$ とおくと

$$3\text{X} + 3 = 3 + 3/\text{X} + 2,$$

両辺にXを掛けると

$$3\text{X}^2 - 2\text{X} - 3 = 0\,,$$

これを解いて

$$\text{X}=\frac{1\pm\sqrt{10}}{3}$$

題意により負号は不適である．よって

乙の所要時間 $=3\text{X}+3=4+\sqrt{10}\fallingdotseq 7.16228$；　7 時間 9 分 44 秒

甲の所要時間＝乙の所要時間－2 時間

$=2+\sqrt{10}=5.16228$；5 時間 9 分 44 秒

(問11. 5. 11)　神崎町のＡ地点と川田村のＢ地点とは直線道路で結ばれていて，ＡとＢの間の距離は 18km である．午前 10 時に生田君はＡから一定の速度でＢに向けて歩きだした．同じく，午前10時に神田さんはＢから一定の速度でＡに向かった．生田君は神田さんと出会ってから 2 時間30分後にＢに到着し，神田さんは生田君と出会ってから1時間36分後にＡに到着した．生田君の時速を $p$km，神田さんの時速を $q$km として，それぞれの値を求めよ．ただし，生田君と神田さんが出会った地点をC，AC

間の距離を skm とする.　　　　　　　　　　　　　　[専修大・経営]

## §6. 一元二次方程式の根と係数の関係

方程式 $ax^2+bx+c=0$ の２根を

$$\alpha=\frac{-b+\sqrt{b^2-4ac}}{2a}\qquad \beta=\frac{-b-\sqrt{b^2-4ac}}{2a}$$

で表すとき，２根の和 $\alpha+\beta$ と２根の積 $\alpha\beta$ を計算すると

$$\alpha+\beta=\frac{-b+\sqrt{b^2-4ac}}{2a}+\frac{-b-\sqrt{b^2 4ac}}{2a}=-\frac{2b}{2a}=-\frac{b}{a}$$

$$\alpha\beta=\frac{-b+\sqrt{b^2-4ac}}{2a}\times\frac{-b-\sqrt{b^2-4ac}}{2a}$$

$$=\frac{(-b)^2-\left(\sqrt{b^2-4ac}\right)^2}{4a^2}=\frac{b^2-\left(b^2-4ac\right)}{4a^2}=\frac{4ac}{4a^2}=\frac{c}{a}$$

**（公式）**　$ax^2+bx+c=0$ の２根を $\alpha, \beta$ とするとき

$$\alpha+\beta=-\frac{b}{a},\qquad \alpha\beta=\frac{c}{a}$$

を**根と係数の関係式**という.

逆に，根と係数の関係が分かると，元の二次方程式の形を求めることができる．２根が $\alpha, \beta$ である二次方程式は

$$(x-\alpha)(x-\beta)=0,$$

展開して

$$x^2-(\alpha+\beta)x+\alpha\beta=0,$$

根と係数の関係を代入して

$$x^2-\left(-\frac{b}{a}\right)x+\frac{c}{a}=0$$

両辺に $a$ を掛けると

$$ax^2+bx+c=0$$

となる.

**(例11.6.1)** $2x^2-8x-5=0$ の２根の和と積を求めよ．さらに２根の平方の和と，２根の逆数の和を求めよ.

**(解)**　$a=2,\quad b=-8,\quad c=-5$ であるから

$$\alpha+\beta=-(-8)/2=4,\quad \alpha\beta=-5/2$$

$$\alpha^2+\beta^2=(\alpha+\beta)^2-2\alpha\beta=4^2-2\times(-5)/2$$
$$=16+5=21$$

$$\frac{1}{\alpha}+\frac{1}{\beta}=\frac{\alpha+\beta}{\alpha\beta}=\frac{4}{-5/2}=-\frac{8}{5}$$

**(例11.6.2)**　２根の和が 7，２根の積が $-198$ である二次方程式を作れ.

**(解)**　$x^2-(\alpha+\beta)x+\alpha\beta=x^2-7x-198=0$

(問11.6.1) 次の各方程式の２根の和と積を求めよ．また２根の平方の和，逆数の和も求めよ.

(1)　$3x^2+6x-8=0$　　　(2)　$7x^2+33x-42=0$

(問11.6.2) 二次方程式 $x^2+3x+1=0$ の２根を $\alpha,\beta$ とするとき，$2\alpha$ と $2\beta$ を２根にもつ二次方程式を作れ.　　　[広島工大]

(問11.6.3) 二次方程式 $x^2-19x+9=0$ の2根を $\alpha,\beta$ とするときと $\sqrt{\alpha}$ $\sqrt{\beta}$を根にもつ二次方程式を作れ.　　　[大同工大]

(問11.6.4) 二次方程式 $3x^2+ax+1=0$ の２根を $\alpha,\beta$ とするとき

$$\frac{1}{\alpha}+\frac{1}{\alpha^2}+\frac{1}{\beta}+\frac{1}{\beta^2}$$

を $a$ の式で表せ.　　　[東海大・工]

## §7. 一元二次方程式の根の判別式

一元二次方程式 $ax^2+bx+c=0$ の２根を $\alpha,\beta$ とする．いま

$$\mathrm{D}=a^2(\alpha-\beta)^2 \qquad ①$$

とおいた式を，二次方程式の**根の判別式**という．

実際に，D を二次方程式の各係数 $a, b, c$ で表してみると

$$\mathrm{D} = a^2\{(\alpha+\beta)^2 - 4\alpha\beta\}$$
$$= a^2\left\{\left(-\frac{b}{a}\right)^2 - \frac{c}{a}\right\}$$
$$= b^2 - 4ac \qquad ②$$

この D の式は，二次方程式の根の公式

$$x = \frac{-b \pm \sqrt{b^2 - 4ac}}{2a}$$

の分子の根号の中の式である．そして

> 二次方程式 $ax^2 + bx + c = 0$ は
> (1) $\mathrm{D} = b^2 - 4ac > 0$ ならば相異なる二つ の実数根
> (2) $\mathrm{D} = b^2 - 4ac = 0$ ならば相等しい実数根（２重根）
> (3) $\mathrm{D} = b^2 - 4ac < 0$ ならば相異なる二つの虚数根
> をもつことが分かる．

**(例11. 7. 1)** 次の各方程式の根の性質を調べよ．

(1)　$2x^2 + 9x - 3 = 0$　　(2)　$4x^2 - 12x + 9 = 0$

(3)　$3x^2 + 2x + 5 = 0$

**(解)** (1) $\mathrm{D} = 9^2 - 4\times2\times(-3) = 105 > 0$ なので，相異なる二つの実数根をもつ．

(2)　$\mathrm{D} = 12^2 - 4\times4\times9 = 144 - 144 = 0$ なので，２重根をもつ．

(3)　$\mathrm{D} = 2^2 - 4\times3\times5 = -56 < 0$　なので，相異なる二つの虚根をもつ．

**(例11. 7. 2)** $4x^2 - x - m = 0$ が２重根をもつように $m$ の値を定めよ．

**(解)** $\mathrm{D} = (-1)^2 - 4\times4\times(-m) = 0$, つまり

$1 + 16m = 0$ を解いて $m = -1/16$

(問11. 7. 1)　二次方程式 $x^2 + (2 - m)x + 25 = 0$ が２重根をもつように，

$m$ の値を定めよ．

（問11．7．2） 二次方程式 $x^2+(2m+4)x+m+14=0$ が２重根をもつように，$m$ の値を決めよ．ただし $m<0$ とする．　［国士館大･政経］

（問11．7．3） 二次方程式 $5ax^2-8a^2x+2=0$ が２重根をもつためには，$a^3$ の値はいくらでなければならないか．　［大同工大］

## §8．因　数　定　理

文字 $x$ に関する整式を $A(x)$ と表す．例えば

$$A(x)=2x^3-x^2+x-2$$

というように表す．そして，この整式の $x$ に $x=1$ を代入することを $A(1)$ と書く．すると

$$A(1)=2\times1^3-1^2+1-2=0,$$

また，$x=2$ を代入することを $A(2)$ と書き

$$A(2)=2\times2^3-2^2+2-2=12$$

となる．第９章の§５の定理で，$A(x)$ を $x-\alpha$ で割るとき，商を $Q(x)$，余りを $r$ と書くと

$$A(x)=(x-\alpha)Q(x)+r$$

となる．もしも $x=\alpha$ とおくと

$$A(\alpha)=(\alpha-\alpha)Q(\alpha)+r=r$$

となる．ここで $r=0$ ならば，$A(x)$ は $x-\alpha$ で割り切れる．

**（因数定理）** $x$ に関する整式 $A(x)$ において，$A(\alpha)=0$ ならば，$A(x)$ は $(x-\alpha)$ で整除される．

**（剰余定理）** $x$ に関する整式 $A(x)$ を $(x-\alpha)$ で割ったときの余り $r$ は

$$r=A(\alpha)$$

である．

因数定理を使うと，二次方程式より次数の大きい方程式も解くことができる.

(例11.8.1) $x^3+5x-6=0$ を解け.

$A(x)=x^3+5x-6$ とおき, $A(1)=0$, それで $A(x)$ は $(x-1)$ で整除される.

$$x^3+5x-6=(x-1)(x^2+x+6)=0$$

$$x=1,\ \text{または}\ x=\frac{-1\pm\sqrt{23}i}{2}$$

(問11.8.1) 因数定理を使って，次の方程式を解け.

(1) $x^3-1=0$　　(2) $x^3+1=0$

(3) $x^3-8=0$　　(4) $x^4-1=0$

(5) $x^4-16=0$　　(6) $x^6-1=0$

(7) $x^3-7x-6=0$　　(8) $x^3+7x-8=0$

(9) $x^3+6x^2+3x-10=0$　　(10) $x^4-x^3-7x^2+x+6=0$

(問11.8.2) $x^3+ax^2+bx+12=0$ が $x+2$ でも $x-3$ でも整除されるならば，$a, b$ の値はいくらか.

(例11.8.2) $x^5-1=0$ を解け.

$A(x)=x^5-1$ とおくと，$A(1)=0$；それで $A(x)$ は $x-1$ で整除される.

$$x^5-1=(x-1)(x^4+x^3+x^2+x+1)=0$$

から，$x=1$ は解の一つである. $x\neq 0$ であるから,

$$x^4+x^3+x^2+x+1=0 \qquad ①$$

両辺を $x^2$ で割ると

$$x^2+x+1+\frac{1}{x}+\frac{1}{x^2}=0 \qquad ②$$

となる. $x+\dfrac{1}{x}=X$ とおくと

$$x^2+2+\frac{1}{x^2}=X^2$$

である．それで②式は

$$\mathrm{X}^2+\mathrm{X}-1=0$$

となる．

$$\therefore\ \mathrm{X}=x+\frac{1}{x}=\frac{-1\pm\sqrt{5}}{2}$$

両辺を $2x$ 倍して整理すると

$$2x^2+\left(1-\sqrt{5}\right)x+2=0 \quad \text{または} \quad 2x^2+\left(1+\sqrt{5}\right)x+2=0$$

この二つの二次方程式を解いて

$$x=\frac{-1+\sqrt{5}\pm\sqrt{10+2\sqrt{5}}\,i}{4},\quad x=\frac{-\left(1+\sqrt{5}\right)\pm\sqrt{10-2\sqrt{5}}\,i}{4}$$

を得る．これらはいずれも $x^5-1=0$ の根で，全部で五つある．

(問11. 8. 3)　適当な変数の置き換えをして，次の方程式を解け．

(1) $(x^2-x)^2-8(x^2-x)+12=0$

(2) $(x^2+x)^2-22(x^2+x)+40=0$

(3) $(x^2+x+1)^2-4(x^2+x+1)-5=0$

(4) $(x^2+3x)(x^2+3x-14)+40=0$

(5) $(x+1)(x+2)(x+3)(x+4)=4$

(6) $x(x+3)(x+4)(x+7)+36=0$

(7) $\dfrac{x^2}{2x-1}+\dfrac{2x-1}{x^2}=2$

## §9．一元二次不等式の解法

この節での基本的概念は

| $ab>0$ は $a>0$ かつ $b>0$, または $a<0$ かつ $b<0$ |
|---|

であること．また

| $ab<0$ は $a>0$ かつ $b<0$, または $a<0$ かつ $b>0$ |
|---|

であることである.

このことを利用して次の問題を解こう.

**(例11. 9. 1)** $x^2-4x+3>0$ が成り立つ $x$ の範囲を求めよ.

**(解)** 与えられた2次式を因数分解して

$$(x-1)(x-3)>0$$

とする. $x$ のいろいろな値に対する各因数 $x-1$, $x-3$ の符号を, 下のような表を作って判定する.

| $x$ の値と範囲 | $-\infty\cdots\cdots$ | 1 | $\cdots\cdots$ | 3 | $\cdots\cdots\ +\infty$ |
|---|---|---|---|---|---|
| $x-1$ の符号 | $-$ | 0 | $+$ | $+$ | $+$ |
| $x-3$ の符号 | $-$ | $-$ | $-$ | 0 | $+$ |
| $(x-1)(x-3)$ の符号 | $+$ | 0 | $-$ | 0 | $+$ |

この表で, $-\infty\cdots 1$ とあるのは「$-\infty<x<1$」の範囲にある $x$ の値を意味する. $1\cdots 3$ は「$1<x<3$」の範囲にある $x$ の値を意味する. 以下, 同様である. それで, 解は

$$x<1 \text{ または } x>3$$

である.

(問11. 9. 1) 次の各不等式を解け.

(1) $x^2+3x-10>0$　　(2) $x^2-6x+8<0$

(3) $x^2-3x>0$　　(4) $x^2<25$

(5) $x^2-3x+1>0$　　(6) $x^2-9>0$

**(例11. 9. 2)** $ax^2+bx+c>0$ を解け. ただし $ax^2+bx+c=0$ は異なる二つの実根 $\alpha, \beta$ をもつものとする.

**(解)** $ax^2+bx+c=a(x-\alpha)(x-\beta)>0$ ; (ただし $\alpha<\beta$ とする)

$a > 0$ のとき

| $x$ の値と範囲 | $-\infty\cdots$ | $\alpha$ | $\cdots$ | $\beta$ | $\cdots+\infty$ |
|---|---|---|---|---|---|
| $x-\alpha$ の符号 | $-$ | 0 | $+$ | $+$ | $+$ |
| $x-\beta$ の符号 | $-$ | $-$ | $-$ | 0 | $+$ |
| $a(x-\alpha)(x-\beta)$ の符号 | $+$ | 0 | $-$ | 0 | $+$ |

となり，解は

$$x < \alpha \text{ または } x > \beta$$

となる．

$a < 0$ のときは，表の $a(x-\alpha)(x-\beta)$ の符号が反対になるから

$$a(x-\alpha)(x-\beta) > 0 \text{ の解は } \alpha < x < \beta$$

となる．

(問11．9．2) 次の不等式を解け．

(1) $-x^2 + x + 2 < 0$　　(2) $2x^2 - 5x - 3 < 0$

(3) $\dfrac{5x^2+6x+2}{2} > x^2+1$　　(4) $\dfrac{5-7x}{x^2-x+1} < 2$

**(例11．9．3)** $mx^2 + 2(1+2m)x + 6m = 0$ が相異なる二つの実根をもつとき，$m$ がとりうる整数値のすべてを求めよ．　[共立薬大]

**(解)** 二つの実根をもつためには $m \neq 0$ であることは明らかである．この二次方程式が実根をもつためには

$$判別式 = (1+2m)^2 - 6m^2 > 0,$$

$$-2m^2 + 4m + 1 > 0,$$

$$m^2 - 2m - 1/2 < 0 \qquad ①$$

$m^2 - 2m - 1/2 = 0$ の根は $\alpha = 1-\sqrt{3/2}$，$\beta = 1+\sqrt{3/2}$ であるから，①の解は

$$1-\sqrt{3/2} < m < 1+\sqrt{3/2} \qquad ②$$

$m \neq 0$ で，②を満たす $m$ は $m = 1, 2$ である．

(問11. 9. 3) $x$ に関する二つの二次方程式

$$kx^2 - 4x + 3k = 0,$$
$$kx^2 + kx - 12 = 0$$

がともに実数根をもつための $k$ の条件を求めよ．ただし，$k$ は 0 でない実数とする．　[九州産大・工]

## 練習問題11

1．根号√ は正数を示すから，常に $\sqrt{a^2} \geqq 0$ である．それで

$$\sqrt{a^2} = \begin{cases} a & a \geqq 0 \text{ のとき} \\ -a & a < 0 \text{ のとき} \end{cases}$$

と決める．$0 < a < 3$ のとき

$$3\sqrt{a^2} + 2\sqrt{a^2+4a+4} - 2\sqrt{a^2-6a+9}$$

を簡単にせよ．　[北海道薬大]

2．(1) $a, b, c, d$ を有理数とするとき

$$a+b\sqrt{2} = c+d\sqrt{2}$$

ならば，$a = c$，$b = d$ であることを示せ．

(2) 有理数 $a, b$ に対して，$(a+b\sqrt{2})(c+d\sqrt{2})=1$ を満たす有理数 $c$，$d$ の値を求めよ．　[中部大・経営情報]

3．$a, b$ は有理数であり，$(\sqrt{5}a-\sqrt{3})^2=23+\sqrt{15}b$ のとき，$a$，$b$ の値を求めよ．　[工学院大]

4．$a^2+\sqrt{2}b=b^2+\sqrt{2}a=\sqrt{3}$ のとき，の $\dfrac{a}{b}+\dfrac{b}{a}$ 値を求めよ．ただし $a \neq b$ とする．

5．$\sqrt{6+\sqrt{20}}=a+b$ ($a$ は整数，$0 \leqq b < 1$) とするとき

$\dfrac{1}{b+1}-\dfrac{1}{a+b}$ の値を求めよ.　[芝浦工大]

6．二次方程式 $x^2+(p-2)x+1=0$ の2根を $\alpha, \beta$ とすると,

$$(1+p\alpha+\alpha^2)(1+p\beta+\beta^2)$$

の値は $p$ に関係なく定まることを示し，その値を求めよ.［福井工大］

7．方程式 $x^2+px+q=0$ の二つの根にそれぞれ2を加えたものを根にもつ二次方程式が $x^2+qx+p=0$ であるという．定数 $p, q$ を求めよ.

［近大･農］

8．$x$ についての二次方程式 $x^2-2px+p^2-p-1=0$ の二つの根 $\alpha, \beta$ とする.

$$\frac{(\alpha-\beta)^2-3}{(\alpha+\beta)^2+2}$$

が整数になる実数 $p$ をすべて求めよ.　［北大］

9．因数定理を使用して

$$x^3-2x^2-5x+6=0$$

を解け.　［福岡大］

10．$x^4+5x^3+8x^2+5x+1=0$ を解け.　［東海大］

［**ヒント**：両辺を $x^2$ で割れ.］

11．$\dfrac{x^2+2}{x}+\dfrac{6x}{x^2+2}=5$ を解け.　［共立薬大］

12．$x$ の二次方程式 $x^2+3x+a+2=0$, $x^2+(a+2)x+a+5=0$ がとに実数根をもつように $a$ の値の範囲を求めよ.

Invention nouvelle

EN

# L'ALGEBRE,

PAR

ALBERT GIRARD

MATHEMATICIEN.

Tant pour la solution des equations, que pour recognoistre le nombre des solutions qu'elles reçoivent, avec plusieurs choses qui sont necessaires à la perfection de ceste divine science.

A AMSTERDAM.
Chez Guillaume Iansson Blaeuw.
M. DC. XXIX.

se n'importe, or $-\sqrt{3}-\sqrt{2}+1$ est moins que rien, toutesfois on ne delaisseroit d'en venir à bout, car multipliant l'un & l'autre on aura $-12-\sqrt{32}-\sqrt{48}-\sqrt{24}-\sqrt{96}$ & diviseur $-4-\sqrt{24}$ lesquels autrefois multipliez par le correspondant du diviseur $-4+\sqrt{24}$, on aura un simple diviseur : mais quand il est possible comme icy, j'aymerois mieux prendre $1+\sqrt{2}-\sqrt{3}$, pour amplifier les donnez, car de premier abord j'auray un nombre simple pour diviseur assavoir $\sqrt{8}$, & pour dividende $4+\sqrt{72}$, donc le quotlent sera $\sqrt{2}+3$: notez que quand on multiplie $\sqrt{32}+\sqrt{27}+5+\sqrt{6}$ par $1+\sqrt{2}-\sqrt{3}$, alors il y a trois nombres communs $8+5-9$, qui valent 4; & puis $\sqrt{27}+\sqrt{12}-\sqrt{75}$, qui n'est rien, non plus que $\sqrt{54}+\sqrt{6}-\sqrt{96}$, mais $\sqrt{50}+\sqrt{32}-\sqrt{18}$, vaut $\sqrt{72}$, comme en l'addition & soubstraction precedente.

Notez aussi que plusieurs trinomes se peuvent multiplier par des nombres facils a trouver, ainsi que leur produit soit nombre simple : comme quand le quarré de l'un est esgal aux quarrez des deux autres, exemple $\sqrt{2}+3+\sqrt{11}$, icy le quarré de 11 est esgal aux quarrez de $\sqrt{2}$ & de 3, iceluy $\sqrt{11}$ ayant d'un costé plus on prendra un moins s'il est possible, autrement on changera les deux autres comme icy.

| | | | |
|---|---|---|---|
| | $\sqrt{2}+3+\sqrt{11}$ | | $5-\sqrt{2}+\sqrt{27}$ |
| | $\sqrt{2}+3-\sqrt{11}$ | | $-5+\sqrt{2}+\sqrt{27}$ |
| produit | $\sqrt{72}$ | produit | $\sqrt{200}$ |

Car alors le produit, est le double produit des deux moindres nombres. aucune fois il y a un quadrinome, & trinome qui produisent un simple nombre, comme $\sqrt{80}+\sqrt{108}-\sqrt{150}-\sqrt{10}$, & $3+\sqrt{5}+\sqrt{10}$, car leur produit est 28 seulement; puis que $20+18-10$ est 28: & $\sqrt{800}-\sqrt{450}-\sqrt{50}$ n'est rien, ny non plus $\sqrt{540}+\sqrt{240}-\sqrt{150}$, ny aussi $\sqrt{1080}-\sqrt{750}-\sqrt{30}$.

## De l'extraction des Racines des multinomes Radicaux.

### *Et premierement de l'extraction de la racine quarree des binomes.*

TOut ainsi qu'à l'extraction de la racine quarrée des nombres on pourroit dire que la racine quarrée de 25 est $\sqrt{25}$, mais à cause qu'on la peut expliquer quelquefois comme icy 5, & aucunefois nou justément, comme la racine quarrée de 3 est $\sqrt{3}$, ainsi aussi és binomes la racine

1629年アルベール・ジラール『代数学の新工夫』の
扉と無理数の計算部分.

第Ⅳ部

# 解析入門

---

諸行無常は仏法の教えだが，同時に宇宙万物にみられる現象でもある．ルネッサンス以降，そのような変化を考察する道具を，数学は解析学として登場させた．

# 第12章　関　数

## §1. 変化の表現としての関数

**ガリレオ･ガリレイ**は有名な『天文対話』(1632 年)という本の中で次のように述べている：

「宇宙を形作っている自然的物体が，不滅・不易・不変であることがとても高貴で完全さを表しているとされ，反対に変化し生成し変わりやすいことが非常な不完全さを表していると見なされると聞くと，大変びっくりしますし，さらにそんな知性にとても嫌悪を感じないわけにはいきません．大地には非常に多くのさまざまな変化・推移・生成などが起こっていますから，大地はもっとも高貴で驚くべきものと考えるのです．」

ガレリオ以前の学者たちは静的な世界を研究の対象としていた．特に中世のキリスト教支配の世界では，キリスト君臨の千年王国思想が蔓延し，世の中の変化より現状維持が是とされる状態だったから，このガリレオの考えは新鮮なものだった．ガリレオ以後，数学の研究対象は静的なものから動的なものへと変わっていく．

ガリレオ・ガリレイ

DIALOGO
DI
GALILEO GALILEI LINCEO
MATEMATICO SOPRAORDINARIO
DELLO STVDIO DI PISA.
E Filosofo, e Matematico primario del
SERENISSIMO
GR.DVCA DI TOSCANA.
Doue ne i congressi di quattro giornate si discorre
sopra i due
MASSIMI SISTEMI DEL MONDO
TOLEMAICO, E COPERNICANO;
CON PRI　VILEGI.
IN FIORENZA, Per Gio:Batista Landini MDCXXXII.
CON LICENZA DE' SVPERIORI.

『天文対話』扉頁

今まで学んできた内容のなかに，正負，左右，上下というような相対立する概念があって，それらをうまく組み合わせて数学を構築してきた．第IV部では，さらに「不変」と「変化」といったものも数学の研究の対象になることを説明しよう．

**(例12. 1. 1)** 水槽に水道栓から水を注入している．水槽の中の水の量は，時々刻々変化している．時刻 $x$(分)のときの水槽の貯水量を $y(l)$とすれば，$x$ が定まると $y$ も確定する．$x$ が変化すると $y$ も変わる．このとき，$x$ から $y$ が定まるという意味で

$$y = f(x)$$

と書く．$f(x)$とは $x$ によって定まる量という意味である．注水量が $0.5\,l$/分であれば，$x$ と $y$ との間には

$$yl = 0.5l/\text{分} \times x\ \text{分} = 0.5xl$$

という量の法則が得られるから

$$y = f(x) = 0.5x$$

と書ける．このとき，$x$ と $y$ の変化の様子を対応表で書くと

| $x$ | 0 | 1 | 2 | 3 | 4 | 5 | … |
|---|---|---|---|---|---|---|---|
| $y$ | 0 | 0. 5 | 1. 0 | 1. 5 | 2. 0 | 2. 5 | … |

となる．$x = a$ のときの $y$ の値を $f(a)$と書く．$f(0) = 0$，$f(1) = 0.5$ である．

**(例12. 1. 2)** 自動温度記録用紙上で，時刻 $t$ と温度 $x$ の間に，下図のような曲線が描かれたとする．

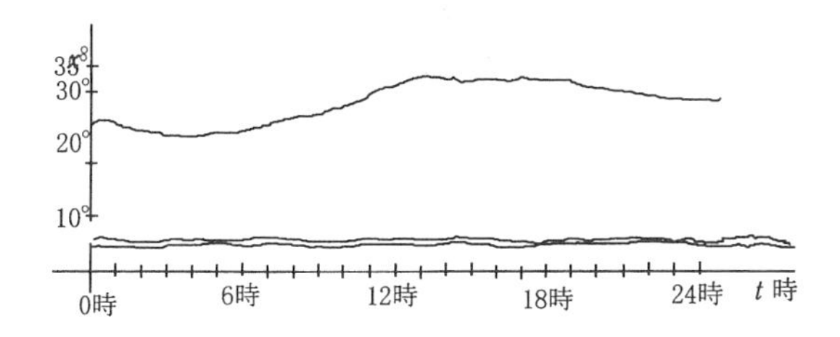

この場合，確かに $t$ 時が定まれば，温度 $x°$ が確定するはずである．しかし，温度の確定の仕方は，先の例のように，ある種の法則で推測できない．夜は温度が下がり，昼は温度が上がることは，漠然とした法則のように思われるが，朝方が気温が高く，日中に気温が下がる日だって結構ある．ある時刻の温度の決まり方は簡単な量の法則からは導き出せない．

一般的に，変化する量を**変量**，変量を表す数または文字を**変数**という．変数に対して，変化しない量を表す数または文字を**定数**という．

２つの変数 $x, y$ があって，$x$ の値が定まるとそれに応じて $y$ の値が定まるとき，$x$ を**独立変数**，$y$ を**従属変数**といい，$x$ に対する $y$ の定まり方を**関数**という．関数は英語で function というが，これは機能という意味がある．従属変数 $y$ を $f(x)$ と書くが，この記号は $x$ に $f$ が機能して $y$ が決まったという意味に使われている．

関数とは何かを説明した最初の人は，スイスの数学者**オイレル**(1707 ～ 1783)である．彼は『無限数学入門』(1748 年)の２頁目に

「１つの変量の関数とは，変量と数字または定量とで任意に構成された解析的な式である」

と述べている．オイレルの肖像画は現在スイスの 10 フラン紙幣に見られる．

**スイスの10フラン紙幣**

関数記号$f(x)$は**ラグランジュ**(1736～1813)の『解析関数論』(1797年)に出ている．ラグランジュはトリノ生まれだが，フランス王立科学アカ

ラグランジュ

PREMIERE PARTIE.

EXPOSITION DE LA THÉORIE, AVEC SES PRINCIPAUX USAGES DANS L'ANALYSE.

CHAPITRE PREMIER.

DÉVELOPPEMENT EN SÉRIE D'UNE FONCTION D'UNE VARIABLE LORSQU'ON ATTRIBUE UN ACCROISSEMENT A CETTE VARIABLE. FORMATION SUCCESSIVE DES TERMES DE LA SÉRIE. THÉORÈME IMPORTANT SUR LA NATURE DE CES SÉRIES.

1. Nous désignerons en général par la caractéristique $f$ ou $F$, placée devant une variable, toute fonction de cette variable, c'est-à-dire toute quantité dépendante de cette variable et qui varie avec elle suivant une loi donnée. Ainsi $f(x)$ ou $F(x)$ désignera une fonction de la variable $x$; $f(x^2)$, $f(a+bx)$, ... désigneront des fonctions de $x^2$, de $a+bx$, ...

Pour marquer une fonction de deux variables indépendantes, comme de $x$, $y$, nous écrirons $f(x, y)$, et ainsi des autres.

Lorsque nous voudrons employer d'autres caractéristiques pour marquer les fonctions, nous aurons soin d'en avertir. ...

Considérons donc une fonction $f(x)$ d'une variable quelconque $x$. Si à la place de $x$ on y met $x+i$, $i$ étant une quantité quelconque indéterminée, elle deviendra $f(x+i)$, et, par la théorie des séries, on pourra la développer en une série de cette forme

$$f(x)+pi+qi^2+ri^3+\ldots,$$

dans laquelle les quantités $p$, $q$, $r$, ..., coefficients des puissances de $i$,

『解析関数論』第１頁

デミー会員として活躍し，革命後は高等工芸学校や高等師範学校で教えた数学者で，19世紀のフランス数学黄金時代を築いた人である．

**(例12.1.1)**で取り上げた関数は，$x$ が $y$ に変わる機能が量の法則からはっきり分かるので，このような関数は

**法則化された関数**

という．一方,**(例12.1.2)**で取り上げた関数は，$t$ が $x$ に変わるカラクリがはっきりしないので

**法則化されない関数**

である．本書では，法則化された関数のみを扱うが，解析学という数学の分野は，法則化されない関数を法則化することにある．

(問12.1.1)　60 $l$ の水が入っている水槽から，毎分 12 $l$ ずつ $x$ 分間水を出し続けるとき，残った水の量を $yl$ とする．このとき

(1) 右の表の空欄に当てはまる数を書け

(2) $y$ を $x$ の式で表せ．

| $x$ | 0 | 1 | 2 | 3 | 4 | 5 |
|---|---|---|---|---|---|---|
| $y$ | | | | | | |

(3) $y$ の値が存在する $x$ の範囲はどこからどこまでか.

(問12. 1. 2) $f(x) = 3x + 2$ のとき,

(1) $f(0)$, $f(1)$, $f(2)$, $f(-1)$, $f(-2)$ の値を求めよ.

(2) $f(x) = 0$ となる $x$ の値を求めよ.

(問12. 1. 3) 時速 30km で走る自動車が, $x$ 時間に進む距離を $y$km とし, $y$ を $x$ の関数で表せ.

## §2. 正比例関数

(**例**12. 2. 1) もっとも簡単な等速度運動を例にとろう. 時速 4 km で動く物体が, 動き始めた時を基準時 $x = 0$ 時にとり, $x$ 時間経過したときの走行距離 $y$ km とすると

$$y\text{km} = 4\text{km/h} \times x\text{h}$$
$$= 4x\text{km}$$

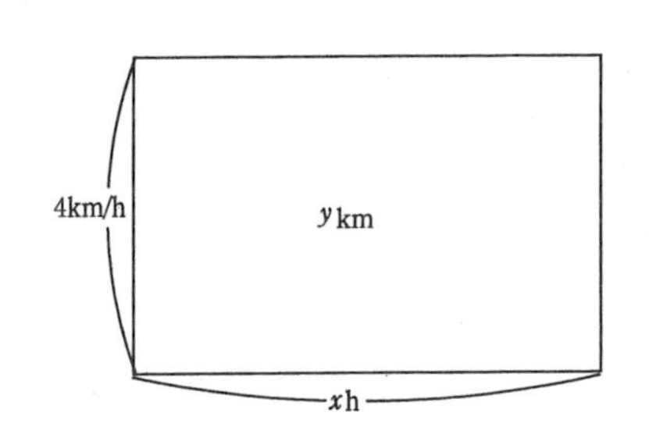


となる. 量の単位をとると

$$y = 4x$$

となる.

$y = 4x = f(x)$ とおくと,

$$f(0) = 0,$$
$$f(1) = 4,$$

となる.

(問12. 2. 1) (例12. 2. 1) において $f(x_1 + x_2) = f(x_1) + f(x_2)$ であることを示せ. $f(x) = ax$ とおいても, この等式は成立することも示せ.

一般的に, $a$ を定数とするとき, 関数 $y = ax$ を**正比例関数**, $a$ を**比例定数**という. 正比例関数 $f(x) = ax$ において, $f(1) = a$ だから

**比例定数 $a$ は, $x = 1$ における関数値 $f(1)$ にあたる.**

さらに,

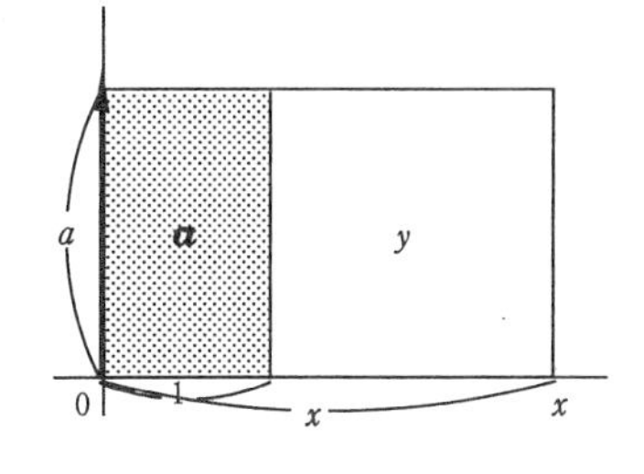


$$y = ax = f(1)x$$

より

$$a = f(1) = \frac{y}{x}$$

だから

**比例定数 $a$ は $x$ の 1 あたりに対する**
**$y$ の値（変化率という）にあたる.**

このことを右の面積図で示す.

(問12. 2. 2) $x$m の針金の重さ $y$kg が，$y = 3x$ という式で表されるとき，比例定数 3 はどんな量を表すか.

(問12. 2. 3) あるバネ秤で 1 g の分銅を載せたらバネが 2mm 伸びた. $x$g の分銅を吊り下げるときのバネの伸び $y$mm は $x$ のどんな式になるか.

(問12. 2. 4) 時計の長針が $x$ 分間に $y^\circ$ 回転するとき，$x$ と $y$ の間の関係式を作れ.

(問12. 2. 5) 時計の短針が $x$ 分間に $y^\circ$ 回転するとき，$x$ と $y$ の間の関係式を作れ.

## §3. 正比例関数のグラフ

関数 $y = f(x)$ に対し，直交座標平面上で座標 $(x, y) = (x, f(x))$ をとる点Pすべての集まり（**集合**という）を，**関数 $y = f(x)$ のグラフ**という. これを直積型の定義という.

あるいは，関数 $y = f(x)$ に対し，$x$ 軸上のすべての点 $x$ で，軸に垂直に立てた長さ $f(x)$ の先端の集まり（集合）を，**関数 $y = f(x)$ のグラフ**といってもよい. これをファイバー型の定義という.

(**例**12. 3. 1) 関数 $y = 0.5x$ に対し，$x$ に対する $y$ の対応を座標平面上の点 $(x, 0.5x)$ で表す. これらの点を打点したものが，次頁の左の図である. 一方 $x$ 軸上の任意の点で，長さ $0.5x$ の矢線を立ててみると，右の図になる.

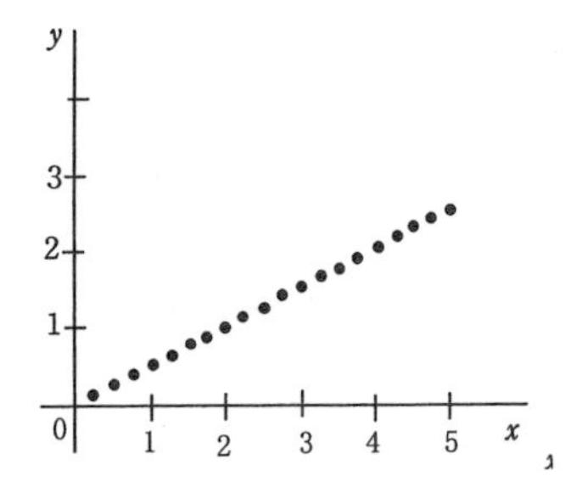


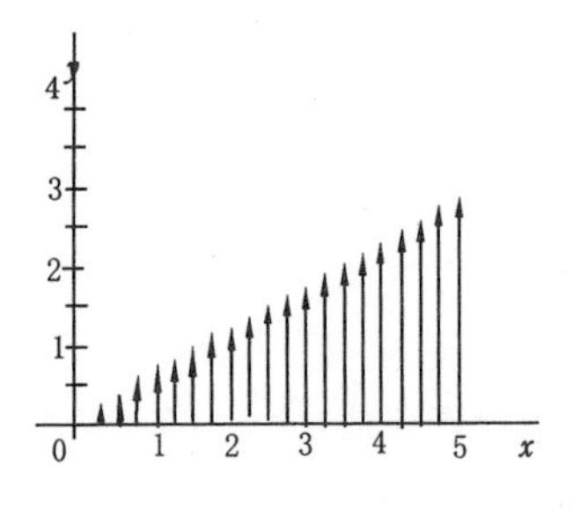


上の左の図の点の集合は，グラフの定義の「すべての点」ということから「自然に一つの線」を形成する．このことは右の図の先端の集合にしても同じである．こうして右の図のような原点を通る直線が，$y = 0.5x$ のグラフである．グラフ上の点は「すべて」$y = f(x)$の対応を表現しているので，関数 $f$ の完全な空間的表現になっている．それで

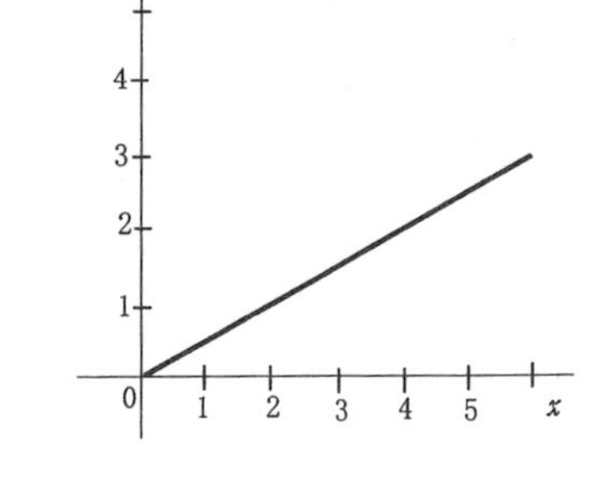


**グラフは関数のシェーマ（視覚的映像）**

である．

$y = ax$ を研究するとき，最初は量のシェーマとして，面積図を利用した．ところが関数のシェーマとして，$y = ax$ のグラフを考えるときは，$a$ も $x$ も $y$ もすべて線分で表現されることを前提としている．このこともまた，**デカルト**の提案したところである．デカルトは『方法序説』(1637 年）の付録の中の「幾何学」の最初の文章で，

「幾何学のすべての問題は、いくつかの直線の長ささえ知れば作図できるような諸項へと，たやすく分解できる」

と述べている．要するに

**すべての量は線分化できる**

というのである．このことを一つの定理として述べておこう．

> **（定理）** 正比例関数
>
> $$y = f(x) = ax$$
>
> のグラフは，原点と点（1，$a$）を通る直線である．

**（証明）** (1)　$f(0) = 0$，$f(1) = a$ だから，グラフは2点 O(0，0)と A(1，$a$)を通る．今，任意の点 P($x$，$ax$)($x > 0$) をとり，A, P から $x$ 軸に垂線を下ろし，$x$ 軸との交点をそれぞれ B, Q とする．

$$\frac{AB}{OB} = a, \quad \frac{PQ}{OQ} = \frac{ax}{x} = a$$

$\therefore$ △AOB ∽ POQ（2辺の比と夾角）

$\therefore$ ∠AOB ＝∠POQ　　［293頁参照］

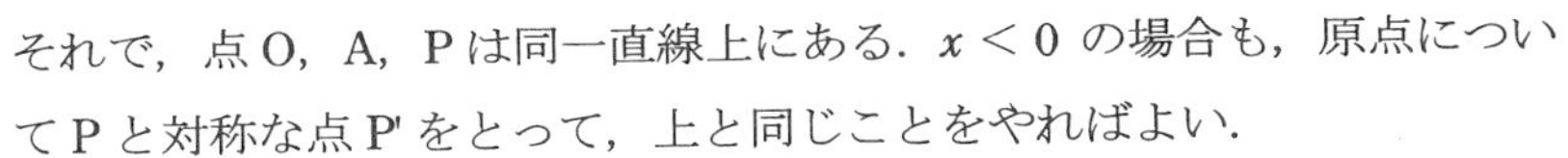

それで，点 O，A，P は同一直線上にある．$x < 0$ の場合も，原点についてPと対称な点P' をとって，上と同じことをやればよい．

(2)　逆に，直線 OA の延長上に任意の点 P($x$, $y$)をとり，P から $x$ 軸に下ろした垂線の足を Q とすると，2角の相似で

△AOB ∽△POQ

それで

$$\frac{AB}{OB} = \frac{PQ}{OQ}$$

$$\frac{a}{1} = \frac{y}{x}$$

より $y = ax$　(Q. E. D.)

**（例12. 3. 2）** $y$ が $x$ に比例し，$x = 3$ のとき $y = 12$ であるという．$x = -5$ のとき対応する $y$ の値を求めよ．

**（解）**　$y$ が $x$ に比例するから $y = ax$ とおく．$x = 3$ のとき，$y = 12$ だから

$$12 = 3a$$
$$\therefore \quad a = 4$$

正比例の式は $y = 4x$ だから，$x = -5$　のとき，$y = 4\times(-5) = -20$ である．

（問12. 3. 1）同じ座標平面に $y = 2x$，$y = -x$，$y = -\dfrac{2}{3}x$ のグラフを描け．

（問12. 3. 2）$y = ax$ のグラフが点 P (4, −3) を通るという．$a$ の値を求めよ．

（問12. 3. 3）1$l$ のガソリンで 8km 走る自動車がある．この自動車が使うガソリンの量は走行距離に正比例するとして

(1)　この自動車が $x$km 走るのに $yl$ のガソリンを使うとき，$y$ を $x$ の関数として表せ．

(2)　この自動車が 100km 走るのに，何 $l$ のガソリンを使うか．

（問12. 3. 4）一定の速さで進む列車がある．6 時間に 400km の割合で進むと，18 時間には何 km 進むか．

正比例関数の比例定数 $a$ はグラフの上ではどのように表されるか，考えてみよう．比例定数は

$$a = f(1) \qquad \text{（外延量化）} \qquad (1)$$

$$a = \frac{y}{x} \qquad \text{（内包量）} \qquad (2)$$

独立変数 $x$ が $x + \Delta x$ に変化したとき，従属変数 $y$ が $y + \Delta y$ へ変化すると

$$a = \frac{\Delta y}{\Delta x} \qquad \text{（変化率）} \qquad (3)$$

の意味をもっていた．

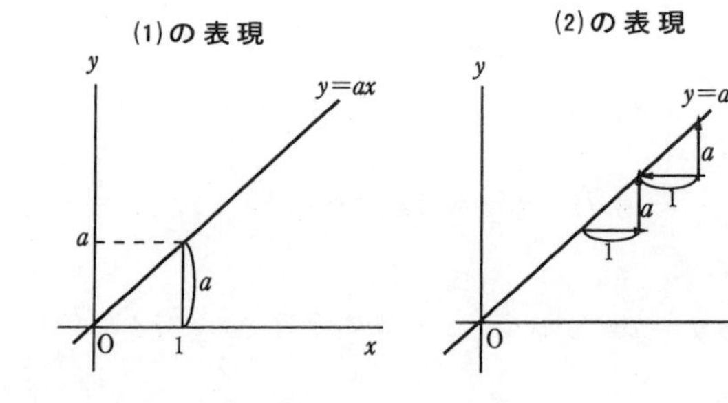


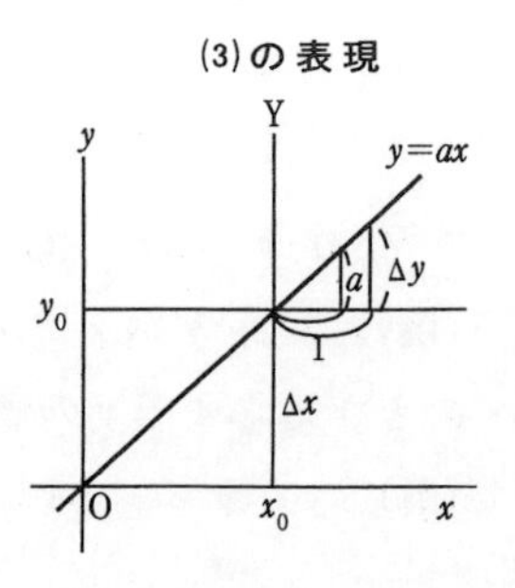

これらのグラフ上での表現は上図の通りである．特に，(2)から $x$ が1増加すると $y$ は $a$ ずつ増加することがはっきり分かるので，$a$ を正比例関数のグラフの**傾き**という．そして

$a>0$ ならば，グラフは右上がり（増加型）

$a<0$ ならば，グラフは右下がり（減少型）

$a=0$ ならば，グラフは $x$ 軸そのもの

となる．

$a$ が変化するとき，グラフは原点の回りを回転し，$|a|$ が大きくなるほど，グラフは $y$ 軸に近づく．その状態は右図の通りである．

（例12.3.3）弾性のあるゼンマイの下端に分銅を吊るし，ゼンマイの伸びる長さを測定する実験をした．分銅の重さをいろいろ変えて，この実験を繰り返した．ただしゼンマイが伸び切らない範囲内の実験にとどめる．その結果，次のデータを得た．

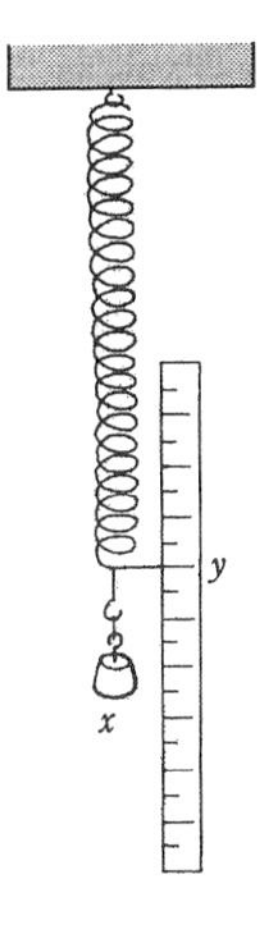


| 重さ(g)$x$ | 20 | 40 | 60 | 100 | 140 | 180 | 220 |
|---|---|---|---|---|---|---|---|
| 伸び(cm)$y$ | 0.8 | 1.6 | 2.4 | 4 | 5.6 | 7.2 | 8.7 |

重さの各増加量を $\Delta x$，伸びの各増加量を $\Delta y$ とし，次の表を得る．

| 重さの増加量 $\Delta x$ | 20 | 20 | 40 | 40 | 40 | 40 |
|---|---|---|---|---|---|---|
| 伸びの増加量 $\Delta y$ | 0.8 | 0.8 | 1.6 | 1.6 | 1.6 | 1.5 |
| $\Delta y \div \Delta x$ | 0.04 | 0.04 | 0.04 | 0.04 | 0.04 | 0.0375 |

この表から

$$y = 0.04x$$

が**ゼンマイの伸びと重さの関係式**であることが推察できる．伸びと重さ

の間に正比例の関係があることを，**弾性の際限内でのフックの法則**という．$\Delta y \div \Delta x$ の最後の欄の数字 0.0375 は，弾性の際限内にないことを示しているといえよう．

(問12.3.5) この例で，分銅の重さが 30g, 45g, 88g のときの伸びを求めよ．

(問12.3.6) $x$ と $y$ との間に次の関係がある．これにより $x$ と $y$ の関係を示すグラフと式を求めよ．

| $x$ | 0 | 1 | 2 | 3 | 4 | 5 |
|---|---|---|---|---|---|---|
| $y$ | 0 | 2 | 4 | 6 | 8 | 10 |

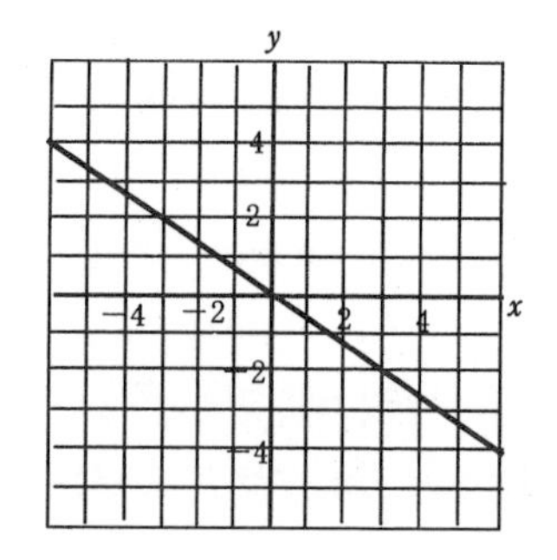


(問12.3.7) ダムの水位が一定の割合で減少している．右の図はある時刻を基準にとり，その時刻からの水位の変化の様子をグラフに表したもので，基準の時刻から $x$ 時間後の水位の変化を $y$cm としている．このとき，次の問に答えよ．

(1) 水位は，基準の時刻から 6 時間後には何 cm 下がるか．また，3 時間前には何 cm 高かったか．

(2) 水は，1 時間あたり何 cm ずつ下がっているか．

(3) $y$ を $x$ の式で表せ．

(問12.3.8) 右の図の長方形で，点 P は辺 BC 上を B から C まで動く．BP を $x$cm, △ ABP の面積を $y\text{cm}^2$ とすると，$y$ を $x$ の関数で表せ．$x$ の存在する範囲を求めよ．また，この関数のグラフを描け．

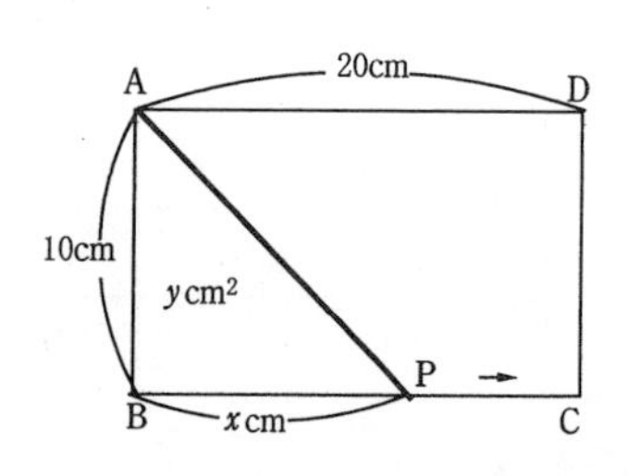

## §4. 正比例の三つの性質

（**性質Ⅰ**）二つの正比例関数

$$y_1 = ax$$

$$y_2 = bx$$

があって，独立変数 $x$ が同じである場合

$$y = y_1 \pm y_2 = (a \pm b)x$$

と**重ね合わせる**ことができる．

この性質は**流水算**で，船の静水中での速さと川の流速との間で，川下り，川上りするときの距離と時間の関係で出てくることが典型的である．

（**例12.4.1**）２点A，Bが，点Pから同時に出発して，Aは右に，Bは左にそれぞれ一定の速さで動く．５秒後にAはPから10cm右に，BはPから15cm左にいた．これについて，次の問に答えよ．

⑴　$x$ 秒後に，AはPから $y$cm，BはPから $z$cm の距離にいるとして，$y$ と $z$ をそれぞれ $x$ の式で表せ．

⑵　Pを出発して12秒後に，AとBは何cm離れるか．

（**解**）⑴ AとBの速さをそれぞれ $a$cm/秒，$b$cm/秒とすると，$x$ 秒後には

$$y\text{cm} = a\text{cm/秒} \times x\text{ 秒}, \quad z\text{cm} = b\text{cm/秒} \times x\ ;$$

$$y = ax,\ z = bx$$

$x = 5$ のとき，$y = 10$，$z = 15$ であるから，

$$10 = 5a,\ 15 = 5b$$

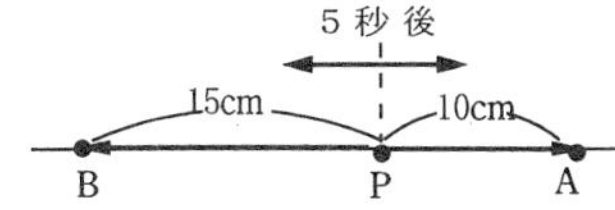


より

$$a = 2,\ b = 3$$

$$\therefore\ y = 2x,\ z = 3x$$

⑵　$s = y + z = 2x + 3x = 5x$ より，$x = 12$ とおくと

$$s = 5 \times 12 = 60(\text{cm})$$

**(性質Ⅱ)** 二つの正比例関数

$$z = ay,$$
$$y = bx$$

があるとき,

$$z = a(bx) = (ab)x$$

と**合成する**ことができる.

**(例12.4.2)** 3m の重さが 120g で, 100g あたりの値段が 80 円の針金がある. これについて, 次の問に答えよ.

(1) この針金 $x$m の重さを $y$g として, $y$ を $x$ の式で表せ.

(2) この針金 $x$m の代金を $z$ 円として, $z$ を $x$ の式で表せ.

**(解)** (1) $y = bx$ とおき, $x = 3$ のとき $y = 120$ だから

$$120 = 3b,\ b = 40$$
$$\therefore\ y = 40x$$

(2) $z = ay$ とおくと, $y = 100$ のとき $z = 80$ だから

$$80 = 100a,\ a = 0.8$$
$$\therefore\ z = 0.8y$$

この式に(1)の結果を代入すると $z = 0.8\times(40x) = 32x$

**(性質Ⅲ)** 正比例関数 $y = ax$ があれば, **逆正比例関数**

$$x = \frac{1}{a}y$$

が存在する. ただし $a \neq 0$ とする.

この性質で, 例えば $a$ が<u>速さ</u>であれば, $\frac{1}{a}$ は<u>遅さ</u>になる. $a$ の値が大きくなれば, $\frac{1}{a}$ の値は小さくなる. 反対に, $a$ の値が小さくなれば, $\frac{1}{a}$ の

値は大きくなる．

(**例**12. 4. 3)　新幹線のぞみ号は平均時速 250km であるから，$x$ 時間に

$$y = 250x\text{km}$$

進む．$y$km 進むに要する時間は

$$x = 0.004y \text{ 時間}$$

である．一方，南海電車高野線の急行の時速は 50km であるから，$x$ 時間に

$$y = 50x\text{km}$$

進む．$y$km 進むに要する時間は

$$x = 0.02y \text{ 時間}$$

それで，新幹線のぞみ号の遅さは 0.004h/km，南海急行の遅さは 0.02h/km となり，数値が大きい程，スピードは遅い．

(問12. 4. 1)　上流の町と下流の町は 10km 離れている．観光船が川を下るときは１時間半，川を上るときは２時間半かかる．船の静水中での速さと川の流れの速さを求めよ．

(問12. 4. 2)　1km あたり 120 円の割合で運賃をとっている電鉄会社がある．この会社の電車の平均時速は 40km である．２時間この電車に乗ったときの運賃を求めよ．

(問12. 4. 3)　人口密度が $a$ 人/km$^2$ である国で，$x$km$^2$ の地域に $y$ 人が住むとすると，$x$ と $y$ の間の関係式を求めよ．また人口密度の逆数は何を意味するか．

## §5. 一 次 関 数

(**例**12. 5. 1)　はじめに水槽に $6l$ の水が入っている．$2l$/分の流量の水道栓を開いて水槽に水を貯める．$x$ 分後の水槽の貯水量 $yl$ は

$$\begin{aligned} yl &= 6l + 2l/\text{分} \times x \text{ 分} \\ &= 6l + 2xl \end{aligned}$$

量記号は左右両辺で同じになったから

$$y = 6 + 2x$$

と表される．

このように $x$ の一次式で示される関数を**一次関数**，最初の貯水量をその**初期値**という．この関数のシェーマとグラフは右の図で示されている．上が面積図のシェーマで，下が関数 $y = 6 + 2x$ のグラフである．初期値 $6l$，流量 $2l$/分がシェーマとグラフでそれぞれどこに表されているか，よく見てみよう．

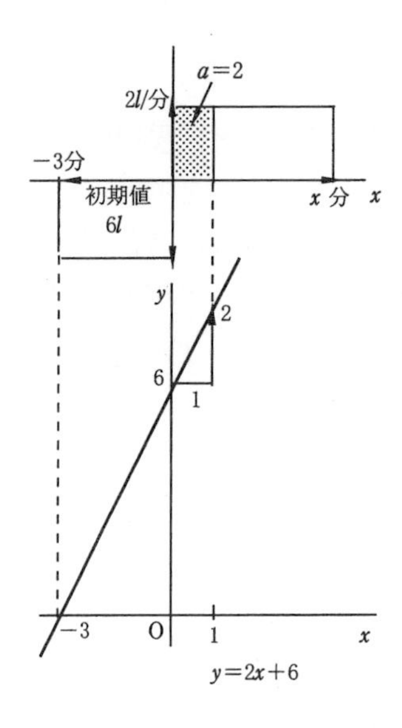


この例で分かるように，一般的に

**一 次関数＝初期値＋変化法則**

**＝初期値＋正比例関数**

ということが分かる．したがって

初期値 $b$，内包量(変化率) $a$ の現象の一次関数は

$$y = b + ax$$

と表される．

グラフ上では，初期値 $b$ は $y$ 軸とグラフの交点 (**$y$–切片**) となって表現される．また，$x = x_0$ のとき，$y_0 = b + ax_0$ となり，点$(x_0,\ y_0)$ に新しい原点をもつ新しい座標軸 X 軸と Y 軸をひく．

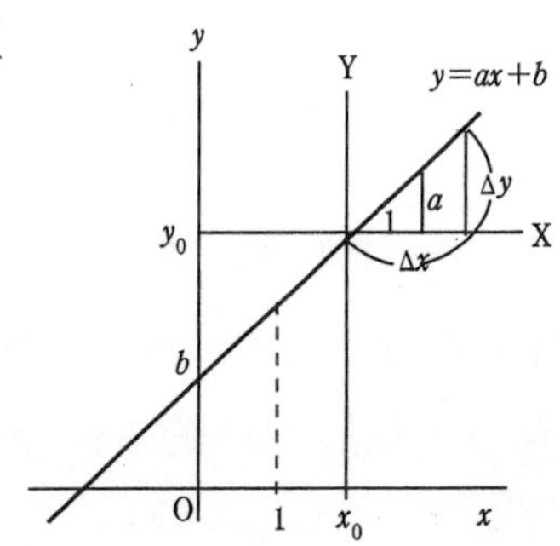


$$y = b + ax$$

$$y_0 = b + ax_0$$

上式から下式を引くと

$$y - y_0 = a(x - x_0)$$

$y - y_0 = \Delta y$, $x - x_0 = \Delta x$ とおくと

$$a = \frac{\Delta y}{\Delta x}$$

である.

**(例12. 5. 2)** 音の速さは気温15℃のとき 340m/秒，気温が 1℃高くなるごとに 0.6m/秒ずつ速くなる．気温 $x$ ℃のときの音の速さ $y$m/秒はいくらか.

**(解)**　$y = b + ax$

とおく．$x = 15$ のとき $y = 340$ だから

$$340 = b + 15a \qquad ①$$

$x = 16$ のとき $y = 340.6$ より

$$340.6 = b + 16a \qquad ②$$

②－①から $a = 0.6$,

これを①に代入すると

$$b = 340 - 15 \times 0.6 = 331$$

$$\therefore \quad y = 331 + 0.6x$$

(問12. 5. 1) 気圧は高度が 100m 増すごとに 12.5 mb減少する．いま高度 400 m で気圧を測定したら 963 mb であった． 高度 $x$ m における気圧を $y$ mb として，$x$ と $y$ の関係を式で表せ.

(問12. 5. 2) 一様な速さで上っていくケーブルカーが，動き始めて 3 分後に高さが 230m になり，13 分後に 800m になった． $x$ 分後の高さ $y$m を求めよ.

(問12. 5. 3) 10km あたり 1$l$ のガソリンを使う自動車がある．この自動車のタンクに 40$l$ のガソリンを入れて出発した.

(1) $x$km 走ったときの残りのガソリンの量を $yl$ として，$y$ を $x$ の式で表せ.

(2) 50km 走ったときの残りのガソリンの量を求めよ.

(問12. 5. 4)　次の一次関数のグラフをかけ.

(1)　$y = 2x + 3$　　　(2)　$y = x - 3$

(3)　$y = -\dfrac{3}{4}x + 6$　　　(4)　$y = -6 - \dfrac{5}{2}x$

**(例12. 5. 3)**　$x$ の値が $-2$ から 3 まで増加するとき，$y$ の増加量は $-15$ であり，$x = 2$ のとき $y = -1$ となる一次関数において，$y = 17$ となる $x$ の値はいくらか.　[筑波大付属高]

**(解)**　$\Delta x = 3 - (-2) = 5$,　$\Delta y = -15$

だから，$a = \Delta y / \Delta x = (-15) \div 5 = -3$;

$$y = b - 3x$$

において，$x = 2$ とおくと

$$-1 = b - 3 \times 2, \qquad b = -1 + 6 = 5$$

$$\therefore \quad y = 5 - 3x$$

ここで $y = 17$ とおくと，$17 = 5 - 3x$,　$-3x = 12$

$$\therefore \ x = -4$$

(問12. 5. 5)　(1)　変化の割合が3/4である一次関数では，$x$ の増加量が $m$ のとき，$y$ の増加量は1/2である．$m$ はいくらか.

(2)　一次関数 $y = ax + b(a < 0)$ において，$x$ が $1 \leqq x \leqq 4$ の値をとるとき，$y$ は $1 \leqq y \leqq 7/2$ を動く．$a$, $b$ の値を求めよ.　[大手前高松高]

(問12. 5. 6)　$x$ の値が $-5$ から 3 まで増加するとき，$y$ の増加量は $-16$ である．$x = 2$ のとき $y = -1$ となる一次関数において，$y = 17$ となる $x$ の値はいくらか.

## §6.　区分的一次関数

**(例12. 6. 1)**　A，B 二つの水道栓を備えた水槽があって，水道栓 A をひらくと 5 $l$/分の流量で水が注入され，水道栓 B を開くと 2 $l$/分の流量で流出する．この水槽に最初 3 分間は A 栓を開き，次に 2 分間 A，B 両栓を開き，最後に 5 分間 B 栓のみを開いたとする．A 栓を開いてから $x$ 分後

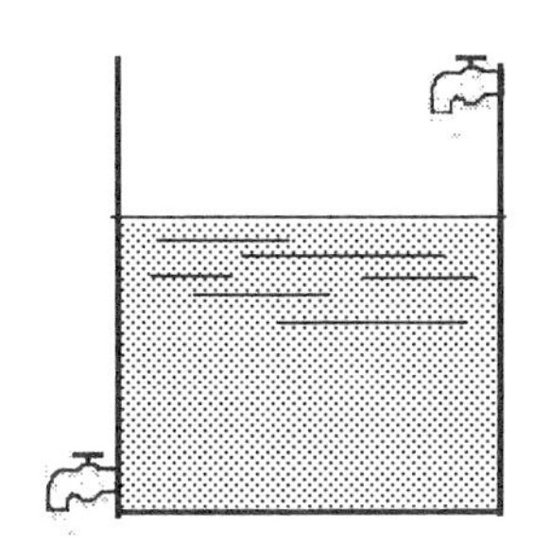

の水槽内の貯水量$yl$の式を求め，かつそのグラフを描け．

**(解)**

$$y=\begin{cases}5x & (0\leqq x\leqq 3)\\ 15+3(x-3) & (3\leqq x\leqq 5)\\ 21-2(x-5) & (5\leqq x\leqq 10)\end{cases}$$

注排水の状況を示す面積図と，関数のグラフは右下の図の通りである．

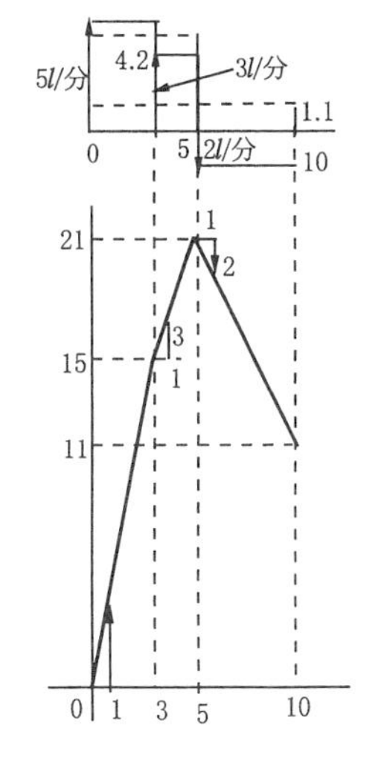


この例で，各一次式が成り立つ$x$の区域を$x$の**変域**という．$x$の変域全体で見ると，この関数は一様な変化を示していないが，$x$の変域を小さな3つの区間に分割すると，それぞれの区間では流量一定の一様な変化をする．このような変化を**区分的一様変化**という．**区分的一様変化では**

**関数のシェーマである面積図は階段状になり，**

**関数のグラフは折れ線**

**になる**ことが分かる．それで

**区分的一次関数は区分的一様変化法則を定式化したものである．**

それでは，各区間ごとの変化率を計算すると，次の表の通りになる．

区間［0, 5］では本来の意味での変化率は存在しないが，もしもこの区間で仮に一様変化であるとみなすと，変化率は

$$\frac{5\times3+3\times2}{3+2}=4.2(l/\text{分})$$

となる．また，区間［0, 10］では変化率は

$$\frac{5\times3+3\times2-2\times5}{3+2+5}=1.1(l/\text{分})$$

となる．これらの値を**平均変化率**という．表にまとめると

| 区　間 | 変化率(1) | 変化率(2) | 変化率(3) |
|---|---|---|---|
| $0 \leqq x \leqq 3$ | 5 | 4.2 | 1.1 |
| $3 \leqq x \leqq 5$ | 3 | | |
| $5 \leqq x \leqq 10$ | $-2$ | $-2$ | |

(問12. 6. 1)　甲乙２点間の距離は 20km である．甲から乙へ行きは毎時 6 km の速さで歩き，帰りは毎時 4 km の速さで歩き甲地に帰った．平均の速さは毎時何 km か．　［専修大］

(問12. 6. 2)　自動車が市内を 0.5 km /分の速さで５分走り，郊外に出て 0.8km/分の速さで３分走り，さらに高速道路に入って 1.5km /分の速さで 40 分走った．この自動車が走りはじめてから $x$ 分間の走行距離を $y$km とすると，$y$ は $x$ のどんな関数で表されるか．また全区間の平均速度(平均変化率)を求めよ．

(問12. 6. 3)　右のグラフは，普通列車と特急列車の運行の様子を表したものである．太い線は，A 駅を出発して D 駅まで行く普通列車の様子を表す．点線は，時速 80km で A 駅から D 駅まで無停車で行く特急列車の様子を表している．

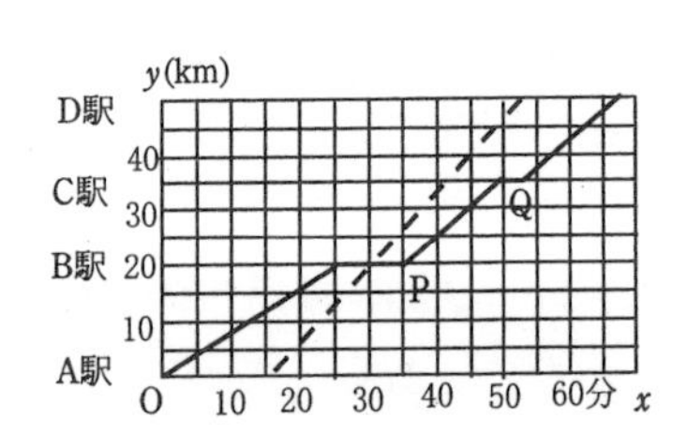


次の(　)に当てはまる数または式を書き入れよ．

(1)　A 駅から B 駅までの普通列車の時速は，毎時(　　)km である．

(2)　普通列車が B 駅を出発するとき，特急列車は，すでに B 駅を通過して，B 駅から(　　)km の地点を走っている．

(3)　普通列車が A 駅を出発してから $x$ 分後の A 駅からの距離を $y$km とするとき，上のグラフの直線 PQ の式は $y=(\quad)$ である．［富山県］

# §7. 二乗比例関数

(**例12. 7. 1**) で説明した区分的一次関数をもう少し発展させて考えよう.

(1)　0.5 分ごとに流量を1l/分ずつ増してゆく. 最初の 0.5 分間は, 流量は 1l/分であったとすると, $x$ 分間に水量 $y\,l$ はどう変化するか.

$$y=\begin{cases} x & (0 \leqq x \leqq 0.5) \\ 0.5+2(x-0.5) & (0.5 \leqq x \leqq 1.0) \\ 1.5+3(x-1.0) & (1.0 \leqq x \leqq 1.5) \\ 3.0+4(x-1.5) & (1.5 \leqq x \leqq 2.0) \\ 5.0+5(x-2.0) & (2.0 \leqq x \leqq 2.5) \\ \quad\cdots\cdots & \end{cases}$$

となる区分的一次関数になる. 次頁の図の左参照のこと.

(2)　0.25 分ごとに流量を 0.5l/分ずつ増してゆく. 最初の 0.25 分は, 流量が 0.5 l/分であったとすると, $x$ 分間に水量 $yl$ はどう変化するか.

$$y=\begin{cases} 0.5x & (0 \leqq x \leqq 0.25) \\ 0.125+(x-0.25) & (0.25 \leqq x \leqq 0.5) \\ 0.375+1.5(x-0.5) & (0.5 \leqq x \leqq 0.75) \\ 0.750+2.0(x-0.75) & (0.75 \leqq x \leqq 1.0) \\ 1.250+2.5(x-1.0) & (1.0 \leqq x \leqq 1.25) \\ 1.875+3.0(x-1.25) & (1.25 \leqq x \leqq 1.5) \\ 2.625+3.5(x-1.5) & (1.5 \leqq x \leqq 1.75) \\ \quad\cdots\cdots & \end{cases}$$

となる区分的一次関数になる. 次頁の図の真ん中参照のこと.

(3)　流量が切れ目なく(**連続的に**)変化し, 流量の変化率が次頁の図の右にみるように, $x$ 分において高さ PQ ＝ $2xl$ /分で表されるものとする. $x$ 分間の水量 $yl$ は△ OPQ の面積に等しく

$$yl=\frac{1}{2}\times(2x)l/分\times x\,分=x^2\,l$$

$$y=x^2$$

で表示される．このように流量(速度)が一様変化することを**等加速度変化**といい，それを定式化した $y=x^2$ を**2乗比例関数**という．

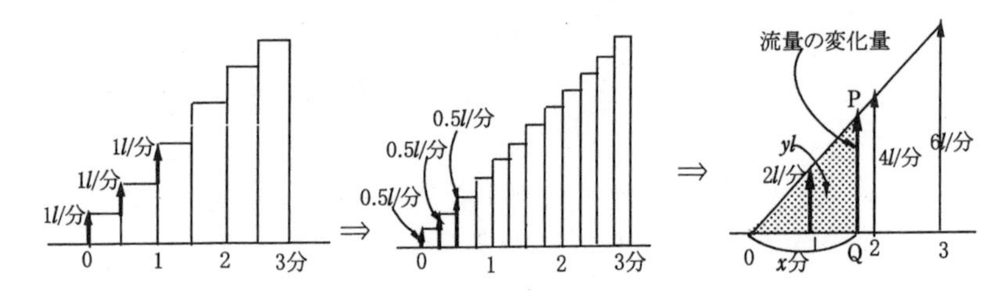


流量(速度)の変化率は

$$2xl/分 \div x\,分 = 2l/分^2$$

で表される．これは**二次内包量**(加速度)といい，(内包量)÷(外延量)になっている．

(1), (2), (3)の場合の関数のグラフを右図で示しておく．(1)の関数のグラフは細い実線で示された折れ線グラフ，(2)の関数のグラフは点線で示された折れ線グラフ，(3)の関数のグラフは太い実線で示された曲線で**放物線**と呼ばれるものである．

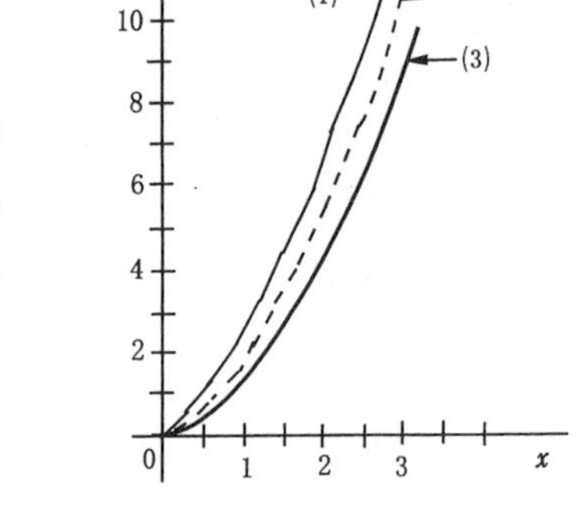


以上のことをまとめると

**流量**(蓄積量の変化率)**の変化率**( 二次内包量)**が一定値 $2a$ である等加速度変化では**

**$x$ における流量は正比例関数 $y'=2ax$,**

**$x$ における蓄積量は2乗比例関数 $y=ax^2$**

**で表され，かつ蓄積量を示す面積図は流量のグラフである．また，蓄積量はこのグラフの下の面積である．**

水槽の説明例では，$a>0$, $x\geqq 0$ としているが，相対量を考えてみると $a<0$, $x<0$ の場合にも拡張できる．この場合の蓄積量の正負は，面

積の正負と同じである．このことは下の図で示す通りである．

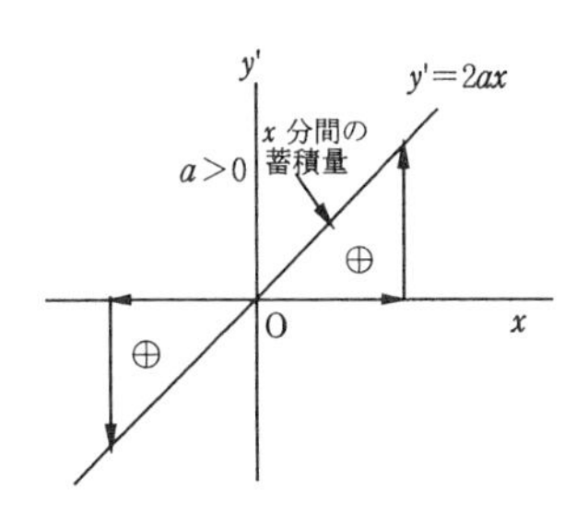


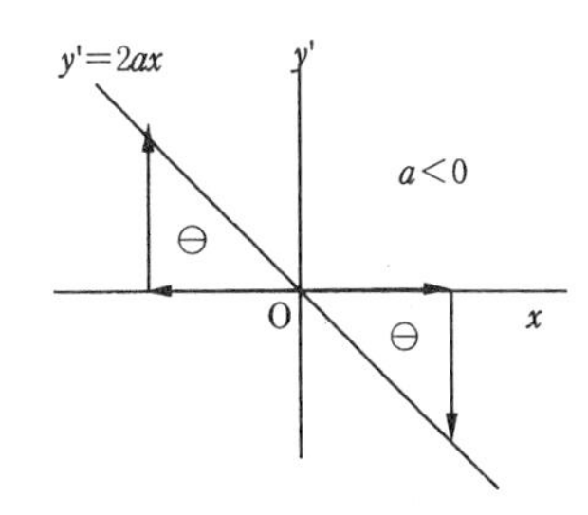


(**例**12.7.2)　関数の $y=\frac{1}{2}x^2$ グラフを描け．

(**解**)　関数のシェーマ(面積図)は $y'=x$ である．この直線の下の面積を線分化する方法を考えればよい．

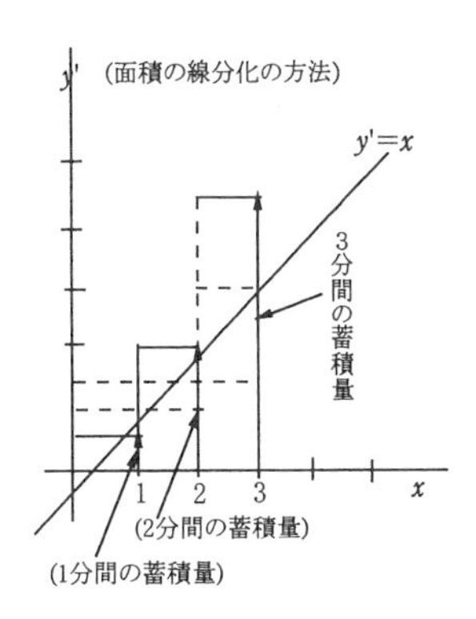


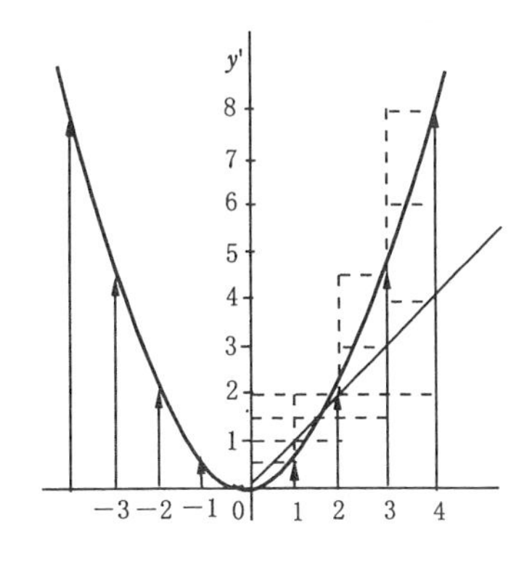


$0\leqq x\leqq 1$ を満たす $x$ の集まりを記号で区間 [0, 1] と表す．$0\leqq x<1$ を満たす $x$ の集まりを記号で区間 [0, 1)と表す．これらの区間は数直線上の区間で示される．

上の図の左，直線 $y'=x$ の下と $x$ 軸に挟まれる部分の面積を考える．区間 [0,　1]における直線下の面積は 1/2 で，その値は線分化されて $x=1$

で立てた矢線で示される．陰影の付いた区間 [0, 2] における直線上の面積は，区間[0, 1]の三角形の面積に等しい．それで

区間[0, 2]上の直線下の面積＝区間[0, 2]上の高さ 1 の長方形の面積

区間[0, 3]上の直線下の面積＝区間[0, 3]上の高さ 1.5 の長方形の面積

などというようになる．右辺の長方形をそれぞれ縦に２等分，３等分した長方形を区間[1, 2], [2, 3]の上に積み上げたものの高さが面積を線分化したものにあたる．それらの高さを縦座標にとって，求める放物線のグラフを得る．

(問12. 7. 1) 次の関数のグラフを描け．

(1) $y = x^2$　　(2) $y = -x^2$　　(3) $y=\dfrac{3}{2}x^2$

２乗比例関数 $y = ax^2$ のグラフは

（Ⅰ）$a > 0$ のとき

$x < 0$ の範囲で減少の状態

（右下がり）

$x > 0$ の範囲で増加の状態

（右上がり）

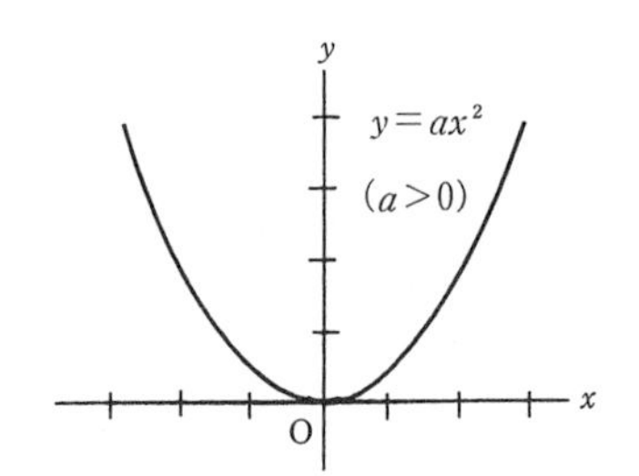


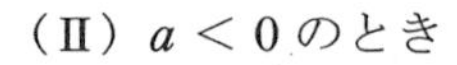

$x = 0$ で $y$ は最小値 0 をとる．

（Ⅱ）$a < 0$ のとき

$x < 0$ の範囲で増加の状態

（右上がり）

$x > 0$ の範囲で減少の状態

（右下がり）

$x = 0$ で $y$ は最大値 0 をとる．

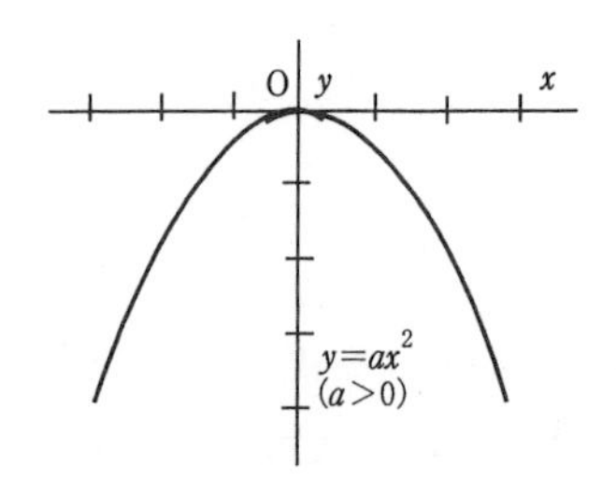


（Ⅲ）$a = 0$ のとき，グラフは $x$ 軸そのもの．

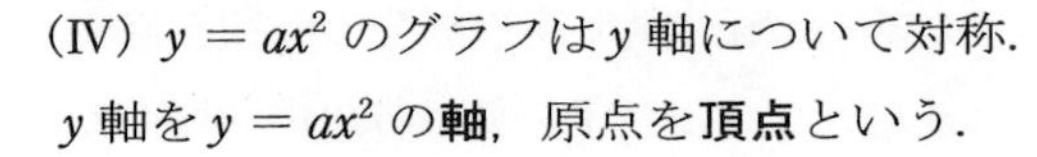

（Ⅳ）$y = ax^2$ のグラフは $y$ 軸について対称．

$y$ 軸を $y = ax^2$ の**軸**，原点を**頂点**という．

（Ⅰ）のグラフと（Ⅱ）のグラフは $x$ 軸について対称である

(問12. 7. 2)　右の図のように，$y=\frac{1}{2}x^2$ のグラフ上の点Pから $x$ 軸，$y$ 軸にそれぞれ垂線 PQ，PR をひく，また Q の $x$ 座標を $a$($a$ は正数) とする．長方形 OQPR の周の長さが 24cm となるとき，$a$ の値を求めよ．ただし，座標軸の1目盛りは 1cm とする．

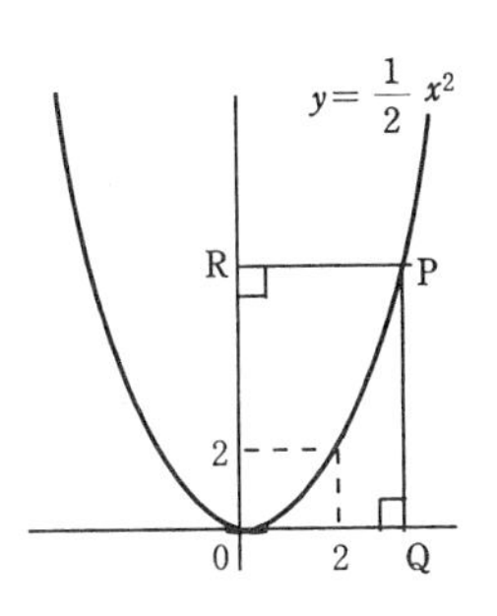


［熊本］

**(例12. 7. 2)**　平らな板が板に垂直にあたる風によって受ける力は，風速の2乗に比例する．秒速 3m の風を板が受ける力は 3kg 重であった．秒速 $x$m の風を板が受ける力を $y$kg 重として，

(1)　$y$ を $x$ の式で表せ．

(2)　風速が 15m/秒のとき，板が受ける力を求めよ．

**(解)** (1)　板の受ける力は，仮定から $y = ax^2$ で表される．$x = 3$ のとき，$y = 3$ だから

$$3 = a\times 3^2,$$

$$a=\frac{1}{3}$$

(2)　$x = 15$ のとき，$y=\frac{1}{3}\times 15^2=75$ (kg重)

(問12. 7. 3)　走っている自動車にブレーキをかけるとき，ブレーキが効きはじめてから停止するまでに進む距離，すなわち**制動距離**は速さの2乗に比例するという．時速 30km で走っているときの制動距離が 7.5m のとき

(1)　時速 $x$km で走っているときの制動距離を $y$m とするとき，$y$ を $x$ の式で表せ．

(2)　時速 36km で走っているときの制動距離を求めよ．

(問12.7.4) $x$m/秒で真上にボールを投げるとき，ボールの到達する高さを $y$m とすると，地球の表面では $y = 0.05x^2$，月面では $y = 0.3x^2$ という関係が成り立つという．

地球の表面で，ボールを真上に 8m の高さまで投げられる人は，月面では何 m の高さまで投げ上げることができるか．

ただし，地球の表面と月面で，投げ上げる力の大きさは等しいとする．

## §8. 二 次 関 数

２乗比例関数から一般の二次関数を導き出すことができる．

(例12.8.1) 水槽に水を注入し始めた時点で，既に水槽に水が $cl$ 入っていたとしよう．その水槽に流量の変化率 $2al$/分$^2$の水道栓から注水するとき，水量の変化を示すシェーマは右図の通りである．

$x$ 分後の蓄積量 $yl$ は

$$yl = (初期値) + (2 乗比例関数値)$$
$$= cl + ax^2 l$$

である．それで

$$y = c + ax^2$$

という二次関数が生じる．この関数は初期値 $c$ があるほかは，$y = ax^2$ の場合と変わらない．したがって，

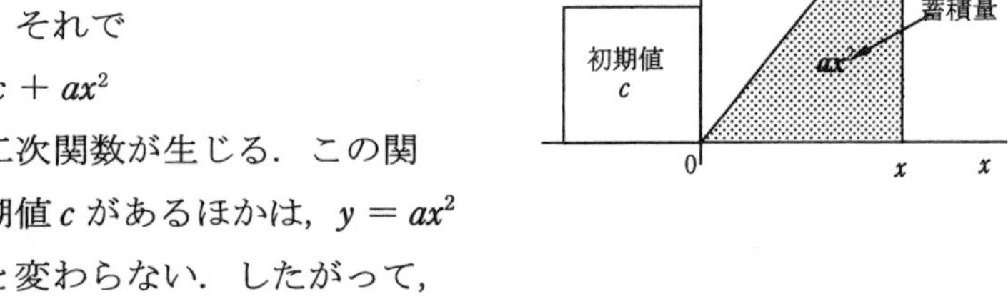


$a$ の正負によって関数のグラフは次の図のようになる．

**$a > 0$ のとき**

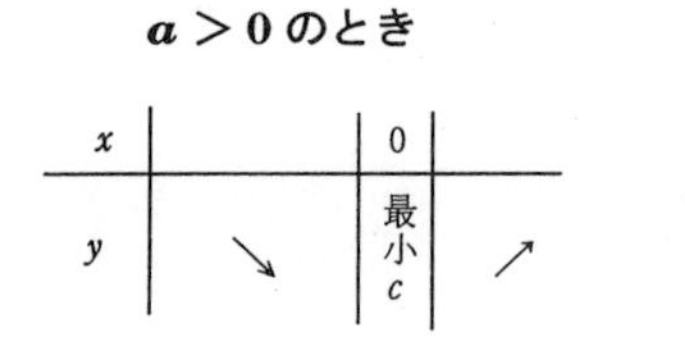

| $x$ | | 0 | |
|---|---|---|---|
| $y$ | ↘ | 最小 $c$ | ↗ |

**$a < 0$ のとき**

| $x$ | | 0 | |
|---|---|---|---|
| $y$ | ↗ | 最大 $c$ | ↘ |

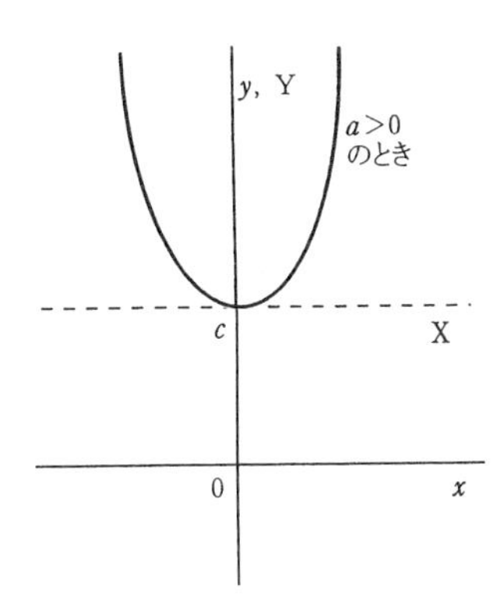


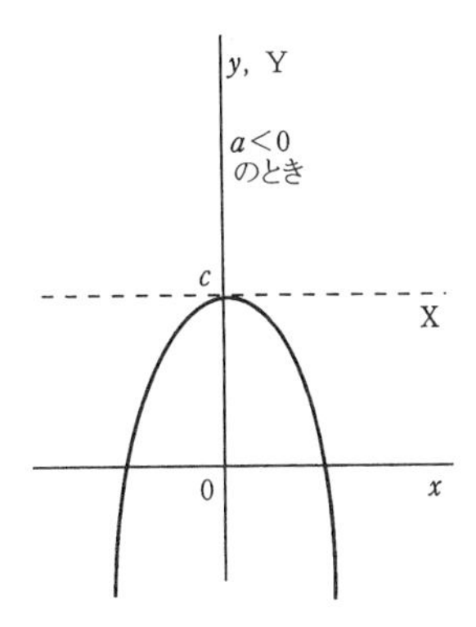


もしも点 (0, $c$)を新しい原点とする座標系 (X, Y)を考えると，この座標系については２乗比例と変わらない．つまり

$$x = \mathrm{X}, \quad y - c = \mathrm{Y}$$

とおくと

$$\mathrm{Y} = a\mathrm{X}^2$$

となる．点(0, $c$) を**頂点**，$y$ 軸を**軸**というのは前と同じである．

**(例12. 8. 2)** はじめに水槽に $cl$ の水が入っている．最初から $bl$/分の一定流量で水が注入されているところへ，流量の変化率 $2al$/分$^2$の水道栓から水が注水されるとき

$x$ 分後の流量は　　$y' \, l$/分$=(b + 2ax) \, l$/分

$x$ 分後の貯水量は　$y \, l = (c + bx + ax^2) \, l$

となる．これを量の変化を示すシェーマならば右の図で示される．

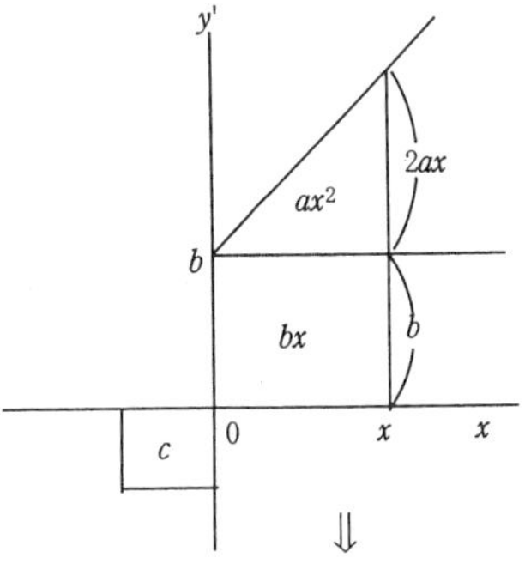


この図で，流量のグラフ $y' = b + 2ax$ と $x$ 軸との交点は

$$x = -\frac{b}{2a}$$

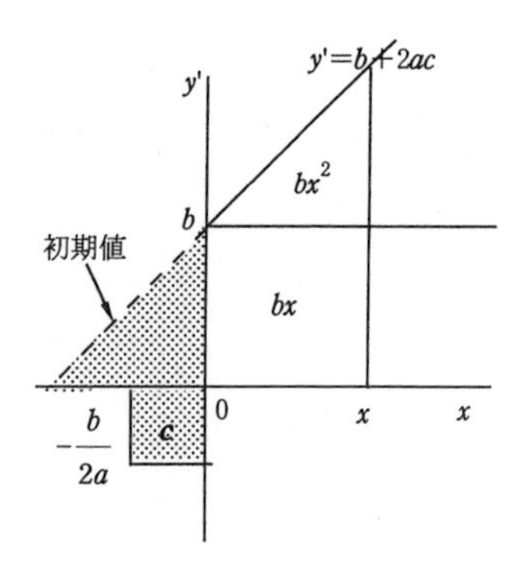


である．これは $\dfrac{b}{2a}$ 分前から水を等加速度で水槽に注入していると考えたとき，水槽の水は基準量 $c$ より

$\dfrac{1}{2}\left(-\dfrac{b}{2a}\right)b=-\dfrac{b^2}{4a}l$ だけ多かった

のと同じである．したがって

$$y=c-\frac{b^2}{4a}+\left(x+\frac{b}{2a}\right)^2$$

と書くことができる．事実この式を展開すると $y=c+bx+ax^2$ となるし，逆のこともいえる．

さて，点 $\left(-\dfrac{b}{2a},\ c-\dfrac{b^2}{4a}\right)$ に新しい座標系（X，Y）をつくると，この座標系に対して

$$\mathrm{X}=x+\frac{b}{2a},\quad \mathrm{Y}=y-c+\frac{b^2}{4a}$$

とおくと

$$\mathrm{Y}=a\mathrm{X}^2$$

となる．したがって，二次関数 $y=c+bx+ax^2$ のグラフも放物線で，$a$ の正負により，グラフの状況が変わる．

**$a>0$ のとき**

| $x$ | | $-\dfrac{b}{2a}$ | |
|---|---|---|---|
| $y$ | ↘ | 最小 $c-\dfrac{b^2}{4a}$ | ↗ |

**$a<0$ のとき**

| $x$ | | $-\dfrac{b}{2a}$ | |
|---|---|---|---|
| $y$ | ↗ | 最大 $c-\dfrac{b^2}{4a}$ | ↘ |

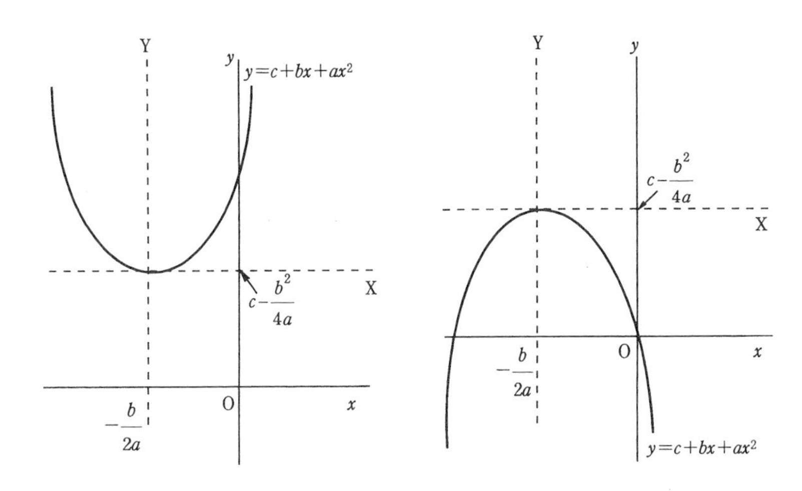


> **初期値＋一様変化法則＋等加速度変化法則の表現である二次関数の一般形 $\boldsymbol{y=c+bx+ax^2}$ のグラフは**
>
> **直線　$\boldsymbol{x=-\dfrac{b}{2a}}$　について対称（この直線を軸），**
>
> **点　$\boldsymbol{\left(-\dfrac{b}{2a},\ c-\dfrac{b^2}{4a}\right)}$　を頂点**
>
> **とする放物線である．**

(問12. 8. 1)　次の関数のグラフの軸と頂点の座標を求めよ．

(1)　$y=-x^2+4x+1$　　(2)　$y=3x^2-6x-1$

(3)　$y=x^2-4x+3$　　(4)　$y=-2x^2+3x-2$

(問12. 8. 2)　二次関数 $y=bx+ax^2$ のグラフの軸と頂点の座標を求めよ．

**(例12. 8. 2)**　初速度が $v_0$，時刻 $t$ における速度が $v(t)$ で動く物体において，速度の変化率 $\alpha$ は

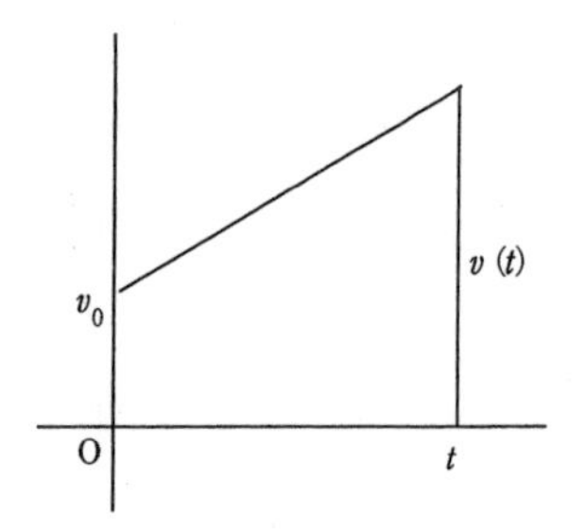


$$\alpha=\frac{v(t)-v_0}{t}$$

で定義される．$\alpha$を加速度という．

この式より

$v(t)=v_0+\alpha t$

となる．この物体の動いた距離$s$は

右図の斜線下の台形の面積で表される．

$$s=\frac{v_0+v(t)}{2}t=\frac{(2v_0+\alpha t)}{2}t$$

$$=v_0t+\frac{1}{2}\alpha t^2$$

物体が落下して行くときの加速度は，地球の引力によって生じるもので，$g=9.8$m/秒$^2$であることが分かっている．

それで地上から初速度$v_0$m/秒で真上に投げた石の$t$秒後の高さ$s$m は

$$s=v_0t-\frac{1}{2}gt^2=v_0t-4.9t^2$$

と表現される．

$v_0=20$m/秒のとき，石は何秒に何 m まで上がるか．

**(解)** $s=20t-4.9t^2$ は

$$t=\frac{20}{9.8}(秒)=2.4(秒)において$$

$$最大値\frac{20^2}{4\times4.9}=20.41(\mathrm{m})$$

をとる．

(問12. 8. 3) (1)　毎秒 19.6m の初速度で物体を真上に打ち上げる．最高点に達するまでの時間と最高点の高さを求めよ．

(2)　再び出発点に戻ってくるまで何秒かかるか．また出発点に戻ってきたときの速度はいくらか.

(問12. 8. 4) 毎秒 $a$cm の速度で甲物体を打ち上げ, これが再び出発点に戻ってこない $n$ 秒後に, 毎秒 $a$cm の速度で乙物体を打ち上げた. ところが途中で落下してくる甲物体と上がって行く乙物体とが衝突した. この衝突の時刻と衝突位置を求めよ.

**[注]** ここでの例と問はいずれも真空中での話で, 空気の抵抗は考慮していないものとする.

**(例12. 8. 3)** $y$ 軸に平行な軸をもつある放物線のグラフが, $x$ 軸から切り取る部分の長さが $n$ で, その頂点の座標が $\left(\dfrac{3n}{2},\ n^2\right)$ であるとき, この放物線の方程式を求めよ.　[早大]

**(解)** 放物線の方程式は

$$y=n^2+a\left(x-\frac{3n}{2}\right)^2$$

である. この放物線と $x$ 軸の交点の座標は, $y=0$ とおいて二次方程式

$$n^2+a\left(x-\frac{3n}{2}\right)^2=0,$$

つまり

$$4ax^2-12anx+9an^2+4n^2=0$$

の 2 根 $\alpha, \beta$ で示される. 題意により $|\alpha-\beta|=n$ だから

$$(\alpha-\beta)^2=(\alpha+\beta)^2-4\alpha\beta$$

$$=(3n)^2-\frac{9an^2+4n^2}{a}=n^2$$

両辺を $n^2$ で割り, さらに $a$ を掛けると

$$9a-9a-4=a$$

$$\therefore\quad a=-4$$

よって求める放物線の方程式は

$$y=n^2-4\left(x-\frac{3n}{2}\right)^2$$
$$=-4x^2+12nx-8n^2$$

(問12.8.5) 放物線 $y=x^2+ax+b$ の頂点の座標が $(m, n)$ であるとき，$b$ を $m, n$ で表せ． ［東京電機大］

(問12.8.6) 二次関数 $y=x^2+px+q$ が $x=1$ のとき最小値3をとるものとする．方程式 $x^2+px+q=0$ の2つの根を $\alpha, \beta$ とするとき，$\dfrac{1}{\alpha^2}+\dfrac{1}{\beta^2}$ の値を求めよ． ［創価大］

**(例12.8.4)** 周囲の長さが一定値 $2s$ である長方形のうち，面積最大のものはなにか．

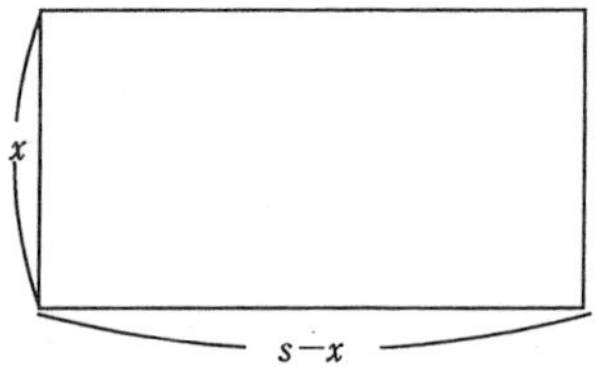

**(解)** 1辺の長さを $x$ とすると，隣り合う他の辺の長さは $s-x$ である．それで面積

$$S=x(s-x),\quad ただし\ 0<x<s$$
$$=\frac{s^2}{4}-\left(x-\frac{s}{2}\right)^2$$

それで $x=\dfrac{s}{2}$ のとき，面積は最大値 $\dfrac{s^2}{4}$ をとる．このときの $x$ の値は，条件 $0<x<s$ を満たす．

(問12.8.7) 関数 $y=2x^2$ について，$x$ が $-2\leqq x\leqq 1$ に限定されるとき，$y$ の値の範囲を求めよ．

(問12.8.8) 関数 $y=kx^2$ の $x$ が $-\sqrt{3}\leqq x\leqq\dfrac{9}{5}$ の範囲，$y$ が $0\leqq y\leqq\dfrac{3}{5}$ の範囲にあるとき，定数 $k$ の値を求めよ． ［日大鶴ヶ丘高］

**(例12.8.5)** 二次関数 $y=px+x^2$ で $p$ の値が変わると，頂点も変わる．しかし，つねにそれはある定曲線上にあることを示せ．

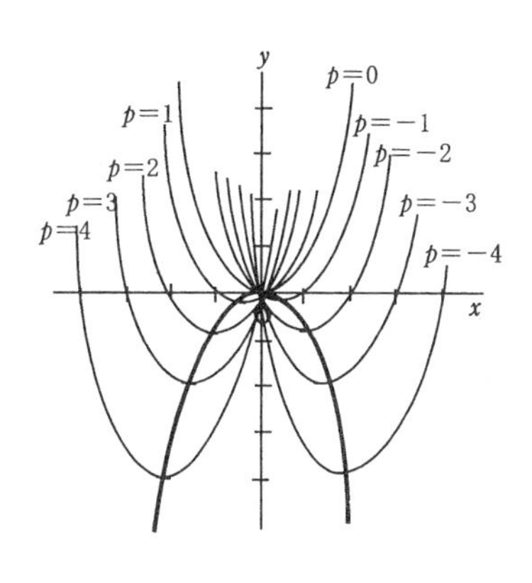


**(解)** $y = px + x^2$

$$= -\frac{p^2}{4} + \left(x + \frac{p}{2}\right)^2$$

頂点の座標は

$$\begin{cases} X = -\dfrac{p}{2} & ① \\ Y = -\dfrac{p^2}{4} & ② \end{cases}$$

①$^2$を②に代入すると

$$Y = -X^2$$

となる．これが定曲線の方程式である．

(問12. 8. 9)　$-3 \leqq x \leqq +3$ の範囲を $x$ が動くとき，$y = x^2 - 2ax + 4a + 5$ の最小値は，$a$ の値によって決まるから，その最小値を $f(a)$ と書く．このとき $f(a)$ の最大値を求めよ．　[東大]

## §9. 反比例関数

スコットランドの小売商の息子の**ウォット**(James　Watt ; 1736. 1. 19～1819. 8. 19) は機械を作るのが好きで，蒸気機関の発明者として知られている．彼は荷車をひく力の強い馬に，重い物を上げる仕事をさせた．その結果，馬は一歩進むとき，およそ 250kg の重さを引っ張ることを知り，これを仕事の単位として**馬力**と名付けた．馬を十分使いこなせない大昔，人は自分たちの力だけが頼りだった．それで人力という言葉も使用された．力の働きを考える場合，力と力が働いた時間，力と力が働いた距離を結び付けて，新しい

ジェームズ・ウォット

量が生まれたことに人々は気づいた．この新しい量を**仕事量**といい

**仕事量＝力×時間＝力×距離**

と定めた．

**(例12.9.1)** 8人が9日間働くと仕上がる仕事がある．この仕事を4日で仕上げるには，何人の人手がいるか．

**(解)** 仕事量＝8人×9日＝72人日である．それで

8人×9日＝$x$人×4日，

72人日＝$4x$人日，

量記号を外して $4x=72$, $x=18$

から，18人の人手がいる．

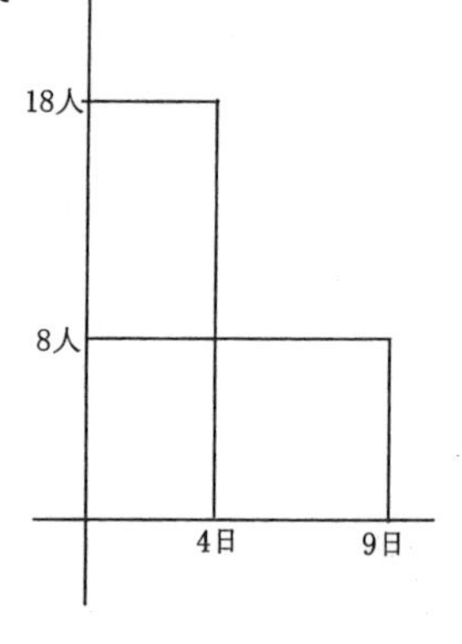


この問題で$x$人，$y$日かかるとすると

$$xy=72$$

となる．このように2つの変数$x$, $y$の間に

$$xy=一定数\equiv k$$

が成立する場合，**$y$と$x$は反比例する**という．

(問12.9.1) ある町で台風のため山崩れがあり，土砂を取り除く工事が行われた．1日に8台のトラックを使って2週間で完了する予定が，6日間で 1/3 しか土砂を運べなかった．計画どおりにすませるには，1日に使うトラックをあと何台増やすとよいか．

**(例12.9.2)** 丈夫な棒の両端に物を掛け，その中央の所で支え，棒が自由に廻れるようにしたものを**天秤**という．

天秤の働きを考えるとき

①支点･･･天秤の中央を支える点

②力点･･･天秤の左右の力が加わる点

③腕の長さ･･･支点と力点の距離が重要である．そして

(力点にかかる重さ)×(腕の長さ)も一つの仕事量で，これを力点での

**能率**という．左右の力点での能率が等しいと，　天秤は釣り合う．

天秤の一方の端に物を載せ，他の端の錘(おもり)の重さの値 $x$g と，それに対応する腕の長さ $y$ cm の間に次のデータが得られた．

| $x$g | 23 | 46 | 69 | 92 | 115 | 138 |
|---|---|---|---|---|---|---|
| $y$cm | 24 | 12 | 8 | 6 | 4.8 | ? |
| $xy$g·cm | 552 | | | | | |

138g に対する腕の長さはいくらか．

(**解**)　$xy = 552(\text{g}\cdot\text{cm})$ であるから

$138y = 552$

$\therefore\ y = 4(\text{cm})$

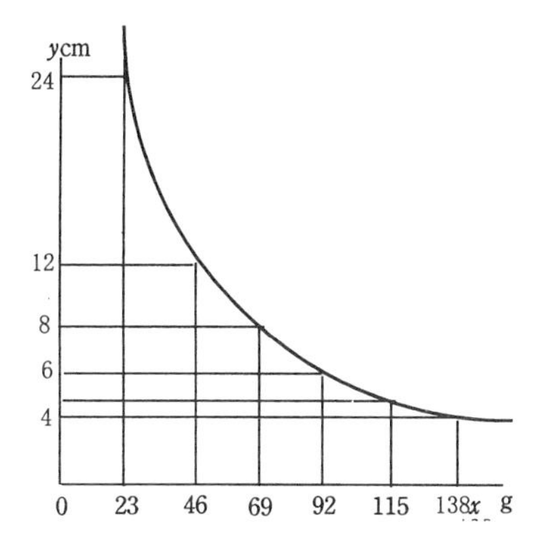


問題の中の表の空白を埋めたものを面積図で表すと，右図のようになる．能率を示す各面積図の右上の点を滑らかな曲線で結ぶと，それは反比例関数

$$y=\frac{552}{x}$$

のグラフで，曲線は**双曲線**という．

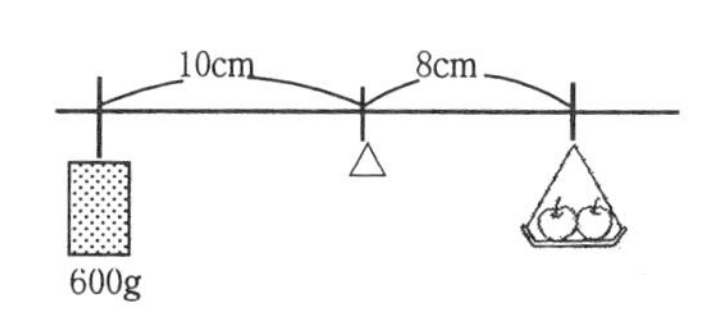


(問12. 9. 2)　天秤がある．図のように同じ重さの林檎を皿に載せて吊るしたら釣り合った．次にやはり同じ重さの林檎をもう一つ載せると，重りの位置を3cm 動かすことにより釣り合った．皿の重さと，林檎 1 個の重さを求めよ．

(問12. 9. 3)　8 人のグループがハイキングに行くため電車に乗った．座席は 5 人分しか空いていなかったので，この 5 人分の座席に 8 人が交替で座り，だれもが同じ時間ずつ座るようにするには，1 人何分ずつ座ることになるか．ただし電車は 1 時間 20 分ノンストップで走るものとする．

**(例12. 9. 3)** 互いにかみ合っている２つの歯車がある．歯車の歯数は A が 28, Bは 14 である．A が 50 回廻ると，B は何回廻るか．また B の歯数を $x$ 枚，回転数を $y$ とすると，$x$ と $y$ の間にどんな関係があるか．

**(解)** かみ合っている歯車では，同じ時間に動く歯数は等しい．A が50回廻ると，かみ合う歯数は

28 枚/回 ×50 枚＝ 1400 枚,

1400 枚 ÷14 枚/回＝ 100 回

また，問題の後半は

$$xy = 1400$$

となる．

(問12. 9. 4) 歯が 54 枚ある歯車 A が 6 分間に 360 回転する．歯車 A とかみ合う歯車 B を 5 分間に 540 回転させるには，歯車 B の歯数を何枚にするとよいか．

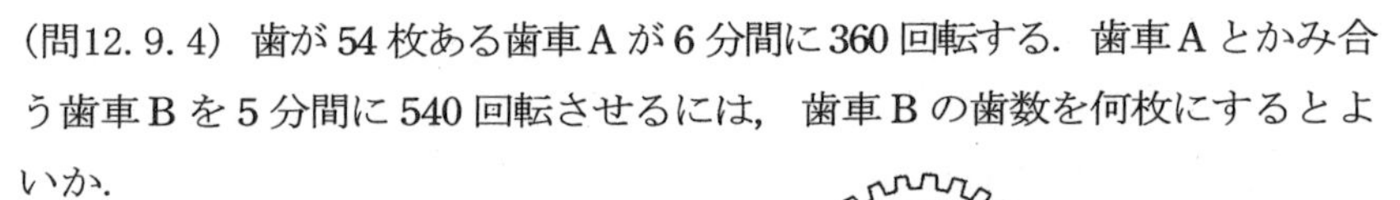

(問12. 9. 5) 図のように A, B, C 3 つの歯車がかみ合っている．歯車の歯数は A が 50, B が 20, C が 30 である．歯車 A が右回りに 600 回転するとき，C の回転の向きと回転数を求めよ．

(問12. 9. 6) 下図のような仕切りを動かして，底面積をいろいろ変えられる水槽に水を入れた．

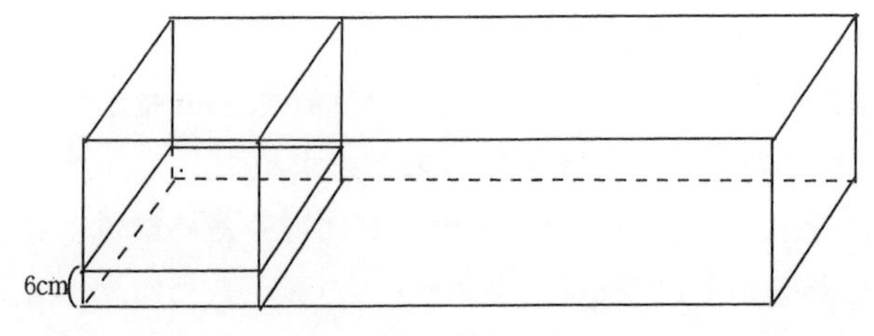


底面積を 100cm$^2$ にして，水を 6dl(600cm$^3$)入れたら、深さは 6cm にな

る．中に入れた水量を変えないで，底面積が $x$cm$^3$，深さが $y$cm のとき，$x$ と $y$ の間の関係式を求めよ．

## 練習問題12

1．変化率(傾き)$a$，点 P$(x_1, y_1)$を通る直線の方程式は

$$\Delta y = y - y_1,$$

$$\Delta x = x - x_1$$

とおくと

$$a = \frac{\Delta y}{\Delta x} = \frac{y - y_1}{x - x_1}$$

それで

$$y - y_1 = a(x - x_1)$$

が求める公式である．この公式を用いて

(1)　傾きが 4，点(2, 3)を通る直線

(2)　傾きが－3，点(5, －3)を通る直線

(3)　$x$ 軸上の切片が 3 で，傾き－2 の直線

の方程式を求めよ．

2．2 点$(x_1, y_1)$，$(x_2, y_2)$を通る直線の方程式を求めよう．点$(x_1, y_1)$から点$(x_2, y_2)$への変化率は

$$\frac{\Delta y}{\Delta x} = \frac{y_2 - y_1}{x_2 - x_1}$$

ところが

$$\Delta y = y - y_1, \quad \Delta x = x - x_1$$

だから，与えられた 2 点を通る直線の方程式は

$$\frac{y - y_1}{x - x_1} = \frac{y_2 - y_1}{x_2 - x_1}$$

である．この公式を用いて

(1)　2 点 (－1, 3)，(5, －2) を通る直線

⑵　$x$ 軸上の切片が $-4$，点 $(-1,\ 2)$ を通る直線の方程式を求めよ．

**3**．ある人がA地点を出発してからの時間 $t$ 分と速度 $v$m/分との関係をグラフに表したら，右の図の実線のようになったという．

この人がA地点を出発してから，20分間に歩いた距離を求めよ．$x$ 分間に歩いた距離 $y$m の間の関係式を求めよ．また，そのグラフを描け．

［東京工大付属高］

**4**．4点 O(0, 0), A(2, 0)，B(2, 1), C(0,1)を頂点とする長方形 OABC がある．点P $(0,\ -1)$ を通る直線 $y=\dfrac{1}{a}x-1$ が，長方形の２辺 OA, BC と交わる点をそれぞれ Q，R とする．次の問に答えよ．

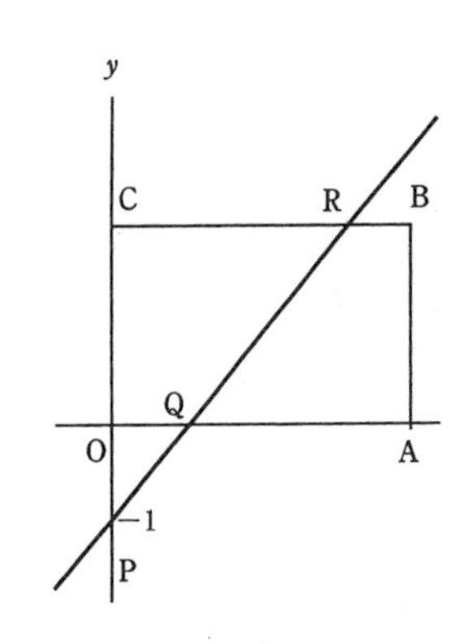


⑴　線分 QR が，長方形 OABC の面積を２等分するときの $a$ の値を求めよ．

⑵　三角形 QRA が，RA = RQ の二等辺三角形となるときの $a$ の値を求めよ．

［お茶の水女子大付属高］

**5**．右図のように，$a>0, b>0$ のとき，関数 $y=ax^2$ のグラフと直線 $y=bx+3$ との交点を A, B とし，直線と $y$ 軸との交点を P とする．また，原点を O とする．三角形 APO の面積が 9，三角形 PBO の面積が 3 であるとき，$a$，$b$ の値を求めよ．

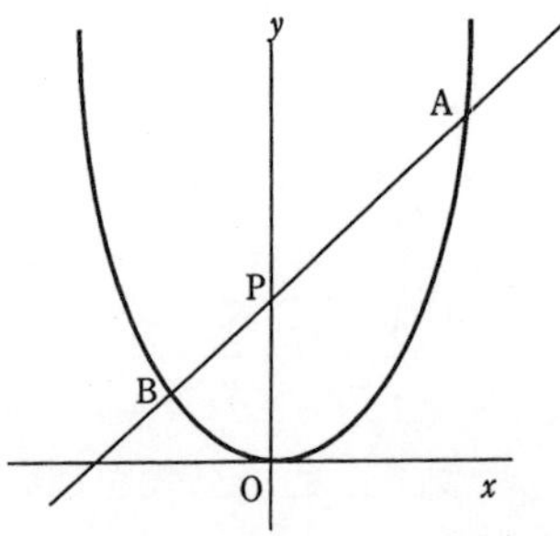


［大阪教育大付属平野高］

6．関数 $y=\frac{1}{4}x^2$ のグラフがある．右図のようにこのグラフ上に4点 A$(-4, 4)$, B$(-2, 1)$, C$(2, 1)$, D$(4, 4)$をとり，台形ABCDを作る．辺ADと $y$ 軸との交点をMとする．

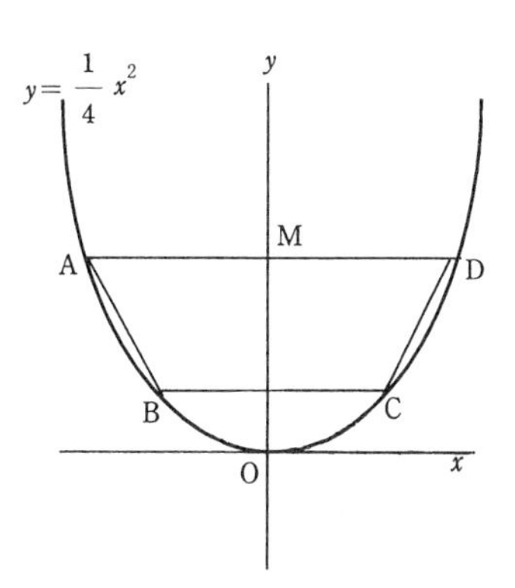


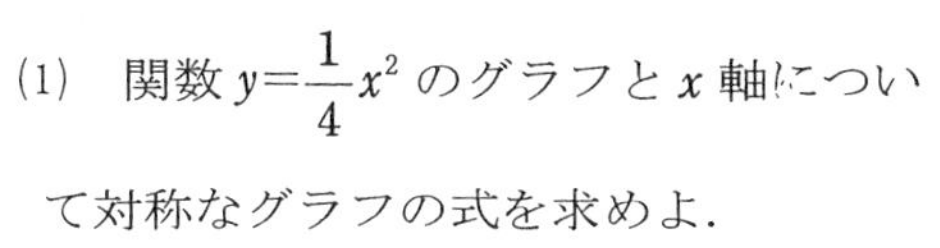

(1)　関数 $y=\frac{1}{4}x^2$ のグラフと $x$ 軸について対称なグラフの式を求めよ．

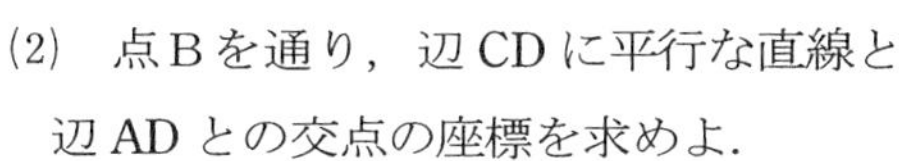

(2)　点Bを通り，辺CDに平行な直線と辺ADとの交点の座標を求めよ．

(3)　関数 $y=\frac{1}{4}x^2$ のグラフ上の点で，$x$ 座標が $y$ 座標の3倍となる点の正の $x$ 座標を求めよ．

(4)　関数 $y=\frac{1}{4}x^2$ のグラフ上に，$x$ 座標が正の点Pをとり，2点M, Pを通る直線を引くとき，$x$ 軸との交点をQとする．点Pが線分MQの中点であるとき，線分PQの長さはいくらか．

(5)　点Dを通り，台形ABCDの面積を3等分する二つの直線を引くとき，$y$ 軸上の切片が大きい方の直線の式を求めよ．　［福岡県］

7．壁に張ってある縦2cm，横5cmの長方形ABCDの紙テープを，右の図のように頂点Aから静かにはがしていく．

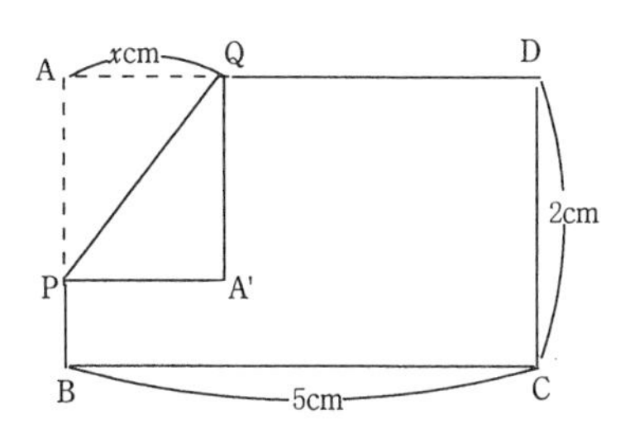


PQを折り目として頂点AがA'に移り，∠A'QDがつねに90°であるようにして，点Qが頂点Dに重なるまではがすものとする．AQの長さを

$x$cm，はがされた部分の面積を$y$cm$^2$とするとき，次の問に答えよ．

(1) $x$が１から３まで増加するとき，$y$はいくら増えるか，求めよ．

(2) 点Qが頂点Aから頂点Dに重なるまではがしていくとき，$x$と$y$の関係を表すグラフを描け．

ただし，$x = 0$ のとき $y = 0$ とする． ［福島県］

8．２つの放物線 $y = x^2$, $y = 2x^2$ と，原点を通り，傾きが正の整数である２直線が，右の図のようにA, B, C, Dで交わっている．AとC, BとDを結ぶとき，次の問に答えよ．

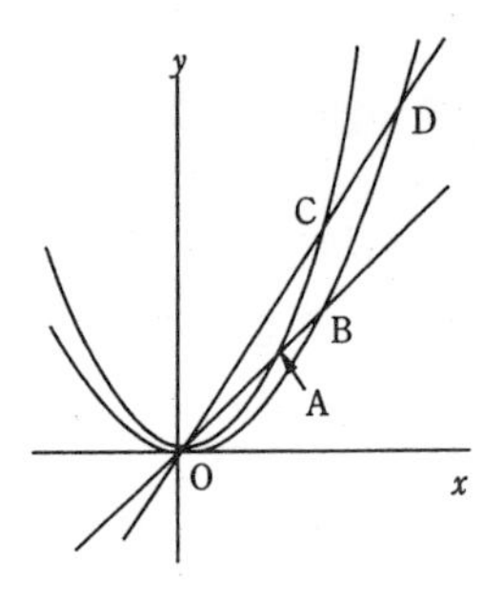


(1) AC∥BD であることを示せ．

［注： 線分が平行とは傾きが等しいこと］

(2) 四角形 ABCD の面積が $\dfrac{9}{4}$cm$^2$ となった．２直線 OB, OD の傾きを求めよ． ［灘高］

9．$y$は$x+1$の２乗に比例する数と$x$に比例する数との和で，$x = 1$ のとき$y = 14$となり，$x = -2$ のとき$y = -1$となる．$x$が$-5 \leqq x \leqq 2$の範囲の値をとるとき，$y$のとる最大値と最小値を求めよ． ［高知大］

10. $y$は$x$に反比例し，$x = -3/5$ のとき，$y = -20$ である．この関数のグラフ上にあって，$x$座標と$y$座標がともに整数である点は全部でいくらあるか．

11. 一定量の気体の体積 Vcm$^3$ は絶対温度T°に比例し，圧力P気圧に反比例する．ここで絶対温度＝摂氏の温度＋273° のことである．

(1) 圧力一定のとき、温度と体積の関係をグラフで示せ．

(2) 温度一定のとき、圧力と体積の関係をグラフで示せ．

(3) 圧力 2.5 気圧，絶対温度 280° であるとき，体積 5400cm$^3$ である気体がある．圧力６気圧，絶対温度 383° のときの体積を求めよ．

12. (1) $y = x^2 - 3x + 5$ を $y = (x-2)^2 + a(x-2) + b$ と変形したとき，

定数 $a, b$ の値を求めよ．$x$ の値が 2 に極めて近いとき，元の 二 次関数はどんな一次関数で近似されるか．

(2) $y = ax^2 + bx + c$ を $x - x_0$ の冪で展開し

$$y = a(x - x_0)^2 + \mathrm{B}(x - x_0) + \mathrm{C}$$

としたとき，B, C を $a, b, c, x_0$ の値を使って表せ．

(3) $x = x_0$ における $y = ax^2 + bx + c$ の値を $y_0$ とおく．

$\Delta x = x - x_0, \Delta y = y - y_0$ とおくと

$$\frac{\Delta y}{\Delta x} = 2ax_0 + b + a\Delta x$$

となることを示せ．そして $x = x_0$ で二次関数 $y = ax^2 + bx + c$ は一次関数

$$y - y_0 = (2ax_0 + b)(x - x_0)$$

で近似されることを示せ．

QVESITI ET INVEN-
TIONI DIVERSE
DE NICOLO TARTAGLIA.

DI NOVO RESTAMPATI CON VNA
GIONTA AL SESTO LIBRO, NELLA
quale ſi moſtra duoi modi di redur una Citta ineſpugnabile.

LA DIVISIONE ET CONTINENTIA DI TVTTA
l'opra nel ſeguente foglio ſi trouara notata.

CON PRIVILEGIO

APPRESSO DE L'AVTTORE
M D L I I I I.

LIBRO
Pezzo elleuato al ſeſto ponto, ouero alli
ſettantadue minuti.

S. DVCA. Che uolete inferir per queſto. N. Primamente uoglio inferir queſto, che tirando un pezzo alla elleuatione del primo ponto, tirara molto piu lontano di quello che fara ſtando aliuello, & tirandolo alla elleuatione del ſecondo ponto, tirara molto piu lontano di quello, che fara alla elleuatione del primo ponto, & coſi alla elleuatione del terzo ponto tirara piu lontano, che alla elleuatione del ſecondo, & coſi alla elleuation del quarto tirara anchora aſſai piu lontano di quello, che fara alla elleuatione del terzo, & ſimilmente alla elleuatione del quinto tirara alquanto piu, che alla elleuatione del quarto, & coſi alla ultima elleuatione, cioè al ſeſto ponto, con balla di piombo tirara alquanto piu, che alla elleuation del quinto, ma poco piu, perche la ragion ne dimoſtra, che queſti due tiri, cioè tirati al quinto, & ſeſto ponto ſono tanto uicini, ouer tanto poco differenti, che ogni poco d'auantaggio, che ſi trouaſſe nel quinto, ò per uigor di poluere, ouer per altro, al detto quinto, ſe tiraria tãto, quanto al ſeſto, et forſi piu. Et chi poteſſe elleuar tal pezzo, come ſe fanno li mortari, cioè al ſettimo ponto, ſenza dubbio al detto ſettimo ponto tirara alquanto manco, che al detto ſeſto, & coſi all'ottauo ponto tirara aſſai manco, che al detto ſettimo, & ſimilmente, al nono tirara molto manco, che all'ottauo, & coſi al decimo tirara molto manco, che al nono, et coſi

1554年, タルタニア『いろいろな問題と発明』の扉頁と大砲の射角の説明部分. タルタニアは3次方程式の解法を考察した人である.

# 第V部

# 幾何入門

初等幾何の難しさは加法と減法のほかは使ってはいけないという制約にある．幾何の勉強は，与えられた生活環境の中で，人間が巧智を出して生きていくことに通じる．

# 第13章　直 線 図 形

## §1. は じ め に

点や線や面が集まって, ある大きさの形をつくったものを**図形**という. 図形の性質を研究するのが**幾何学**である.

幾何学の歴史は古く, 紀元前数千年に溯る. 歴史学の父といわれるギリシャの**ヘロドトス**(Herodotos ; BC. 484 ? ～ 425 ?) は『**歴史**』という本の中で次のように述べている:

「祭司たちの語るところでは, 王セソストリス(第 19 王朝ラムセスII世?) はエジプト人 1 人 1 人に同面積の正方形の土地を与えて, 国土を全エジプト人に分配し, これにより毎年年貢を納める義務を課し, 国の財源を確保したという. 河の出水によって所有地の一部を失う者があった場合は, 当人が王のもとに出頭して, そのことを報告することになっていた. すると王は検証のために人を遣わして, 土地の減少分を測量させ, 爾後は始め査定された納税率で (残余の土地について) 年貢を納めさせるようにしたのである. 私の思うには, 幾何学はこのような動機で発明され, 後にギリシャへ招来されたものであろう. 現にギリシャ人は日時計・グノモーン, また 1 日の 12 分法をバビロン人から学んでいるのである. 」[第二巻, 109 節]

ラムセスII世は BC. 1301 ～ 1234 年？頃在位した王であるが, ピラミッド建設は BC. 2600 年頃の第三王朝時代から始まっているので, 幾何学の起源はその時代まで溯るだろう.

多くの数学書には, 「幾何学はナイルの賜物」とヘロドトスが述べた

ヘロドトス

ように書いてあるが，「… 今日ギリシャ人が通航しているエジプトの地域は，いわば（ナイル）河の賜物ともいうべきもので，エジプト人にとっては新しく獲得した土地なのである」[第二巻，5節]がヘロドトスの記述であって，幾何学と賜物とは直接かかわると，ヘロドトスは言っていない．

当時の先進国エジプトの幾何学を勉強し，それを一つの学問体系に作り上げたのはギリシャ人である．ターレス，ピュタゴラス，プラトン，メナイクモス，ユードクソス，アリストテレスなどの諸研究の集大成として，紀元前300年頃**ユークリッド**の『**幾何学原本**』が現れた．ユークリッドはエジプトを支配したプトレマイオス朝の首都アレクサンドリアの研究機関ムゼイオンにいたという以外，詳しいことは分からない人物である．ただ彼の本『幾何学原本』は二千数百年たった今でも学術的にも教育的にも価値がある．

## §2.『幾何学原本』の構成

幾何学で使用される用語を**術語**，術語の意味を述べたものを**定義**という．**定義**には次のものがある．

（定義）

1. **点**とは**部分**のないもの．
2. **線**とは**幅のない長さ**．
3. 線の**端**は点．
4. **直線**とはその上の点に対して**一様に横たわる線**．
5. **面**とは長さと幅のみをもつもの．
6. 面の端は線．
7. **平面**とはその上にある直線に対して一様に横たわる面．

8. **(平面)角**とは，一つの平面上にあって相交わり，かつ一直線にならないような二つの線の間の傾き．
9. **平行線**とは同一平面上にあって，いずれの方向にどれほど延ばしても決して交わらない二つの直線のこと．

これらの定義で，「部分」，「幅」，「長さ」など，下線を引いた用語の意味は説明されていない．これらの用語を定義しようとすると，例えば

**部分**とは全体を小分けにしたものの一つ

と定義すると，「全体」とは何かということになる．そこで

**全体**とは**個別**または**部分**の集まりから構成されるもの

と定義する．すると，ここでまた「個別」とは何か，「部分」とは何かということになって，限りなく用語の定義をしていくか，それとも術語が循環して用いられて，何がなんだか分からなくなってしまう．このような循環論法に陥らないように，あるところで用語の意味を打ち切ってしまうことにする．その際に定義しないで使われる用語を**無定義術語**という．先の「部分」「幅」「長さ」「一様に横たわる」「傾き」「方向」などは無定義術語である．

用語の定義の後，いくつかの基本的な事柄である**公理**が与えられる．

（公理１）図形はその形や大きさを変えないで，その位置だけを変えることができる．**(空間の公理)**

（公理２）２点を通る直線は唯一つある．**(直線の公理)**

（公理３）直線を中に挟む２つの側の２点を結び付ける直線は，元の直線と必ず交わる．**(交線の公理)**

（公理４）直線外の１点を通り，この直線に平行な直線は唯一つある．**(平行線の公理)**

これらの公理を図解すると以下のようになる．

（公理１）図形①はずらしても裏返しても，形や大きさは変わらない．

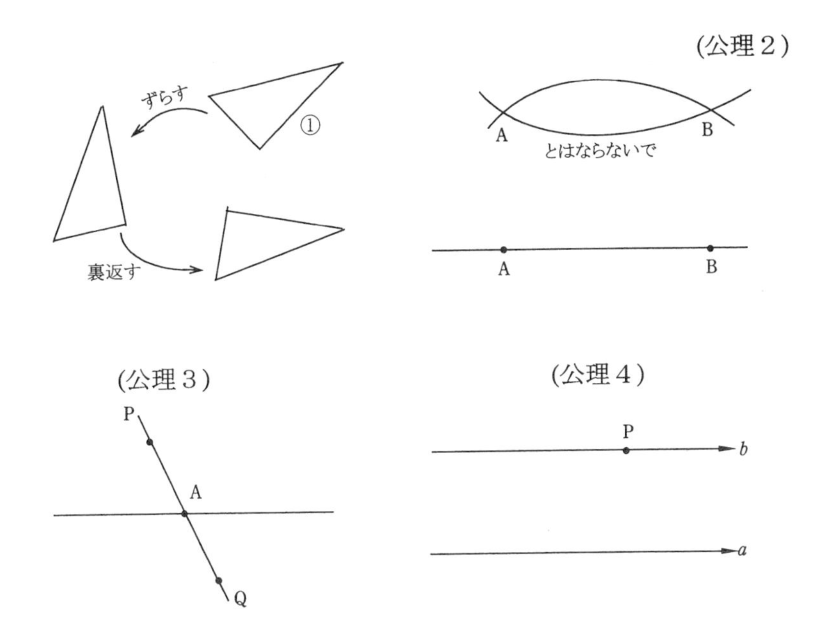


今後，点はA, B, …, P, Qなど大文字で，直線はABとか小文字$a, b$などと書く．直線PQと$a$の交点を$PQ \cap a$などと書く．点Pが直線$b$上にあることを$P \in b$と書く．最後に直線$a$と$b$が平行であることを$a \parallel b$と書く．公理以外に，数学で用いられる**共通概念**は使用する，例えば

> (1) 量$a = c, b = c$ならば，$a = b$である．
> (2) 量$a = b$ならば，$a \pm c = b \pm c$である．
> (3) 重なり合うことを記号≡で表すと，
> 　$a \equiv b$ならば$a = b$である．
> (4) 全体量は部分量よりも大きい．

定義，公理，共通概念から出発して，ある理屈によって別の事柄を導き出すことを**証明**という．証明されて成立する事柄を**定理**という．

**(例13.1.1)** 2本の異なる直線は1つより多くの点を共有することはない．

問題は仮定「2本の異なる直線がある」ならば結論「それらは一つより多くの点を共有することはない」ということである．

もしも相異なる2本の直線が2点を共有すれば，(公理2)から2点を通る直線は唯1本だから，2本の異なる直線は存在しないことになる．これは仮定に反する．したがって2本の直線は唯1点で交わるか，それとも交わらない(平行)か，いずれかである．

このような証明を**背理法**という．これは実際にあり得ない状況を想定すれば，仮定や公理や基本概念が成り立たないことを示す証明方法である．

2点A，Bを通る直線は両方向に限りなく伸びるが，Aから一方の方向にのみ伸びる場合を**半直線**，またAとBの間に限定されるものを**線分**という．

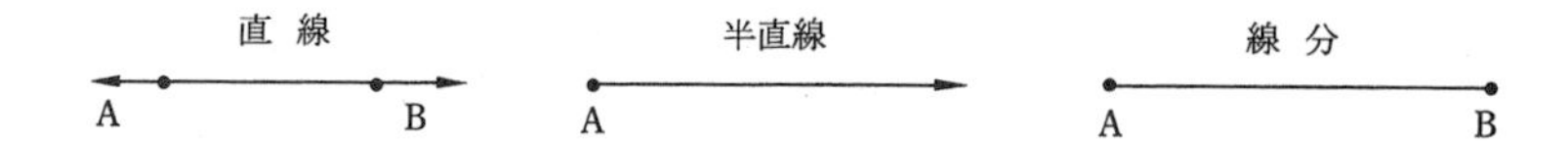


半直線OAとOBによって作られる図形を角といい，記号で∠AOBと表す．半直線OAとOBの開き具合を**角の大きさ**といい，これも角と同じ記号∠AOBで表す．半直線OA，OBを角の**辺**，点Oを角の**頂点**という．辺OAと辺OBが一直線になる場合，∠AOBを**平角**という．

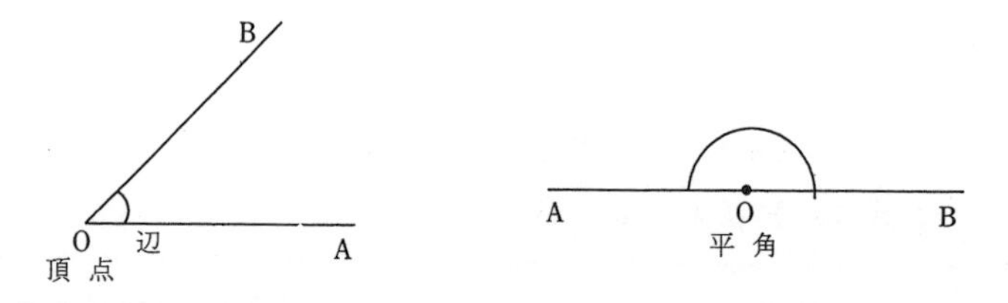


半直線OBに対して点A，Cが反対側にあるとき，∠AOBと∠BOCは**隣り合う角**という．この場合

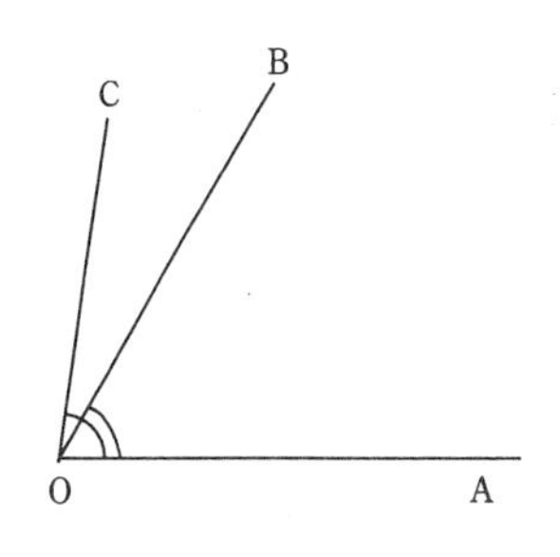


$$\angle \mathrm{AOC} = \angle \mathrm{AOB} + \angle \mathrm{BOC}$$
$$> \angle \mathrm{AOB}$$（共通概念(4)より）

となる．もしも

$$\angle \mathrm{AOB} = \angle \mathrm{BOC}$$

ならば，半直線 OB を∠ AOC の**二等分線**という．

**（例13. 1. 2）** 2 直線 AB，CD があり，AB ∩ CD ＝ O とおく．この場合にできる 4 つの角で，∠ AOC と∠ BOD，∠ BOC と∠ AOD を**対頂角**という．対頂角は相等しい．

**（証明）** ∠ AOB ＝平角，

∠ COD ＝平角

それで共通概念(1)により

$$\angle \mathrm{AOB} = \angle \mathrm{COD}$$

この両辺から∠ AOD を引くと

共通概念(2)によって

$$\angle \mathrm{AOB} - \angle \mathrm{AOD} = \angle \mathrm{COD} - \angle \mathrm{AOD}$$
$$\therefore \quad \angle \mathrm{AOC} = \angle \mathrm{BOD}$$

同様にして

$$\angle \mathrm{BOC} = \angle \mathrm{AOD}$$

であることも分かる．

ユークリッドの『幾何学原本』は，このように

**定義，公理，基本概念などから，加法と減法だけを使って，いろいろな図形の性質を導き出すこと**

に成功した史上最初の数学書で，『聖書』に次いで今もなお多くの人々に読まれている本である．

ここで大事なことは，加法と減法だけは使って良いが，乗法と除法は使ってはいけないということである．使ってはいけないというのは後知

恵で，ギリシャ時代には外延量と内包量の区別がなく，乗法と除法は発見されていなかったので使えなかった．そのことの不便さは感じていて，ギリシャ人たちは乗法と除法の代用品として**倍**と**比**というものを使った．それらは後で説明する．

## §3. 三 角 形

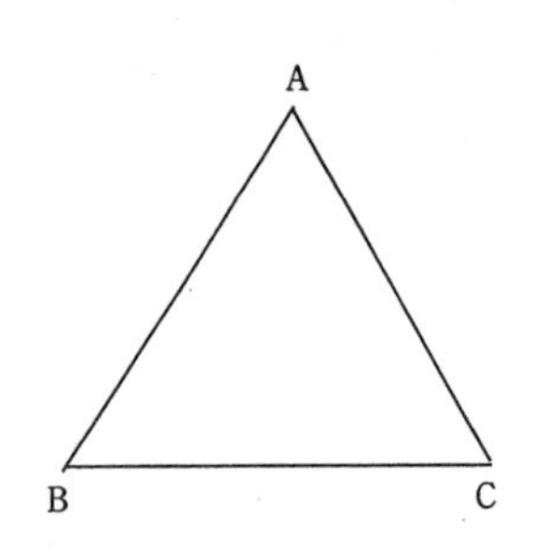


（定義） 3点 A, B, C が同一直線上にないとき3つの線分 AB, BC, CA からなる図形を**三角形**△ ABC で表す．A, B, C を△ ABC の**頂点**，線分 AB, BC, CA を△ ABC の**辺**，辺 BC, CA, AB をそれぞれ頂点 A, B, C の**対辺**とよぶ．さらに∠ BAC，∠ ABC，∠ BCA を△ ABC の**角**（または**内角**）といい，しばしば∠ A, ∠ B, ∠ C と略記する．∠ A, ∠ B, ∠ C をそれぞれ辺 BC, CA, AB の**対角**という．AB ＝ AC のとき，△ ABC を**二等辺三角形**という．

**（定理13. 3. 1）** 二等辺三角形では，両底角は相等しい．

AB ＝ AC ならば∠ B ＝∠ C

**（証明）** △ ABC を裏返したものを△ A' C' B' とする．（公理１）により裏返

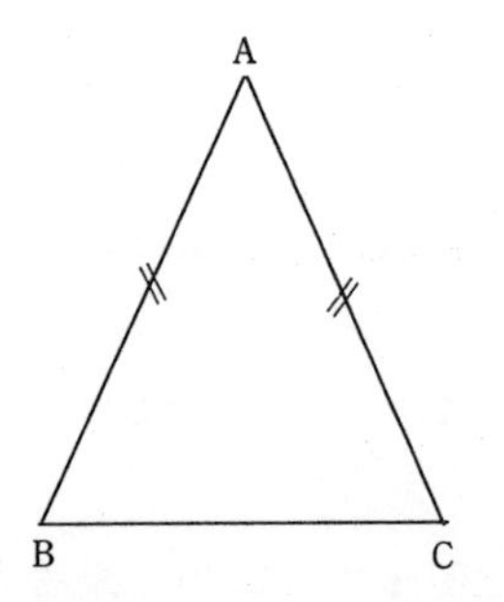


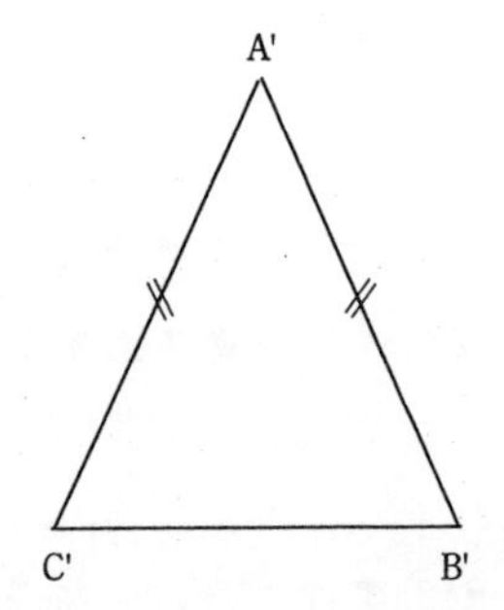


しても図形は形・大きさは変わらないということである．頂点 A, B, C

は裏返し三角形の頂点 A', C', B'になったとする．今度は△ A'C'B'を裏返すことなく，それを △ ABC の上に重ねたい．A'C'＝ AB だから，A' を A に，C' を B に重ねることができる．∠ C'A'B'＝∠ BAC だから，辺 A'B' が辺 AC の上に重なり，A'B' ＝ AC により B' は C に重なる．それで
∠ A'C'B'＝∠ ABC,
ところが∠ A' C' B'はもとの三角形の∠ ACB であるから
　∠ ACB ＝∠ ABC　　　(Q. E. D.)

証明が終わったとき，Q. E. D. という記号を書く．これは quod erat demonstrandum ＝ which is to be proved（証明し終えたこと）の略である．

（定義）二つの三角形 F と F' があって，一方を他方に移動して重ね合わせることができれば，お互いに**合同**であるといい，記号≡を使う．当然，
　F ≡ F' ならば F の面積＝ F' の面積
であることは自ずと明らかである．
**（定理13. 3. 2）**△ ABC, △ DEF において
　AB ＝ DE，AC ＝ DF，∠ A ＝∠ D
ならば
　△ ABC ≡△ DEF

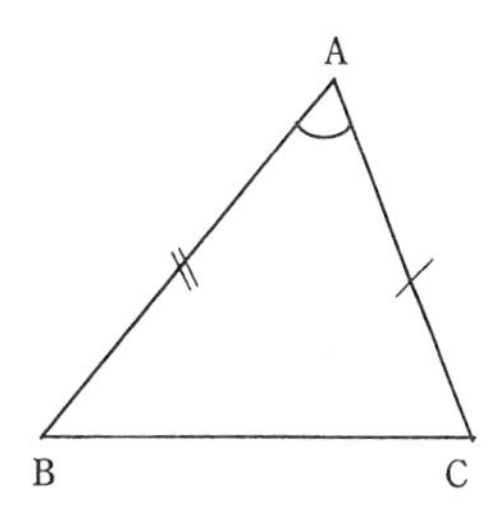


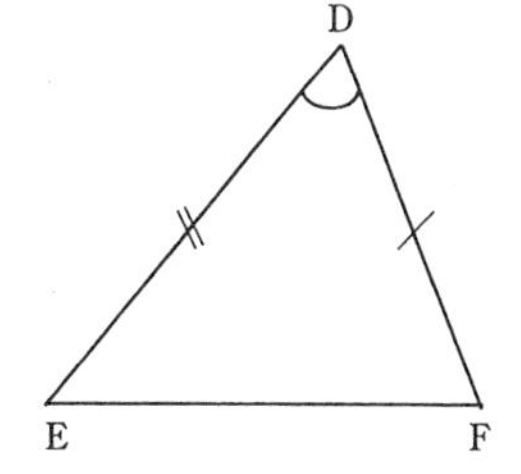


**（二辺夾角相等の合同）**
**（証明）**△ ABC を移動し，頂点 A を D に重ねる．

AB = DE だから，AB は DE とぴったり重なる．∠A =∠D だから AC は DF にぴったり重なる．次に AC = DF だから，AC はDFにぴったり重なる．B(E)と C(F)を結ぶ直線は唯1本だから，BC は EF とぴったり重なる．それで

△ABC ≡△DEF となる．　(Q. E. D.)

**(定理13. 3. 3)**　△ABC, △DEF において

AB = DE，BC = EF，AC = DF

ならば

△ABC ≡△DEF

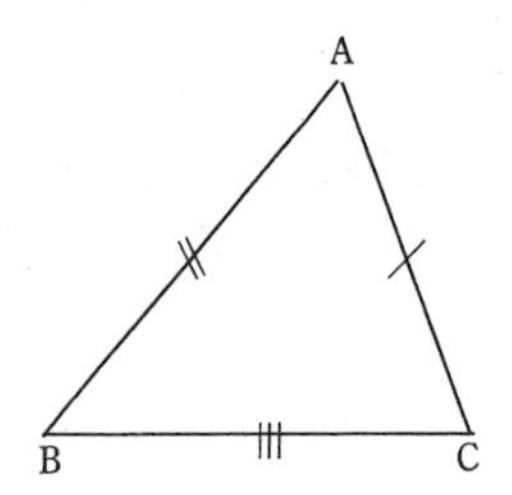


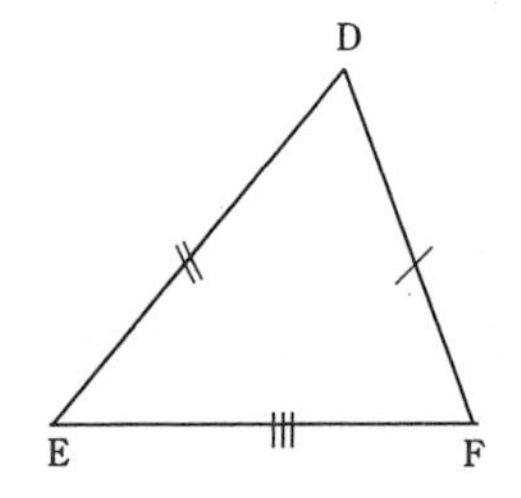


**(三辺相等の合同)**

**(証明)**　BC = EF だから辺 EF を BC に重ね合わせ，△ABC の反対側に△DEF をおく．点 D の置かれた点を D' とする．A と D' を結ぶ．

△ABD' において，AB = D'E だから

∠BAD'=∠BD'A　　(定理13. 3. 2から)

同様に△ACD'において，AC = D'C だから

∠CAD'=∠CD'A　　(定理13. 3. 2から)

基本概念(2)から

∠BAD'+∠CAD'=∠BD'A +∠CD'A

となり，それで

∠BAC =∠BD'C

がでてくる．それで二辺夾角の相等の合同で

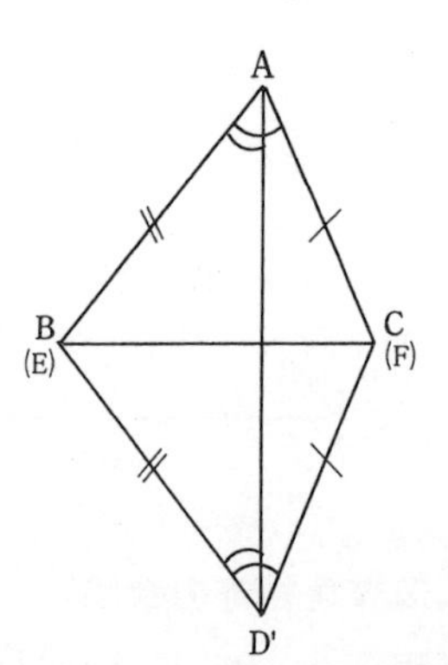

△ABC ≡△D'BC;

ところが

△D'BC ≡△DEF

それで共通概念(1)から

△ABC ≡△DEF　　(Q. E. D.)

ここで証明のために引いた線分 AD' を**補助線**という．

**(定理13. 3. 4)** △ABC，△DEF において

BC ＝ EF，∠B ＝∠E，∠C ＝∠F

ならば，△ABD ≡△DEF

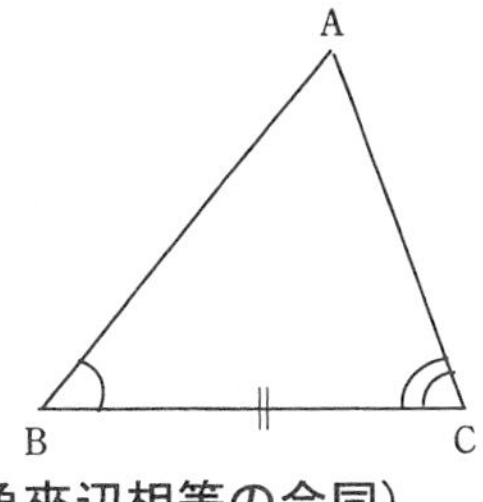


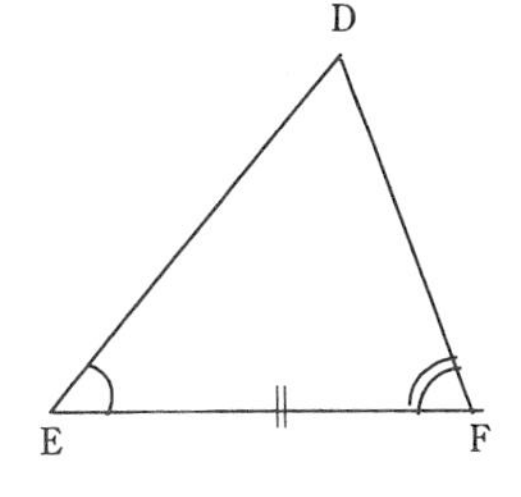


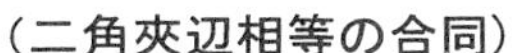
**(二角夾辺相等の合同)**

**(証明)** BC ＝ EF だから，△DEF を移動して辺 EF を BC と重ね合わせる．∠B ＝∠E だから辺 DE は辺 AB の上に重なる．点 D の重なる位置が A ではなく， A'であるとする．そのとき

∠C ＝∠F ＝∠A'CB

でなければならない．ところが図から

∠C ＞∠A'CB ＝∠F

となる．これは矛盾する．それで A' は A と重なる．つまり DF は AC と重なる．それで△ABC は△DEF と重なる．それで△ABC ≡△DEF となる．(Q. E. D.)

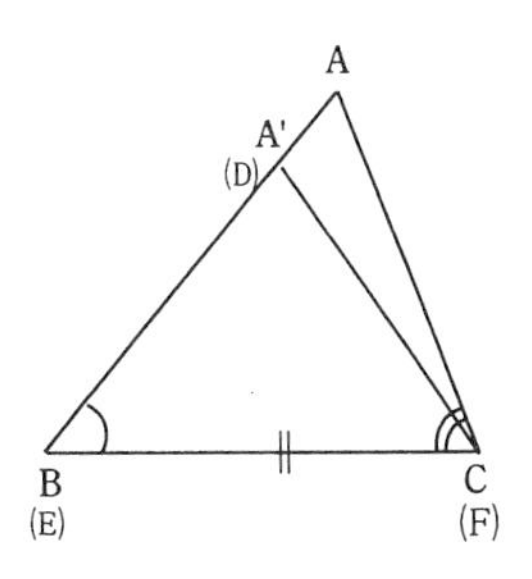


△ABC ≡△DEF であるためには，対応する辺の間で

$$\mathrm{AB} = \mathrm{DE},\ \mathrm{BC} = \mathrm{EF},\ \mathrm{AC} = \mathrm{DF}$$

および対応する角の間で

$$\angle \mathrm{A} = \angle \mathrm{D},\ \angle \mathrm{B} = \angle \mathrm{E},\ \angle \mathrm{C} = \angle \mathrm{F}$$

と六つの条件があればよい．しかし，これは極めて厳しい条件であるので，そのうちのいくつかがなくても合同といえるように，条件が緩められたのが，先の三つの定理，二辺夾角相等，三辺相等，二角夾辺相等の合同定理である．

（定義）　**円**とはその図形の内部にある一定点から曲線に至る距離がすべて等しいような曲線によって囲まれた平面図形である．

直線（線分）を引くには**定規**を，円を描くには**コンパス**を用いればよい．以後，幾何入門では，図を描く（**作図**という）道具として定規とコンパスのみを用いることにする．

（問13.3.1）∠AOB の 2 等分線の引き方を ①, ②, ③, ④ の順に文章に直して説明せよ．ここで曲線は円を表す．

また，このような作図の仕方が正しいことを証明せよ．

（問13.3.2）平角を 2 等分する作図法を説明せよ．

平角を 2 等分した角を**直角**といい，記号で∠R と表す．2 本の直線 $a, b$ が直角に交わるとき，直線 $a$ は他の直線 $b$ に**垂直に交わる**といい，直線 $a$ を直線 $b$ の**垂線**といい，記号で $a \perp b$ と書く．

（問13.3.3）

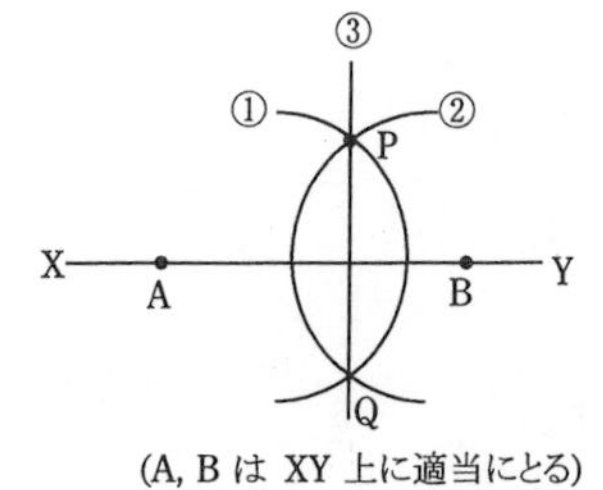

(A, B は XY 上に適当にとる)

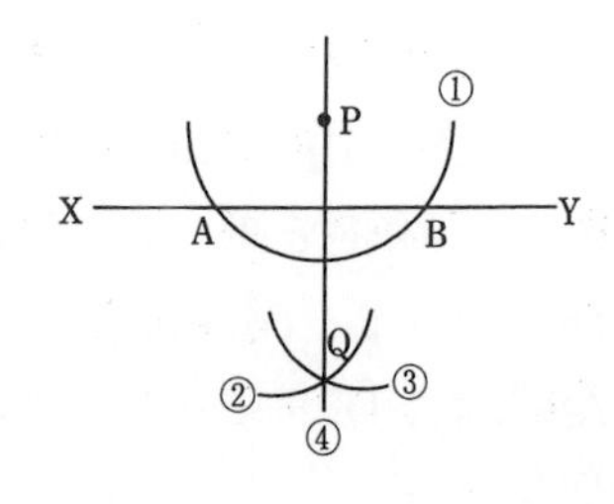

先の二つの図は，直線 XY 外の点 P から，直線 XY へ垂線を引く方法を①から④の順に示している．ただし A，B は XY 上に適当にとるものとする．

この作図が正しいことを示せ．

前頁の右の図は線分 AB の垂直二等分線の引き方を示している．

**(定理13. 3. 5)** △ ABC において，∠ B ＝∠ C ならば AB ＝ AC である．

**(証明)** BC の垂直二等分線を引き，BC，AB との交点をそれぞれ M，A' とする．

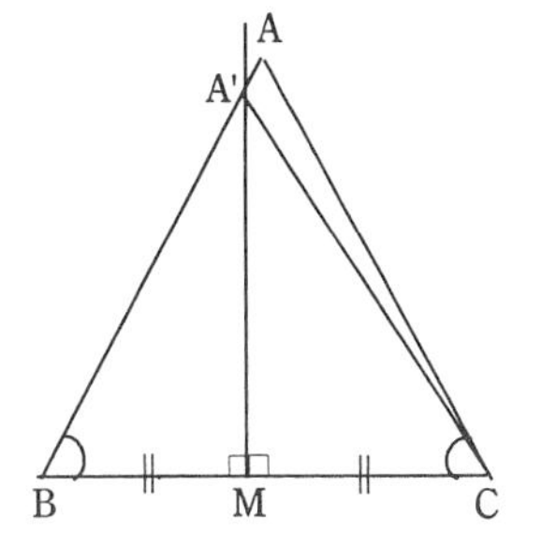


BM ＝ CM，

∠ A'MB ＝∠ A'MC，

A'M は共通

だから△ A'MB ≡△ A'MC（二辺夾角相等），

∴　A'B ＝ A'C

∠ B ＝∠ A'CB

ところが右図から

∠ ACB ＞∠ A'CB

それで

∠ ACB ＞∠ B

となり，仮定∠ B ＝∠ C に矛盾する．それで A' は A に一致する．結局，AB ＝ AC．（Q. E. D.）

(定義) △ ABC の辺 AB を A から B'へ延長したとき，内角∠ C に対し∠ B'AC を**外角**，∠ C をその外角の**内対角**という．

**(定理13. 3. 6)** △ ABC において，外角∠ B'AC ＞内角∠ ACB である．

**(証明)** △ ABC の辺 AC 上に AM ＝ MC となる点 M をとる．B と M を結び，その延長上に BM ＝ MD となる点 D をとる．A と D を結ぶと

AM ＝ MC，

MD ＝ BM，

∠ AMD ＝∠ BMC（対頂角）

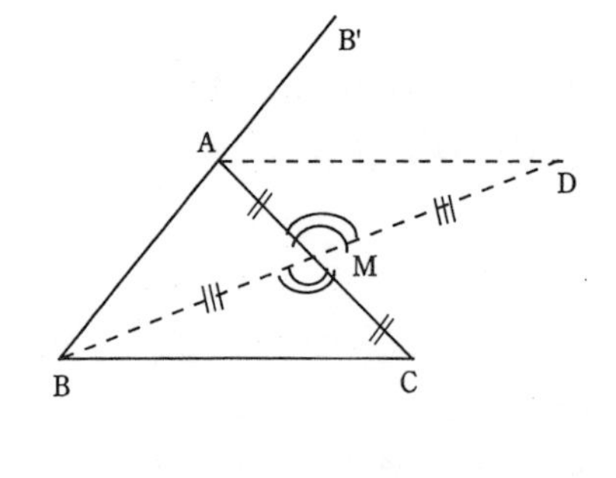


よって

△AMD ≡ △BMC

それで

∠DAM = ∠MCB

ところが

∠B'AM > ∠DAM

それで

∠B'AM > ∠ACB　　(Q. E. D.)

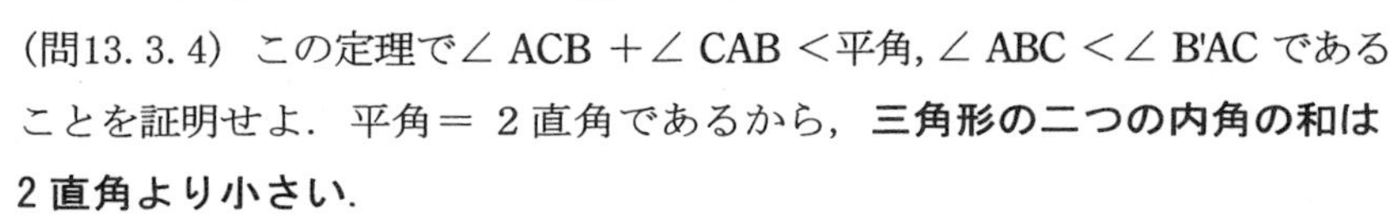
(問13. 3. 4) この定理で∠ACB + ∠CAB < 平角, ∠ABC < ∠B'AC であることを証明せよ. 平角 = 2直角であるから, **三角形の二つの内角の和は2直角より小さい**.

**(定理13. 3. 7)** △ABC において, AC < AB ならば∠B < ∠C.

**(証明)** AB 上に AC = AD となる点 D をとる. この作図により

∠ADC = ∠ACD < ∠ACB,

一方, 内対角 < 外角より

∠ABC < ∠ADC,

それで

∠ABC < ∠ACB　　(Q. E. D.)

**(定理13. 3. 8)** △ABC において、∠B < ∠C ならば AC < AB.

**(証明)**　AC < AB ならば∠B < ∠C, (定理13. 3. 7から)

　　AC = AB ならば∠B = ∠C,　(定理13. 3. 1から)

　　AC > AB ならば∠B > ∠C　(定理13. 3. 7から)

となる. さて∠B < ∠C のとき AC < AB にならない, つまり AC ≧ AB となるなら

AC = AB のとき∠B = ∠C

AC > AB のとき∠B > ∠C

となって, いずれも仮定が成り立たないので不都合である. それで AC

$< \mathrm{AB}$ と考えねばならない．(Q. E. D.)

このように，仮定と結論ですべての場合を言い尽くしている場合，結論の一つを否定すると，他の場合が不都合になることを述べて，結論を否定できないとする証明法を**転換法**という．

(問13. 3. 5)　二等辺三角形の頂角が底角の２倍より大きいか小さいかにより，底辺は高さ（頂点から下ろした垂線の長さ）の２倍より大きいか小さいことを証明せよ．

**(定理13. 3. 9)**　$\triangle \mathrm{ABC}$ において，$\mathrm{AB} + \mathrm{AC} > \mathrm{BC}$．（**三角形では２辺の和は他の１辺より大きい．**）

(証明)　BA を延長し，その上に $\mathrm{AC} = \mathrm{AD}$ となる点Dをとる．すると $\triangle \mathrm{ACD}$ は二等辺三角形だから，$\angle \mathrm{ADC} = \angle \mathrm{ACD}$

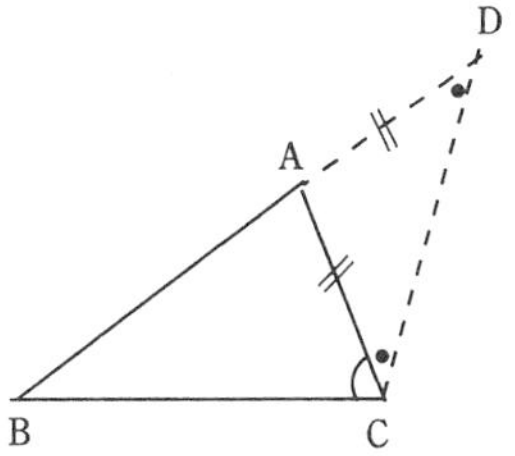

$$\angle \mathrm{ACD} + \angle \mathrm{ACB} = \angle \mathrm{DCB}$$

$$\therefore \quad \angle \mathrm{ADC} < \angle \mathrm{DCB}$$

それで

$$\mathrm{BC} < \mathrm{BD} = \mathrm{AB} + \mathrm{AD}$$
$$= \mathrm{AB} + \mathrm{AC} \qquad \text{(Q. E. D.)}$$

(問13. 3. 6)　$\triangle \mathrm{ABC}$ の内部に任意の点Pをとると

$$\mathrm{PB} + \mathrm{PC} < \mathrm{AB} + \mathrm{AC}$$

であることを証明せよ．

(問13. 3. 7)　$\triangle \mathrm{ABC}$ において，$\mathrm{AB} \sim \mathrm{AC} < \mathrm{BC}$ であることを証明せよ．ここで記号～は大きい方から小さい方を引くことを意味する．

(問13. 3. 8)　直線 AB の上にない点Pから AB へ下ろした垂線の足を H, AB 上の H 以外の点を Q とすると，$\mathrm{PH} < \mathrm{PQ}$ であることを証明せよ．ここで足とは垂線と元の直線との交点をいう．

## §4. 平 行 線

一つの直線 $c$ が二つの直線 $a, b$ と交わってできる角は，次図のように

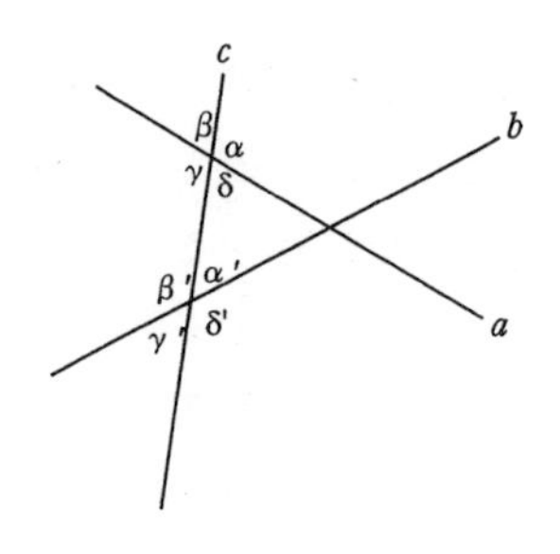


八つある．これらを $\alpha, \beta, \gamma, \delta, \alpha', \beta', \gamma', \delta'$ で表す．これらは角の表示とともに角の大きさをも表すものとする．

（定義）$\alpha$ と $\alpha'$, $\beta$ と $\beta'$, $\gamma$ と $\gamma'$, $\delta$ と $\delta'$を**同位角**；$\gamma$ と $\beta'$, $\delta$ と $\alpha'$を**同傍内角**；$\gamma$ と $\alpha'$, $\delta$ と $\beta'$ を**錯角**という．

**（定理13. 4. 1）** 2 直線 $a, b$ が他の直線 $c$ と交わるとき，1 組の同傍内角の和が2直角（平角）ならば，$a \parallel b$ である．

**（証明）** $a \parallel b$ でないとすると，$a$ と $b$ は交わり，三角形ができる．それで右図の 1 組の同傍内角 $\delta$ と $\alpha'$ に対し

$$\delta + \alpha' < 2\text{直角}$$

であることは（問13. 3. 4）から分かる．このことは仮定「$\delta + \alpha' = 2$ 直角」に反する．このような矛盾は $a \parallel b$ でないと仮定したことから起こった．よって，$a \parallel b$．　(Q. E. D.)

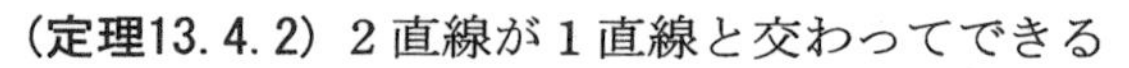

**（定理13. 4. 2）** 2 直線が 1 直線と交わってできる

(1) 1 組の錯角が等しいとき，

または

(2) 1 組の同位角が等しいとき

はじめの 2 直線は平行である．

**（証明）** (1)（定理13. 4. 1）の図において

$$\gamma = \alpha',$$

$$\delta + \gamma = 2\text{直角}$$

上式を下式に代入すると

$$\delta + \alpha' = 2\text{直角}$$

となり，$a \parallel b$ である．(Q. E. D.) (2)も同様にして証明できる．

**（定理13. 4. 3）** 1 直線が平行 2 直線と交わるとき

(1)　錯角は等しい.

(2)　同傍内角の和は2直角に等しい.

(3)　同位角は等しい.

**(証明)**　(1) 2本の平行線をX'X, Y'Yとし, 他の直線 $a$ との交点をそれぞれA, Bとする. 右の図で∠X'AB ≠ ∠ABYならば, ∠X'AB＝∠ABZとなるBZが存在する. この直線BZはY'Yとは異なる. 仮定によりX'Xに平行で点Bを通る直線がY'YとBZと2本存在することになる. このことは(公理4)に矛盾する. 矛盾が生じたのは∠X'AB ≠ ∠ABYと仮定したからである. それで

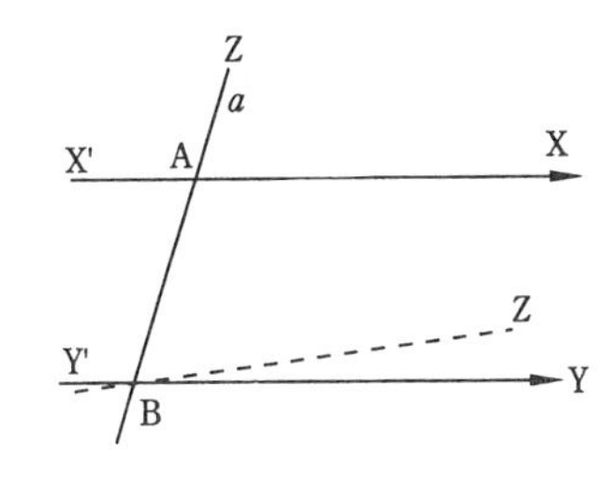


$\angle$X'AB＝$\angle$ABY　　　(Q. E. D.)

(問13. 4. 1) (定理13. 4. 3)の(2), (3)を証明せよ.

**(定理13. 4. 4)**　三つの直線 $a$, $b$, $c$ があり,

$$a \parallel b, b \parallel c \text{ならば} a \parallel c$$

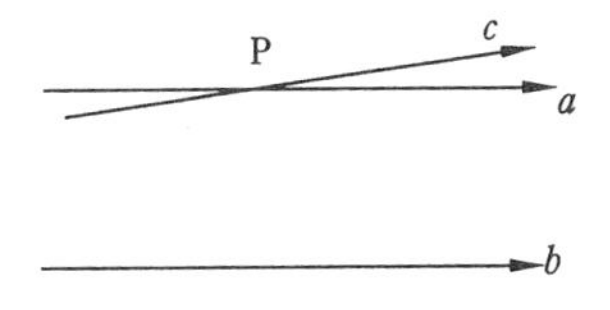


**(証明)** $a \nparallel c$ と仮定すると, $a$ と $c$ は交わる. $a \cap c = \mathrm{P}$ とする. $b$ 外の点Pを通って平行な直線が $a$, $c$ 2本存在する. これは(公理4)に矛盾する. 矛盾が起こったのは, $a \nparallel c$ と仮定したからである. それで $a \parallel c$.　　　(Q. E. D.)

(問13. 4. 2)　平行線の一方に交わる直線は必ず他方にも交わることを証明せよ.

**(定理13. 4. 5)** 任意の三角形の内角の和は2直角に等しい.

**(証明)** △ABCの辺BCを延長し, これをCDとする.

Cにおいて辺ABに平行な直線CEを引く. すると

∠A＝∠ACE　　(錯角)

∠B＝∠ECD　　(同位角)

辺々相加えて

$$\angle A + \angle B = \angle ACE + \angle ECD$$
$$= \angle ACD,$$

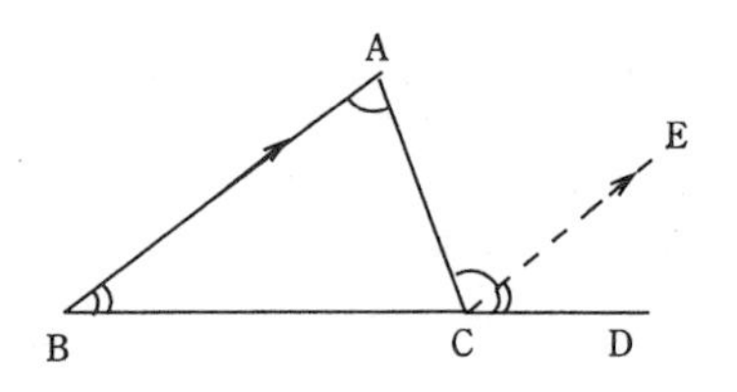


この両辺に∠Cを加えると

$$\angle A + \angle B + \angle C$$
$$= \angle C + \angle ACD$$
$$= \angle BCD = \text{平角} = 2\,\text{直角} \qquad \text{(Q. E. D.)}$$

(問13.4.3) 三角形の外角は，これに隣りあわない二つの内角(これを**内対角**という)の和に等しいことを証明せよ.

(問13.4.4) 一つの内角が直角の三角形を **直角三角形**という．直角三角形においては，直角でない二つの角の和は直角であることを証明せよ.

(問13.4.5) 直角三角形 ABC の直角の頂点 A から，半直線 AD を∠BAD＝∠B であるように引き，斜辺 BC との交点を D とするときは

(1) △ABD，△ACD はともに二等辺三角形である.

(2) BD ＝ CD ＝ AD である.

これらの事実を証明せよ.

(定義) 3本以上の線分で平面の一部分が囲まれている図形を**多角形**という．線分の数が $n$ 本であれば $n$ **角形**という．これらの線分を**辺**，隣りあう辺の交点を**頂点**という．隣り合わない頂点を結ぶ線分を**対角線**という．多角形のどの辺を延長しても，この多角形の他の辺と交わらないものを**凸多角形**という.

(問13.4.6) 直線 AB 上に任意の点 O をとる．∠AOB ＝平角であるが，この平角は直線に対し，一方の側と他方の側と2通りの角が考えられる．それで点 O の回りを一周する角は平角＋平角＝2平角と決める．2平角＝4直角(直角を4つ分足す)であることを示せ.

**(定理13.4.6)** 凸 $n$ 多角形の内角の和は $(2n-4)$ 直角である.

**(証明)** 凸 $n$ 角形の内部に任意の点 O をとる．O と各頂点を結ぶと，凸 $n$ 角形は $n$ 個の三角形に分割される．これら $n$ 個の三角形の内角の和は

(2 直角 × $n$)である．O の回りの一周する角の和は 4 直角であるから，求める内角の和は

$2n$ 直角 − 4 直角 ＝ $(2n-4)$ 直角

である．　(Q. E. D.)

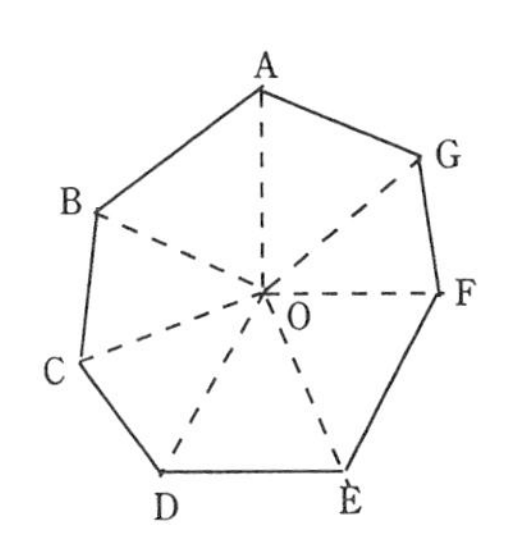


(問13. 4. 7)　凸 $n$ 角形の外角の和は，$n$ に関係なく，4 直角であることを証明せよ．

## §5. 平行四辺形

(定義)　2 組の平行線に囲まれた図形(4 辺形)を**平行四辺形**という．

**(定理13. 5. 1)**　平行四辺形 ABCD においては

(1)　相対する辺は等しい．つまり AB ＝ CD，AD ＝ BC．

(2)　相対する角は等しい．つまり $\angle$ A ＝ $\angle$ C，$\angle$ B ＝ $\angle$ D．

(3)　対角線は互いに他を二等分する．AC ∩ BD ＝ O とおくと

AO ＝ OC，BO ＝ OD．

**(証明)**　(1)　A と C を結ぶ．AD ∥ BC だから，$\angle$ DAC ＝ $\angle$ ACB(錯角)．AB ∥ DC だから，$\angle$ ACD ＝ $\angle$ CAB(錯角)．AC は共通であるから △ ABC ≡ △ ACD(二 角夾辺の合同)．それで AB ＝ CD，AD ＝ BC．

(2)　(1)の結果から，$\angle$ B ＝ $\angle$ D；

AB ∥ CD より，$\angle$ A ＋ $\angle$ D ＝ 2 直角
(同傍内角の和)

AD ∥ BC より，$\angle$ C ＋ $\angle$ D ＝ 2 直角
(同傍内角の和)

辺々相減じると，$\angle$ A ＝ $\angle$ C．

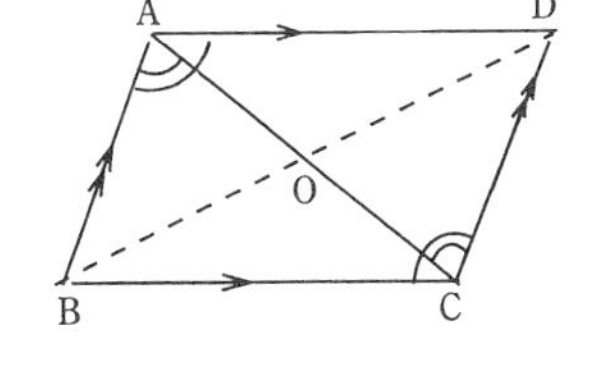


(3)　△ OAB ≡ △ OCD　(二角夾辺の合同)であるから

AO ＝ OC，BO ＝ OD　(Q. E. D.)

**(定理13. 5. 2)**　同じ底辺の上にあって，同じ平行線の間にある平行四辺

形の面積は互いに相等しい.

**(証明)** 底 BC を共有し, 平行線 $a$, $b$ の間にある平行四辺形 ABCD と平行四辺形 EBCF を考える. (定理13. 5. 1)から

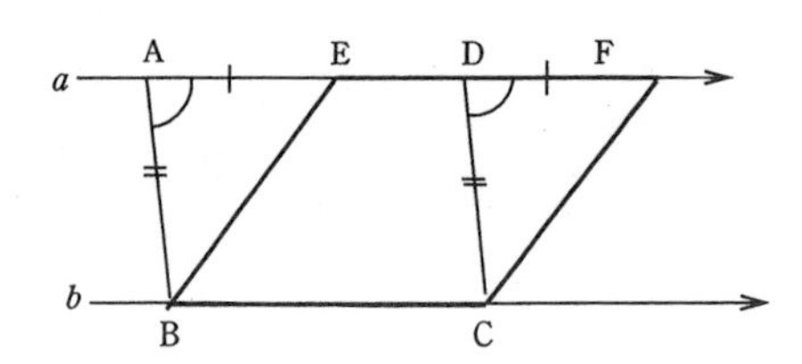


AB = DC, ①

AD = BC = EF ②

②式から ED を引くと

AD − ED = EF − ED,

∴ AE = DF ③

∠ EAB = ∠ FDC (同位角) ④

①, ③, ④より △ ABE ≡ △ DCF (二辺夾角の合同)

それで △ ABE = △ DCF

△ ABE + 図形 EBCD = △ DCF + 図形 EBCD.

よって

平行四辺形 ABCD = 平行四辺形 EBCF. (Q. E. D.)

この定理は**同底等高な平行四辺形の面積は等しい**ことを述べている.

**(定理13. 5. 3)** 等しい底辺をもち, 同じ平行線の中にある平行四辺形の面積は互いに相等しい.

**(証明)** 次の図において $a \parallel b$ とする. 二つの平行四辺形は BC = FG で, 平行線 $a$, $b$ の中にある. B とE, C とHを結ぶ.

▱ABCD = ▱BEHC (同底等高)

▱BEHC = ▱EFGH (同底等高)

∴ ▱ABCD = ▱EFGH (Q. E. D.)

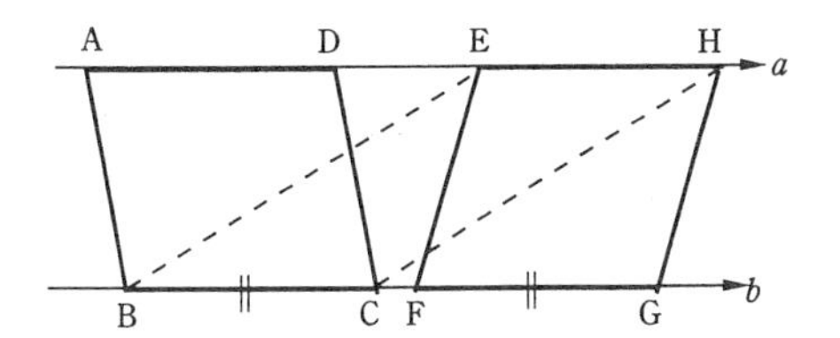


この定理は**等底等高な平行四辺形の面積は等しい**ことを述べている.

**(定理13.5.4)** 同じ底辺の上にたち, 同じ平行線の中にある三角形の面積は互いに相等しい.

**(証明)** 底辺に平行な直線を $a$ とする. Bを通り AC に平行な直線と直線 $a$ との交点を E, B を通り AD と平行な直線と直線 $a$ との交点を F とすると, 四辺形 ABEC と四辺形 ABFD は平行四辺形である. (定理13.5.2)から

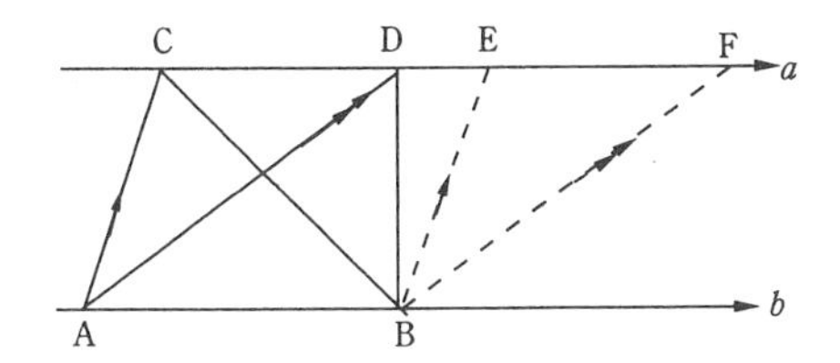


▱ABEC ＝▱ABFD　　①

ところが

△ ABC ≡△ CEB (二角夾辺)だから△ ABC ＝△ CEB

それで

▱ABEC ＝2△ ABC　　②

同様にして

△ ABD ≡△ DFB(二角夾辺)だから △ ABD ＝△ DFB

よって

▱ABFD ＝2△ ABD　　③

②, ③を①に代入すると

2△ ABC ＝2△ ABD

$\therefore\ \triangle ABC = \triangle ABD$　(Q. E. D.)

これは**同底等高な二つの三角形の面積は等しい**ことを述べている.

**(定理13. 5. 5)** 等しい底辺の上に立ち，かつ同じ平行線の中にある三角形の面積は互いに相等しい.

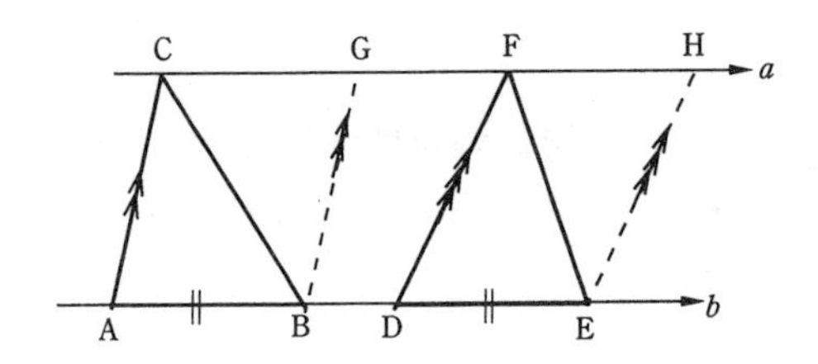


**(証明)** 底辺に平行な直線を $a$ とする. Bを通り AC に平行な直線と $a$ の交点を G, E を通り DF に平行な直線と $a$ の交点を H とする. (定理13. 5. 3)から

▱ABGC ＝ ▱DEHF　①

ところが

$\triangle ABC = \triangle BGC$　②

$\triangle DEF = \triangle EHF$　③

②, ③を①に代入すると

$2\triangle ABC = 2\triangle DEF$

$\therefore\ \triangle ABC = \triangle DEF$　(Q. E. D.)

これは**等底等高な二つの三角形の面積は等しい**ことを述べている.

**(定理13. 5. 6)** 同じ底辺の上にあって，底辺の同じ側にある相等しい三角形は，また同じ平行線の中にある.

**(証明)** $\triangle ABC = \triangle DBC$ として，$AD \parallel BC$ であることを証明すればよい.

$AD \nparallel BC$ であると仮定する. するとAを通り BC に平行な直線が BD と交わる点Eがある. それで(定理13. 5. 4)より

$\triangle ABC = \triangle EBC$　①

一方，仮定から

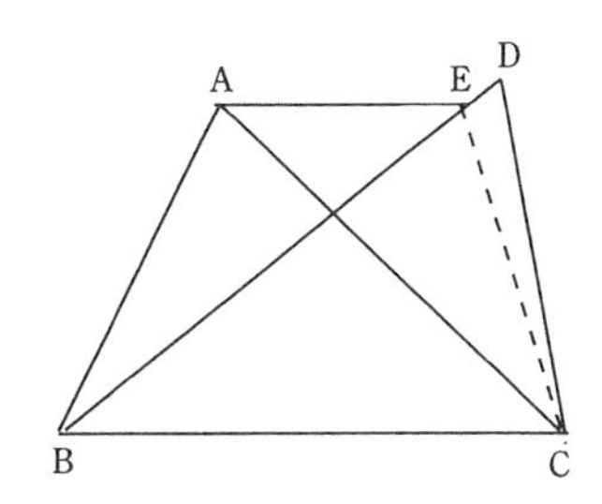


$\triangle ABC = \triangle DBC$　　　②

①②から

$\triangle EBC = \triangle DBC$　　　③

ところが△ EBC は△ DBC の部分である．③によれば部分が全体に等しくなっている．このことは全体量は部分量より大きいという共通概念(4)と矛盾する．矛盾が生じたのは AD ∦ BC と仮定したからである．それで AD ∥ BC である．（Q. E. D.）

これは**同底等積な二つの三角形は等高であること**を示している．

（問13. 5. 1）相等しい底辺の上に立ち，それと同じ側にある面積が相等しい三角形は同じ平行線の中にあることを証明せよ．（この問題は**等底等積な二つの三角形は等高であること**を示している．）

（問13. 5. 2）凸四辺形は次の各々の場合には平行四辺形であることを証明せよ．

(1)　2組の相対する辺がそれぞれ等しいとき．

(2)　2組の相対する角がそれぞれ等しいとき．

(3)　1組の対辺が平行で，かつ等しいとき．

(4)　対角線が互いに他を2等分するとき．

**（定理13. 5. 7）中点連結定理**　△ ABC において，2辺 AB，AC の中点をそれぞれ D，E とすると，BC ∥ DE，BC ＝ 2 DE である．

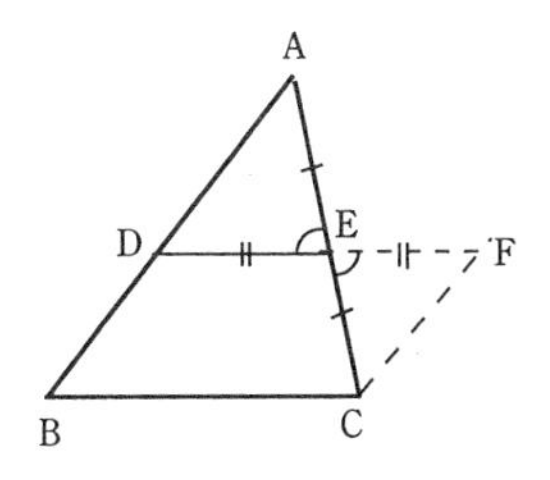


**（証明）** DE の延長上に EF ＝ DE となる点 F をとる．すると

$AE = EC, DE = EF, \angle AED = \angle CEF$

だから，

$\triangle ADE \equiv \triangle CEF$　（二辺夾角）

$\therefore\ CF = AD\ (= BD)$　　　①

かつ

$\angle$ ADE $= \angle$ EFC

それで AB $\parallel$ CF ②

①, ②から四辺形 BDFC は平行四辺形である.

$\therefore$ BC $\parallel$ 2DE. かつ BC $=$ 2DE (Q. E. D.)

(問13. 5. 3) △ ABC の辺 AB の中点を通り辺 BC に平行な直線は，辺 AC の中点を通ることを証明せよ.

(問13. 5. 4) 任意の四辺形 ABCD の辺 AB, BC, CD, DA の中点をそれぞれ P, Q, R, S とすると，四辺形 PQRS は平行四辺形であることを証明せよ.

(問13. 5. 5) △ ABC の中線 AD の中点Mと頂点Bを結ぶ直線が，辺 AC と交わる点をNとすれば，3AN $=$ AC であることを証明せよ.

(問13. 5. 6) 四つの角が等しい四辺形を長方形という．対角線が等しい平行四辺形は長方形であることを証明せよ.

(問13. 5. 7) 四つの辺が等しい四辺形を菱形という．菱形の対角線は互いに他を垂直に2等分することを証明せよ.

(問13. 5. 8) 1組の対辺が平行な凸四辺形を台形という．平行な辺をいずれも底という．AD $\parallel$ BC である台形 ABCD で，$\angle$ ABC $= \angle$ DCB ならば，AB $=$ DC であることを証明せよ．(この台形を**等脚台形**という.)

(問13. 5. 9) AD $\parallel$ BC である台形 ABCD において，AB と DC の中点をそれぞれ M，N とする．MN $\parallel$ AD ($\parallel$ BC)，かつ 2MN $=$ AD $+$ BC であることを証明せよ.

## §6. ピュタゴラスの定理

2点 A，B を通る直線を A $\cup$ B で表す．また線分 AB と CD が垂直であることを AB $\perp$ CD で表す．四つの辺が等しく，四つの角が等しい四角形を正方形という.

**(定理13. 6. 1)** 1 辺の長さ AB が与えられたとき，AB の上に立つ正方形を作図せよ.

**(作図)** A を中心として半径 AB の円を描き，直線 A $\cup$ B との交点を B,

B' とする．B，B' を中心とし，AB より長い同じ半径をもつ円を描き，その交点をPとする．PA ⊥ AB である．PA 上に AD = AB となる点Dをとる．BとDを中心，半径 AB の円を描き，これらの円の交点をCとすると，ABCD が求める正方形である．

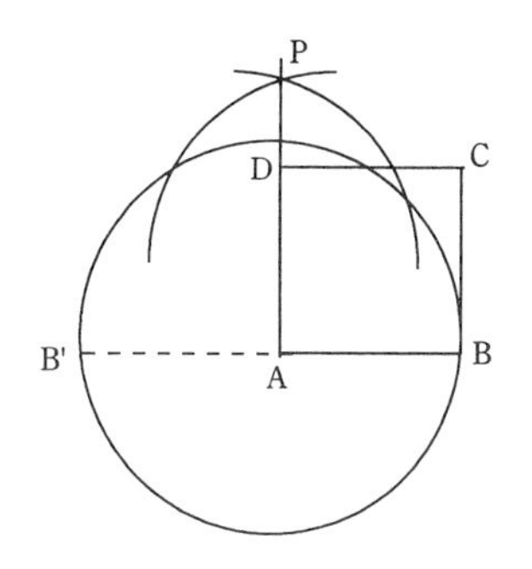


（問13.6.1）（定理13.6.1）で描いた図形が正方形であることを証明せよ．

**（定理13.6.2）** 直角三角形 ABC の斜辺 AB 上の正方形の面積は，直角を夾む２辺の上の正方形の面積の和に等しい．

図でいうと

□ AEDB ＝□ ACIH ＋□ BFGC

**（証明）** Cから AB に垂線を下ろし，AB，ED との交点を M，N とする．

CN ∥ AE だから

△ AEC ＝△ AEM（同底等高の三角形）

BI ∥ AH だから

△ ABH ＝△ ACH（同底等高の三角形）

ところが

AE ＝ AB，AC ＝ AH，

∠ CAE ＝∠ BAC ＋∠ BAE

＝∠ BAC ＋直角

＝∠ BAC ＋∠ CAH

＝∠ BAH

∴　△ AEC ≡△ ABH　（二辺夾角）

２△ AEC ＝２△ AEM ＝長方形 AENM

２△ ABH ＝２△ ACH ＝正方形 ACIH

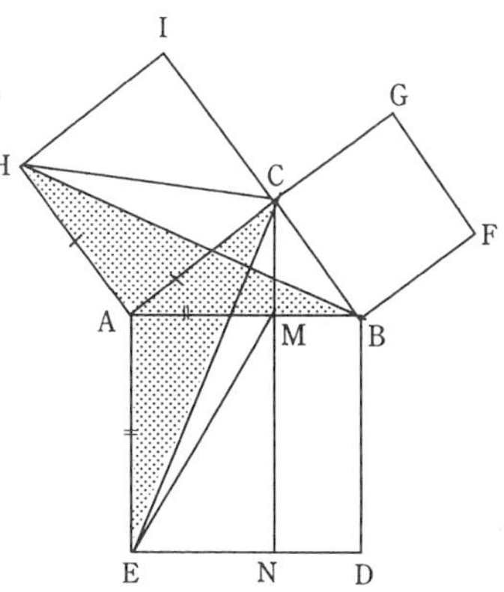


それで

長方形 AENM ＝正方形 ACIH,　　(1)

同様にして

長方形 MNDB ＝正方形 BFGC　　(2)

(1)＋(2)とすると，左辺の和は正方形 AEDB となる．それで

□ AEDB ＝□ ACIH ＋□ BFGC　　(Q. E. D.)

この定理を**ピュタゴラスの定理**という．第二次大戦中，日本軍部は奇妙な民族優越感から，外国人の名前を冠する諸定理を和名に変えさせた．江戸時代の和算家たちは，斜辺を弦，直角を夾む２辺を勾(こう)，股(こ)と呼んだので，この定理は勾股弦の定理と呼ばれた．それでピュタゴラスの定理は勾股弦の定理と改名しようという話も出たらしいが，結局，東大教授末綱恕一の発議で**三平方の定理**と呼ばれることになった．

この本ではユークリッドの指示した通り，加減法のみを使って論理を展開してきた．従って，同底等高な平行四辺形の面積は

底の長さ＝$a$，高さ $h = h'$とすると面積＝$ah = ah'$

と計算すれば簡単ではないかという疑問をもつ読者もいるだろう．ピュタゴラスの定理にしても，もっと簡単な証明法があるだろうと思う人も多い．

右の図のように３辺が $a, b, c$ の直角三角形を４つと，１辺が $c$ の正方形を配置すると

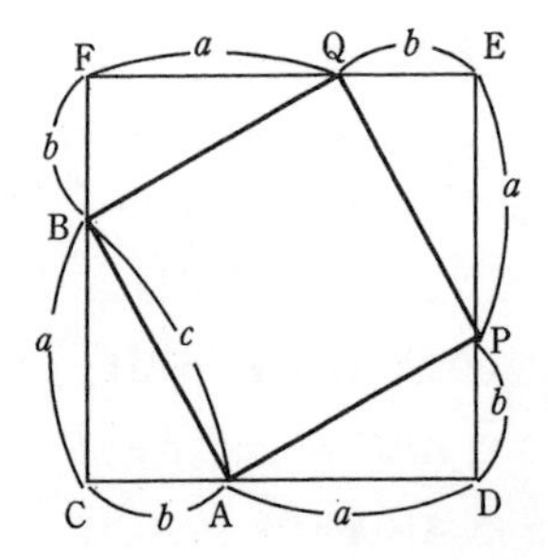


$$\square\text{CDEF}=4\times\frac{1}{2}ab+c^2=2ab+c^2$$

一方,

$$\square\ \text{CDEF} =(a+b)^2 = a^2+2ab+b^2$$

ゆえに

$$a^2+2ab+b^2=2ab+c^2$$

$$\therefore\quad a^2+b^2=c^2$$

また，中国の最古の数学書『周髀算経』

に出てくる証明法は右の図のようである[第 10 章，§ 2.参照]．これは

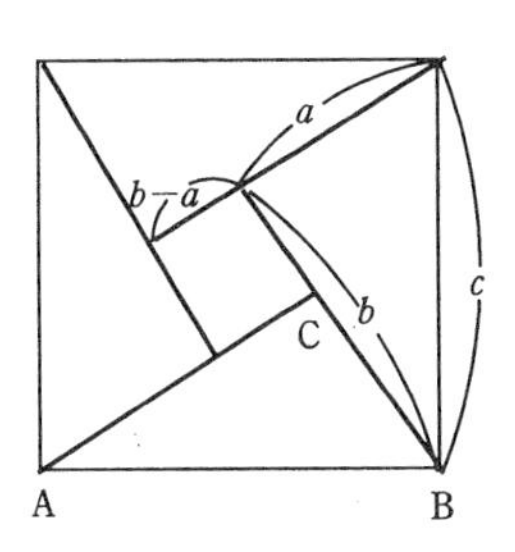


$$c^2 = 4\times\frac{1}{2}ab + (b-a)^2$$
$$= 2ab + b^2 - 2ab + a^2$$
$$= b^2 + a^2$$

と計算される．しかし，これらの証明は乗法による面積計算が既知であることを前提とする．前提が異なれば，説明の仕方が違うのも当然である．その点で，加減算のみに立脚するユークリッドの方法をじっくりと含味してみると，味わい深いものがある．

**(定理13. 6. 3)** 三角形 ABC において，一つの辺 BC の上の正方形の面積が，残りの２辺の上に立つ正方形の面積の和に等しければ，BC の対角∠A は直角である．**(ピュタゴラスの定理の逆)**

**(証明)** ここでは，辺 AB の上の正方形を□ AB というように略記する．他の辺の上に立つ正方形も同じ記号を使うことにする．△ ABC の外側に∠ CAD ＝直角となり，AB ＝ AD となる点Dを取る．△ CAD は直角三角形だから

□ AD ＋□ AC ＝□ CD　　①

一方，仮定から

□ AB ＋□ AC ＝□ BC　　②

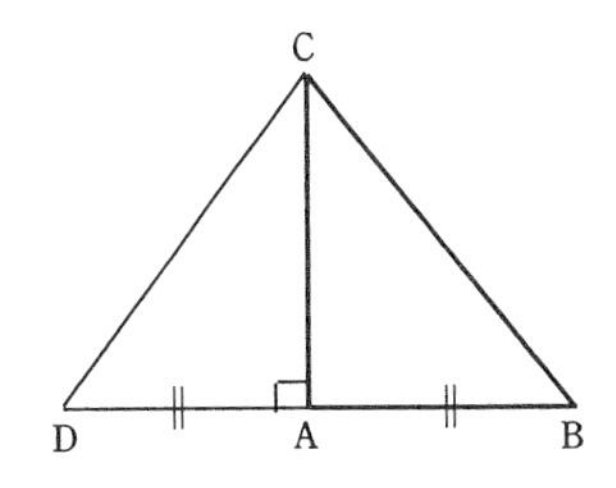


①−②を計算すると

□ AD −□ AB ＝□ CD −□ BC

AB ＝ AD だから，□ AB ＝□ AD，

∴　□ CD ＝□ BC

それで　CD ＝ BC

∴　△ ABC ≡△ ADC　（三辺相等）

これら２つの三角形の対応する角はそれぞれ等しいから

∠ BAC ＝∠ CAD ＝直角．（Q. E. D.）

## §7. 証明の仕組み

詩人の三木露風(1822 〜 1964)は生まれ故郷の龍野中学校で，この章で述べたような幾何に悩まされ，その結果閑谷黌に転校を余儀なくされたという．それ以後，近代科学の基礎としての数学とは縁を切り，詩作に没頭するようになり，今日では誰ひとり知らぬ人はない程の名曲『赤とんぼ』を生み出した．この逸話は「だから幾何の勉強など下らぬものだ」という例証に使用されたりする．しかし，多くの科学者や技術者は，幾何の論理の立て方や推理の仕方に魅力を感じ，補助線 1 本を引くことで難問がいとも簡単に解決し，爽快感を感じることを幾何の魅力と語る．事実，人間は人生の中で，与えられた条件下で，いかに要領よく生きていくかという問題に日々直面している．与えられた定義，公理，共通概念と，事前に証明された諸定理のみを使って，問題を解いていく幾何の勉強は，与えられた条件下での人間の生き方を模索するのに通ずる．

真偽がはっきりしている文章を**命題**という．命題は一般的に文字 $p$ とか $q$ などの小文字で表す．定理は一般的に

「$p$ ならば $q$」（記号で $p \to q$ と表す）

の形式をもつ．$p$ を**前提**とか**条件**，$q$ を**結論**という．

定理「$p \to q$」に対し，「$q \to p$」を定理の**逆**,

という．例えば，定理

「線分 AB の垂直二等分線上の点は，点Aと B から等距離にある」に対して，逆は

「点Aと B から等距離にある点は，線分 AB の垂直二等分線上にある」

である．この場合，逆は正しい．しかし，定理「四辺形が長方形であるならば，それは平行四辺形である」の逆は

「四辺形が平行四辺形であるならば，それは長方形である」となるが，これは真ではない．　**逆必ずしも真でない**.

命題 $p$ に対し，「$p$ でない(not $p$)」を $\overline{p}$ で表す．

定理「$p \to q$」に対し，「$\overline{q} \to \overline{p}$」を定理の**対偶**
という．上の例では，定理の対偶はそれぞれ
「点A, Bから等距離にない点は，線分ABの垂直二等分線上にない」「四辺形が平行四辺形でないならば，それは長方形でない」となり，いずれも真である．

**定理が真であるならば，その対偶は必ず真である，**

この事実を使って行う証明法が**背理法**であった．定理が真であることを示す代わりに，定理の対偶が真であることを示して，元の定理が真であることを示すものである．

## 練習問題13

1．二等辺三角形ABCの底辺BC上の任意の点Pから，2辺AB．ACに平行に引いた直線がそれぞれAC，ABと交わる点をD，Eとすれば，PD＋PEはPが辺BC上を動いても一定の大きさをもつことを証明せよ．

2．平行四辺形ABCDの対角線AC上の任意の点をPとする．Pを通りABに平行な直線がAD，BCと交わる点をE，Fとする．また，Pを通りBCに平行な直線がAB，CDと交わる点をG，Hとする．そのとき，四辺形EPHDと四辺形GBFPは等積であることを証明せよ．［この等積な四辺形を**グノモン**と呼ぶ．］

3．AB ＞ ACである△ABCの中線をADとする．このとき，以下の性質が成り立つことを証明せよ．

(1)　$\angle \mathrm{BAD} < \angle \mathrm{DAC}$

(2)　$2\mathrm{AD} < \mathrm{AB} + \mathrm{AC}$

(3) 中線AD上の任意の点をPとすると

$\angle \mathrm{ABP} < \angle \mathrm{ACP}$

(4) 中線AD上の任意の点をPとすると

$\mathrm{AB} - \mathrm{AC} > \mathrm{PB} - \mathrm{PC}$

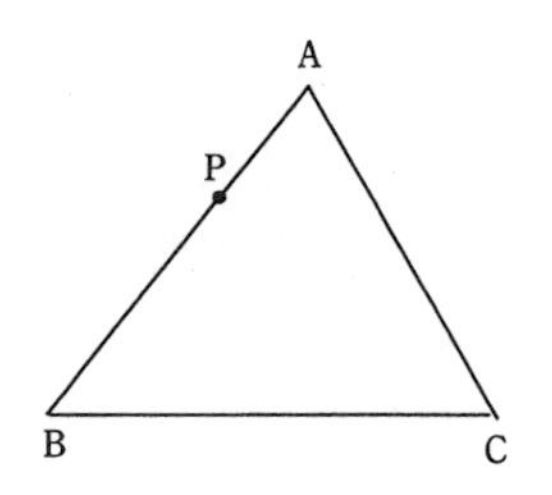


4．右の図のように，△ABC の辺 AB 上に点 P がある．点 P を通る直線を引いて，△ABC の面積を２等分したい．このような直線を作図せよ．

［広島大付属高］

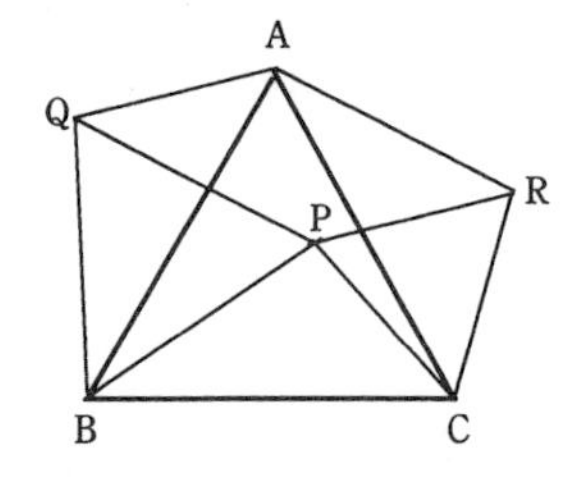


5．右の図のように，正三角形 ABC 内に点 P をとり，△PBC の外側に，PB，PC をそれぞれ１辺とする正三角形 QBP，RPC を作り，点 A と点 Q，R をそれぞれ線分で結ぶ，このとき

⑴ △PBC ≡ △QBA であることを証明せよ．

⑵ 四角形 AQPR が正方形になるとき ∠PBC の大きさを求めよ．　［福井］

# 第14章　円

## §1．円に関する諸定義

（定義）平面上で，一定点から一定の距離にあるすべての点からできた図形を**円**，または**円周**という．一定点を円の**中心**，中心と円上の点とを結ぶ線分を**半径**という．

半径の等しい円は，中心を重ね合わせると，すべて一致するので，半径の等しい円はみな**合同**である．

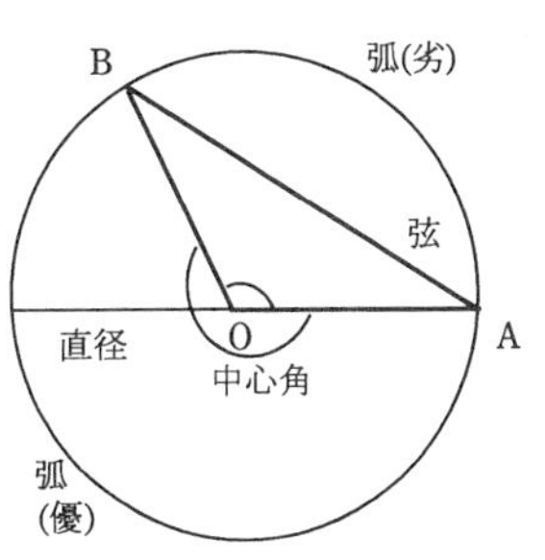


円周上の２点は，円周を２つの部分に分ける．円周上の２点 A，B における円の部分を**弧**，または**円弧**といい，記号 $\overset{\frown}{AB}$ で表す．弧 AB と中心 O とするとき，∠AOB を**中心角**という．また，円周上の2点 A，B を結ぶ線分を弧 $\overset{\frown}{AB}$ に対する弦といい，記号 AB で表す．中心を通る弦を**直径**という．半径と直径の定義から

　　直径の長さ＝２（半径の長さ）

であることは明らかである．

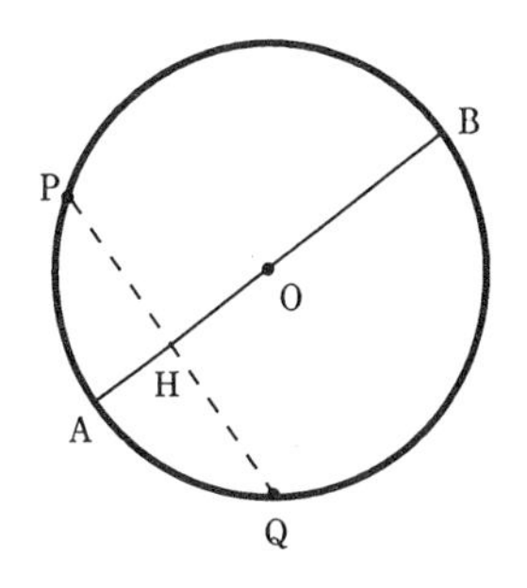


**（定理14．1．1）** 与えられた円の中心を求めよ．

（作図）与えられた円の任意の弦 PQ を引く．PQ の垂直二等分線を引き，それと円との交点を A，B とする．AB の中点（AB を２等分する点）O を作図すると，それが求める中心である．

ユークリッド

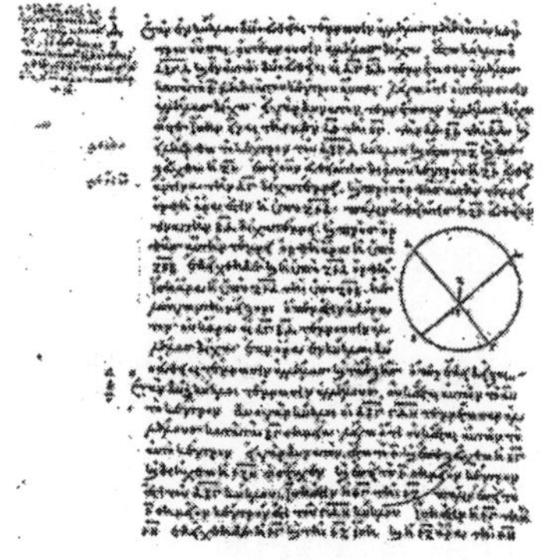

『幾何学原本』の円の部分(888年の写本)

**(定理14. 1. 2)** 同一の円では，直径は弦の中でも最大である.

**(証明)** 直径でない任意の弦 AB に対して，△AOB を考えると，AB < OA + OB =(半径の 2 倍)=直径となる.

(問14. 1. 1) 円の中心から等距離にある二つの弦は等しいことを証明せよ．また，逆に等しい弦は中心から等距離にあることを証明せよ.

(問14. 1. 2) 円 O において，弦 AB に垂直な直径は，この弦の中点を通ること，および∠AOB を 2 等分することを証明せよ.

## §2. 円周角

(定義) 円周上の 1 点を通る二つの弦のつくる角を**円周角**という.

図において，2 弦 PA，PB のつくる円周角∠APB は，この角内の弧 AB に対する円周角という.

**(定理14. 2. 1)** 円周角は，同じ弧に対する中心角の半分に等しい.

**(証明)** 円 O の弧 AB に対する中心角を∠AOB，円周角を∠APB とする．P の位置によって，次の 3 通りの場合が起こる.

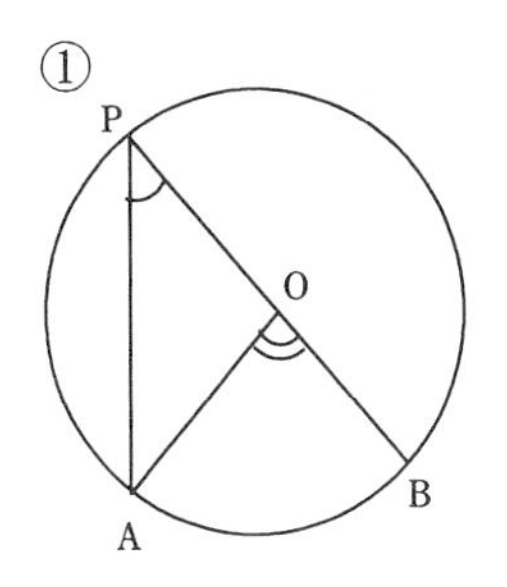


① 中心 O が∠ APB の辺上にくる場合.

OA ＝ OP ＝半径だから，△ OPA は二等辺三角形である．それで

∠ APO ＝∠ PAO,

内対角の和は外角に等しいから

∠ AOB ＝∠ APO ＋∠ PAO ＝2∠ APO

＝2∠ APB

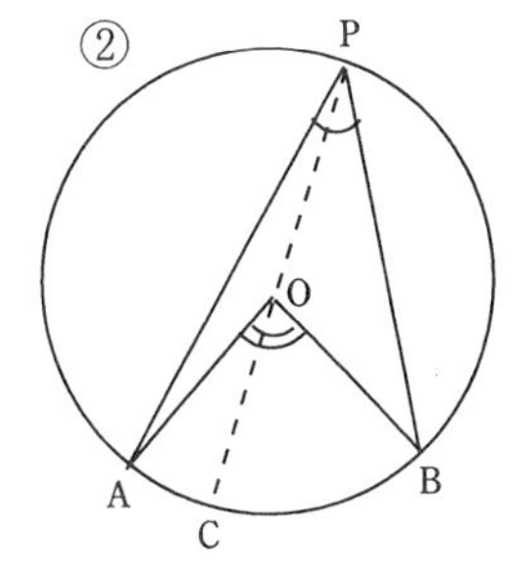


② 中心 O が∠ APB の内にある場合.

O と P を結ぶ直線が弧 AB と交わる点を C とする．①の結果を使って

∠ AOC ＝ 2 ∠ APC,

∠ BOC ＝ 2 ∠ BPC,

これらを加えると

∠ AOB ＝2∠ APB

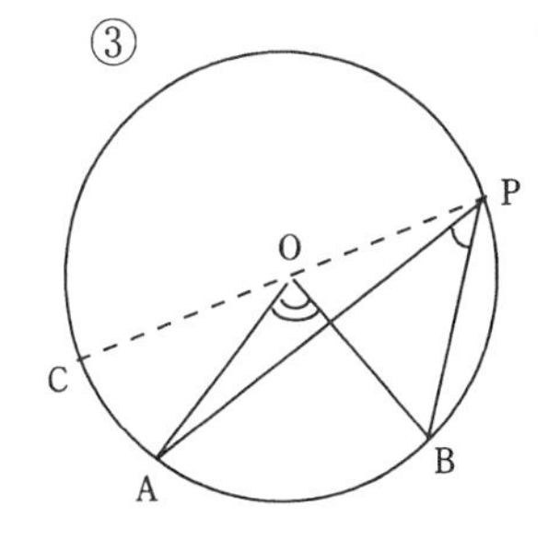


③ 中心 O が∠ APB の外にある場合.

O と P を結ぶ直線が弧 AB と交わる点を C とする. ①の結果を使って

∠ BOC ＝2∠ BPC,

∠ AOC ＝2∠ APC,

上の式から下の式を引くと

∠ AOB ＝2(∠ BPC －∠ APC)

＝2∠ APB　　(Q. E. D.)

定理から直ちに導かれる命題を**系**という.

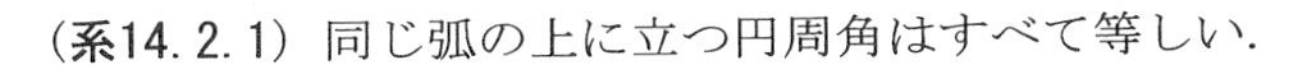

**(系14. 2. 1)** 同じ弧の上に立つ円周角はすべて等しい.

**(系14. 2. 2)** 直径で二分された円または円弧を**半円**という．半円の上に立つ円周角は直角である.

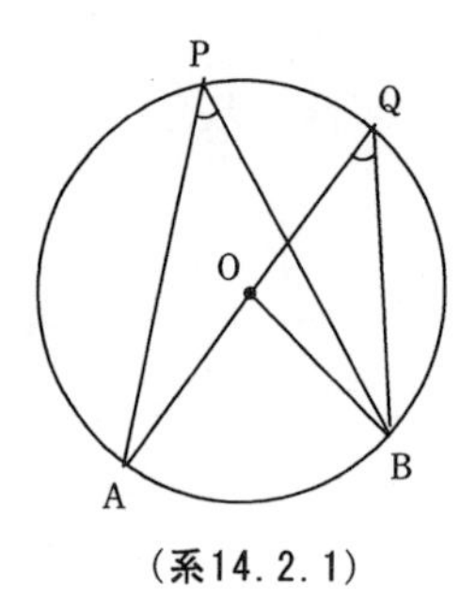

(系14. 2. 1)

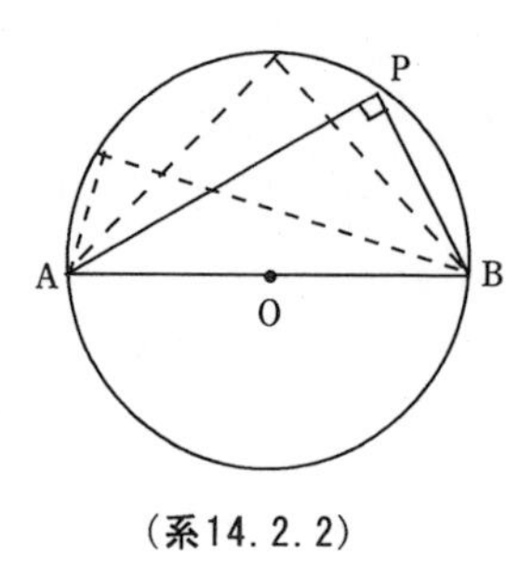

(系14. 2. 2)

(問14. 2. 1) 円の二つの弦 AB, CD が円内の点で交わるとき, この二つの弦の交角は円弧 AC と BD に対する円周角の和に等しいことを証明せよ.

(問14. 2. 2) 円 O の平行な二つの弦を AB, CD とすると, 円弧 $\overset{\frown}{AC}$ =円弧 $\overset{\frown}{BD}$ であることを証明せよ.

(定義) 円の弧と, それに対する弦でつくる図形を**弓形**という.

(**定理14. 2. 2**) 弧 AB の上に立つ円周角の大きさを $\alpha$ とする.

任意の点 P が弓形の内部にあれば, $\angle$ APB $> \alpha$

任意の点 P が弓形の外部にあれば, $\angle$ APB $< \alpha$

である.

**(証明)**

①

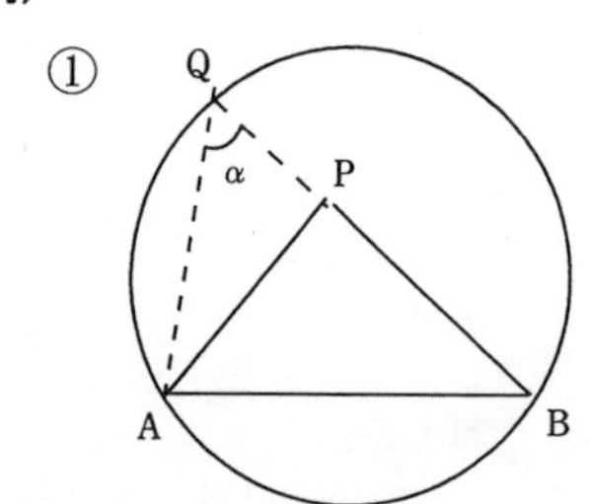


②

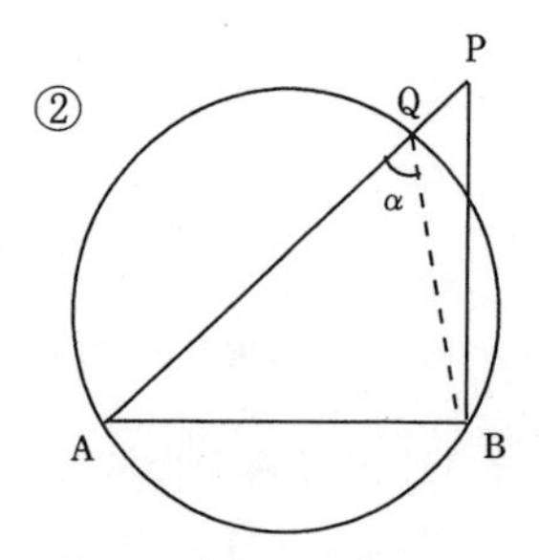


①の場合, $\angle$ APB は△ APQ の外角で, 円周角$\angle$ AQB は$\angle$ APB の内対角にあたる. 内対角<外角だから, $\angle$ APB $>\angle$ AQB $= \alpha$.

②の場合，∠AQBは△QPBの外角で，∠APBは円周角∠AQBの内対角にあたる．それで∠APB＜∠AQB＝$\alpha$.　(Q. E. D.)

## §3. 円に内接する四角形

円周上の4点A, B, C, D(**共円点**という)を順に結んでできる四角形を**円に内接する四角形**といい，その円を四角形の**外接円**という．

**(定理14. 3. 1)** 円に内接する四角形の対角の和は2直角である．

**(証明)** ∠A, ∠Cの大きさをそれぞれ$x$, $y$とすると，

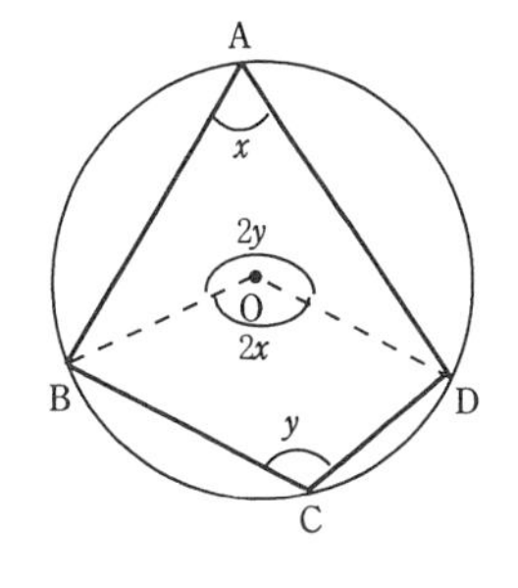


下側の∠BOD＝$2x$

上側の∠BOD＝$2y$

$2x+2y=2$平角

だから

∠A＋∠C＝$x+y$

＝平角＝2直角

**(系14. 3. 2)** 円に内接する四角形の外角はその内対角に等しい．

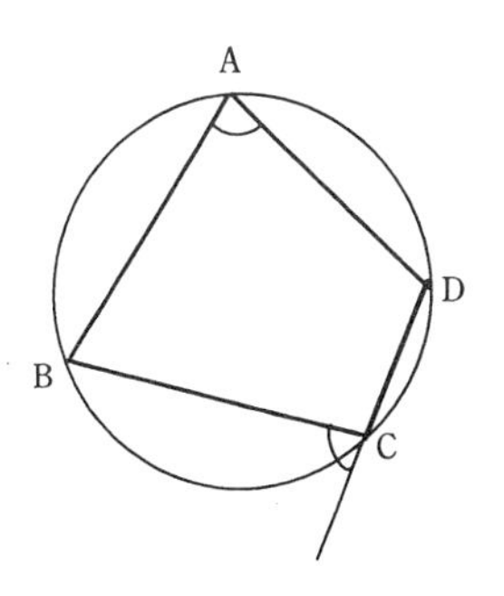


**(定理14. 3. 2)** 三角形ABCの3辺の垂直二等分線は同一の点で交わり，その点は三つの頂点から等距離にある．

**(証明)** △ABCの辺AB，ACの中点M，Nにおいて垂線を立て，それらの交点をOとする．OM，ONはそれぞれAB，ACの垂直二等分線だから

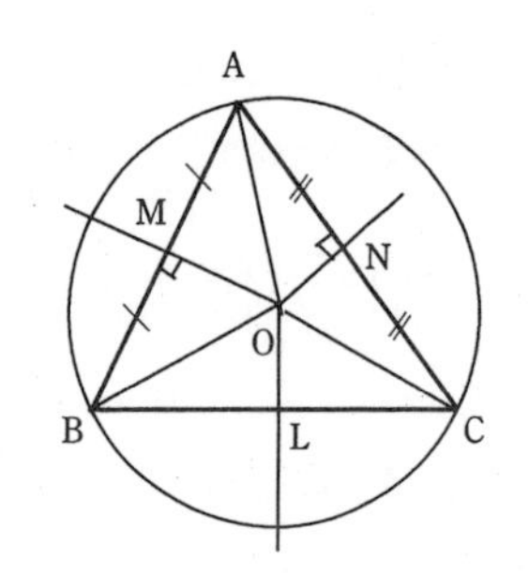


OA = OB = OC　①

BC の中点を L とし，O と L を結ぶ.

BL = CL　②

OL は共通だから

△ BOL ≡△ COL　(三辺相等)

∴　∠ BOL =∠ COL =∠ R

それで三辺の垂直二等分線は 1 点 O で交わる.　(Q. E. D.)

O 中心，半径 OA の円を△ ABC の**外接円**，O を**外心**という.

**(定理14. 3. 3)** 凸四辺形の相対する 1 組の角の和が 2 直角ならば，この四辺形は円に内接する.

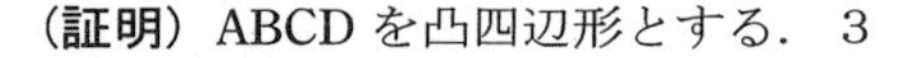

**(証明)** ABCD を凸四辺形とする．3 点 B, C, D の外接円を描く．点 A がこの円上になく，円の内部にあるとする.

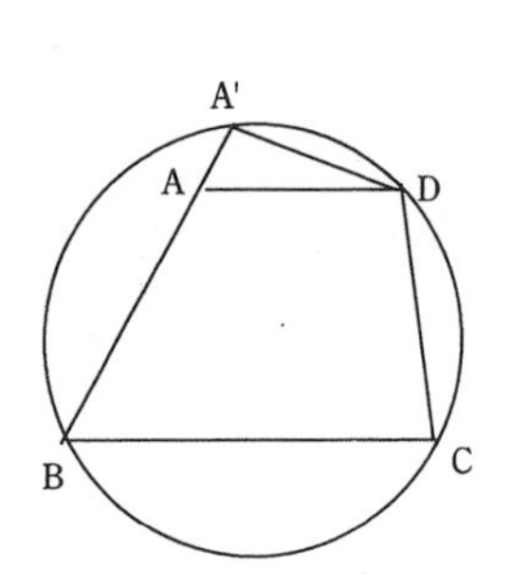


BA と円との交点を A'とする.

(定理13. 3. 1) より

∠ BA'D +∠ BCD = 2 直角,

仮定から

∠ BAD +∠ BCD = 2 直角

∴　∠ BA'D =∠ BAD

それで A と A' は一致する.　(Q. E. D.)

(問14. 3. 1) 円に内接する四辺形 ABCD の頂点 B における外角の 2 等分線が円と交わる点を E とすれば，直線 DE は∠ D を 2 等分することを証明せよ.

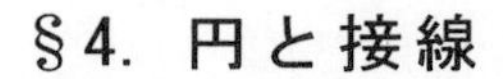

## §4. 円と接線

円 O 上の点 T において，半径 OT に垂直な直線 PT を円の**接線**という.

**(定理14. 4. 1)** 円 O 上の点 T における接線 PT は，円と T 点以外には交わらない.

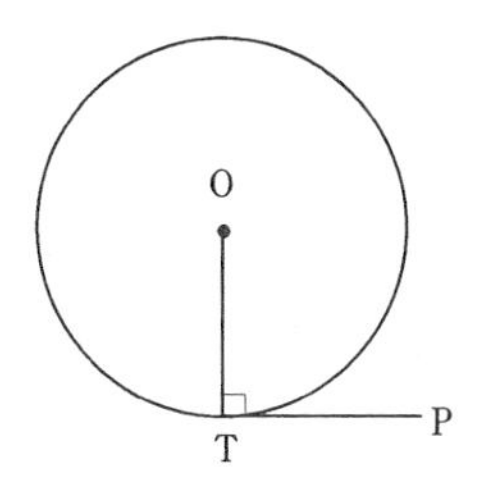


**(証明)** TP が T 以外に円O と点 S で交わったとしよう. OT ＝ OS ＝半径だから, △ OTS は二等辺三角形である. それで

$$\angle \mathrm{OTS} = \angle \mathrm{OST} = 直角 - \frac{1}{2}\angle \mathrm{SOT}$$
$$< 直角$$

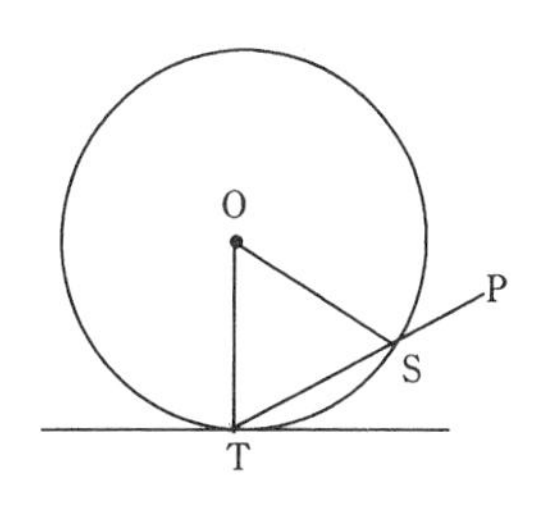


このことは PT が接線ということに矛盾する. 従って, 接線は T 以外の点で円と交わることはない. (Q. E. D.)

**(定理14. 4. 2)** 円 O 外の 1 点 P から, この円に引いた 2 本の接線の接点と, この円 O 外の点との距離は等しい.

**(証明)** P から円 O に引いた接線の接点を A, B とする. OA ⊥ PA だから, ピュタゴラスの定理から

□ OP ＝□ OA ＋□ PA　　①

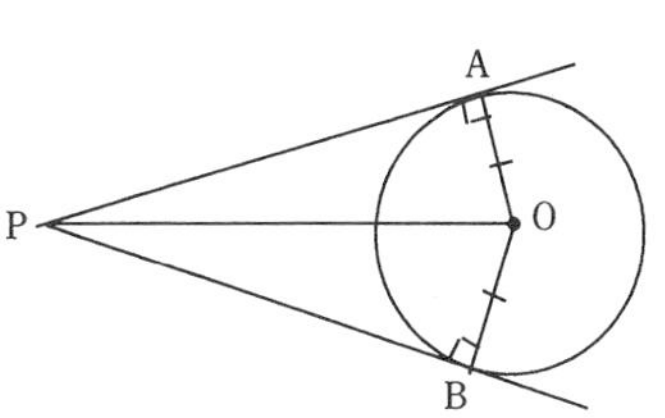


また, OB ⊥ PB だから

□ OP ＝□ OB ＋□ PB　　②

OA ＝ OB ＝半径より

□ OA ＝□ OB　　③

それで

□ PA ＝□ PB

∴　PA ＝ PB　　(Q. E. D.)

この PA, PB を P から円 O への**接線の長さ**という.

一つの多角形の内部にある一つの円が, その多角形のすべての辺に接しているとき, その円をその**多角形の内接円**, その多角形をその円の**外接多角形**という.

(問14. 4. 1) 四辺形が円に外接するとき, 相対する 2 辺の和は, 他の相対する 2 辺の和に等しいことを証明せよ.

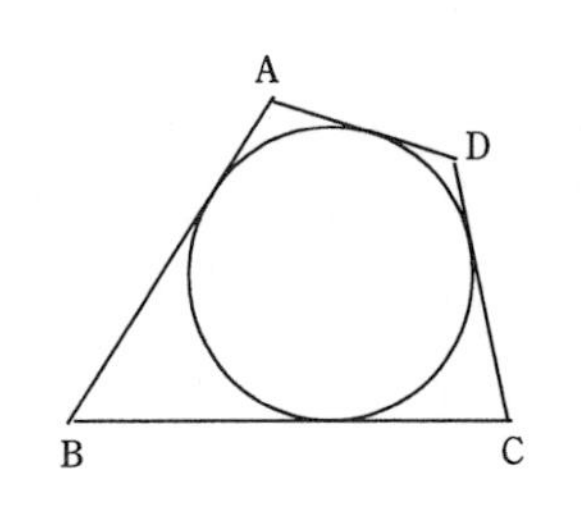


（問14. 4. 2） 前問の逆を述べ，それが成立することを証明せよ．

（問14. 4. 3） 円に外接する６角形の１つおきに取った三つの辺の和は，他の三つの辺の和に等しいことを証明せよ．

（問14. 4. 4） 円に外接する平行四辺形はどんな平行四辺形か．

**（定理14. 4. 3）** 円の接線と，接点から引いた弦とで夾む角は，この角の間にある円弧に対する円周角に等しい．

**（証明）** △ ABC の外接円を描く．C 点における円の接線を CT とする．また弦 BC を引く．円弧 BC に対する円周角は ∠ BAC である．円の中心 O を通る直径を CA'とする．半円の上にたつ円周角は直角だから，△ BA'C において

$\angle BA'C + \angle A'CB =$ 直角　　①

$\angle BCT + \angle A'CB =$ 直角　　②

①－②を計算すると

$\angle BA'C = \angle BCT$

同一の円弧の上の円周角は同じであるから

$\angle BA'C = \angle BAC$

$\therefore \quad \angle BAC = \angle BCT$　　　(Q. E. D.)

（問14. 4. 5） （定理14. 4. 3）の逆を述べ，逆が成立することを証明せよ．

## §5.　２つの円

**（定理14. 5. 1）** 二つの円は，二つより多くの点を共有しない．

**（証明）** 外心の存在から，三つの点を通る円は唯一つ存在する．

　また，一直線上の３点から等距離にある点はない．それで二つの円は

３個またはそれ以上の点を共有しない．(Q. E. D.)

二つの円の中心 O と O'を結ぶ直線を**中心線**と呼ぶ．

下の図で，円 O'を直線 OO'上で左の方に動かしてみる．すると二つの円の位置関係は以下の図のようになる．

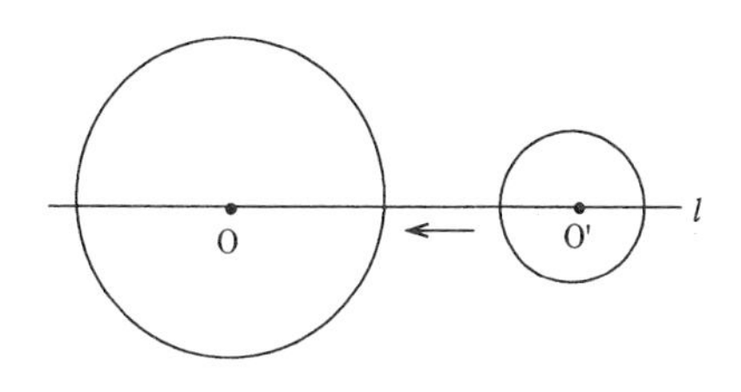


２円が唯１点のみを共有する場合，これら２円は **接する** という．２円が互いに外部にあるときは**外接**，一つの円が他方の円の内部にあるときは**内接**するという．

２円 O, O'の半径を $r$, $r'(r > r')$，中心距離 OO'$= d$ とすると，２円の位置関係は以下のようになる．

① 2円が離れている場合
$d > r + r'$

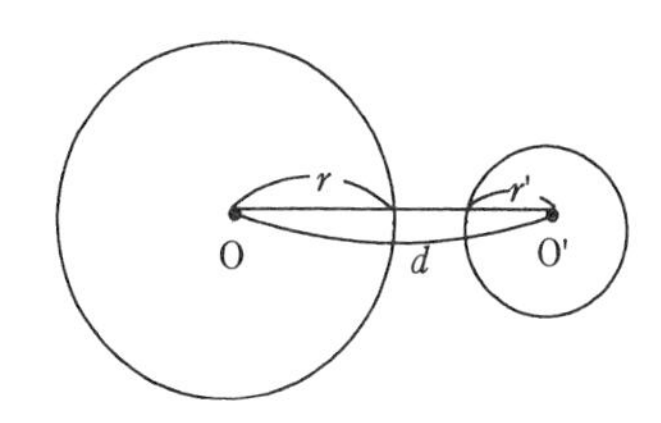


② 2円が外接する場合
$d = r + r'$

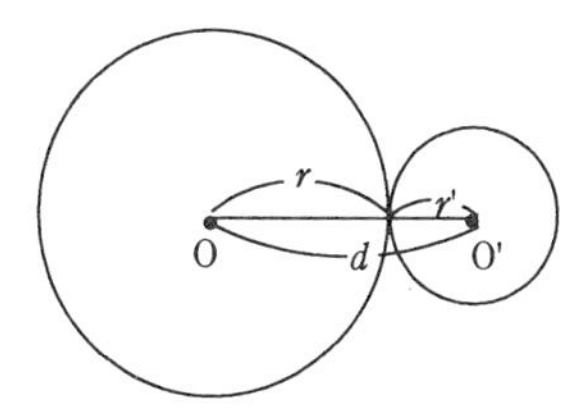


③ 2円が交わる場合
$r + r' > d > r - r'$

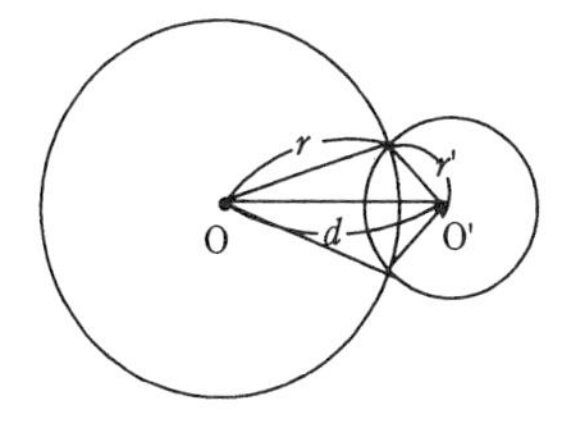

④　2円が内接する場合
$r-r'=d$

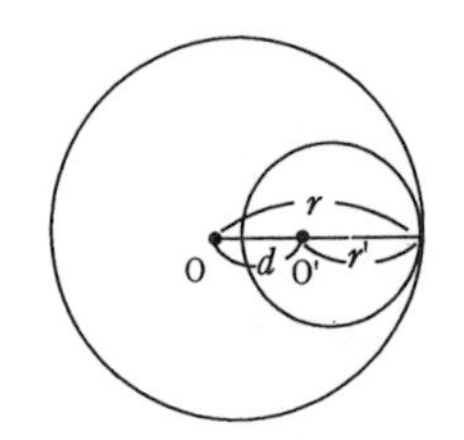


⑤　一つの円が他方の円にふくまれる場合
$r-r'>d$

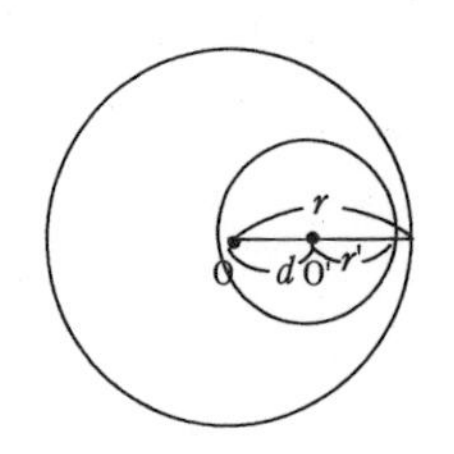


二つの円が交わるとき，交点を結ぶ直線を**共通弦**という．

**(定理14.5.2)** 2円 O, O' が点 A, B で交わるとき，直線 OO' は共通弦 AB を垂直に2等分する．

**(証明)** OA ＝ OB（＝円 O の半径），
O'A ＝ O'B（＝円 O' の半径），
OO' は共通

だから

△ AOO'≡△ BOO'（三辺相等）

∴　∠ AOO'＝∠ BOO'

OO'∩ AB ＝ H とおくと，△ OAH ≡△ OBH（二辺夾角相等）

∴　AH ＝ BH　かつ　OO'⊥ AH

である．

(問14. 5. 1) 二つの円 O と O' の共通弦 AB の一端 A から，それぞれの円に直径 AC，AD を引く．このとき ∠ CBD は平角であることを証明し，点 C, B, D は一直線上にあることを示せ．(一直線上にある点 C，B，D を**共線点**という．)

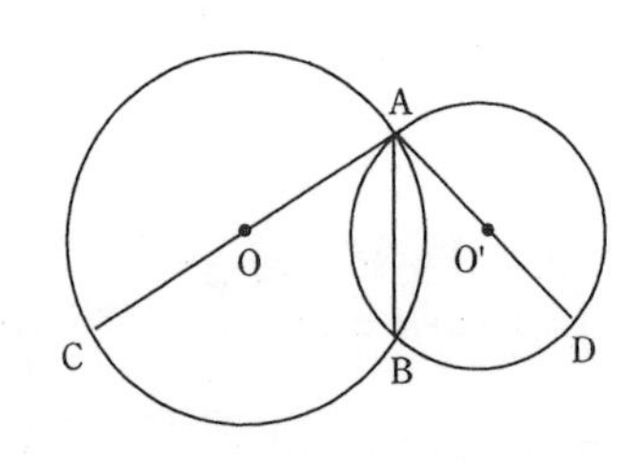

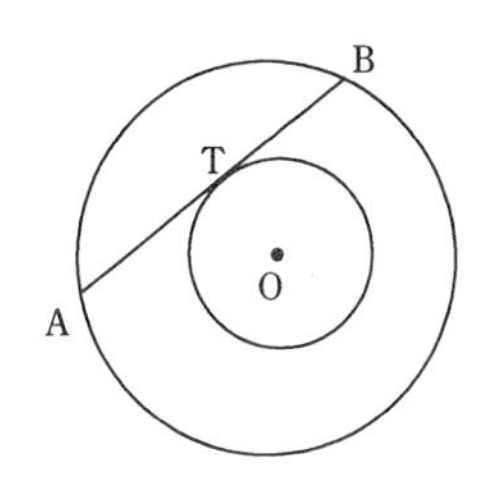


(問14. 5. 2) O を中心とする大小二つの円がある．小さい円の周上の任意の点 T で接線を引き，大円と点 A，B で交わるとする．T は線分 AB の中点であることを証明せよ．(中心が同じである円を**同心円**という．)

二つの円の両方に接する直線を，この 2 円の**共通接線**という．

二つの円が共通接線の同じ側にあるとき，**共通外接線**という．

二つの円が共通接線の両側にあるとき，**共通内接線**という．

共通接線の接点の間の距離を，その**共通接線の長さ**という．

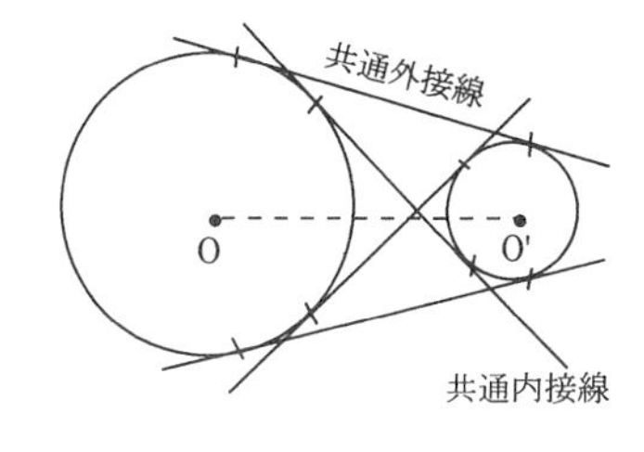


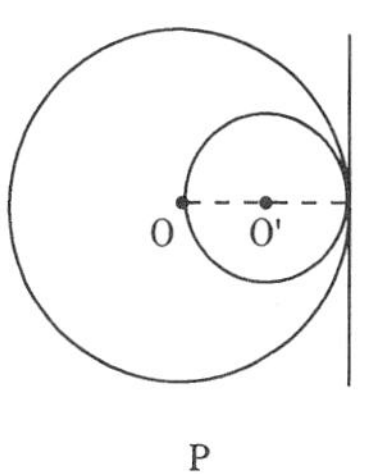


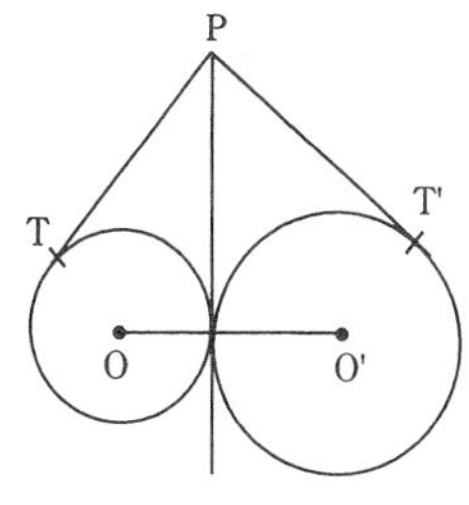


(問14. 5. 3) 外接する二つの円 O，O'の共通接線上の任意の点 P から，円 O，O'へそれぞれ接線 PT，PT'を引くとき，これらの接線の長さは等しい．つまり PT = PT' であることを証明せよ．

**(例14. 5. 1)** 二つの円 $O_1$ と $O_2$ が交わらないとき，両方の円に共通外接線を引く作図をしよう．円 $O_1$ の半径＝R，円 $O_2$ の半径＝$r$ とおき，R ＞ $r$ とする．点 $O_1$ を中心とし半径が R − $r$ の円と，線分 $O_1O_2$ を直径とする円との交点を A，B とおく．$O_1A$ の延長と円 $O_1$ との交点を C とおく．点 $O_2$ から $O_1C$ に平行な直線を引き，円 $O_2$ との交点を D とおく．このとき，直線 CD が円 $O_1$ と $O_2$ の共通接線である．

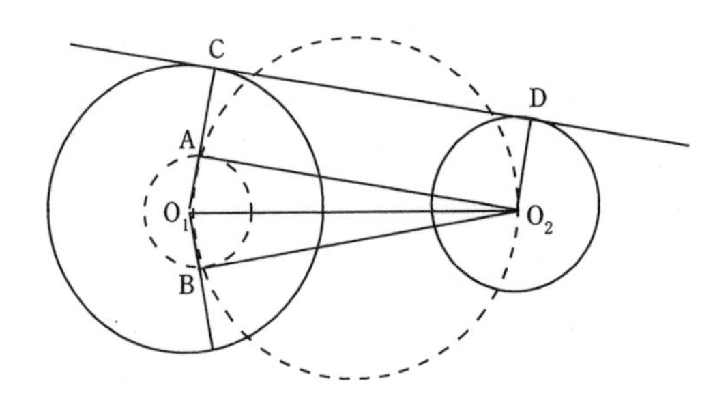


なぜならば，$AC = O_1C - O_1A = R - (R - r) = r = O_2D$.
作図から $AC \parallel O_2D$ である．それで四辺形 $CAO_2D$ は平行四辺形である．

さらに，$\angle O_2AO_1$ ＝直角（＝直径 $O_1O_2$ 上の円周角）だから，

$$O_1C \perp CD, \quad O_2D \perp CD$$

それで，直線 CD は円 $O_1$ と $O_2$ の共通外接線である．（Q. E. D.）

(問14. 5. 4) 2 円 $O_1$, $O_2$ の共通内接線を引く作図をせよ．

［**ヒント**；中心が $O_1$ で半径 $R + r$ の円を描け．］

(問14. 5. 5) 共通外接線と共通内接線は，それぞれ中心線上で交わることを証明せよ．

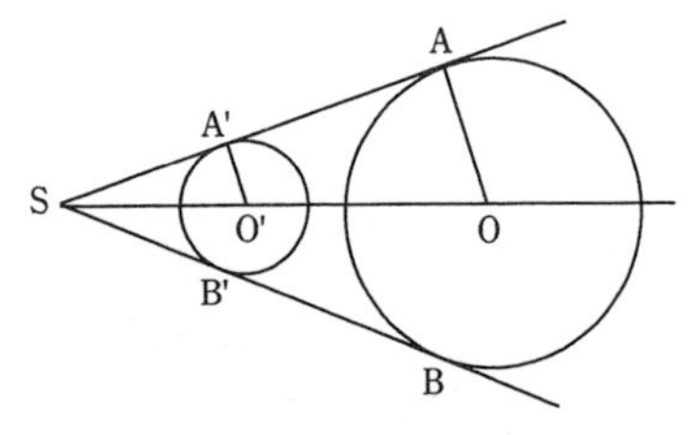


**(例14. 5. 2)** 相交わる二つの円の交点を A，B とする．A を通る直線が二つの円と交わる点を P，Q；B を通る直線が二つの円と交わる点を R，S とすると，各円の弦 PR と QS は平行である．

**(証明)** A，B を通る直線の位置によって，次の図のようないろいろな場合が考えられる．

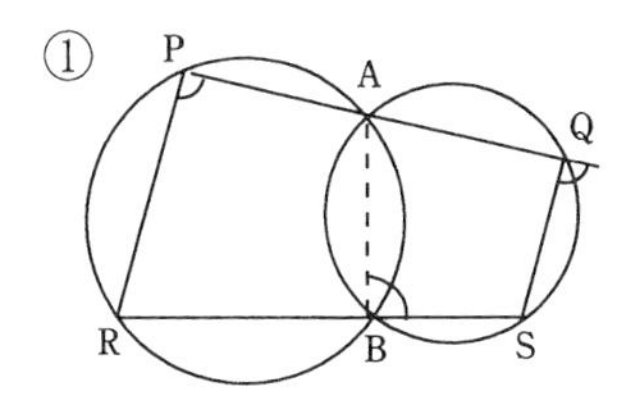
①
P
A
Q
R
B
S

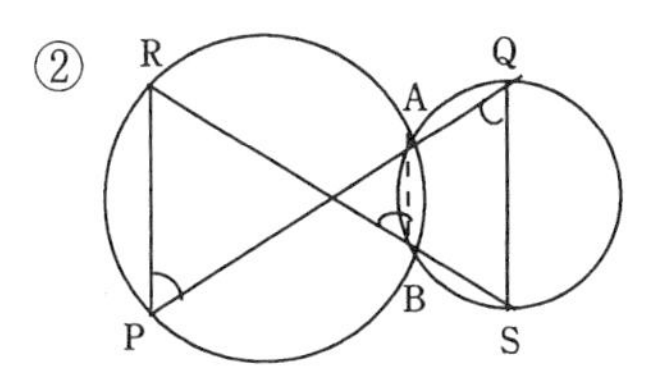
②
R
Q
A
B
P
S

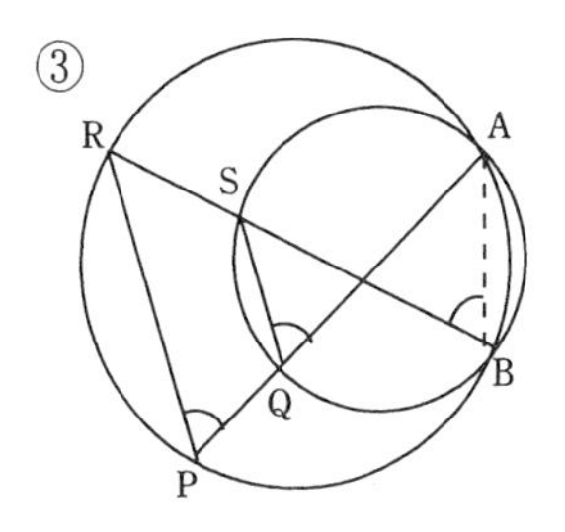
③
R
S
A
B
Q
P

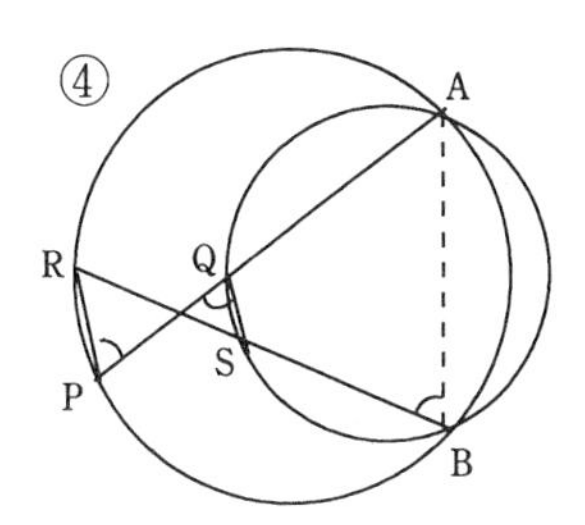
④
A
R
Q
S
P
B

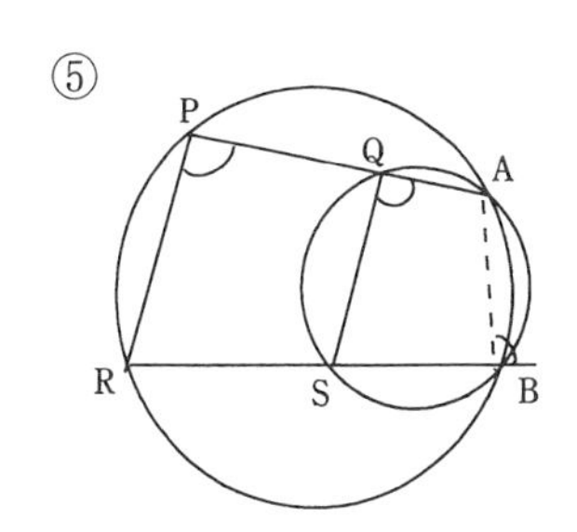
⑤
P
Q
A
R
S
B

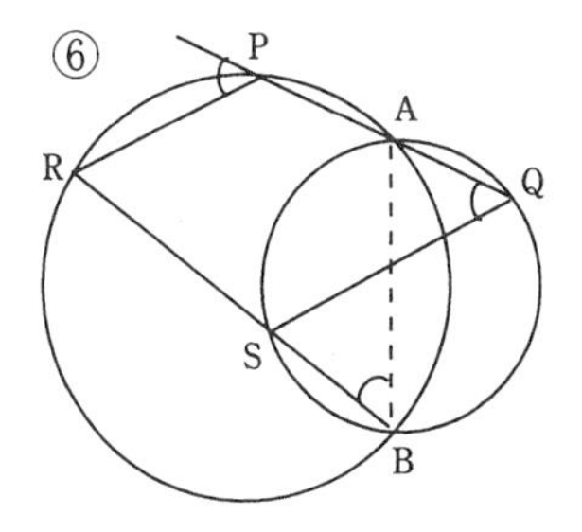
⑥
P
A
R
Q
S
B

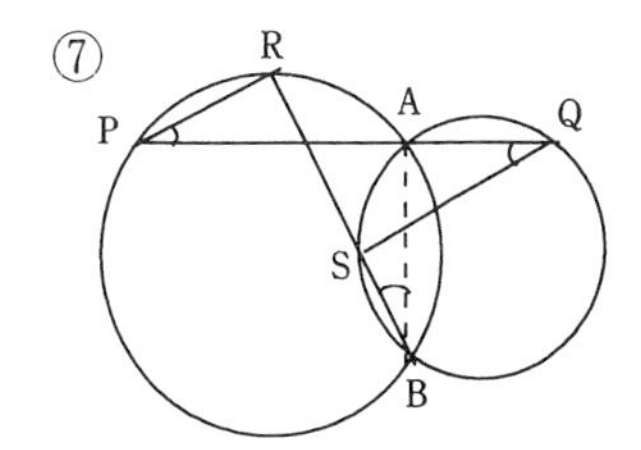
⑦
R
P
A
Q
S
B

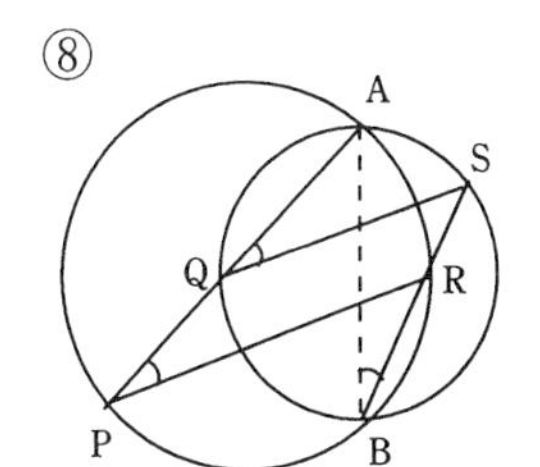
⑧
A
S
Q
R
P
B

例えば，(図①)では，内接四辺形の内対角は外角に等しいから

$\angle$ APR ＝$\angle$ ABS,

$\angle$ ABS ＝ Q での外角

$\therefore$　$\angle$ APR ＝ Q での外角

それで PR ∥ QS　(同位角相等)　　(Q. E. D.)

(問14. 5. 6)　他の場合についても，(**例14. 5. 2**)が成立することを証明せよ．

(問14. 5. 7)　点 C で外接する二つの円の共通外接線の接点を A, B とすると，△ ABC はどんな形であるか．

## §6.　三角形の五心

三角形の特殊な中心の一つ，**外心**の存在については(**定理14. 3. 2**)で述べた．

(**定理14. 6. 1**)　二つの直角三角形において，斜辺と他の 1 辺が等しいとき，これらの三角形は合同である．

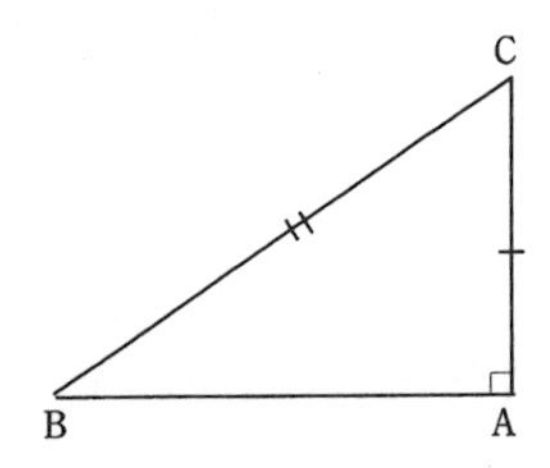


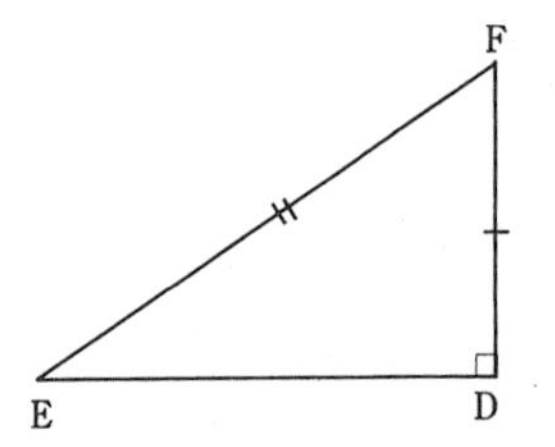


(**証明**)　△ ABC，△ DEF において，

$\angle$ A ＝$\angle$ D ＝直角,

BC ＝ EF，AC ＝ DF

とする．D を A の上に重ねる．$\angle$ A ＝$\angle$ D ＝直角，DF ＝ AC だから，

DF は AC とぴったり重なる．DE は AB 上にくる．点 E が B と一致しない

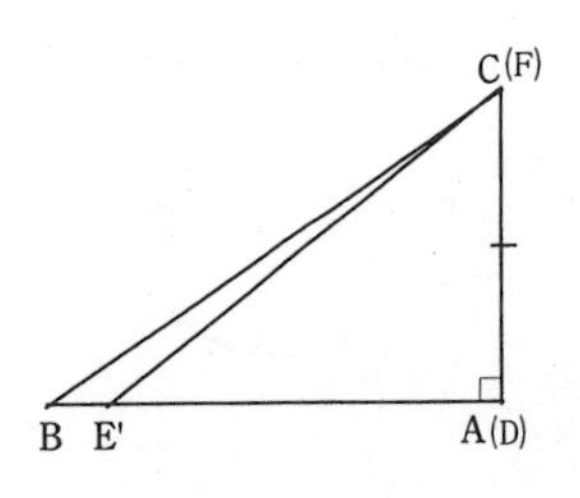

として，E が AB 上に落ちる点を E' とする．すると

$$BC > E'C = EF$$

となって矛盾が起こる．それで E は B と一致する．(Q. E. D.)

**(定理14. 6. 2)** 三角形の三つの内角の二等分線は同一の点で交わり，その点から３辺への距離は相等しい．

**(証明)** △ABC において，∠B，∠C の二等分線の交点を I とする．I から BC，CA，AB へ下ろした垂線の足を D，E，F とする．

$$\triangle BID \equiv \triangle BIF$$

（直角三角形の合同）

$$\triangle CID \equiv \triangle CIE$$

（直角三角形の合同）

$$\therefore \quad ID = IE = IF$$

従って

$\triangle AIF \equiv \triangle AIE$　（定理14. 6. 1より）

それで

$\angle BAI = \angle CAI$　(Q. E. D.)

三角形の三つの内角の二等分線の交点を，その三角形の**内心**という．内心を中心とし，三角形の各辺に接する円を，三角形の**内接円**という．

**(定理14. 6. 3)** 三角形の一つの内角の二等分線と，他の２頂点における外角の二等分線とは同一の点で交わる．

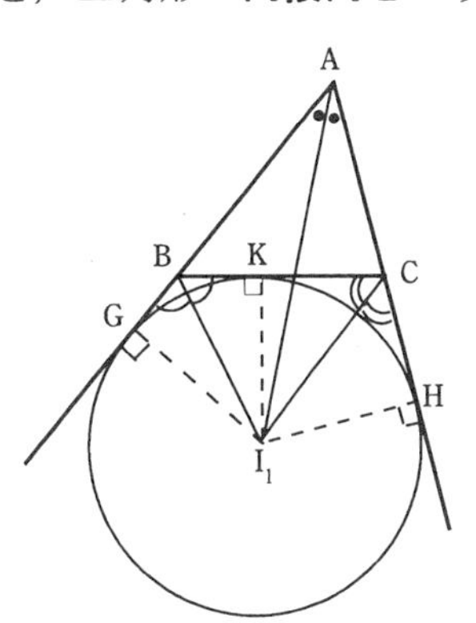


**(証明)** △ABC において，∠B と∠C の外角の二等分線の交点を $I_1$ とする．$I_1$ から AB の延長線，AC の延長線，BC へ下ろした垂線の足を G, H, K とする．すると

$$I_1G = I_1H = I_1K$$

であるから，$AI_1$ は∠ A を２等分する．（Q. E. D.）

三角形の一つの内角と二つの外角の二等分線の交点を**傍心**という．傍心は三つある．三角形の傍心を中心とし，１辺と他の２辺の延長に接する円を**傍接円**という．傍接円も三つある．

**（定理14. 6. 4）** 三角形の各頂点から対辺へ引いた三つの垂線は同一の点で交わる．

**（証明）** △ ABC の垂線 BE と CF の交点を H とし，A と H を結ぶ直線が BC と交わる点を D とする．

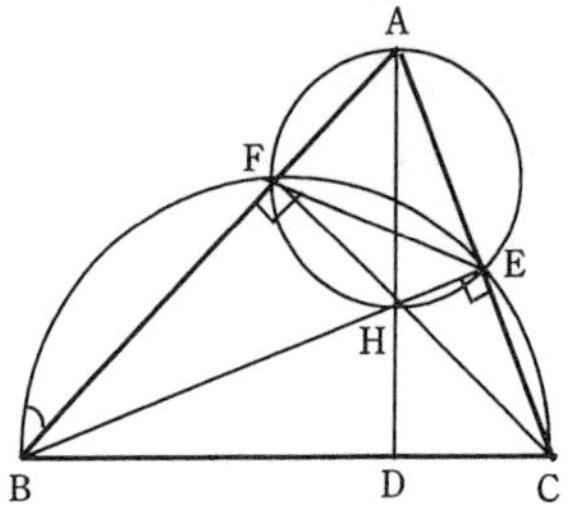

∠ BEC ＝∠ BFC ＝直角

だから，B，F，E，C は共円点であり，またA, F, H, E も共円点である. それで

∠ EBC ＝∠ EFC ＝∠ DAC

となり，4 点 A, B, D, E は共円点である．ゆえに

∠ ADB ＝∠ AEB ＝直角

それで A から BC への垂線は H を通る．（Q. E. D.）

三角形の各頂点から対辺へ下ろした垂線の交点を**垂心**という．

(問14. 6. 1) △ ABC の垂心を H とすると，△ HBC の垂心はどこか.

(問14. 6. 2) △ ABC の三つの傍心 $I_1$, $I_2$, $I_3$ を結んでできる△ $I_1I_2I_3$ の垂心はどこか.

**（定理14. 6. 5）** 三角形の三つの中線は同一の点で交わる．その交点は各中線の３等分点の１つである．

**（証明）** △ ABC の中線 BE と CF の交点を G とする．A と G を結び，AG の延長上に AG ＝ GK となる点 K をとる．△ ABK において

AF ＝ FB，AG ＝ GK

だから

BK ∥ FG

同様にして

$CK \parallel EG$

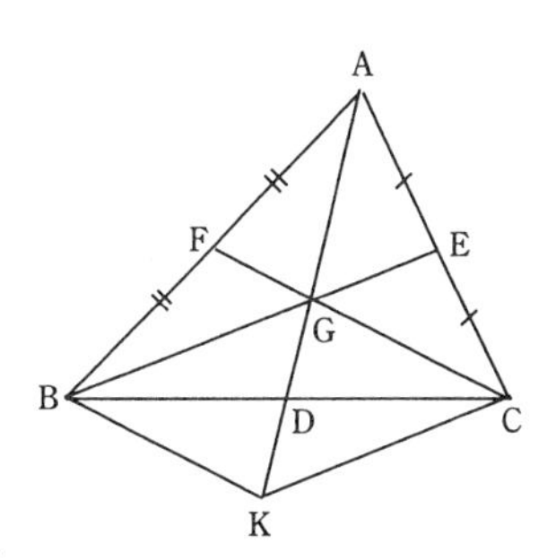


それで四辺形 BKCG は平行四辺形である. 平行四辺形の対角線は互いに他を２等分するから, $BD = CD$, $GD = DK$ である. ゆえに, AG は BC の中点 D を通る. このことから

$AG = GK = 2GD$　　(Q. E. D.)

三角形の三つの中線の交点を**重心**という.

三角形の外心, 内心, 傍心, 垂心, 重心をあわせて, **三角形の五心**という.

(問14. 6. 3) △ ABC の重心は, 3辺の中点 D, E, F を結んでできる△ DEF の重心であることを証明せよ.

(問14. 6. 4) △ ABC の3頂点および重心 G から, この三角形と出会わない1直線への距離を AD, BE, CF, GK とすると

$$AD + BE + CF = 3GK$$

であることを証明せよ.

## 練習問題14

1. 円の弦 AB に平行な接線の接点は, 円弧 AB の中点であることを証明せよ.
2. 弧 AB の中点 M を通る２つの弦 MC, MD が弦 AB と交わる点を E, F とすると, 4点 C, D, E, F は同一円周上にあることを証明せよ.
3. 相等しい２円が２点 A, B で交わるとき, B を通る直線が両円と C, D で再び交われば, $AC = AD$ であることを証明せよ.
4. △ ABC の内心を I とし, AI の延長が外接円と交わる点を D とすると
   $DI = DB = DC$
   であることを証明せよ.

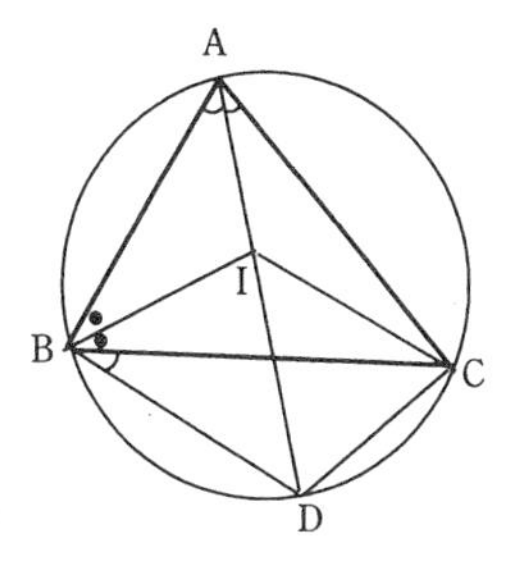

5．(1) 重心と内心が一致する三角形はどんな形か.

(2) 重心と外心が一致する三角形はどんな形か.

(3) 垂心が三角形の内部にあるのはどんな場合か.

# 第15章　比と比例，相似形

## §1.　比

第13章と第14章では，ユークリッドの『幾何学原本』の通りの推論方法で説明してきた．それは加減法だけを使うということだった．しかしユークリッドのやり方にしたがって，これから幾何学を構成していこうとすると，だんだんとやりにくくなる．推論を加減法だけでやろうとするのは，大きな山を崩して土地を造成しようというのに，園芸用シャベルで山を崩そうとするのと同じである．やはり，パワー・シャベルをもってこないと仕事ははかどらない．そのためにここで乗除法や代数的な演算も併用して，図形の性質を探求する．

ある数 $a$ が他の数 $b$ の何倍かという意味の関係を **$a$ の $b$ に対する比**，または **$a$ と $b$ の比**といい，記号で

$$a : b$$

と表す．$a$ を $b$ で割った商 $\frac{a}{b}$ を**比 $a : b$ の値**という．

$a$ を比の前項，$b$ を比の後項という．前項，後項を総称して**比の項**という．

**比の大小相等は，比の値の大小相等によって決める．**

つまり

$$\frac{a}{b} > \frac{c}{d} \quad のときは a : b > c : d$$

$$\frac{a}{b} = \frac{c}{d} \quad のときは a : b = c : d$$

$$\frac{a}{b} < \frac{c}{d} \quad のときは a : b < c : d.$$

比の値は一つの分数で与えられるから，分数に関するいろいろな性質は，すべて比の値に適用できる．

**(例15.1.1)** $m$ を任意の実数とすると

$$a : b = ma : mb$$

これは比の値を $m$ で約分すればよい．

例えば，$25ax^2y : 15bxy^2 = 5ax : 3by$ である．

二つの比が等しいことを示す等式を**比例式**という．そして先の定義から

> $a : b = c : d$ のときは $ad = bc$ である．
> $ad = bc$ のときは $a : b = c : d$ である．

この比例式で，$a$, $d$ を外項，$b$, $c$ を内項という．内項の積は外項の積に等しい．

**(例15.1.2)** 比例式 $(3x + 8) : (2x + 7) = 4 : 3$ を解け．

内項の積は外項の積に等しいから

$$4(2x + 7) = 3(3x + 8),$$
$$8x + 28 = 9x + 24,$$
$$x = 4$$

(問15.1.1) 次の各比を簡単にせよ．

(1) $\dfrac{5}{6}x : \dfrac{3}{4}x$　　(2) $0.85x : 0.17y$

(3) $12a^2b : 27ab^2$　　(4) $(x + y)^2 : x^2 - y^2$

(問15.1.2) 次の比例式を解け．

(1) $(3x + 5) : (3x - 5) = 3 : 2$

(2) $2(x + 2) : (3x - 5) = 5 : 2$

**(例15.1.3)** $\mathrm{A} : h = a + b : n$ を $a$ に関して解け．

内項の積は外項の積に等しいから

$$nA = h(a + b),$$

$$ha = nA - bh,$$

$$a = \frac{nA - bh}{h}$$

（問15. 1. 3）$f : p = h : 2\pi r$ を $r$ に関して解け．

## §2. 比　例

ここで新しい公理を一つ追加する．

（公理５）長方形 ABCD の面積は，隣りあった辺の長さの積，AB×AD に等しい．

この公理から直ちに分かることは，対角線 BD を引くと

$$\triangle ABD \equiv \triangle BCD$$

$$\therefore \quad \triangle ABD = \triangle BCD = \frac{1}{2}\text{長方形} ABCD$$

（定理13. 5. 1）から AB ＝ DC，AD ＝ BC だから

$$\triangle ABD = \frac{1}{2}AB \times AD,\ \triangle BCD = \frac{1}{2}CD \times BC$$

ここで AD，BC は２本の平行線 AB ∥ DC の一方から他方へ下ろした垂線の長さで，三角形の**高さ**と呼ばれる．

次に，長方形 ABCD の辺 DC の上またはその延長上に点 F，E をとり，AF ∥ BE とすると，（定理1 3. 5. 2）から

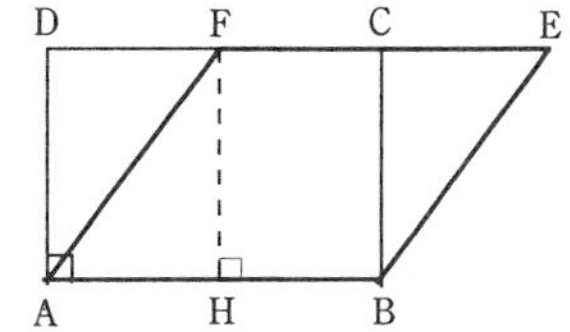


長方形 ABCD ＝平行四辺形 ABEF　　①

F から AB へ垂線 FH を下ろし，垂線の足を H とすると

AD ＝ HF，

長方形 ABCD ＝ AB×AD ＝ AB×HF　　②

①, ②から

平行四辺形 ABCD ＝ AB×HF（＝底辺の長さ×高さ）となる．

**（定理15. 2. 1）** △ ABC の辺 AB 上の任意の 1 点 D を通って辺 BC に平行な直線を引き，辺 AC との交点を E とすると

(1)　$\dfrac{AD}{BD}=\dfrac{AE}{CE}$

(2)　$\dfrac{AD}{AB}=\dfrac{AE}{AC}$, $\dfrac{BD}{AB}=\dfrac{CE}{AC}$

(3)　$\dfrac{AD}{AB}=\dfrac{DE}{BC}$

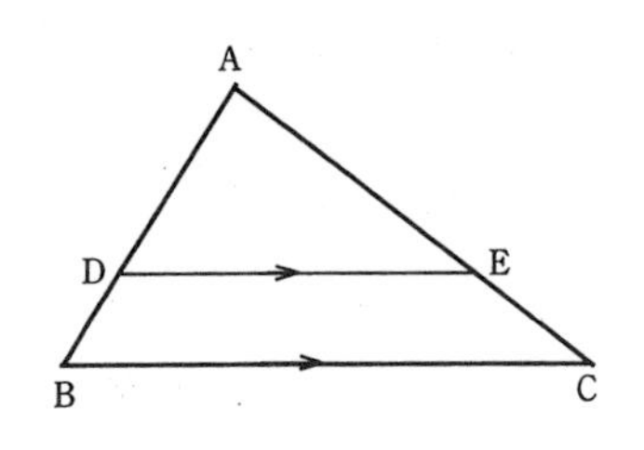


**（証明）** (1) DE ∥ BC だから　△ DEB ＝△ DEC

$$\frac{\Delta ADE}{\Delta BED}=\frac{\Delta ADE}{\Delta CDE} \qquad ①$$

D から AC へ垂線 DG を，E から AB へ垂線 EH を下ろして，それぞれの足を G，H とすると，①式は

$$\frac{\frac{1}{2}AD\times EH}{\frac{1}{2}BD\times EH}=\frac{\frac{1}{2}AE\times DG}{\frac{1}{2}CE\times DG}$$

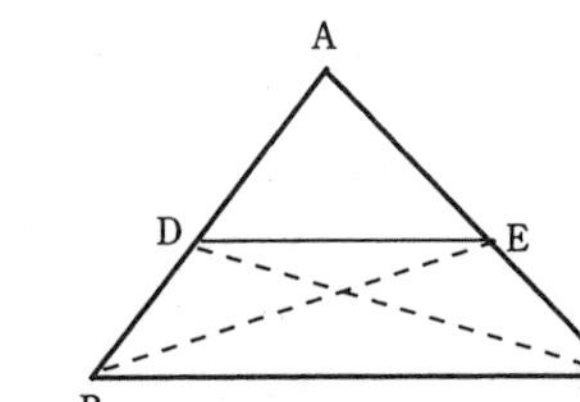


となる．約分して

$$\frac{AD}{BD}=\frac{AE}{CE}$$

(2)　(1)で証明した比の値を分母子をひっくり返して

$$\frac{BD}{AD}=\frac{CE}{AE},$$

比の値の両方に 1 を加えると．

$$\frac{BD}{AD}+1=\frac{CE}{AE}+1,$$

$$\frac{\mathrm{BD}+\mathrm{AD}}{\mathrm{AD}}=\frac{\mathrm{CE}+\mathrm{AE}}{\mathrm{AE}}$$

となる．それで

$$\frac{\mathrm{AB}}{\mathrm{AD}}=\frac{\mathrm{AC}}{\mathrm{AE}}$$

分母と分子を引っくり返せばよい．

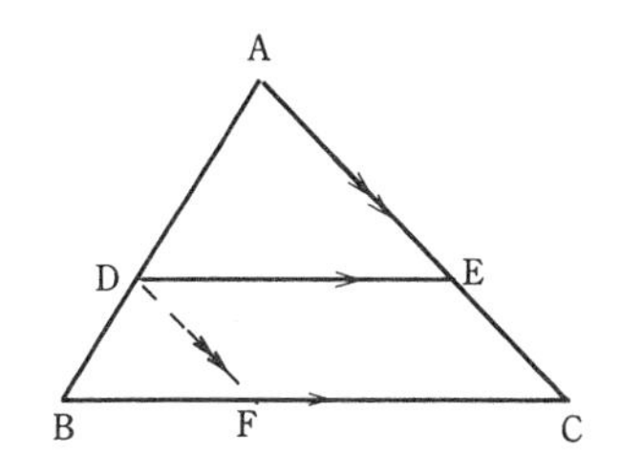


(3)　右図において，点 D から AC に平行線を引いて BC との交点を F とする．すると DE ＝ FC.

$$\frac{\mathrm{AD}}{\mathrm{AB}}=\frac{\mathrm{FC}}{\mathrm{BC}}=\frac{\mathrm{DE}}{\mathrm{BC}}$$

(問15. 2. 1)　平行四辺形 ABCD の対角線 AC 上の任意の点Pから辺 AB に平行に引いた直線が，AD，BC と交わる点をそれぞれE，F とする．また，P から辺 AD に平行に引いた直線が，AB，CD と交わる点をそれぞれ G，H とすれば，EP : PF ＝ GP : PH であることを証明せよ．

(問15. 2. 2)　3 本の平行線 $l$, $m$, $n$ が直線 $a$ と A, B, C で交わり，直線 $b$ と L，M，N で交わるならば

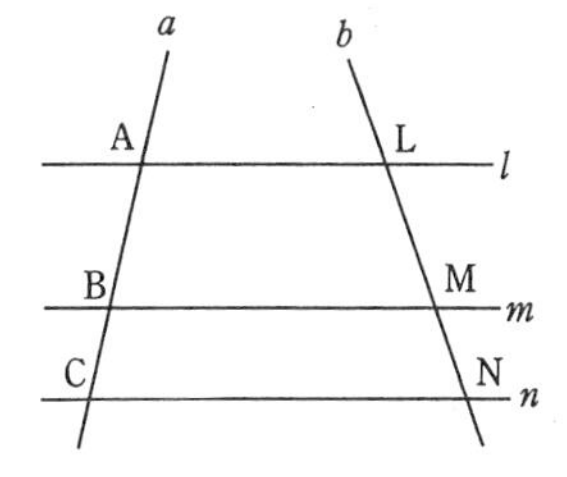


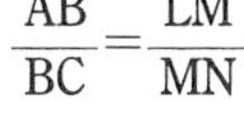

$$\frac{\mathrm{AB}}{\mathrm{BC}}=\frac{\mathrm{LM}}{\mathrm{MN}}$$

であることを証明せよ．

(問15. 2. 3)　台形 ABCD の対角線の交点 O を通り，底辺に平行な直線が，平行でない 2 辺と交わる点を P，Q とすれば

OP ＝ OQ

であることを証明せよ．

**(定理15. 2. 2)**　△ ABC において，AB，AC 上に点 D，E をとる，

$$\frac{\mathrm{AD}}{\mathrm{AB}}=\frac{\mathrm{AE}}{\mathrm{AC}}$$

ならば，DE ∥ BC である．

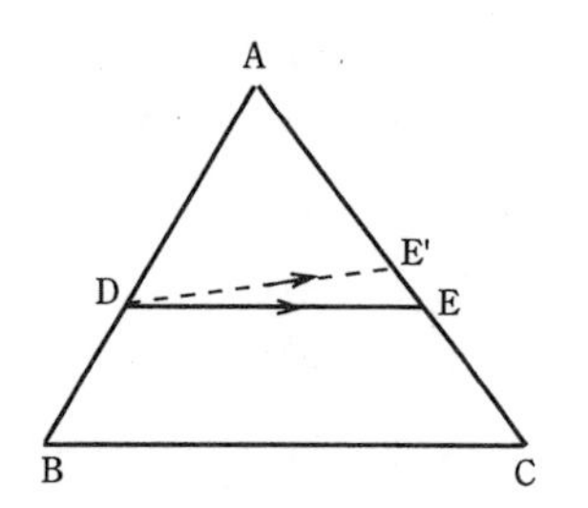


（**証明**） DE ∦ BC とする．すると

DE' ∥ BC となる点 E'を AC 上に

とることができる．上の定理により

$$\frac{AD}{AB}=\frac{AE'}{AC}$$

一方， 仮定から

$$\frac{AD}{AB}=\frac{AE}{AC}$$

であるから，

$$\frac{AE}{AC}=\frac{AE'}{AC},$$

$$\therefore\ AE = AE'$$

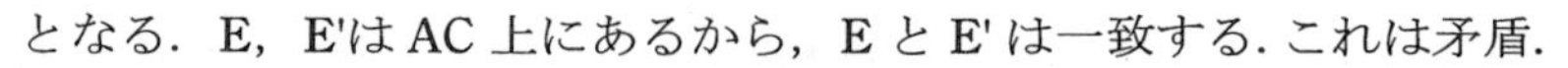

となる．E，E'は AC 上にあるから，E と E' は一致する．これは矛盾．

$$\therefore\ DE \parallel BC \qquad \text{(Q. E. D.)}$$

## §3. 三角形についての比例線

（定義） 二つの量の比 $a:a'$ が他の種類の二つの量の比 $b:b'$ に等しいとき，$a, a', b, b'$ は比例するという．このとき，量 $a, b$ は同種の量でも異種の量でもかまわない．

（定義） 点 P が線分 AB 内にあって，AP : PB ＝ $k$ : 1 のとき，P は AB を $k$ : 1 の比に**内分する**という．P が AB の延長上にあって，AP : PB ＝ $k$ : 1 のとき， P は AB を $k$ : 1 の比に**外分する**という．

（問15. 3. 1） $k$ ＝ 1 のとき，線分 AB を $k$ : 1 に内分する点はどこか．また外分する点はどこか．

（**定理15. 3. 1**） 三角形の一つの内角の二等分線は，この角の対辺を他の 2 辺の比に内分する．また，外角の二等分線は，対辺を他の 2 辺の比に外分する．

**（証明）** △ ABC において，∠ A の二等分線が辺 BC と交わる点を D とするとき，

$$BD : CD = AB : AC$$

であることを証明すればよい．

C を通り，DA に平行線を引き，BA の延長と交わる点を E とすれば，

$$BD : DC = BA : AE, \qquad ①$$

AD ∥ CE であるから

∠ BAD ＝∠ AEC，（同位角）

∠ DAC ＝∠ ACE，（錯角）

∠ A の二等分線という仮定から，上の左辺の角は相等しいので

∠ AEC ＝∠ ACE

∴　AC ＝ AE　　　　　　②

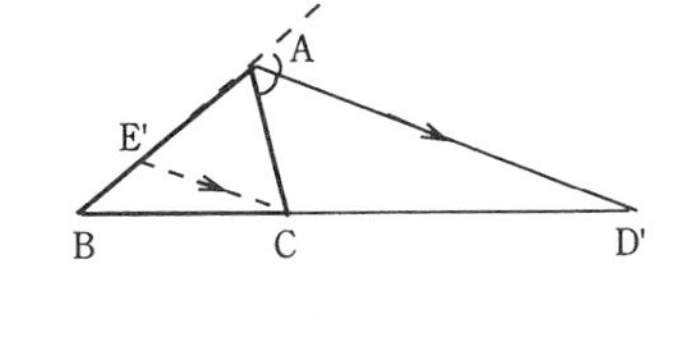


②を①に代入すると

$$BD : DC = BA : AC.$$

∠ A の外角の二等分線が BC の延長と交わる点を D'とする．C を通り，AD'と平行な線が AB と交わる点を E'とすると

BD' : CD'＝ AB : AE'

AE'＝ AC

であることはすぐに分かる．　（Q. E. D.）

**（定理15. 3. 2）**（定理15. 3. 1）の逆も成立する．つまり，△ ABC の頂点を通る直線が対辺 BC と交わる点を D とする．そのとき，AB : AC ＝ BD : DC であるならば，AD は∠ A を 2 等分する．

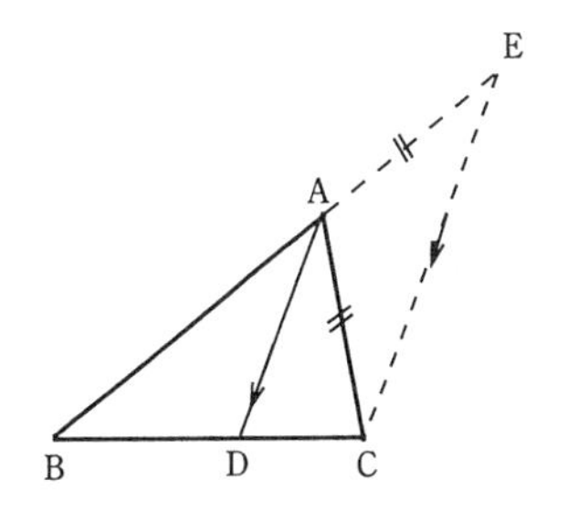


**（証明）** AB の延長上に AC ＝ AE となる点 E をとる．

仮定の AC に AE を代入して

$$AB : AE = BD : DC$$

それで(定理15. 3. 2)によって AD ∥ CE. このことから

$\angle BAD = \angle BEC$　(同位角),

$\angle BEC = \angle ACE$　(二等辺三角形の底角),

$\angle ACE = \angle CAD$　(錯角),

$\therefore\ \angle BAD = \angle CAD$　(Q. E. D.)

(問15. 3. 2) この定理は外分点についても成立することを証明せよ．つまり，△ABC の辺 BC の延長上に点 D' があり，AB∶AC = BD'∶CD' ならば AD' は∠A の外角を 2 等分することを証明せよ.

(問15. 3. 3) △ABC の辺 BC の中点を M，∠AMB の二等分線が辺 AB と交わる点を D，∠AMC の二等分線が辺 AC と交わる点を E とすれば，DE ∥ BC であることを証明せよ.

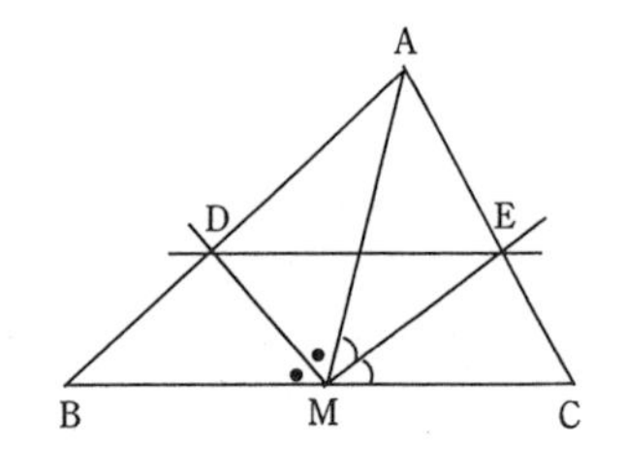


**(例15. 3. 1)** 与えられた線分 AB を 5 等分せよ.

**(解)** 点 A から半直線 AX を任意の方向に引く．AX 上に A から任意の長さを単位にして, 順々に点 $P_1, P_2, P_3, P_4, P_5$ をとる. $P_5$ と B を結ぶ. $P_1, P_2, P_3, P_4$ から $P_5B$ に平行線を引き，AB との交点をそれぞれ $Q_1$, $Q_2$, $Q_3$, $Q_4$ とすれば, それらが求める 5 等分点である.

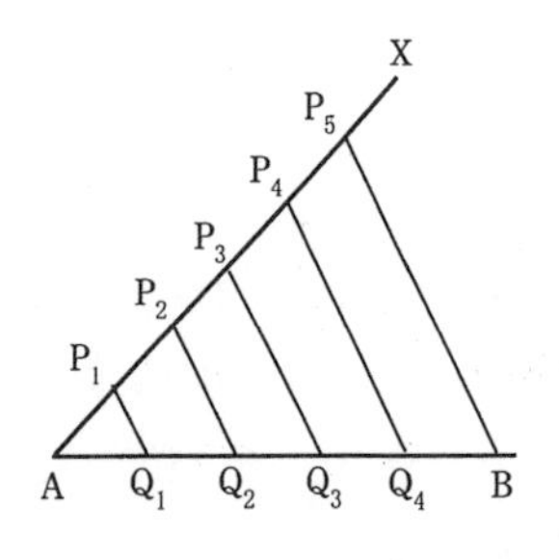


(問15. 3. 4) (例15. 3. 1)の作図が正しいことを証明せよ.

(問15. 3. 5) 与えられた線分 AB を 3 : 2 に内分せよ．また，与えられた線分 AB を 3 : 2 に外分せよ.

(問15. 3. 6) 与えられた線分 AB を 2 : 3 に内分せよ．また，与えられた線分 AB を 2 : 3 に外分せよ．

（問15. 3. 7） 線分 AB の長さが $a$ であるとき，AB を $m:n$ に内分する点を C とする．AC の長さと BC の長さを求めよ．また，$m>n$ として，$m:n$ に外分した点を D とするとき，AD，BD の長さを求めよ．

## §4. 相 似 形

（定義） 二つの三角形があり，△ ABC，△ A' B' C'とする．

(1) ∠ A ＝∠ A'，∠ B ＝∠ B'，∠ C ＝∠ C'

(2) BC : B'C'＝ CA : C'A'＝ AB : A'B'

であるとき，この二つの三角形は**相似**であるといい，記号で

△ ABC ∽△ A'B'C'

と書く．言葉でいうと

(1) 対応する角の大きさは，それぞれ等しい；

(2) 対応する辺の長さの比は，すべて等しい．

対応する辺の長さの比を**相似比**という．

(1)，(2)は極めて強い条件であるが，これらの条件を少し緩めても相似形であることが分かる定理を述べよう．

**（定理15. 4. 1）** 二つの△ ABC，△ A'B'C' は次のいずれかの場合に相似である：

(1) ∠ A ＝∠ A'，∠ B ＝∠ B'

(2) $\angle A=\angle A',\ \dfrac{AB}{A'B'}=\dfrac{AC}{A'C'}$　　(3) $\dfrac{AB}{A'B'}=\dfrac{AC}{A'C'}=\dfrac{BC}{B'C'}$

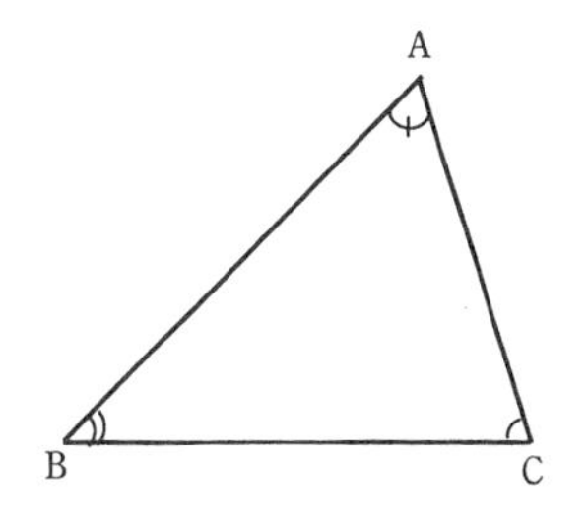


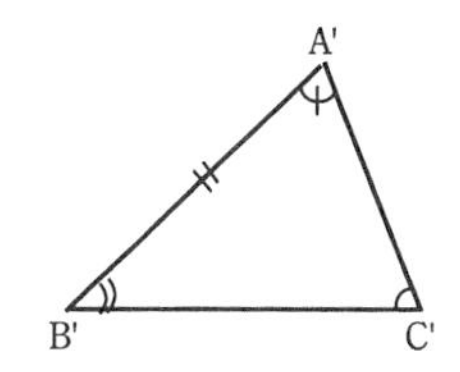

**(証明)** (1) 点 A'を A に重ね，AB 上に A'B'に等しく AB"をとる．∠B"=∠B'となるように B"C"を引き，AC との交点を C"とする．

△AB"C"≡△A'B'C'　(二角夾辺相等)　①

∴　∠C"=∠C'=∠C

∠B"=∠B より B"C" ∥ BC

(定理15. 2. 1) より

$$\frac{AB}{AB''}=\frac{AC}{AC''}=\frac{BC}{B''C''} \quad ②$$

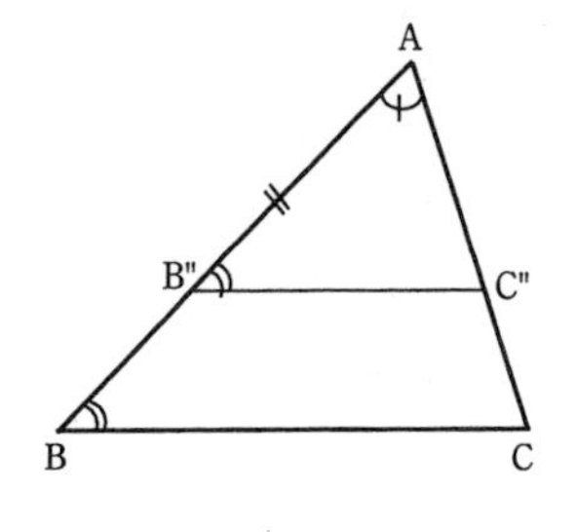


①から，AB"= A'B'，AC"= A'C'，B"C"= B'C' である．これらを②に代入すると

$$\frac{AB}{A'B'}=\frac{AC}{A'C'}=\frac{BC}{B'C'}$$

(2)　∠A =∠A'だから，A'を A に重ねると，△A'B'C'を△ABC の上に重ねることができる．重ねた三角形を△AB"C"とする．

△AB"C"≡△A'B'C'　(二辺夾角相等)　①

仮定

$$\frac{AB}{A'B'}=\frac{AC}{A'C'}$$

に①の結果，AB"= A'B'，AC"= A'C'を代入すると

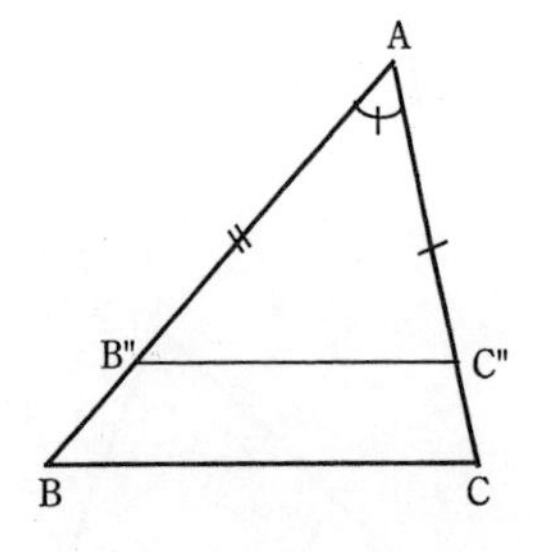


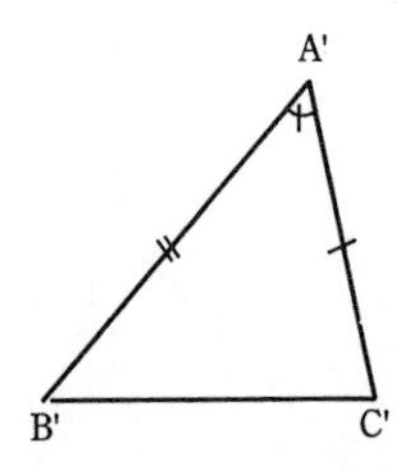

$$\frac{AB}{AB''}=\frac{AC}{AC''}$$

となる．それで(定理15.2.2)より BC ∥ B"C"．②

それで∠B＝∠B"，∠C＝∠C"となる．①から，∠B'＝∠B"，∠C'＝∠C"

であるから，∠B＝∠B'，∠C＝∠C'.

②から

$$\frac{AB}{AB''}=\frac{AC}{A''C''}$$

となり，これに①の結果を代入すると

$$\frac{AB}{A'B'}=\frac{BC}{B'C'}$$

(3)　辺 AB, AC 上に A'B'＝AB"，A'C'＝AC"となる点 B"，C"をとる．

仮定

$$\frac{AB}{A'B'}=\frac{AC}{A'C'}$$

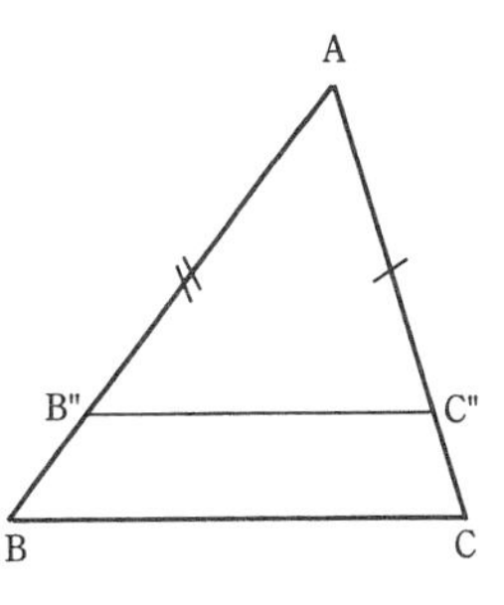


にこれらを代入すると

$$\frac{AB}{AB''}=\frac{AC}{AC''}$$

となり，(定理15.2.2)から BC ∥ B"C"；

それで

∠B＝∠B"，∠C＝∠C"，かつ

$$\frac{AB}{AB''}=\frac{BC}{B''C''}=\frac{BC}{B'C'}$$

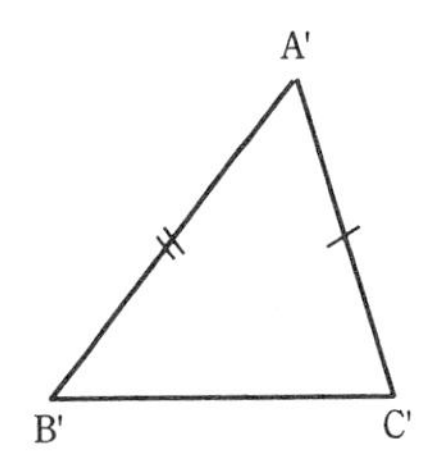


から，B"C"＝B'C'．このことから

△AB"C"≡△A'B'C'（三辺相等）

∴　∠A＝∠A'，∠B＝∠B"＝∠B'，

∠C＝∠C"＝∠C'　(Q. E. D.)

（問15. 4. 1） 二つの直角三角形は，斜辺と他の１辺の比が等しいときは相似であることを証明せよ.

（問15. 4. 2） △ ABC の中線 AD の中点を O とする. BO の延長と AC との交点を E とするとき，OB : OE を求めよ.

（問15. 4. 3） 前問で D を BC 上の任意の点とするとき，AE : EC = BD : BC であることを証明せよ.

**（定理15. 4. 2）** 直角三角形 ABC の直角頂 A から斜辺 BC に垂線 AD を下ろす. そのとき

(1) △ ABD ∽ △ ACD ∽ △ ABC

(2) BD : AB = AB : BC (AB を BC，BD の**比例中項**という.)

(3) BD : AD = AD : CD

**（証明）** (1) △ ABC と △ ABD において

∠ BAC = ∠ BDA = 直角

∠ B は共通

∴ △ ABC ∽ △ ABD （二角相等）

同様に △ ABC ∽ △ ACD （二角相等）

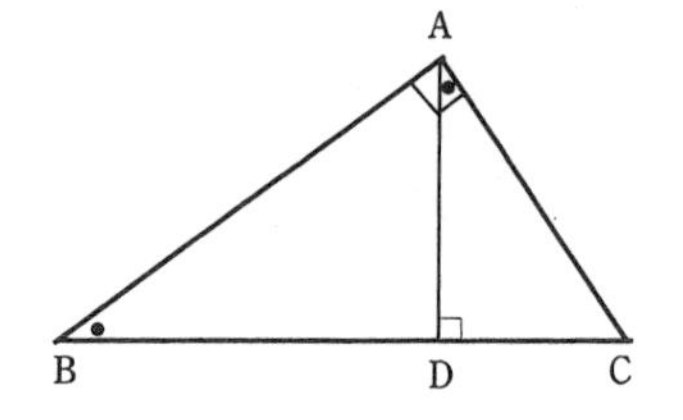


(2) △ ABC ∽ △ ABD から

$$\frac{AB}{BC}=\frac{BD}{AB}$$

(3) △ ABD ∽ △ ACD から出てくる. (Q. E. D.)

この定理の比例式において，外項の積＝内項の積とするとき，比例中項の積 AB×AB を $AB^2$ と書く.

**（系15. 4. 1）** 直角三角形 ABC において，∠ A ＝直角とすると

$$BC^2 = AB^2 + AC^2$$ **（ピュタゴラスの定理）**

**（証明）** （定理15. 4. 2）から

$$AB^2 = BC \times BD$$

$$AC^2 = BC \times CD$$

辺々加えると

$$AB^2 + AC^2 = BC \times (BD + CD)$$
$$= BC^2 \qquad \text{(Q. E. D.)}$$

(問15. 4. 4) 任意の△ABC において，頂点 A から底辺 BC に垂線 AD を下ろすと，$AB^2 - AC^2 = BD^2 - CD^2$ であることを証明せよ.

## §5. 円についての比例線

**(定理15. 5. 1)** 一つの円の弦またはその延長が，一定点を通るとき，弦がこの定点によって分けられた二つの部分の積は一定である. **(方冪定理)**

**(証明)** 円 O の弦 AB またはその延長が，定点 P を通るとき，PA・PB は一定である. (PA・PB を P から円への**方冪**という.) なぜなら，下図で

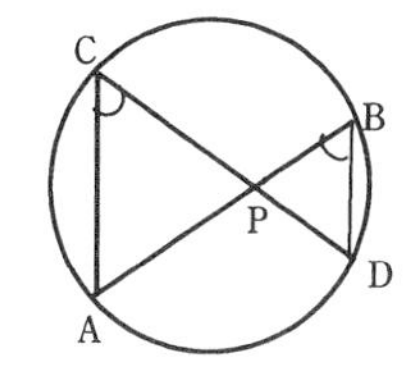

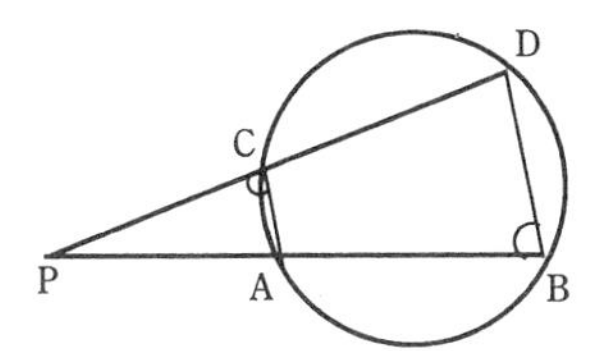


△PAC ∽ △PBD　　(二角相等)

PA : PC ＝ PD : PB,

∴　PA・PB ＝ PC・PD ＝一定　　(Q. E. D.)

**(定理15. 5. 2)** (定理15. 5. 1) の逆が成立する.

すなわち，一点 P を通る 2 直線上に A, B ; C, D をとり，

PA・PB ＝ PC・PD　　①

が成立するならば，A, B, C, D は同一円周上にある(**共円点**である).

**(証明)** 3 点 A, B, C を通る円は存在する. (外心があるから.) もしも D がこの円上になければ，直線 PC またはその延長とこの円との交点を D'とする. すると，先の定理から

PA・PB ＝ PC・PD'　　②

①÷②を実行すると

$$1 = PD/PD'$$

それで, D と D' は一致する．このことは矛盾である．それで A, B, C, D は共円点である．(Q. E. D.)

**(定理15. 5. 3)** 線分 AB の延長上の点 P を通る線分 PT が円 ABT に接するとき

$$PT^2 = PA \cdot PB$$

である．逆も成り立つ．

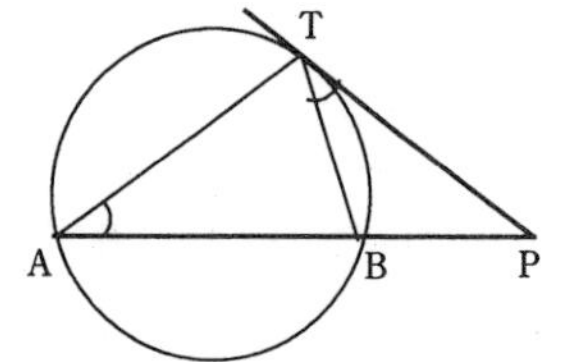


(問15. 5. 1) この定理を証明せよ．

(問15. 5. 2) 2点 A，B で交わる2円がある．その一方の円の弦 CD の延長と，AB の延長とが交わる点を P とする．この P から他方の円に引いた接線の接点を T とすると，円 ABT と円 CDT は点 T で接することを証明せよ．

(問15. 5. 3) 二等辺三角形 ABC の頂点 A を通る直線が，底辺 BC またはその延長と D で，外接円と E で交わると，$AD \cdot AE = AB^2$ であることを証明せよ．

(問15. 5. 4) △ ABC の角 A の二等分線が BC および外接円と交わる点をそれぞれ D，E とすると，$AD \cdot AE = AB \cdot AC$ であることを証明せよ．

## §6. 相似の中心

二つの三角形が相似であるということは，**同じ形**ということである．このことを多角形について考えてみよう．

一つの多角形 ABC … E の各頂点を1点 O と結ぶ線分を同じ比に分ける点 A', B', C', …, E'を順々に結んでできる多角形 A' B' C'… E' を元の多角形と**同じ形**，つまり**相似形**という．このとき，O は多角形の内部の点でも，外部の点でもかま

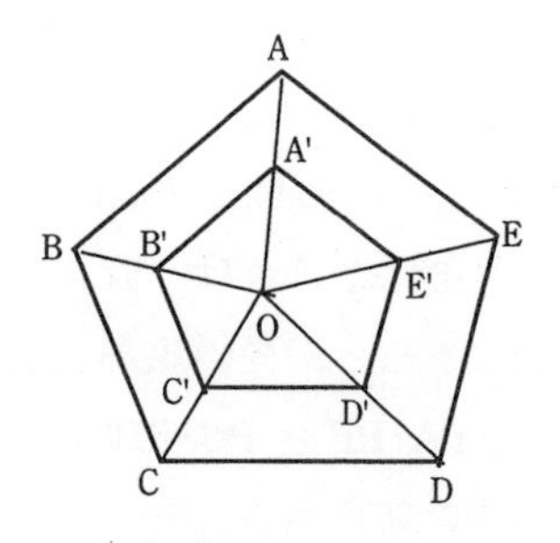

わない．O 点が外部にあれば，下の図のようになる．いずれにせよ，多角形の対応する 2 点 P, P'に対し，OP：OP' が一定である．このとき二つの図形は**相似の位置にある**，点 O を**相似の中心**，一定の比を**相似比**という．

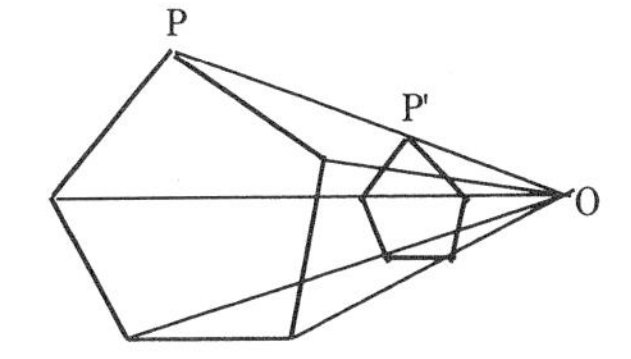


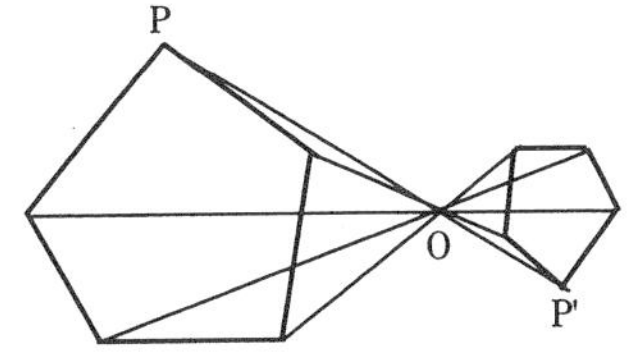


**(定理15. 6. 1)** 相似な二つの多角形の周の比は相似比に等しく，面積の比は相似比の 2 乗に等しい．

**(証明)** 二つの多角形を図のように相似の位置に配置する．△ OAB と△ OA'B' において, O から辺 AB, A'B'へ垂線 OH, OH'を下ろす.

$$\frac{OA'}{OA}=\frac{OB'}{OB}=\frac{A'B'}{AB}=\frac{k}{1}$$

だから，A'B'＝ $k$AB；同様にして

B'C'＝ $k$BC，C'D'＝ $k$CD, ⋯

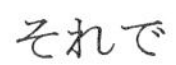
それで

A'B'＋ B'C'＋ C'D'＋⋯＝ $k$(AB ＋ BC ＋ CD ＋⋯)；

多角形 A'B'C'⋯の周＝ $k$(多角形 ABC ⋯の周)

また，

$$\frac{OA'}{OA}=\frac{A'B'}{AB}=\frac{OH'}{OH}=\frac{k}{1}$$

それで

A'B'＝ $k$AB，OH'＝ $k$OH,

$$\triangle\ OA'B'=\frac{1}{2}A'B'\times OH'$$

$$=\frac{1}{2}\ k^2\mathrm{AB}\times\mathrm{OH}=k^2\triangle\mathrm{OAB}\ ;$$

同様にして

$$\triangle\mathrm{OB'C'}=k^2\triangle\mathrm{OBC},\ \ \triangle\mathrm{OC'D'}=k^2\triangle\mathrm{OCD},\cdots$$

それで

$$\triangle\mathrm{OA'B'}+\triangle\mathrm{OB'C'}+\cdots=k^2(\triangle\mathrm{OAB}+\triangle\mathrm{OBC}+\cdots)$$

多角形 A'B'C'…の面積＝$k^2\times$ 多角形 ABC …の面積　(Q. E. D.)

(問15. 6. 1) 二つの相似三角形において，外接円の半径の比は相似比に等しいことを証明せよ．

(問15. 6. 2) 二つの円は相似である．その相似比は半径の比に等しいことを証明せよ．また，相似の中心を求めよ．

## §7. 方程式の幾何学的解法

既にいくつかの方程式は代数で解いてきた．ここでは作図により，方程式を解くことを考える．

(例15. 7. 1) 比例式 $a:b=x:c$ を解け．ただし $a<b$ とする．

線分 AB の長さ＝$b$，AB 上に AD＝$a$ となる点 D をとる．また AC の長さ＝$c$ となる△ABC を作図する．D を通り，BC に平行な直線を引き，AC と交わる点を E とすると，AE＝$x$ である．

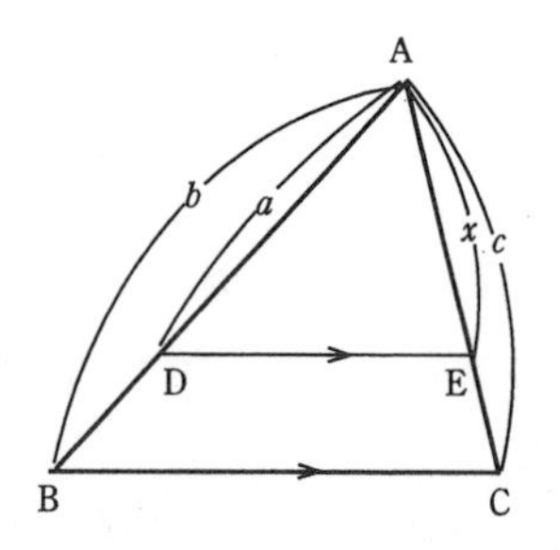


なぜならば，作図により DE ∥ BC だから

$$\frac{\mathrm{AD}}{\mathrm{AB}}=\frac{\mathrm{AE}}{\mathrm{AC}},\quad \frac{a}{b}=\frac{x}{c}$$

これは $x=\dfrac{ac}{b}$ を求めたことになる．

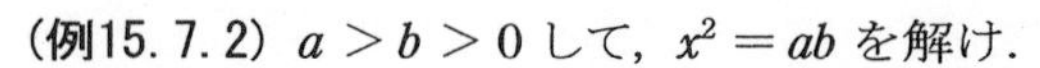

(例15. 7. 2) $a>b>0$ して，$x^2=ab$ を解け．

これは $a:x=x:b$ となる $x$ を解けばよい．解き方は２通りある．

(1)　AB $=a$, BC $=b$ とおき，AB $+$ BC $=$ AC を直径とする半円を描く．点 B から AC に垂線を立て，それが半円と交わる点を D とする．BD $=x$ である．

(2)　別解は，AB $=a$，AC $=b$ とおき，AB を直径とする半円を描く．点 C において立てた AB の垂線と半円の交点を D とする．AD $=x$ である．

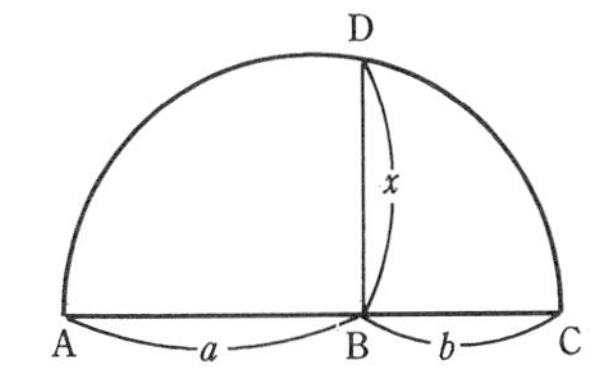


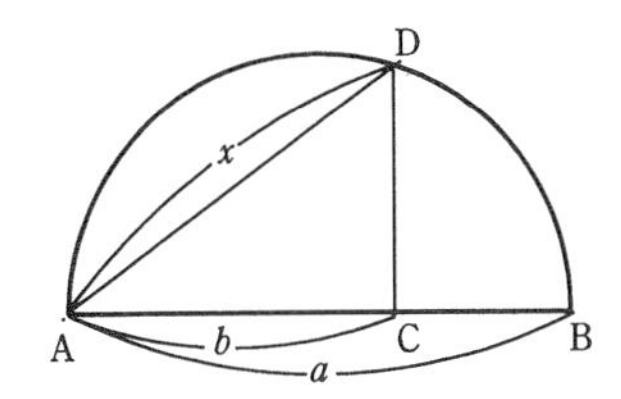


代数では $x^2=ab$ の根は $\pm\sqrt{ab}$ と二つあるが，幾何学的解法は正の $x=\sqrt{ab}$ しか解を与えないことはいうまでもない．

(問15. 7. 1)　この例で求めた線分の長さが，方程式 $x^2=ab$ の根であることを証明せよ．

**(例15. 7. 3)**　与えられた線分の長さを $a, b>0$ とする．このとき，二次方程式は4通りの場合に分けられる．

(1)　$x^2+ax+b^2=0$

(2)　$x^2+ax-b^2=0$ すなわち $x(x+a)=b^2$

(3)　$x^2-ax-b^2=0$ すなわち $x(x-a)=b^2$

(4)　$x^2-ax+b^2=0$ すなわち $x(a-x)=b^2$

これらの方程式を幾何学的に解け．もちろん，根 $x$ も正である．

(1)の場合には根がない．というのは，左辺は正となるから．

(2)は左下の図において，方冪の定理から AB $=x$ である．

(3)は左下の図において，方冪の定理から AC $=x$ である．

(4)は右下の図において，AC $=x$ である．

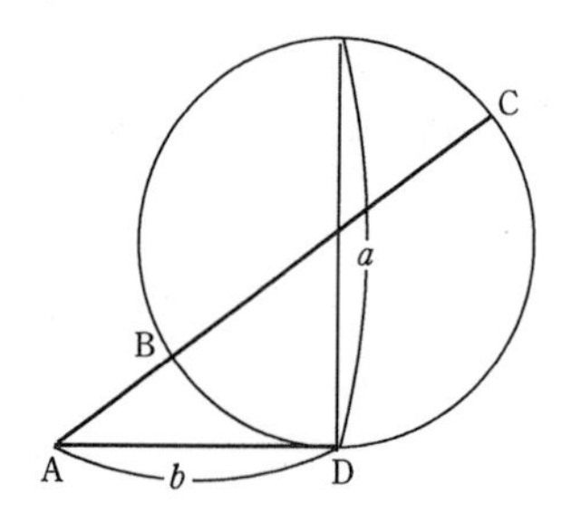


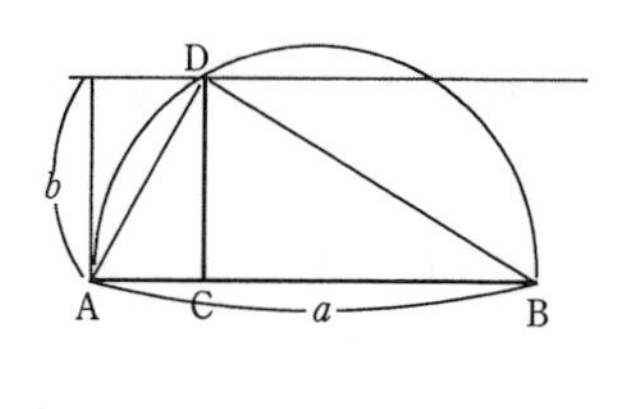


（問15. 7. 2）上の例の作図が正しい根を導き出すことを証明せよ.

**（例15. 7. 4）** 円 O に内接する正四角形（正方形）と正六角形を作図せよ.

**（解）** (1) 円の中心を通る直径 AB を引く. O において AB に垂線を引き, その垂線が円と交わる点を C, D とする. A, C, B, D を結ぶと, それが求める内接正方形である.

(2) 円 O 上の任意の 1 点 A をとる. A から円 O の半径 OA をもって円周を順々に切っていき, それらの点を反時針方向に B, C, D, E, F と名付ける. 多角形 ABCDEF が求める内接正六角形である.

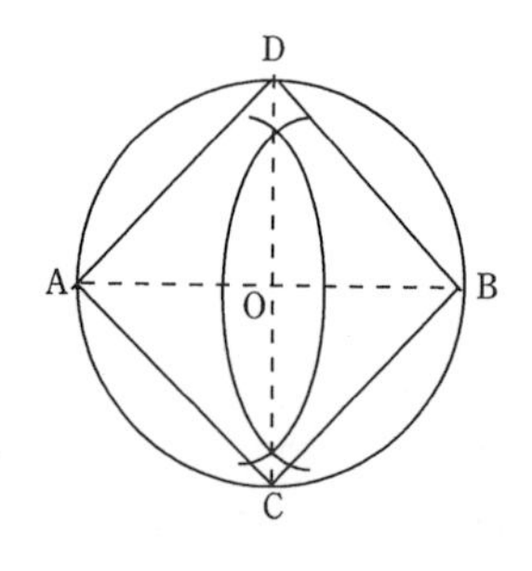


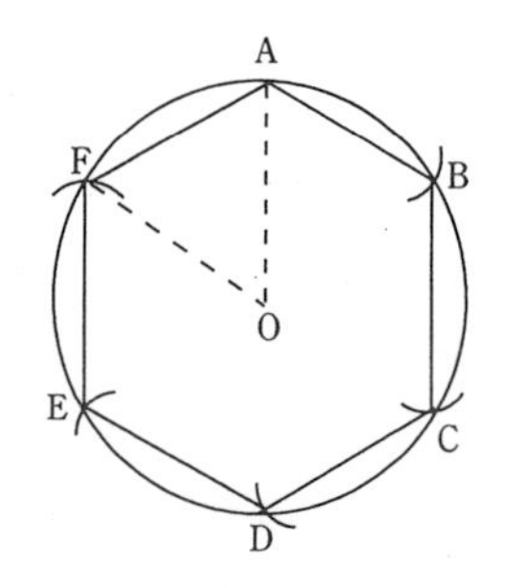


この例から, 円に内接する正 4, 8, 16, 32, …角形と, 正 3, 6, 12, 24, 48, …角形は作図できる. 先行する内接正多角形の各円弧の二等分点を求めていけばよいから.

**（例15. 7. 5）** 円 O に内接する正十角形を作図せよ.

正十角形の 1 辺を AB とする.

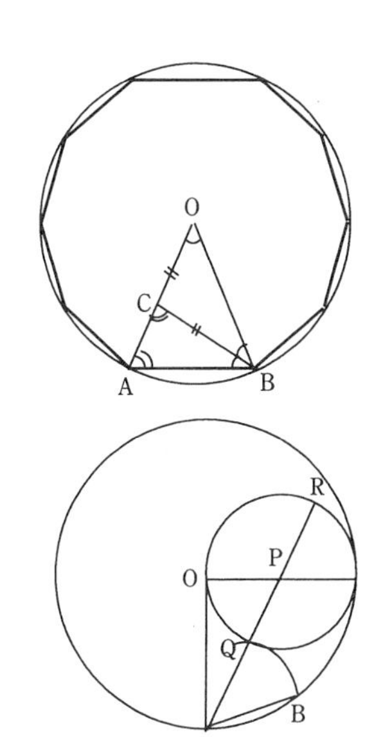


$\angle AOB = \dfrac{4}{10}\angle R \equiv \alpha$　とおく．すると

$2\angle R = 5\alpha$ となる．

$$\angle OAB = \angle OBA = \frac{1}{2}(2\angle R - \alpha) = 2\alpha$$

従って，∠OBA の二等分線と OA との交点を C とすると，OC = BC，かつ

$\angle ACB = 2\alpha = \angle BAC$,

∴　$\triangle OAB \backsim \triangle BAC$　（二角相等）

そこで，OA = $a$，AB = $x$ とおくと

OA : AB = OC : AC

$a : x = x : a - x$,

$x^2 = a(a - x)$，すなわち $x(x + a) = a^2$

このことから，円 O の半径を直径とする

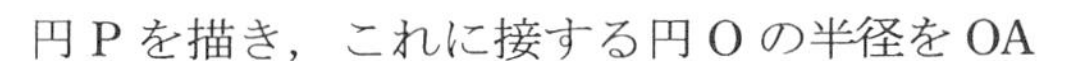

円 P を描き，これに接する円 O の半径を OA

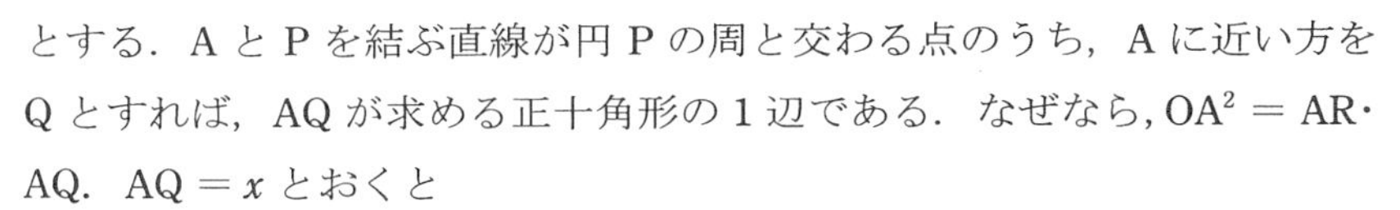

とする．A と P を結ぶ直線が円 P の周と交わる点のうち，A に近い方を Q とすれば，AQ が求める正十角形の 1 辺である．なぜなら，$OA^2 = AR \cdot AQ$．AQ = $x$ とおくと

$$a^2 = x(x + a)$$

となるからである．(右上図参照)

ここで，線分 AO を $OC^2 = AO \cdot AC$ のように内分することを**黄金分割**という．**レオナルド・ダ・ヴィンチ**の命名というが，真偽の程は分からない．

(例15. 7. 6)　二元連立方程式

$$\begin{cases} x + y = a \\ xy = bc \end{cases}$$

を幾何学的に解こう．$y = a - x$ であるから，一元二次方程式

$$x(a - x) = bc$$

を解くのと同じである. 下図のように, $BC = a$, $BB' \perp BC$, $CC' \perp BC$, $BB' = b$, $CC' = c$ ととる. B'C'を直径とする円と BC との交点を P(または P') とすると, BP と CP が求める方程式の根である.

$\angle B'PC' = \angle R$ (直径 B'C'上の円周角)

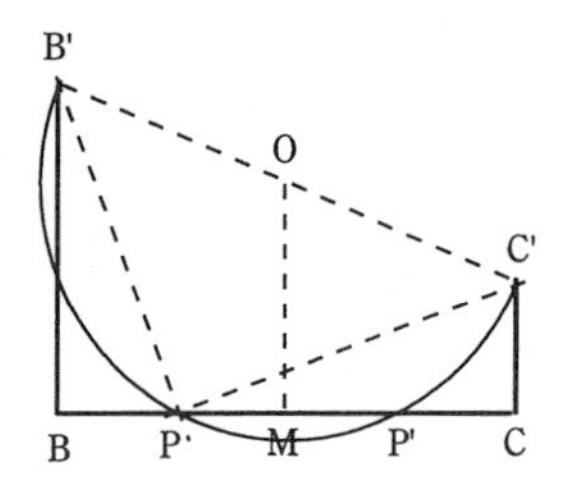


だから

$\angle BPB' = \angle PC'C$

$\therefore$ $\triangle BPB' \backsim \triangle PC'C$ (二角相等)

それで2つの三角形の対応辺の比をとると

$BP : BB' = CC' : PC$

$BP = x$ おいて, 上式に文字を当てはめると

$x : b = c : a - x$ ; つまり $x(a - x) = bc$.

BC の中点を M とすると

$$OM = \frac{1}{2}(b+c),$$

$$OB' = \frac{1}{2}B'C' = \frac{1}{2}\sqrt{a^2+(b-c)^2} \geqq \frac{1}{2}(b+c)$$

であるならば, 円 O と線分 BC は交わる. 上の不等式を2乗して

$a^2 + (b - c)^2 \geqq (b + c)^2$,

整理して

$a^2 - 4bc \geqq 0$

のとき根がある. $OB \geqq OM$ は判別式の幾何学的表現である.

## §8. 古典的定理

本節では数学者の名前を冠する古典的な有名な定理を紹介する.

**(例15. 8. 1)** 線分 AB を $k : 1$ に内分, 外分する点をそれぞれ C, D とする. CD を直径とする円上の任意の点を P とすると, $AP : BP = k : 1$ である.

**(証明)** P と A, C, D を結ぶ. $\angle CPA = \angle CPB'$ であるように直線 PB'を引き, AD との交点を B' とする. PC は $\angle APB'$ の二等分線であり, かつ

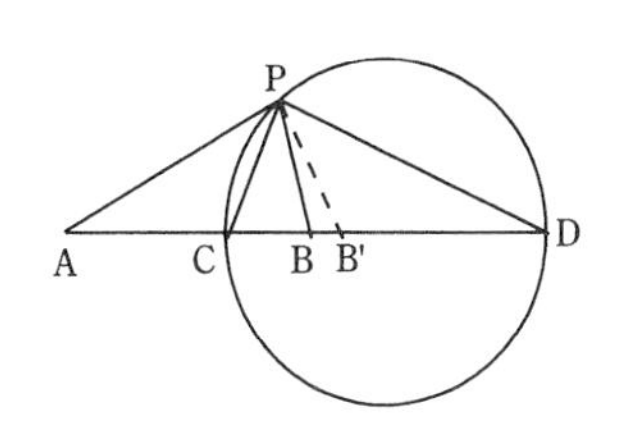


∠ CPD ＝∠ R だから，PD は∠ APB' の外角の二等分線である(定理15. 3. 2)．故に，C, D は AB'を $k$ : 1 に内外分する点である．ところが C, D は AB を $k$ : 1 に内外分する点だから，B と B' は一致する．それで∠ APB の二等分線は PC である. 結局

　AP : BP ＝ $k$ : 1

となる．(Q. E. D.)

この円を**アポロニウスの円**という．アポロニウスはトルコ南岸のペルガに生まれたギリシャ時代の学者である.

**(例15. 8. 2)** 円に内接する四角形 ABCD の対角線が点 P で直交するとき，P から AB へ下ろした垂線 PQ の延長は CD の中点を通る.

**(証明)** 直角三角形 APB において，PQ ⊥ AB だから，

　∠ BAP ＝∠ BPQ

　∠ BPQ ＝∠ DPR　(対頂角)

　∠ PDR ＝∠ BAP

　　　　(円弧 BC 上の円周角)

∴　∠ DPR ＝∠ PDR

∴　PR ＝ DR　

同様にして

　∠ RPC ＝∠ PCR から PR ＝ CR　②

よって，①, ②から DR ＝CR. (Q. E. D.)

この定理を**ブラマグプタの定理**という．ブラマグプタは 7 世紀のインドの数学者で，628年頃に最も活躍した.

(問15. 8. 1) ブラマグプタの定理の逆を述べよ．逆が成立するならば証明せよ．成立しなければ反例(成立しない例)をあげよ.

**(例15. 8. 3)** △ABC の外接円上の任意の1点Pから3辺BC, CA, AB に垂線PD, PE, PF を下ろせば，3点D, E, F は共線点である．

**(証明)** F と E, D を結ぶと，∠PEA＝∠PFA＝∠R だから，E, F は AP を直径とする円上にある．それで，∠AFE＝∠APE（円弧 AE 上の円周角）．

同様にして, F, D は BP を直径とする円上にある．

それで　∠BPD＝∠BFD（円弧 BD 上の円周角）．

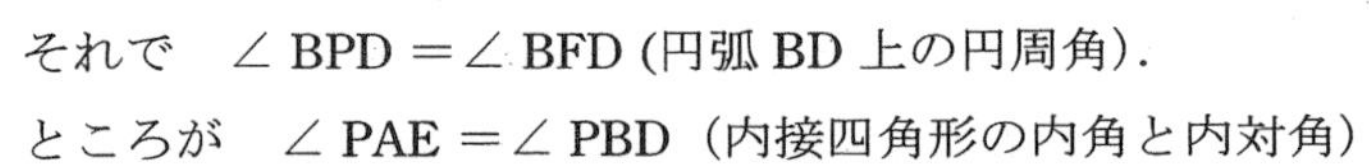

ところが　∠PAE＝∠PBD（内接四角形の内角と内対角）

∴　△PAE ∽ △PBD　（二角相等）

∴　∠BPD＝∠APE；

それで　∠BFD＝∠AFE；

このことから，E, F, D は一直線上にある．　　(Q. E. D.)

この直線 EFD を△ABC に関する点Pの**シムソン線**という．この定理を発見した**ロバート・シムソン**(1687. 10. 14～1768. 10. 1)はグラスゴー大学に学んだスコットランドの幾何学者である．

ロバート・シムソン

プトレマイオス

(問15. 8. 2)　シムソンの定理の逆を述べ，　逆が成立するときは証明せよ．　成立しないときは反例をあげよ．

**(例15. 8. 4)**　四辺形 ABCD が円に内接するとき，

$$AB \cdot CD + AD \cdot BC = AC \cdot BD$$

が成り立つ．すなわち，相対する２辺の作る長方形の面積の和は，対角線の作る長方形の面積に等しい．

**(証明)**　$\angle BAE = \angle CAD$ となるように直線 AE を四辺形内に引き，BD との交点を E とすれば，

$$\triangle ABE \backsim \triangle ACD \quad （二角相等）$$

$$\therefore \quad AB : BE = AC : CD \qquad ①$$

また，$\angle DAE = \angle BAC$，$\angle ADE = \angle ACB$ であるから

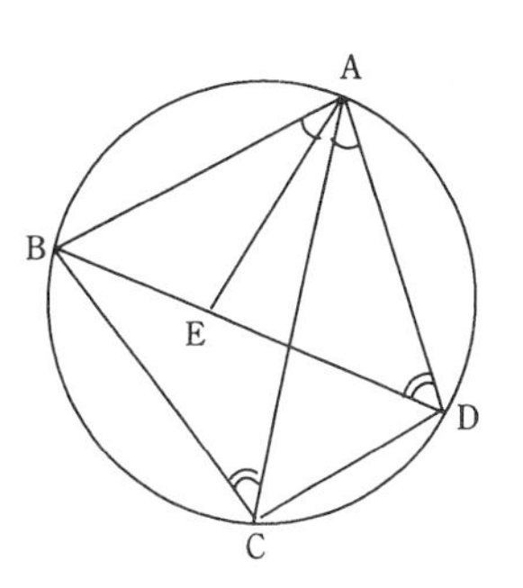


$$\triangle ADE \backsim \triangle ACB \quad （二角相等）$$

$$\therefore AD : DE = AC : BC \qquad ②$$

①から　$AB \cdot CD = AC \cdot BE$　　③

②から　$AD \cdot BC = AC \cdot DE$　　④

③＋④を計算すると

$$AB \cdot CD + AD \cdot BC = AC(BE + DE)$$
$$= AC \cdot BD \qquad (Q. E. D.)$$

この定理を**プトレマイオスの定理**という．プトレマイオスは２世紀頃アレクサンドリアにいた天文学者で，この定理は AC を円の直径にとると，三角関数の加法定理そのものであった．

(問15. 8. 3)　直線上に点 A, B, C, D がこの順番に配置しているとき

$$AB \cdot CD + AD \cdot BC = AC \cdot BD$$

が成立することを証明せよ．

この問題はプトレマイオスの定理の四辺形を直線にした場合にあたり，17世紀のスイスの数学者**オイレル**の名をとって，**オイレルの定理**という．

**(例15. 8. 5)** 線分 AB に向きを入れる．線分 AB の内分点を C，外分点を D とする．AC, CB は同じ向きであるが，AD, DB は反対の向きになる．同じ向きの時は正，反対の向きのときは負とすると，点 P に対し

$\dfrac{AP}{PB}>0$ のときは内分，

$\dfrac{AP}{PB}<0$ のときは外分

というように，同じ比の値をとっても，正か負かで内分と外分を判定できる．△ ABC の 3 辺 BC，CA，AB またはその延長が直線 XY とそれぞれ P, Q, R で交わるとき

$$\frac{BP}{PC}\cdot\frac{CQ}{QA}\cdot\frac{AR}{RB}=-1$$

が成立する．

**(証明)** 3 点 P, Q, R は共に外分点である（下の右図）か，またはそのうちの二つは内分点で他の一つは外分点である（下の左図）．

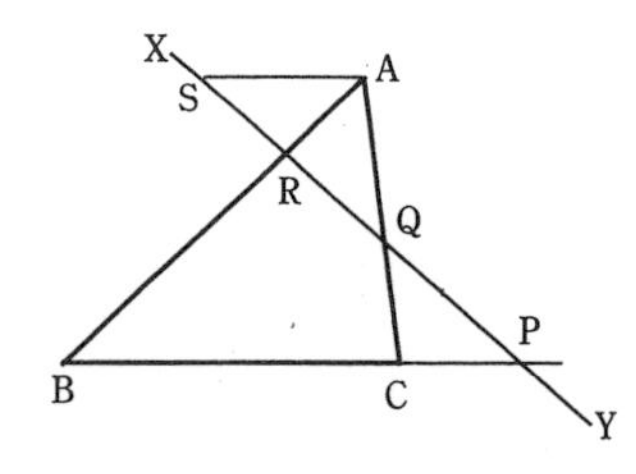


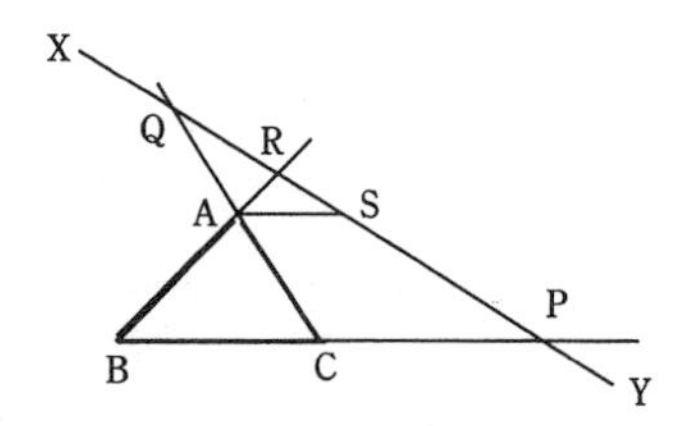


点 A を通って BC に平行な直線が直線 XY と交わる点を S とする．

$$\frac{CQ}{QA}=\frac{CP}{SA},\quad \frac{AR}{RB}=\frac{SA}{BP}$$

よって

$$\frac{BP}{PC}\cdot\frac{CQ}{QA}\cdot\frac{AR}{RB}=\frac{BP}{PC}\cdot\frac{CP}{SA}\cdot\frac{SA}{BP}=\frac{CP}{PC}=-1$$

である．(Q. E. D.)

この定理を**メネラウスの定理**という．メネラウスはプトレマイオスとほぼ同じ頃，２世紀初頭にアレクサンドリアにいた学者である．

(問15. 8. 4)　メネラウスの定理の逆を述べ，それが成立することを証明せよ．

**(例15. 8. 6)**　△ABC の内部の点 O と３頂点 A, B, C と結ぶ直線が対辺と交わる点をそれぞれ P, Q, R とすると

$$\frac{\mathrm{BP}}{\mathrm{PC}}\cdot\frac{\mathrm{CQ}}{\mathrm{QA}}\cdot\frac{\mathrm{AR}}{\mathrm{RB}}=1$$

であることを証明せよ．

**(証明)**　△ABP と△ACP において，A 点から底辺へ下ろした垂線の長さ(三角形の高さ)は同じだから，

$$\frac{\mathrm{BP}}{\mathrm{PC}}=\frac{\triangle\mathrm{ABP}}{\triangle\mathrm{ACP}}=\frac{\triangle\mathrm{OBP}}{\triangle\mathrm{OCP}}$$

$$=\frac{\triangle\mathrm{ABP}-\triangle\mathrm{OBP}}{\triangle\mathrm{ACD}-\triangle\mathrm{OCP}}=\frac{\triangle\mathrm{ABO}}{\triangle\mathrm{ACO}},$$

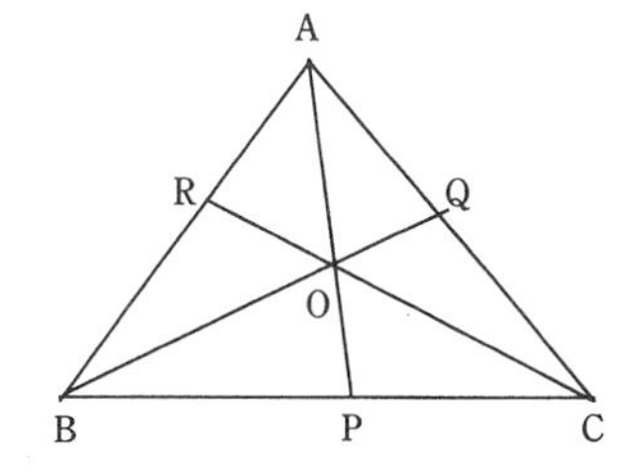


同様にして

$$\frac{\mathrm{CQ}}{\mathrm{QA}}=\frac{\triangle\mathrm{BCO}}{\triangle\mathrm{ABO}},\quad\frac{\mathrm{AR}}{\mathrm{RB}}=\frac{\triangle\mathrm{ACO}}{\triangle\mathrm{BCO}}$$

これら３つの比を掛け合わせると，

$$\frac{\mathrm{BP}}{\mathrm{PC}}\cdot\frac{\mathrm{CQ}}{\mathrm{QA}}\cdot\frac{\mathrm{AR}}{\mathrm{RB}}=\frac{\triangle\mathrm{ABO}}{\triangle\mathrm{ACO}}\cdot\frac{\triangle\mathrm{BCO}}{\triangle\mathrm{ABO}}\cdot\frac{\triangle\mathrm{ACO}}{\triangle\mathrm{BCO}}=1$$

(Q. E. D.)

この定理を**チェヴァの定理**という．チェヴァ(Giovanni Ceva ; 1647? ～1734)はミラノの人でピサで勉強したらしいが，若いときから家庭的にも友人関係でも不遇だった幾何学者である．

(問15. 8. 5)　チェヴァの定理の逆を述べ，それが成立することを証明せよ．

# 練習問題15

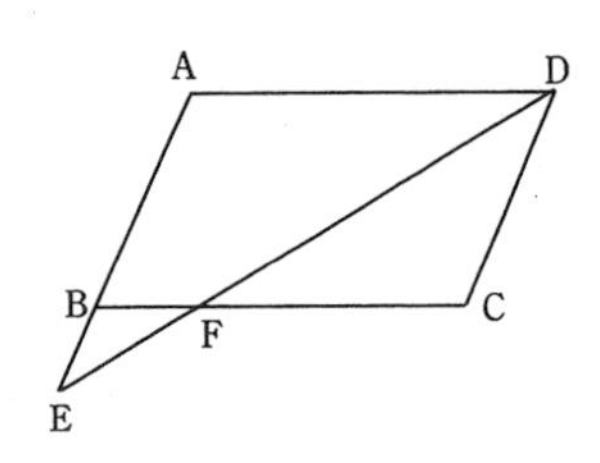


1．平行四辺形 ABCD の辺 AB の延長上に点 E をとり，DE と BC の交点を F とする．このとき，AE : CD = AD : CF であることを証明せよ．

2．下の図で，$x, y$ の値を求めよ．

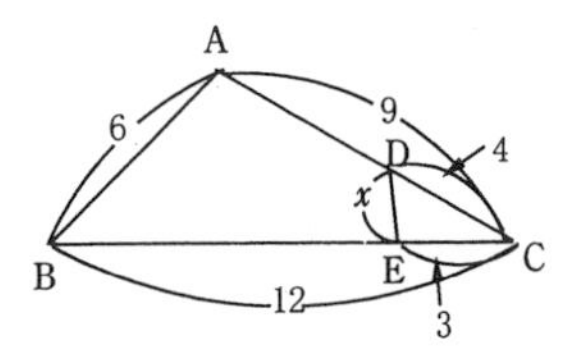


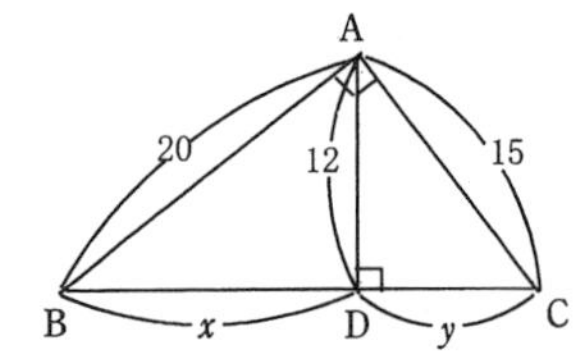


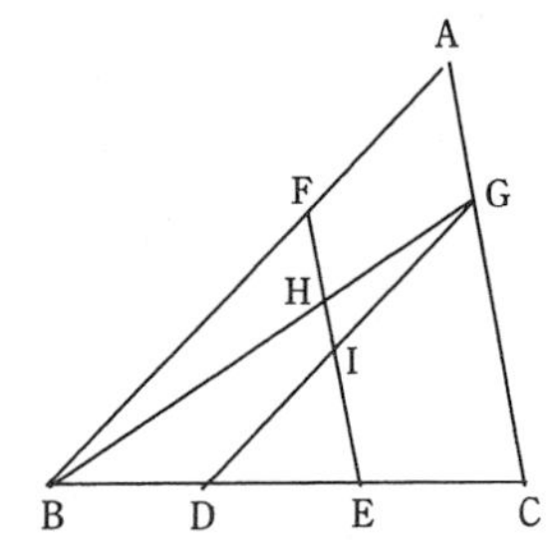


3．右の図のように，△ABC があり，辺 BC を 3 等分した点を D, E とし，辺 AB, AC 上にそれぞれ点 F，G を AC ∥ FE, AB ∥ GD となるようにとる．FE と GB, GD との交点をそれぞれ H, I とするとき

(1) △ABC の面積は△IDE の面積の何倍か．

(2) FH : HE を最も簡単な整数の比で答えよ． ［京都］

4．次の図で DE ∥ BC である．$x, y$ を求めよ．

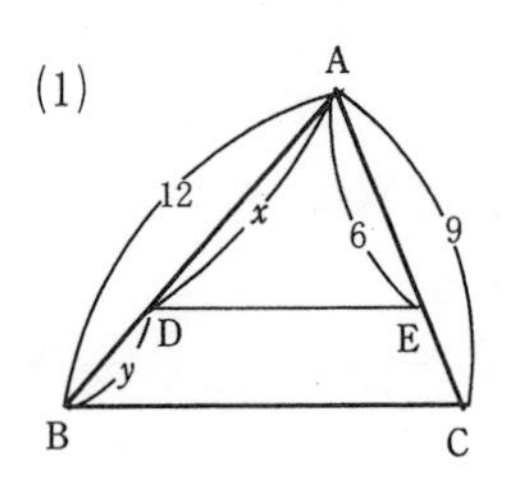


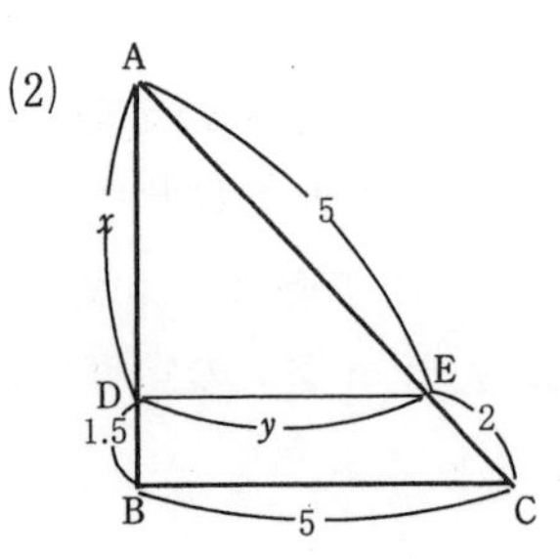

(3)

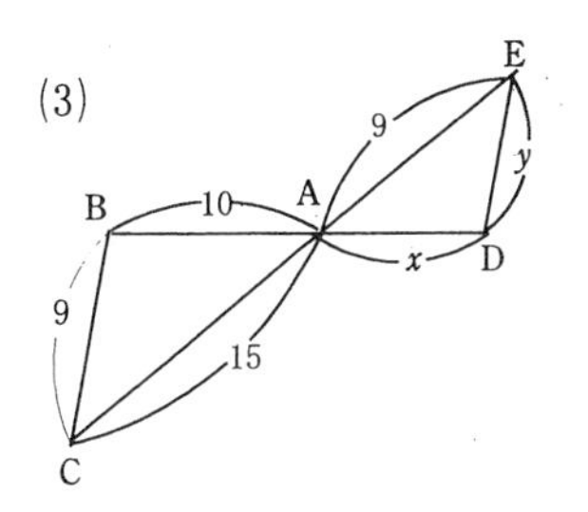


(4)

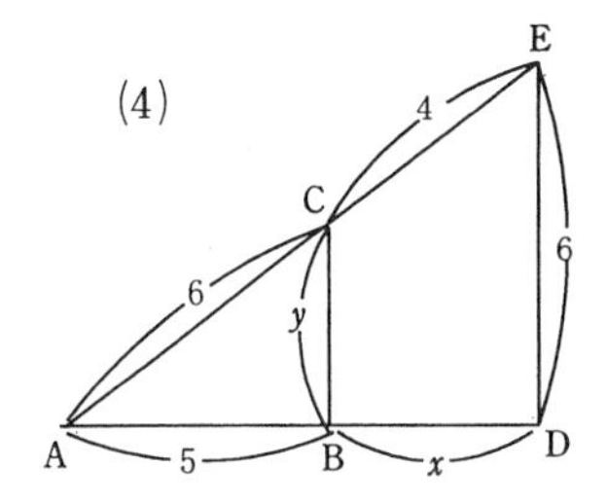


5．△ ABC の頂点 C で，その外接円に引いた接線が AB の延長と交わる点を D とすると

$$AD : BD = AC^2 : BC^2$$

であることを証明せよ．

6．右の図で A, B は円 P の周上の点；C, D は円 Q の周上の点で，直線 AC, BD は２つの円 P, Q に接している．また，E, F はそれぞれ直線 AC，BD 上の点で，線分 EF は二つの円 P，Q に接しており，EF ⊥ BD である．

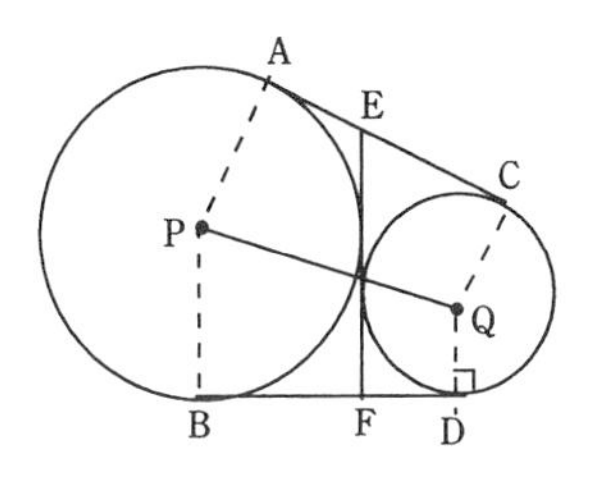


二つの円 P，Q の半径の長さをそれぞれ 5cm，3cm とするとき，次の問に答えよ．

(1)　線分 PQ の長さは何 cm か．

(2)　線分 EF の長さは何 cm か．　　[愛知]

7．△ ABC の外心を O，垂心を H とすると，AH は O から BC へ至る距離の２倍に等しいことを証明せよ．また，中線 AM と OH との交点は重心であることを証明せよ．

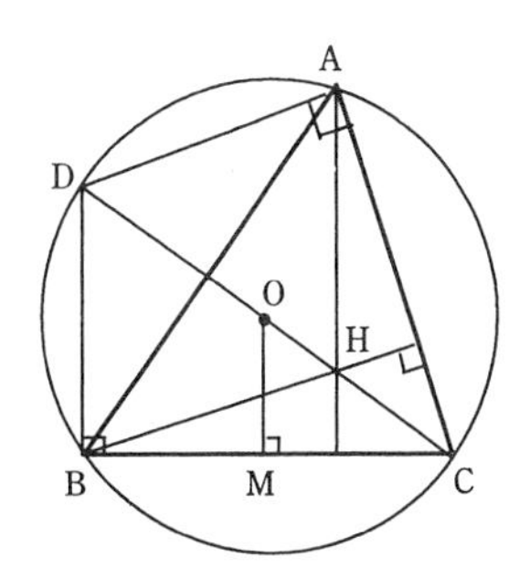


8．次の図のように，円 O が AB ＝ 16cm, BC ＝14cm,

CA = 10cm の各辺に，点 D, E, F で接している．点 G は，線分 BF と円 O との交点で，∠ DGF = 60° である．次の問に答えよ．

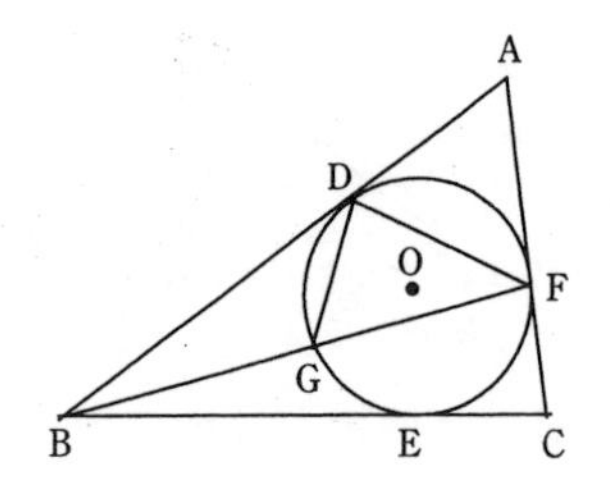


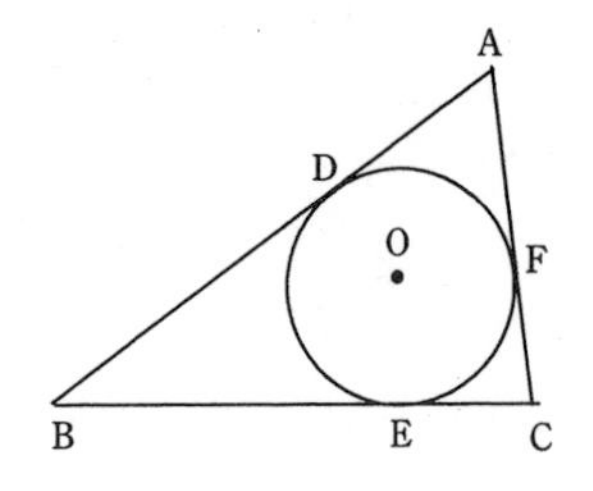


(1) 線分 EC の長さを求めよ．

(2) △ BGD ∽△ BDF であることを証明せよ．

(3) 線分 DG の長さを求めよ。

(4) 円 O に外接し，二つの線分 BD，BE に接する円を，上の図に定規とコンパスを使って作図せよ． ［奈良］

# 問 題 解 答

## 第Ⅰ部　第１章

(問1. 1. 1) 江戸時代，儒教により四つ足の動物を食べるのは禁じられていた．
それで兎は鳥と同種とみて，2 羽，3 羽と数えて食料に供した名残．

(問1. 1. 2) 羊羹は棹菓子の１種．１棹，２棹と数えた．

(問1. 1. 3) 家は１戸，１軒；お堂は１宇；塔は１基．

(問1. 1. 4) １基

(問1. 2. 1) ①豆の数＝ヒゴの数＋１，②豆の数＝ヒゴの数－１，③,④豆の数＝ヒゴの数

(問1. 2. 2) 一つの横棒を引く．例えば A, B の間に引くと，(BACD) となる．次に 2，3 番目の線の間に横棒を引くと(BACD)となる．このように何本横棒を引いても，ABCD　4 文字の配列順序が異なるだけで，文字が消滅したり増加したりすることはない．

(問 1.3.1) 76 は∩∩∩∩∩∩∩ IIIIII，125 は $e$ ∩∩ IIIII，233 は $ee$ ∩∩∩ III

(問 1.3.2) 76 はY < YYY / YYY，125 = 2×60 + 5 だから YY YYY / Y Y，233 = 3×60 + 53 だから YYY <<< / << YY / Y

(問1. 3. 3) $(12)_{10}=8+4=1\times2^3+1\times2^2+0\times2+0=(1100)_2$

(問1. 3. 4) $(121)_3=(16)_{10}$

(問1. 3. 5) ② $(77777)_8\times2=(177776)_8$

### 練習問題１

1．１列に並ぶときは19人，円形になるときは20人．

2．$\dfrac{80}{x}$ は片側の間隔の数＝片側の杭の数 $-1=\dfrac{y}{2}-1$，$x\times y-2x=160$.

3．15

4．(1) 8　(2) 31

5．　111111101

6．　$(a\times 2^2+b\times 2^1+c)\times 2=c\times 3^2+b\times 3+a$(ただし $a, b, c$ は 0 か 1 のいずれかである)

$$7\times c-7\times a=b$$

から $b=0, a=c=1$ を得るから, 求める数は 5.

7．　積の末尾が 1 になるのは，2 数の末尾が (1, 1), (3, 7), (7, 3), (9, 9) の 4 組である．$x=10\times a+b$, $y=10\times c+d$ とおくと

$$x+y=10\times(a+c)+b+d,$$
$$xy=100\times ac+10\times(ad+bc)+bd$$

$a+c=5$ または 4, $ac=6$ または 5 または 4；それで

① $\begin{cases}a+c=5\\ac=6\end{cases}$　② $\begin{cases}a+c=5\\ac=5\end{cases}$　③ $\begin{cases}a+c=5\\ac=4\end{cases}$

④ $\begin{cases}a+c=4\\ac=6\end{cases}$　⑤ $\begin{cases}a+c=4\\ac=5\end{cases}$　⑥ $\begin{cases}a+c=4\\ac=4\end{cases}$

の 6 通りの場合が考えられる. ②, ④, ⑤を満す $a$, c は存在しない.

①, ③, ⑥の場合に自然数 $a=2$, $c=3$；$a=1$, $c=4$；$a=2$, $c=2$ となり, (21, 31), (23, 37), (27, 33), (29, 39), (11, 41), (13, 47), (17, 43), (19, 49), (23, 27) 9 組が考えられる.

このうち，条件に合うものは，結局，$x=21, y=31$ か $x=23$, $y=27$.

## 第 2 章

(問2. 2. 1)　$\dfrac{x}{1}=\dfrac{180}{250}=\dfrac{36}{50}=\dfrac{25+10+1}{50}=\dfrac{1}{2}+\dfrac{1}{5}+\dfrac{1}{50}$

(問2. 2. 2)　足袋の親指の先から踵の先まで，並べた 1 文銭の個数で大きさを示した.

(問2. 2. 3)　柱と柱の間が 1 間，1 間＝畳の長い方の長さ

(問2. 2. 4)　両腕を横に広げた長さ，海の深さを示す.

(問2. 3. 1)　すべて150g

(問2. 3. 2)　60kg

(問2. 3. 3)　(1) 80g　　(2) 520g

(問2. 4. 1)　水道の水を少し出しておいて，桶にためる．たまった水の高

さで睡眠時間の長短が分かる.

(問2. 4. 2) (1) 時刻　(2) 時刻　(3) 時間　(4) 時間　(5) 時間　(6) 時間
(7) 時刻　(8) 時刻

(問2. 4. 3) 午前0時を今日の始まりとすると，昨日の終わりはない．午前0時を昨日の終わりとみると，今日の始まりはない.

(問2. 4. 4) (1) 4時間45分　(2) 午後4時35分

(問2. 5. 1) (1) 200g　(2) 6. 1m　(3) 10分58秒　(4) 88mm

(問2. 5. 2) (1) 2380円　(2) 父66kg, 妹24kg　(3) 210人と240人に分ける.

(問2. 6. 1) (1) $3\text{cm}^2$　(2) $5\text{cm}^2$　(3) $6\text{cm}^2$

(問2. 6. 2) (1) $150\text{cm}^2$　(2) $176\text{cm}^2$　(3) $105\text{cm}^2$

(問2. 6. 3) (1) $227900\text{km}^2$　(2) 36. 6分の1，約1/36

(問2. 6. 5) 3cm

(問2. 6. 6) 5.5cm

## 練習問題2

1. (1) 3枚，3枚で釣り合えば，残り2枚の中に贋金がある.
   (2) 3枚，3枚で釣り合わねば，軽い方の3枚の中に贋金がある．軽い方の3枚のうち，2枚が釣り合えば，残る1枚が贋金．軽い方の3枚のうち，2枚が釣り合わねば，軽い方が贋金．いずれにせよ，2回で分かる.
2. $1004-768=1004-768+10000-10000=1004+(9999-768)+1-10000$
3. $\dfrac{4}{5}\text{cm}^2$
4. (1) 0　(2) ②＋④
5. (1) $216\text{cm}^2$，$184\text{cm}^3$　(2) 8個
6. (1) 4　(2) 1

# 第3章

(問3. 1. 1) ① $0.7\text{g/cm}^3$　② 4. 8時間＝4時間48分　③ 15g　④ 355m
⑤ 978カロリー　⑥ 4500g　⑦ 0. 25cm ＝2. 5mm　⑧ 2 km/時

(問3. 2. 1) ① 500円　② 56kg　③ 3割6分　④ 50万円

(問3. 2. 2) ① 135000円，65000円　② 84*kl*，66*kl*　③ 240000円

## 練習問題３

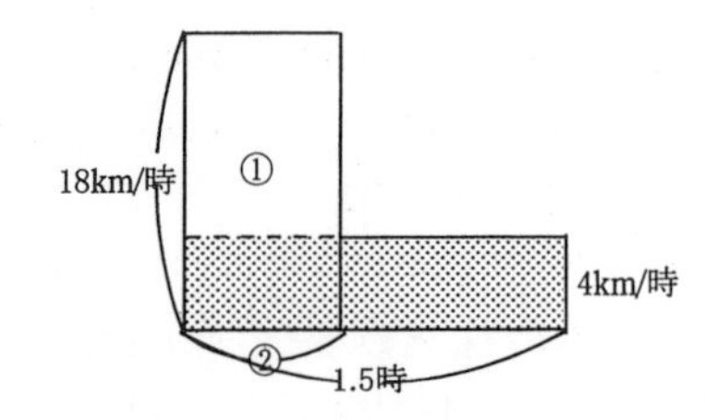


１．斜線部＝ 4km/時 ×1.5 時＝ 6km,

①の部分は 13km － 6km ＝ 7km ,

②＝ 7km÷(18 － 4)km/時＝ 0. 5 時

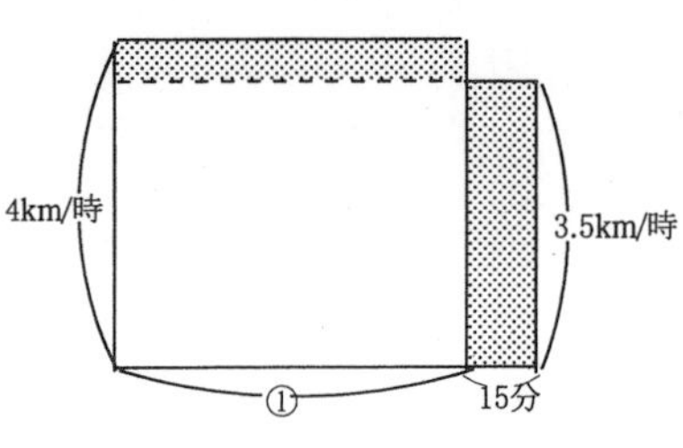


２．左の図で斜線部が等しいから

3. 5km/時× 0.25 時

＝(4－3. 5) km/時×①

0. 875km ＝ 0. 5km/時×①

①＝0. 875km ÷0. 5km/時

＝1. 75時

4km/時×1. 75時＝7km

３．⑴ 甲乙の距離を Skm とすると，行きの所要時間 $\dfrac{S}{4}$km/時，帰りの所要時間は $\dfrac{S}{6}$km/時 である．平均時速は 2Skm÷$\left(\dfrac{S}{4}+\dfrac{S}{6}\right)$時＝4. 8km/時

⑵ (24 ＋ 45)個 ÷(3 ＋ 5)時＝ 8.625 個/時

⑶ 仕入値を P 円とすると，定価は 1. 2P 円. 定価の２割引は 0. 8×1. 2P 円＝ 0.96P 円. それで４％の損.

⑷ 真の重さをＭ kg とすると，Ｍ : 12. 1＝10 : Ｍより Ｍ＝11kg

４．船の航行の様子を面積図に示す. 川を下った時間に流速の２倍で進んだ距離は図の斜線部に等しい.

また，○印の部分の面積は等しい．それで往復所要の３時間は３等分される．

静水中の速さは 6km/時.

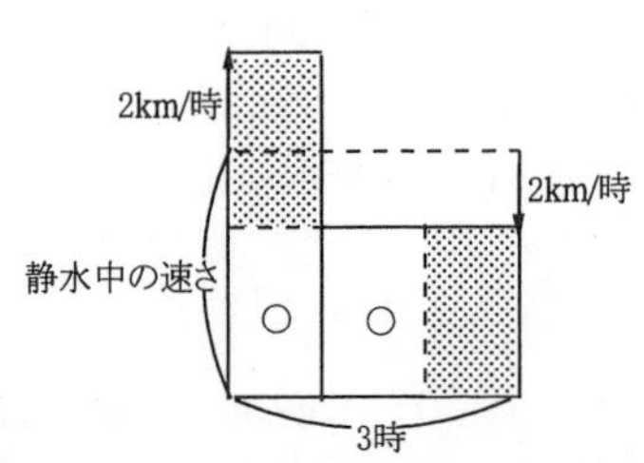


［類題］２次方程式の根の公式を使う.

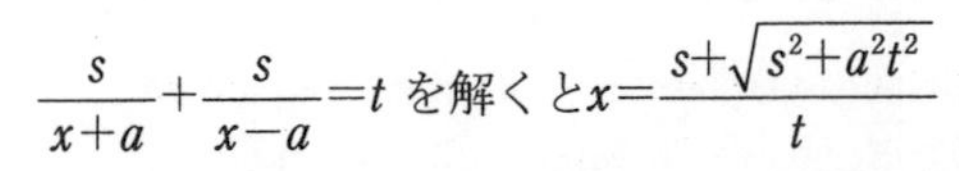

$$\frac{s}{x+a}+\frac{s}{x-a}=t \text{ を解くと} x=\frac{s+\sqrt{s^2+a^2t^2}}{t}$$

５．定価の20％引きは(1－0. 2)×100円＝80円．品物を２割多く貰った時の価格は100円÷1. 2＝83. 33…円．定価の２割引の方が有利.

６．(1) 列車が鉄橋を渡り始めてから渡り終わるまでの情景図を描くと

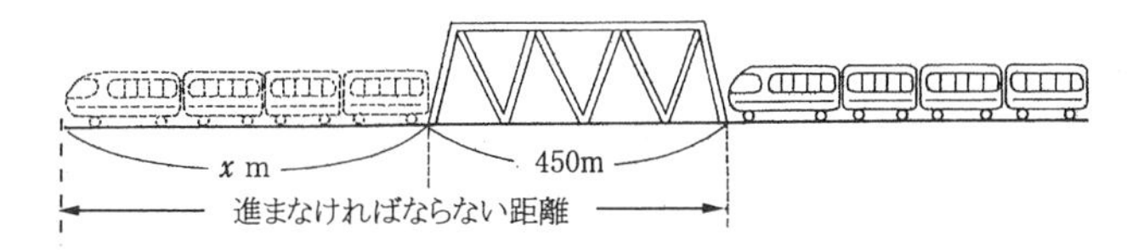


これを面積図で描くと左下の図になる．トンネルの場合は右下の図になる．

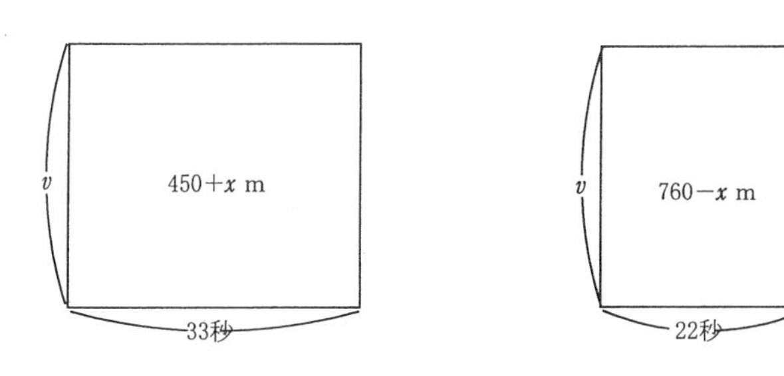


これら 2 つの面積図を合わせると．

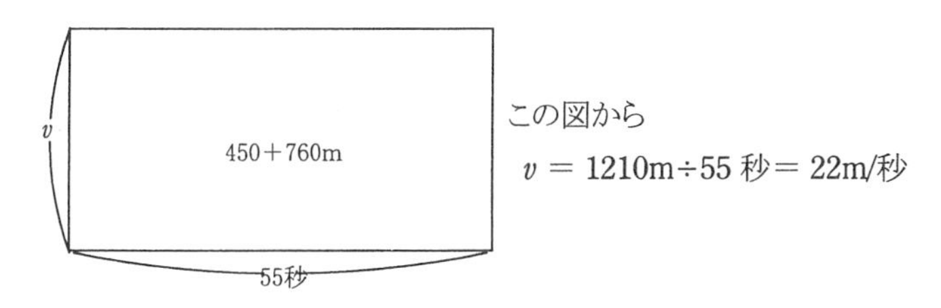


この図から

$v = 1210\text{m} \div 55$ 秒 $= 22\text{m}$/秒

(2) 22m/秒×33秒＝$(450 + x)$m から $x = 276$m

(3) 進まなければならない距離は列車と貨物列車の長さの和である． 面積図で表すと，右の図のようになる．

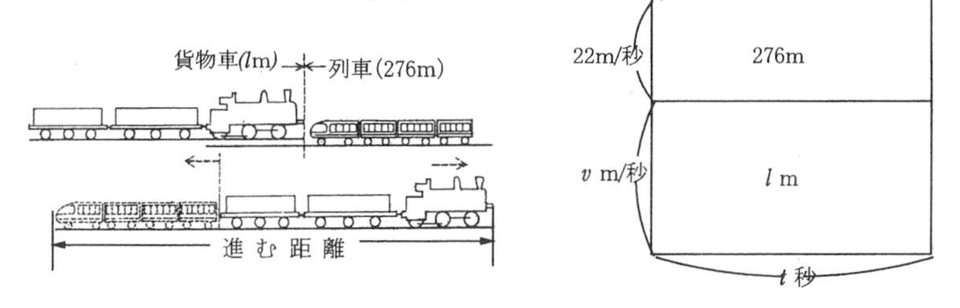

それで　$\dfrac{l+276}{v+22}=t$

(4)　$12 \leqq v < 15$ とすると，$l=384$が与えられているので，$34 \leqq v+22 < 37$ から，$660/37 < t \leqq 660/34$.

# 第 4 章

(問4. 1. 1) 基準水位から38cm 下がっていること.

(問4. 1. 2) $a=+3$, $b=-3$, $c=-4$, $d=+3$, $e=-2$, $f=+5$;
$|a|=|b|=|d|=3$, $|c|=4$, $|e|=2$, $|f|=5$

(問4. 1. 3) 6 と$-6$, 0

(問4. 2. 1) (1) $+9$　(2) $-7$　(3) $-2$　(4) $-3$　(5) $+15$　(6) $-1$
(7) $-9$　(8) $-5$　(9) $+4$　(10) $+0.9$　(11) $+0.5$　(12) $+\dfrac{5}{6}$　(13) $-\dfrac{1}{6}$
(14) $+\dfrac{1}{6}$　(15) $+5$　(16) $+1$　(17) $-19$　(18) $-1$　(19) $-1$　(20) $+5$

(問4. 3. 1) 4時間後には1本杉から東へ15km，3時間前は1本杉から西へ11.25 km の地点.

(問4. 3. 2) (1) $+102$　(2) $+91$　(3) $-12$　(4) $-0.6$　(5) $-6$　(6) $-\dfrac{2}{5}$
(7) $-3$　(8) $-2$　(9) $-30$　(10) $+4$　(11) $+9$　(12) $-\dfrac{1}{2}$

(問4. 3. 3) (1) 0　(2) 0　(3) 0　(4) 0　(5)(6)は答なし.

(問4. 4. 1) (1) $+1$　(2) $+3$　(3) $+4$　(4) $+4$　(5) $-32$　(6) $+16$

(問4. 4. 2) 2.45

(問4. 5. 2) $(-1, +2)$

(問4. 5. 3) Q$(2, -3)$, R$(-2, 3)$, S$(-2, -3)$

## 練習問題4

1. (1) $-1200$円の利益　(2) $-9$km　(3) 600円の損失(収入減)
(4) $+3$℃下がる　(5) $+5$分進む

2. $-2, -1, 0, 1, 2$

3．$-\frac{5}{12}$　　4．$-\frac{8}{6}, -\frac{7}{6}, -\frac{5}{6}$

5．$-3 < a < 5, -5 < b < 2$だから，$-2 < -b < 5$

(1) $-5 < -a < 3$　(2) $0 \leqq b^2 < 25$　(3) $-8 < a + b$　(4) $a - b < 10$

(5) $ab < 15$　(6) $0 \leqq a^2 < 25$より$-2 < a^2 - b < 30$

6．(2)と(5)は成立しない．

7．(1) 10　(2) $\frac{9}{5}$　(3) $\frac{16}{15}$　(4) $-\frac{41}{6}$

8．－損益率＝利潤率

9．① 16％　② －6％　③ 10％　④ －3％

# 第Ⅱ部　第5章

(問5.2.1) ① $cb$　② $4bx$　③ $\frac{5a}{3}$　④ $21a$　⑤ $4x$　⑥ $3a$　⑦ $\frac{ac}{b}$

⑧ $\frac{a}{b}+6c$　⑨ $ab-b^2+\frac{c}{3}$

(問5.2.2) ① $3(a+b)$　② $\frac{a+b}{c}$　③ $\frac{3a}{b+4}$

(問5.2.3) ① 4，0　② 0，6　③ 0，0

(問5.2.4) ① 3　② $a$　③ $-y+z$　④ 0　⑤ $4a-4c$

(問5.3.1) ① $a+b+c$　② $a-2b$　③ $4a^2-4ab+4b^2$

④ $3a+4b$　⑤ ともに2次式，$-2x^2+6x-3$

(問5.4.1) ①$(50a-b)$円　② $\left(a-\frac{p}{10}a\right)$円$=\left(1-\frac{p}{10}\right)a$円

③　$a$円/本×6本＋$b$円/冊×3冊＝$(a\times6+b\times3)$円であるが，文字×数がきたときは数×文字に置き換えて，$(6a+3b)$円とする．

④ $(1000x+y)$ g　⑤ $\frac{y}{2}$ km/h　⑥ $y\mathrm{m}^3=(50-4x)\mathrm{m}^3$　⑦ $3ag$

⑧ $(100a-3b)$cm

## 練習問題5

1．① 7　② 14　③ －40　④ 29　⑤ 456　⑥ 45　⑦ 1　⑧ －10

2．① $14x+2y$　　② $-7x-11y$

3．0

4．0

5．A地行きの速度は $\dfrac{a}{8}$ km/h，B地行きの速度は $\dfrac{a}{10}$ km/h, この平均 $(a/8+a/10)\mathrm{km}\div 2\mathrm{h}=9a/80$ km/h，80/9h

# 第 6 章

(問6. 1. 1) (3) 分配法則から $ka-kb=k(a-b)=k\times 0=0$ から明らか.

(問6. 2. 1) ① $x=-6$　② $x=1$　③ $x=-1$　④ $x=-16$　⑤ $x=\dfrac{3}{2}$

⑥ $x=-2$　⑦ $x=6$　⑧ $x=-20$　⑨ $x=5$　⑩ $x=\dfrac{52}{15}$

⑪ $x=11$　⑫ $x=-\dfrac{7}{4}$　⑬ $x=1$

(問6. 2. 2) ① 6　② 9　③ 7　④ 11　⑤ 21　⑥ 2　⑦ 4　⑧ 7　⑨ 36

⑩ 27　⑪ 24　⑫ 2　⑬ 7　⑭ 5　⑮ $\dfrac{7}{3}$

(問6. 2. 3) ① $a\neq 0$ならば，$x=\dfrac{d-b}{a}$ ; $a=0,\ d=b$ ならば不定；

$a=0,\ d\neq b$ ならば不能.

② $a\neq c$ ならば，$x=-\dfrac{b}{a-c}$; $a=c,\ b=0$ ならば不定；

$a=c, b\neq 0$ならば不能.

③ $a\neq c$ ならば，$x=\dfrac{b}{a-c}$; $a=c,\ d=0$ ならば不定；

$a=c,\ d\neq 0$ ならば不能.

(問6. 2. 4) ① $a=0$　② $a=3$

(問6. 3. 1) ① $x=\dfrac{6-a}{3}$　② $c=\dfrac{V}{ab}$　③ $b=\dfrac{2S}{h}-a$

④ $h=\dfrac{3V}{\pi r^2}$　⑤ $abc\neq 0,\ b\neq c$ ならば　$a=\dfrac{bc}{b-c}$

(問6.4.1) 6人, 36個

(問6.4.2) 18袋, 6.5kg

(問6.4.3) 木の数と間の数は等しいので, 38m

(問6.4.4) 鶏9羽, 兎4羽

(問6.4.5) 11日

(問6.4.6) 大人5010人, 子供4440人

(問6.4.7) 壊れた品物の個数を$x$個とすると, $500(500-x)-700x=203200$を解いて, $x=39$

(問6.4.8) 甲と乙が同時に出発してから出会うまでの時間を$x$分とする, と甲と丙が出発してから出会うまでの時間は$(x+2)$分. $x=17$分, $PQ=3230$m

(問6.4.9) 8時30分始業, 距離は2080m

(問6.4.10) 自動車が引き返してから, 走ってくる3人と出会うまでの距離は $\dfrac{2(20-x)}{3}$, それで $\dfrac{20-x}{60}+\dfrac{x}{12}=\dfrac{20-x}{60}+2\times\dfrac{2(20-x)}{3\times60}+\dfrac{x}{60}$ を解いて, $x=$ 5km.

(問6.4.11) 一直線になるのは 4時54分$32\dfrac{8}{11}$秒

(問6.4.12) 4時5分$27\dfrac{3}{11}$秒と4時38分$10\dfrac{10}{11}$秒

(問6.4.13) 110m

(問6.4.14) 80g

(問6.4.15) 2時間20分

(問6.4.16) 30分後

(問6.4.17) 4.8日

(問6.4.18) 6個

## 練習問題6

1. 5年前
2. 50円切手13枚と80円切手7枚
3. 20%食塩水は80g
4. $(x+500+120\times2)$m$\div1500$m/分$=2$分を解け. 2260m
5. (1) 折り返し点から 150mのところ
   (2) 折り返し点から 3kmのところ

6．(1) $x$ 秒後にQはPに追いつくとすると，$12x + 420 = 15x$ ; $x = 140$ 秒.

(2) 長い辺をPは15秒，Qは12秒で通過する．また，短い辺をPは10秒，Qは8秒で通過する.

Pは 0――15――25――40――50――65――75――90秒で
AB BC CD DA AB BC CD 上にある.

Qは0――8――20――28――40――48――60――68――80――88秒で
BC CD DA AB BC CD DA AB BC 上にある.

88秒でQはC点に達し，その時点でPはCD上にある.

7．$x$ を自然数とし，求める分数を $\dfrac{11x}{9x}$ とすると，$\dfrac{11x-23}{9x+3}=\dfrac{9}{11}$ を解いて $x = 7$. 求める分数は $\dfrac{77}{63}$.

8．600円

9．6割の品物の売値＝ $1.5A\times0.6N = 0.9AN$. 定価を $x$ 割値引きしたときの売上高は $1.5A(1 - 0.1x)\times0.4N\times3/4 = 0.45(1 - 0.1x)AN$. 題意により，$0.9AN + 0.45(1 - 0.1x)AN - 0.9AN = 0.5AN\times0.72$. これを解くと $x = 2$. 2割引.

# 第 7 章

(問7.2.1) (1) $x = 3$，$y = -4$　(2) $x = 13$，$y = 8$　(3) $x = 15/7$，$y = 2/7$
(4) $x = -12, y = -3$　(5) $x = -3$，$y = 1$　(6) $x = 2, y = 14/9$

(問7.4.1) 72 と 27

(問7.4.2) 23

(問7.4.3) $x = 60$，$y = 17$

(問7.4.4) 10 %食塩水を200g，20%食塩水を300g 混ぜる予定が，200g の水を混ぜたので，12 %の食塩水になった.

(問7.4.5) (1) $x = 5$ %，$y = 12$ %　(2) 500g

(問7.4.6) 茶3000円/kg，コーヒー2000円/kg

(問7.4.7) A機は $x$ 枚/時，B機は $y$ 枚/時印刷すると

$$2x = 2y + 1000$$

$$2x + 2y + 1.1x\times2 + 1.2y\times2 + 1.3x = 77000$$

を解いて，$x = 8000$，$y = 7500$

(問7.4.8) 24日

(問7.4.9) A管は $x\mathrm{m}^3$/時, B管は $y\mathrm{m}^3$/時の注水量とすると

$x + 2y = V/3$

$4x + y = 2V/3$

から $x = V/7$, $y = 2V/21$. A管だけなら7時間，B管だけなら10時間半で満水にする.

(問 7. 4. 10) $x + y = 280$

$1.14x + 0.9y = 288$

を解いて，$x = 150$, $y = 130$；本年男は$1.14x = 171$人，女$0.9y = 117$人.

(問 7. 4. 11) 父 38 歳, 子 13 歳

(問 7. 4. 12) $\frac{3}{5}$

(問 7. 4. 13) 31/43

(問 7. 4. 14) 表は 28 回，裏は 12 回出た.

(問 7. 5 .1) 雀 $\frac{32}{19}$両$=1$両$\frac{13}{19}$，燕 1両$\frac{5}{19}$

(問 7. 5. 2) 甲は 37.5 銭, 乙は 25 銭もつ.

(問 7. 5. 3) 馬 5454銭$\frac{6}{11}$，牛1818銭$\frac{2}{11}$

## 練習問題 7

1. (1) $x = 2$, $y = 3$, $z = 1$　　(2) $x = 3$, $y = -5$, $z = -2$
2. $a = 2$
3. 325
4. 60 %の合金 1 kg，90 %の合金 2 kg
5. 男 2575 人, 女 2750 人
6. A 4 %，B 6 %，C 12 %の食塩水
7. $a = 10^2x + 10y + z$, $b = 10^2z + 10y + x$, $x + z = y$；

   $a \div 0.5 = b \div 1.04$ から $108.9x = 43.56z$

   整理して $5x = 2z$；$1 \leqq x$, $z \leqq 9$ なる正数だから，$x = 2$, $z = 5$, $y = 7$;

   $a = 275$, $b = 572$, $v = 550$km/時

# 第 8 章

(問 8. 1. 1) 三一律で $b = 0$ とおけばよい.

(問 8. 1. 2) ⑴ $(a+c)-(b+d)=(a-c)+(b-d)\geqq 0$

⑵ $ac-bd=ac-bc+bc-bd$

$=(a-b)c+b(c-d)=$正×正＋正×正$>0$

⑷ ⑵の結果を使え.

(問 8. 1. 3) ⑴ $a>b,\ a-b>7$ ⑵ $3a+2b\leqq 1000$ ⑶ $x/4\geqq t$

⑷ $1\leqq b-4(a-1)\leqq 3$ ⑸ $b-2<\dfrac{a-2}{2}$

(問 8. 2. 1) ⑴ $x>-4$ ⑵ $x>-\dfrac{8}{3}$ ⑶ $x\geqq -2$ ⑷ $x\geqq 3$

⑸ $x>\dfrac{12}{5}$ ⑹ $x<2$ ⑺ $x>15$ ⑻ $x<7$ ⑼ $x>-1$ ⑽ $x>6$

⑾ $x<2$ ⑿ $x>-6$ ⒀ $x>-2$ ⒁ $x>-1$ ⒂ $x\leqq 6$ ⒃ $x<\dfrac{1}{2}$

⒄ $x\geqq -2$ ⒅ $x<13$

(問 8. 2. 2) ⑴ $7\leqq x<34$ ⑵ $\dfrac{1}{2}\leqq x<\dfrac{7}{3}$ ⑶ $-\dfrac{5}{2}<x<\dfrac{1}{2}$

(問 8. 2. 3) ⑴ 5個 ⑵ $-3$ ⑶ 6 ⑷ $-\dfrac{11}{6}$

(問 8. 3. 1) 21本以上

(問 8. 3. 2) 116人

(問 8. 3. 3) 1, 2, 3

(問 8. 3. 4) ⑴ $a(90-0.5x)=160,\ x=180-\dfrac{320}{a}$

⑵ $0<180-\dfrac{320}{a}<60$ から $9>\dfrac{16}{a}>4.5$ が出てきて, $a=2$; $x=20$, Aは40g, Bは120g

(問 8. 3. 5) ⑴ $(770x+43200)$円 ⑵ $240<x\leqq 255$ ⑶ $0.64x$ は整数でなければならないので, $x=250$.

(問 8. 3. 6) 81.5点以上

(問 8. 3. 7) ⑴ $(19x+9)$

⑵ $15x+35\leqq 19x+9\leqq 15x+38$ から $6.5\leqq x\leqq 7.75$ を満たす整数は7だから, 飴の総数は $19\times 7+9=142$個.

## 練習問題 8

1. $48+48\times 2-7n<48$ を満たす整数 $n$ は14. 1月目は46匹残り, 2月目は40匹

残り，3月目は22匹残り，4月目に0匹になる.

2．水の量を$x$gとする，$100 \leqq x \leqq \frac{1000}{7}$

3．8個

4．$a=8$, $b=7$で，$x<-\frac{1}{4}$

5．$x+y=90$, $0.6 \leqq \frac{x}{y} < 0.7$ を解くと，これらを満たす対$(x, y)$は(34, 56), (35, 55), (36, 54), (37, 53)で，このうち既約分数になるのは37/53.

6．1％溶液を$x$g, 5％溶液を$y$g使用すると，$9x+5y=270$. それで$x \leqq 30$. 同様にして$y \leqq 54$. 一方，10％溶液は46g以上70gまで使用できる.

7．$960 < 300a+19b \leqq 970$, $1000 < 300a+49b \leqq 1010$より，$a=3.1$, $b=1.6$.

8．① 0.3805　② 0.3815　③ $\frac{y+1}{x+3}=0.375$　④ $\frac{250}{13}$　⑤ $\frac{250}{11}$　⑥ 21　⑦ 22　⑧ 23　⑨ 21　⑩ 8

# 第Ⅲ部　第9章

(問9.1.1)　(1) $a^6$　(2) $a^3$　(3) $x^9$　(4) $x^8$　(5) $x^8y^4$　(6) $p^9$　(7) $15x^5$　(8) $-2x^6$　(9) $14x^5y^3$　(10) $18a^3x^4$　(11) $50x^2y$　(12) $9x^4$　(13) $-8x^6y^3$　(14) $150x^9y^5$

(問9.1.2)　(1) $a$　(2) 1　(3) $2x^2y^{-1}=\frac{2x^2}{y}$　(4) $-2bc^3$　(5) $4a^2y^2$　(6) $-\frac{1}{3x^2y^2}$　(7) 10　(8) 1　(9) $4ab$　(10) $(x+y)^2$　(11) $-2(a-b)^3$

(問9.2.1)　(1) $x^2+7x+10$　(2) $x^2-3x-10$　(3) $y^2-15y+50$　(4) $x^2+8xy+15y^2$　(5) $9x^2+9x-40$　(6) $4a^2+4ab-15b^2$　(7) $x^2-10x+25$　(8) $4x^2+12xy+9y^2$　(9) $4a^2+2a+\frac{1}{4}$　(10) $4x^2-2x+\frac{1}{4}$　(11) $a^2-x^2$　(12) $y^2-x^2$　(13) $x^4-1$　(14) $(a+b)^2-25=a^2+2ab+b^2-25$

(問9.2.2)　(1) $15x^2+22x+8$　(2) $6x^2-x-15$　(3) $a^2+b^2+c^2+2ab-2bc-2ca$　(4) $x^2+y^2+z^2-2xy+2yz-2zx$　(5) $a^2-(b-c)^2=a^2-b^2-c^2+2bc$　(6) $(x^2+y^2)^2-x^2y^2=x^4+x^2y^2+y^4$　(7) $(a+b)^2-(c-d)^2=a^2+b^2-c^2-d^2+2ab+2cd$　(8) $x^4+2x^3+3x^2+2x+1$

(9) $x^2+4y^2+9-4xy-12y+6x$　(10) $x^8-y^8$

(問 9.2.3) (1) $x^3+3x^2+3x+1$　(2) $x^3+9x^2+27x+27$

(3) $a^3-3a^2b+3ab^2-b^3$　(4) $x^3-9x^2+27x-27$

(5) $x^3-6x^2y+12xy^2-8y^3$　(6) $8x^3+12x^2+6x+1$

(問 9.3.1) (1) $2(x-2)$　(2) $x(x+y)$　(3) $4ab(2a^2-b^2)$

(4) $5(5a^2+2a-1)$　(5) $a^2(x^2+y-a)$　(6) $46(173-73)=4600$

(問 9.3.2) (1) $(x+y)(ab+cd)$　(2) $18(a^2+b^2-2)$　(3) $(x-y)(b-a)$

(4) $(a+b)(-a+b)$　(5) $x^2(x-y)(1+x)$　(6) $(x+y)(m-1)$　(7) $(a+b)(a-b)$

(8) $2(a-2b)(a-2b+3)$　(9) $(x-1)(p+1)$　(10) $(b-x)(a+c)$

(11) $(a+2c)(b+2d)$　(12) $(x-3y)(y-2a)$　(13) $(3a-1)(c-d)$

(問 9.3.3) (1) $(x-2)(x-3)$　(2) $(x+3)(x+4)$　(3) $(x-4)(x+3)$

(4) $(y-6)(y+4)$　(5) $(x-7)(x+3)$　(6) $(x+6)(x-3)$

(7) $(xy+8)(xy-2)$ (8) $(3a+b)(2a+b)$ (9) $(x+y)(x+2y)$ (10) $(x-1)\left(x-\frac{1}{2}\right)$

(問 9.3.4) (1) $(x+4)^2$　(2) $(y-5)^2$　(3) $(2a+1)^2$　(4) $(x-a)^2$

(5) $(a+x-1)^2$　(6) $\left(x-\frac{1}{x}\right)^2$　(7) $\left(\frac{1}{a}+1\right)^2$　(8) $(x-y+2)^2$

(問 9.3.5) (1) $(3x-7y)(3x+7y)$　(2) $\left(2x-\frac{1}{2y}\right)\left(2x+\frac{1}{2y}\right)$

(3) $(1-8ab)(1+8ab)$　(4) $(x-y+a)(x-y-a)$

(5) $(2x-2y-1)\times(2x-2y+1)$　(6) 0　(7) $4a(b-c)$

(8) $(x-y)(x+y)(x^2+y^2)$　(9) $(x-1)(x+1)(x^2+1)(x^4+1)$　(10) $198\times2=396$

(11) $2\times400-100\times1478=-147000$　(12) $-1$

(問 9.4.1) (1) $3(x-2)^2$　(2) $(2a-x-3)(2a+x+3)$　(3) $(5x-1)(x+2)$

(4) $(5x+1)(x+3)$　(5) $(3x+4y)(x-6y)$　(6) $(x+1)(x^2-x+1)$

(7) $(x-a)(x^2+ax+a^2)$　(8) $(x+a)(x^2-ax+a^2)$ (9) $4x^2$　(10) $(a+b)^2(a-b)^2$

(11) $(x-y)(x+y)(x^2-xy+y^2)(x^2+xy+y^2)$　(12) $(2a-3b)(4a^2+6ab+9b^2)$

(13) $(-a+b+c+d)(a-b+c+d)(a+b-c+d)(a+b+c-d)$

(14) $4(x-y)(13x^2-22xy+13y^2)$　(15) $9(x+y)(x^2+xy+y^2)$

(問 9.4.2) (1) $(x-2)(x+y-3)$　(2) $(a+1)(a+2)(a-1)$

(3) $x^2+5x=X$とおけ．$x(x+5)(x^2+5x+10)$

(4) $(2x+y-1)(x-2y+1)$　(5) $(x-2)(x+2)(y+3)(y-1)$

(6) $3(a+b)(b+c)(c+a)$

(問 9. 5. 1) (1) $x+2$　(2) $x-3$　(3) $a-b$　(4) 商$=x^2+2x+1$

(5) 商$=x+3$, 剰余$=-x+2$　(6) 商$=2x^2-x+4$, 剰余$=2x+8$

(7) $a+b+c$

(問 9.5.2) $\mathrm{A}=(x^2-2x-1)(2x-1)+(3x+1)=2x^3-5x^2+3x+2$

(問 9. 5. 3) $\mathrm{A}=\mathrm{BQ}+\mathrm{R}=\mathrm{QB}+\mathrm{R}$だから，$x^4-10x^2+2x+6$を$x^2-4x-3$で割ると, $x^2+4x+9$が求める多項式.

## 練習問題 9

1．(1) $(8x+5)(x-1)$　(2) $(x-y)(xy-yz-zx)$

(3) $(3x-yz)(9x^2+3xyz+y^2z^2)$　(4) $(a+b)(b+c)(c+a)$

(5) $(ab-a+b+1)(ab+a-b+1)$　(6) $(x^2-yz)(y^2-zx)(z^2-xy)$

2．$(a+b+c)^2=a^2+b^2+c^2+2(ab+bc+ca)$から

$1=3+2(ab+bc+ca)$を解くと, $ab+bc+ca=-1$

3．$3(x+y)(y+z)(z+x)$

4．前問の結果から

$(x+y+z)^3-(x^3+y^3+z^3)=a^3-a^3=0=3(x+y)(y+z)(z+x)$

従って，$x+y$, $y+z$, $z+x$の少なくとも一つは0, すると$x$, $y$, $z$の少なくとも一つは$a$.

5．$a^2-bc=b^2-ac$から$(a-b)(a+b+c)=0$

$\therefore\ a=b$または$a+b+c=0$

$b^2-ac=c^2-ab$から$(b-c)(a+b+c)=0$

$\therefore\ b=c$または$a+b+c=0$

それで$a=b=c$または$a+b+c=0$；いずれの場合でも

$2[a^3+b^3+c^3-3abc]=(a+b+c)\{(a-b)^2+(b-c)^2+(c-a)^2\}=0$

6．$a^4+b^4+c^4=\mathrm{X}$とおくと, $2(a^2b^2+b^2c^2+c^2a^2)=1-\mathrm{X}$,

$$(ab+bc+ca)^2=\frac{1}{2}(1-\mathrm{X})+2abc(a+b+c)=\frac{1}{2}(1-\mathrm{X})$$

一方, $(a+b+c)^2=a^2+b^2+c^2+2(ab+bc+ca)=0$から

$$ab+bc+cd=-\frac{1}{2},\quad \therefore\ \frac{1}{4}=\frac{1}{2}(1-\mathrm{X}),\ \mathrm{X}=\frac{1}{2}$$

7．この問題は腕力(計算力)だけが必要．

(1) $A^2 = a^2x^6 + 2abx^5 + (b^2 + 2ac)x^4 + (2ad + 2bc)x^3 + (2bd + c^2)x^2 + 2cdx + d^2$

(2) $B^2, C^2, D^2$ も同様に計算して

$A^2 + B^2 + C^2 + D^2 = (a^2 + b^2 + c^2 + d^2)(x^2 + 1)(x^4 + 1)$

# 第10章

(問 10.1.1)

| | G.C.M. | L.C.M. |
|---|---|---|
| (1) | $2xy$ | $12x^3y^4$ |
| (2) | $4ab^2c$ | $24a^3b^3c^4$ |
| (3) | $(x + y)(x - y)$ | $(x + y)^2(x - y)^2$ |
| (4) | $a + 4$ | $(a - 4)(a + 4)^2$ |
| (5) | $x - 1$ | $(x - 1)(x - 2)(x + 3)$ |
| (6) | $x(x + 1)$ | $x^2(x + 1)^2(x - 1)(x - 6)$ |

(問 10. 2. 1) (1) $\dfrac{4a^3}{5bc^3}$ (2) $\dfrac{3(p+q)}{4}$ (3) $\dfrac{2}{a-b}$ (4) $\dfrac{a}{a+x}$ (5) $\dfrac{x+2}{x+3}$

(6) $\dfrac{x-2}{x+2}$ (7) $\dfrac{-1}{x-3}$ (8) $-\dfrac{x+2}{x-2}$ (9) $\dfrac{a+b+c}{a-b+c}$ (10) $\dfrac{x+a}{x+b}$

(問10. 2. 2) (1) $(x + 2)(x - 2)$ (2) $4x - 5$

(問 10. 3. 1) (1) $\dfrac{9}{3x}, \dfrac{5}{3x}$ を今後 $(9,5)/3x$ と略記する． (2) $(9z, 4xz)/12x^2y$

(3) $(a^2,b^2,c^2)/abc$ (4) $((x + y)^2,(x - y)^2)/(x^2 - y^2)$ (5) $(1,2)/(a - b)$

(6) $(2, -(x + y))/(x^2 - y^2)$ (7) $(a(a + b)(a + c), b(b + a)(b + c),$
$c(c + a)(c + b))/(a + b)(b + c)(c + a)$

(8) $(x(z - x), \ y(x - y))/(x - y)(y - z)(z - x)$

(9) $(- bc(b - c), - ac(c - a), - ab(a - b))/(a - b)(b - c)(c - a)$

(問 10. 4. 1) (1) 1 (2) $\dfrac{a^2+b^2+c^2}{abc}$ (3) $\dfrac{2xy}{x^2-y^2}$ (4) $\dfrac{1}{xy}$

(5) $\dfrac{x}{4x^2-y^2}$ (6) $\dfrac{6ab}{a-b}$

(問 10. 5. 1) (1) $\dfrac{2}{b^2c}$　(2) 1　(3) $\dfrac{y}{x}$　(4) $\dfrac{(x+2)^2}{(x+3)^2}$　(5) $\dfrac{x(x-y)}{y(x-2y)}$

(6) $\dfrac{(x+y)^2}{x^2+y^2}$　(7) $\dfrac{x+4}{x+6}$　(8) $\dfrac{x-2}{x-12}$　(9) $\dfrac{(1+2x)^2}{1-x^2}$

(10) $\dfrac{(x+1)(x+6)(x-5)^2}{x^2}$　(11) $\dfrac{x+4}{x+6}$　(12) $\dfrac{x}{y}$　(13) $\dfrac{1}{x}$　(14) $\dfrac{x^2+1}{x^3}$

(問 10. 6. 1) (1) $x=-5$　(2) $x=5$　(3) $x=\dfrac{13}{5}$　(4) $x=1$

(5) $x=-6$　(6) $x=-5/2$　(7) $x=-3/2$　(8) $x=-5$　(9) $x=-\dfrac{4}{3}$

(問 10. 6. 2) (1) $x=6,\ y=10$　(2) $x=\dfrac{2}{3},\ y=\dfrac{1}{4}$　(3) $x=3,\ y=1$

(4) $x=-\dfrac{5}{3},\ y=-\dfrac{13}{3}$　(5) $x=2,\ y=3$　(6) $x=\dfrac{1}{4},\ y=\dfrac{1}{3}$

(7) $x=\dfrac{98}{55},\ y=\dfrac{245}{41}$

(問 10. 7. 1) 36/54

(問 10. 7. 2) 6.25km/時

(問 10. 7. 3) 甲と乙の1時間あたりの仕事量を $\dfrac{1}{x}$W/時, $\dfrac{1}{y}$W/時, 共同で仕事を完成する予定時間を $n$ として方程式を立てよ. $n=4$

(問10. 7. 4) $\dfrac{ab}{a+b}$日

(問 10. 7. 5) 12ノット

(問 10. 7. 6) 3km/時

(問 10. 7. 7) 270km

(問 10. 7. 8) 上, 中, 下をそれぞれ $x$, $y$, $z$ 個買えるとして立式すると $y=x+5$, $z=y+10$ を $\dfrac{5}{x}+\dfrac{4}{z}=\dfrac{9}{y}$ に代入して, $x=25$, $y=30$, $z=40$ を得る.

## 練習問題10

1. 4
2. $-2$

3．通分して整理すると $-3$

4．$\dfrac{1}{a}$

5．0

6．$-\dfrac{1}{2}$

7．$\begin{cases} a+b=1 \\ -a+b+c=2 \\ a+c=-2 \end{cases}$ を解いて $a=-1,\ b=2,\ c=-1$

8．(1) 仮定の一つを変形して $xy+yz+zx=xyz/a$;

$x^3+y^3+z^3-3xyz=(x+y+z)\{(x+y+z)^2-3(xy+yz+zx)\}=a^3-3xyz$

$\therefore\ x^3+y^3+z^3=a^3$

(2) $x^3+y^3+z^3-3xyz=(x+y+z)\{(x+y+z)^2-3(xy+yz+zx)\}$

$=a^3-3a(xy+yz+zx)$

$\therefore\ xyz=a(xy+yz+zx)$

両辺を $axyz$ で割ると, 求める式を得る.

9．$a+b+c=0$ ならば $a^3+b^3+c^3=3abc$ だから

$$\frac{a^2+b^2+c^2}{a^3+b^3+c^3}+\frac{2(ab+bc+ca)}{3abc}=\frac{a^2+b^2+c^2}{3abc}+\frac{2(ab+bc+ca)}{3abc}=\frac{(a+b+c)^2}{3abc}=0$$

# 第11章

(問 11. 1. 1) (1) 4　(2) $-6$　(3) $\pm 7$　(4) 11　(5) $-10$　(6) $-\dfrac{1}{2}$

(7) $\pm\dfrac{4}{5}$　(8) $x^3$　(9) $-5a$　(10) $25n^2$　(11) $-0.1$　(12) 0.5　(13) $0.2x$

(問 11. 2. 1) $\dfrac{1}{7}=0.\underline{142857}1428571\cdots$

$\dfrac{8}{13}=0.\underline{615384}615384\cdots$

$\dfrac{13}{27}=0.\underline{481}481481\cdots$ 下線は循環節

(問11. 2. 2) $\sqrt{3}=1+\dfrac{2}{\sqrt{3}+1}=1+\dfrac{1}{1+\dfrac{1}{\sqrt{3}+1}}$

$$=1+\cfrac{1}{1+\cfrac{1}{2+\cfrac{2}{\sqrt{3}+1}}}=1+\cfrac{1}{1+\cfrac{1}{2+\cfrac{1}{1+\cfrac{1}{\sqrt{3}+1}}}}=1+\cfrac{1}{1+\cfrac{1}{2+\cfrac{1}{1+\cfrac{1}{2+\cfrac{2}{\sqrt{3}+1}}}}}$$

$\sqrt{3}$ の連分数展開の最初の数項は 1, 2, 5/3 = 1.66666 …, 7/4 = 1.75, 19/11 = 1.727 …, となる．上の展開はここまでだったが，その後計算を続行すると，

26/15 = 1.7333 …, 71/41 = 1.7317073 …, 97/56 = <u>1.732</u>14285 …

となり, 第 8 項で小数第 3 位まで正しくなる.

(問 11. 2. 3) $(\sqrt{5}-2)(\sqrt{5}+2)=1$ だから, $\sqrt{5}+2=4+(\sqrt{5}-2)$,

$$\sqrt{5}=2+\frac{1}{\sqrt{5}+2}=2+\cfrac{1}{4+\cfrac{1}{\sqrt{5}+2}}=2+\cfrac{1}{4+\cfrac{1}{4+\cfrac{1}{\sqrt{5}+2}}}=\cdots$$

$\sqrt{5}$ の近似分数は 2, 9/4 = 2.25, 38/17 = 2.23529 …,161/72 = 2.23611 …,

682/305 = <u>2.23606</u>557 …となり, 第 5 項で小数第 5 位まで正しくなる.

(問 11. 2. 4) 単位の長さ 1 から出発して, 次のような作図で求めることができる.

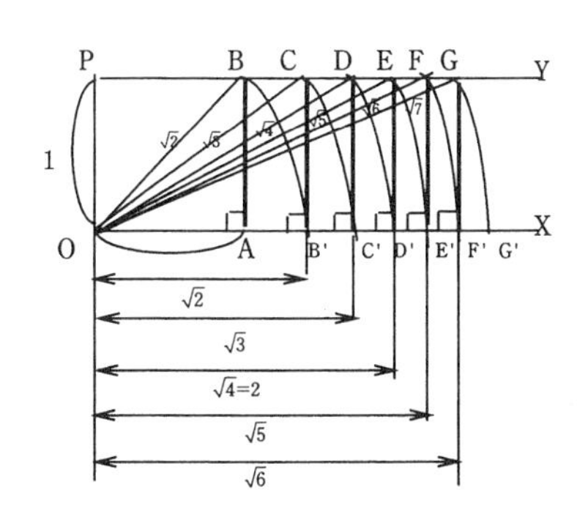


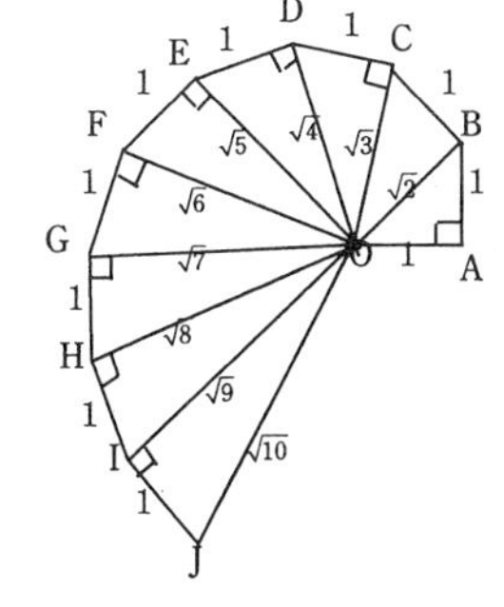


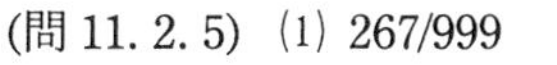
(問 11. 2. 5) (1) 267/999

(2) 3·54/99 (3) 1

(問11.3.1) (1) $\sqrt{21}$ (2) $\sqrt{3}$ (3) $\sqrt{5}$ (4) $3\sqrt{2}$ (5) $7\sqrt{5}$

(6) $18-20\sqrt{3}$ (7) $\dfrac{11}{20}\sqrt{3}$ (8) $\dfrac{3+2\sqrt{2}}{4}$ (9) $2+4\sqrt{3}$ (10) $19+7\sqrt{7}$

(11) $-132-2\sqrt{6}$ (12) $x^2-8y+2x\sqrt{y}$ (13) $a^2+9b-6a\sqrt{b}$

(14) $4x^2+x+3+4x\sqrt{x+3}$

(問11.3.2) (1) $\dfrac{6a-12b+\sqrt{ab}}{4a-9b}$ (2) $\dfrac{x-5+\sqrt{x+1}}{x-3}$ (3) $x^2-x\sqrt{x^2-1}$

(4) $\dfrac{x(\sqrt{x^2-1}-1)}{x^2-2}$

(問11.3.3) (1) $2+\sqrt{3}$ (2) $\sqrt{7}-2$ (3) $\sqrt{5}+\sqrt{3}$ (4) $3-\sqrt{3}$

(5) $\dfrac{\sqrt{6}+\sqrt{2}}{2}$ (6) $\dfrac{4+\sqrt{2}}{2}$ (7) $5-\sqrt{3}$ (8) $2\sqrt{13}-7$

(9) $\sqrt{3}-1$ (10) $4\sqrt{5}$

(問11.3.4) (1) $4(\sqrt{3}+\sqrt{2})\fallingdotseq 12.584$ (2) $2\sqrt{3}\fallingdotseq 3.464$ (3) $3-\sqrt{5}\fallingdotseq 0.764$

(4) $\sqrt{3}+\sqrt{2}+1\fallingdotseq 4.146$ (5) $\dfrac{\sqrt{5}-1}{4}\fallingdotseq 0.36225$ (6) $\sqrt{3}\fallingdotseq 1.732$

(7) $\dfrac{\sqrt{2}+2-\sqrt{6}}{4}=\dfrac{0.965}{4}=0.24125$ (8) $\dfrac{\sqrt{2}+\sqrt{3}-\sqrt{5}}{2}\fallingdotseq 0.455$

(問11.3.5) $xy=1$, $x+y=10$ より

(1) $x^2+y^2=98$ (2) $970$ (3) $22\sqrt{2}$

(問11.3.6) $a=2$, $b=\sqrt{5}-2$ より $2a+b=\sqrt{5}+2$, $ab=2\left(\sqrt{5}-2\right)$

それで $ab(2a+b)=2$

(問11.3.7) (1) $-4-2\sqrt{5}$ (2) $\sqrt{2}+\sqrt{10}$

(問11.3.8) $4\sqrt{6}$

(問11.3.9) $a=3$ のとき，整数値 0 をとる．

(問11.3.10) $(a-b)+(a-3)\sqrt{2}$ が有理数になるには，$a=3$．

(問11.4.1) (1) $\pm 10$　(2) $\pm 5$　(3) $\pm 3\sqrt{3}$　(4) $\pm\dfrac{\sqrt{5}}{10}$　(5) $\pm 3\sqrt{2}$

(6) $-7\pm\dfrac{\sqrt{6}}{3}$

(問11.4.2) (1) 2または$-8$　(2) 4または$-2$　(3) $-3\pm\sqrt{5}$

(4) $-2\pm\sqrt{3}$　(5) $\dfrac{3\pm\sqrt{85}}{2}$　(6) $\dfrac{3\pm\sqrt{29}}{10}$　(7) $3\pm\sqrt{6}$

(8) $\dfrac{10\pm 2\sqrt{34}}{3}$　(9) $-3\pm\sqrt{11}$　(10) $\dfrac{4\pm\sqrt{391}}{15}$

(問11.4.3) (1) 2　(2) $-1$

(問11.4.4) (1) $-6$または$-3$　(2) $-3$または $\dfrac{1}{2}$　(3) $\dfrac{3}{2}$　(4) $\dfrac{4}{3}$

(5) $\dfrac{3\pm\sqrt{6}}{3}$　(6) $\sqrt{3}\pm 1$　(7) $\dfrac{\sqrt{3}+1}{2}, \dfrac{\sqrt{3}-3}{2}$　(8) $\dfrac{3a}{4}, \dfrac{a}{4}$

(9) $\dfrac{21\pm\sqrt{721}}{10}$　(10) 5または$-23$　(11) $b$または$-2a+b$

(12) $b\neq c$ならば$x=1$または $\dfrac{a-b}{b-c}$

$b=c=a$ならば$x$は不定.

$b=c,\ c\neq a$ ならば $x=\dfrac{a-b}{a-c}$

(13) $a+b\neq 0$　らば$x=1$また $-\dfrac{a+b+c}{a+b}$ は

$a+b=0,\ c\neq 0$ならば $x=\dfrac{a+b+c}{c}$

$a+b=0,\ c=0$ならば$x$は不定.

(14) $|a|\neq|b|$ならば $x=\dfrac{(a+b)^2}{a^2-b^2}$または$\dfrac{-(a-b)^2}{a^2-b^2}$

$|a|=|b|\neq 0$ならば$x=0$

$a=b=0$ならば$x$は不定

(問11.5.1) $x=2$m

(問11.5.2) 13と6；$-13$と$-6$

(問11.5.3) 36と24

(問11.5.4) 18, 12, 9 と$-18$, $-12$, $-9$

(問11.5.5) 196

(問11.5.6) 30円(卵20個の値を$x$円とすると,60円で購入できる卵は$1200/x$個)

(問11.5.7) 280アール

(問11.5.8) 4%

(問11.5.9) 水槽の容量を1V, 甲管は$x$時間で水槽を満杯にすると

$1\text{V}=\left(\frac{1}{x}+\frac{1}{x+6}\right)\text{V}/$時$\times 4$時 を解いて$x=6$時間

(問11.5.10) 仕事量を1W, 甲一人で$x$日かかるとすると, $x=24$.

(問11.5.11) $\frac{s}{p}=\frac{18-s}{q}$, $\frac{s}{q}=1.6$, $\frac{18-s}{p}=2.5$ を解いて, $p=4$, $q=5$

(問11.6.1) (1) $\alpha+\beta=-2$, $\alpha\beta=-\frac{8}{3}$, $\alpha^2+\beta^2=28/3$, $\frac{1}{\alpha}+\frac{1}{\beta}=\frac{3}{4}$

(2) $\alpha+\beta=-\frac{33}{7}$, $\alpha\beta=-6$, $\alpha^2+\beta^2=\frac{1677}{49}$, $\frac{1}{\alpha}+\frac{1}{\beta}=\frac{11}{14}$

(問11.6.2) $x^2+6x+4=0$

(問11.6.3) $x^2-5x+3=0$

(問11.6.4) $a^2-a-6$

(問11.7.1) $m=12$または$-8$

(問11.7.2) $m=-5$

(問11.7.3) $a^3=\frac{5}{8}$

(問11.8.1) (1) $1, \frac{-1\pm\sqrt{3}i}{2}$ (2) $-1, \frac{1\pm\sqrt{3}i}{2}$ (3) $2, -1\pm\sqrt{3}i$

(4) $\pm1, \pm i$ (5) $\pm2, \pm2i$ (6) $\pm1, \frac{-1\pm\sqrt{3}\,i}{2}$ $\frac{1\pm\sqrt{3}i}{2}$ (7) $-2, -1, 3$

(8) $1, \frac{-1\pm\sqrt{31}\,i}{2}$ (9) $-5, -2, 1$ (10) $-2, \pm1, 3$

(問11.8.2) $a=3$, $b=-4$

(問11.8.3) (1) $-2,\ -1,\ 2,\ 3$　　(2) $-5,\ -2,\ 1,\ 4$

(3) $\dfrac{-1\pm\sqrt{21}}{2},\ \dfrac{-1\pm\sqrt{7}i}{2}$ ($x^2+x+1=X$とおけ)

(4) $1,\ 2,\ -4,\ -5$ ($x^2+3x=X$とおけ)

(5) $\dfrac{-5\pm\sqrt{5\pm4\sqrt{5}}}{2}$ ($x^2+5x=X$とおけ)

(6) $-1, -6$　($x^2+7x=X$とおけ)　　(7) 1

(問11.9.1) (1) $x<-5$または$x>2$　(2) $2<x<4$　(3) $x<0$または$x>3$

(4) $-5<x<5$　(5) $x<\dfrac{3-\sqrt{5}}{2}$または$x>\dfrac{3+\sqrt{5}}{2}$

(6) $x<-3$または$x>3$

(問11.9.2) (1) $x<-1$または$x>2$　(2) $-\dfrac{1}{2}<x<3$

(3) $x<-2$または$x>0$　(4) $x<-3$または$x>\dfrac{1}{2}$

(問11.9.3) $0<k\leqq\dfrac{2}{3}\sqrt{3}$

## 練習問題11

1．$7a+1$

2．(1) $a-c=\sqrt{2}(d-b)$, $d\neq b$ならば$\sqrt{2}=\dfrac{a-c}{d-b}$ となって，

右辺は有理数となるので，矛盾.

(2) $\begin{cases} ac+2bd=0 \\ bc+ad=0 \end{cases}$ を解いて$c=\dfrac{a}{a^2-2b^2}$, $d=\dfrac{-b}{a^2-2b^2}$

3．$\begin{cases} a=2 \\ b=-4, \end{cases}$ $\begin{cases} a=-2 \\ b=4 \end{cases}$

4．$\begin{cases} a+b=\sqrt{2} \\ a^2+b\sqrt{2}=\sqrt{3} \end{cases}$ より $a=\dfrac{\sqrt{2}\pm\sqrt{-6+4\sqrt{3}}}{2}$ (複号同順)

$b=\dfrac{\sqrt{2}\mp\sqrt{-6+4\sqrt{3}}}{2}$ (複号同順)

$$\frac{a}{b}+\frac{b}{a}=\frac{(a+b)^2-2ab}{ab}=2+2\sqrt{3}$$

5．$a=3$, $b=\sqrt{5}-2$とおくと, 求める値は$\frac{1}{2}$.

6．4

7．$p=2$,　$q=2$

8．$\dfrac{(\alpha-\beta)^2-3}{\{(\alpha+\beta)^2+2\}}=\dfrac{4p+1}{4p^2+2}=n$(整数)

分母を払って整理すると $4p^2n-4p+(2n-1)=0$となる．この方程式が実根をもつためには，$-\frac{1}{2}\leqq n\leqq 1$. $n$は整数だから，$n=0$または1.

$n=0$のとき$p=-\frac{1}{4}$；$n=1$のとき$p=\frac{1}{2}$.

9．$x=1$，3，$-2$

10．$x=-1$，$\dfrac{-3\pm\sqrt{5}}{2}$

11．$x=1$，2，$1\pm i$

12．$a\leqq-4$

# 第Ⅳ部　第12章

(問12. 1. 1) ⑴

| $x$ | 0 | 1 | 2 | 3 | 4 | 5 |
|---|---|---|---|---|---|---|
| $y$ | 60 | 48 | 36 | 24 | 12 | 0 |

⑵ $y=60-12x$　　⑶ $0\leqq x\leqq 5$

(問12. 1. 2) ⑴ $f(0)=2$，$f(1)=5$，$f(2)=8$，$f(-1)=-1$，$f(-2)=-4$

⑵ $x=-2/3$

(問12. 1. 3) $y=30x$

(問12. 2. 1) $f(x_1+x_2)=4(x_1+x_2)=4x_1+4x_2=f(x_1)+f(x_2)$,

この式で4を$a$で置き換えると後半の問題になる.

(問12. 2. 2) 3kg/m (線密度という.)

(問12. 2. 3) $y$mm ＝ 2mm/g×$x$g ＝ 2$x$mm

(問12. 2. 4) $y = 6x$

(問12. 2. 5) $y = 0.5x$

(問12. 3. 2) $a=-\dfrac{3}{4}$

(問12. 3. 3) ⑴ $y=\dfrac{1}{8}x$ ⑵ 12. 5 $l$

(問12. 3. 4) 1200km [$y$km ＝(400/6)km/時 ×$x$ 時において，$x = 18$ とおけ]

(問12. 3. 5) 1. 2cm， 1. 8cm， 3. 52cm

(問12. 3. 6) $y = 2x$

(問12. 3. 7) ⑴ 4cm 下がる．3 時間前は 2cm 高い．

⑵ 1 時間あたり $\dfrac{2}{3}$cm ずつ下がる． ⑶ $y=-\dfrac{2}{3}x$

(問12. 3. 8) $y = 5x$，$0 \leqq x \leqq 20$

(問12. 4. 1) 船の静水中の速さを $a$km/時，流速を $b$km/時とすると

$\begin{cases} a + b = 20/3 \\ a - b = 4 \end{cases}$ より $a=\dfrac{16}{3}$，$b=\dfrac{4}{3}$

(問12. 4. 2) $z$ 円＝(120 円/km×40km/時)×$x$ 時＝ 4800 円/時 ×$x$ 時，$x = 2$ とおき，$z = 9600$ 円．

(問12. 4. 3) $y = ax$，$1/a$ は過疎度というべきもの．

(問12. 5. 1) $y = 1113 - 0.125x$

(問12. 5. 2) $y = 59 + 57x$

(問12. 5. 3) ⑴ $y = 40 - 0.1x$ ⑵ 35 $l$

(問12. 5. 5) ⑴ $m = 2/3$ ⑵ $a = -5/6$， $b = 13/3$

(問12. 5. 6) 変化率＝$(-16) \div \{3 - (-5)\} = -2$, 求める 1 次関数の式は

$y - (-1) = -2(x - 2)$, $y = 17$ とおくと $x = -7$

(問12. 6. 1) 40km÷(20/6 ＋ 5)時＝ 4.8km/時

(問12. 6. 2) $\dfrac{2.5+2.4+60}{5+3+40}=\dfrac{64.9}{48}$km/分≒1.35km/分

(問12. 6. 3) ⑴ 48km/時 ⑵ 特急の分速は 20/15km/分，特急の走った距離＝ 20/3 km ⑶ PQ 間の分速＝ 1km/分，$y = x - 15$

(問12. 7. 2) $a = 4$

(問12.7.3) (1) $y=\dfrac{x^2}{120}$ (2) 10.8m 軸$x=-\dfrac{b}{2a}$, 頂点$\left(-\dfrac{b}{2a}, -\dfrac{b^2}{4a^2}\right)$

(問12.7.4) 48m

(問12.8.1) (1) 軸 $x=2$, 頂点$(2, 5)$ (2) 軸 $x=1$, 頂点$(1, -4)$

(3) 軸 $x=2$, 頂点$(2, -1)$ (4) 軸$x=\dfrac{3}{4}$, 頂点$\left(\dfrac{3}{4}, -\dfrac{7}{8}\right)$

(問12.8.2) 軸$x=-\dfrac{b}{2a}$, 頂点$\left(-\dfrac{b}{2a}, -\dfrac{b^2}{4a}\right)$

(問12.8.3) (1) $t=2$秒, 高さ 19.6m (2) 4秒

(問12.8.4) 甲がBに達した時, 乙が打ち上げられるとすると(甲がABを行く時間)+(甲がBからCを経てBに戻る時間)=(乙がABを行く時間)+$n$

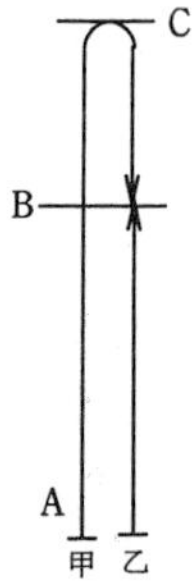

それで, 甲がCからBへ落ちる時間 $=\dfrac{n}{2}$, その間に甲は

$$\mathrm{BC}=\frac{g}{2}\left(\frac{n}{2}\right)^2=\frac{980}{4}n^2=\frac{245}{2}n^2\,\mathrm{cm}\ \text{下がる.}$$

甲は最高点に達するまで$\dfrac{a}{g}$秒かかる.

$$\mathrm{AB}+\mathrm{BC}=a\left(\frac{a}{g}\right)-\frac{1}{2}\left(\frac{a}{g}\right)^2=\frac{a^2}{g}-\frac{a^2}{2g}=\frac{a^2}{2g}\,\mathrm{cm} \qquad ①$$

$y=at-\dfrac{1}{2}gt$ だから

$490t^2-at+\mathrm{AB}=0$

$$t=\frac{a\pm\sqrt{a^2-1960\times\mathrm{AB}}}{980}\ \text{(正号は不適)}$$

ただし, ABは①式で与えられる.

(問12.8.5) $b=m^2+n$

(問12.8.6) $p=-2$, $q=4$ だから

$$\frac{1}{\alpha^2}+\frac{1}{\beta^2}=\frac{(\alpha+\beta)^2-2\alpha\beta}{\alpha^2\beta^2}=\frac{p^2-2q}{q^2}=-\frac{1}{4}$$

(問12.8.7) $0\leqq y\leqq 8$

(問12. 8. 8) $f\left(-\sqrt{3}\right)=3k$, $f(9/5)=\dfrac{81}{25}k>f\left(-\sqrt{3}\right)$;

$\dfrac{3}{5}=k\times\left(\dfrac{9}{5}\right)^2$, $k=\dfrac{5}{27}$

(問12. 8. 9) $-3\leqq a\leqq 3$ のとき $f(a)=-a^2+4a+5=-(a-2)^2+9\leqq 9$

$a\geqq 3$ のとき $f(a)=-2a+14\leqq 8$

$a\leqq -3$ のとき $f(a)=10a+14\leqq -16$

(問12. 9. 1) 2 台追加

(問12. 9. 2) 林檎 225g/個，皿 300g

(問12. 9. 3) 1人が50分ずつ座る.

(問12. 9. 4) 30枚

(問12. 9. 5) 右回りに1000回転

(問12. 9. 6) $xy=600$

## 練習問題12

1．(1) $y=4x-5$ (2) $y=-3x+12$ (3) $y=-2x+6$

2．(1) $y=-\dfrac{5}{6}x+\dfrac{13}{6}$ (2) $y=\dfrac{2}{3}x+\dfrac{8}{3}$

3．

$$y=\begin{cases}60x & (0\leqq x\leqq 6)\\ 80x-120 & (6\leqq x\leqq 16)\\ 40x+520 & (16\leqq x\leqq 20)\end{cases}$$

$x=20$ のとき，$y=1320(\mathrm{m})$

4．(1) $a=\dfrac{2}{3}$ (2) $a=\dfrac{2}{3}$

5．A$(6, 36a)$，B$(-2, 4a)$であることは条件から明らか．これらの点は

$y=bx+3$ の上にあるから，$a=\dfrac{1}{4}$, $b=1$.

6．(1) $y=-\dfrac{1}{4}x^2$ (2) $(0, 4)$ (3) $x=\dfrac{4}{3}$ (4) $2\sqrt{3}$

(5) $y=\dfrac{2}{14}x+\dfrac{22}{7}$

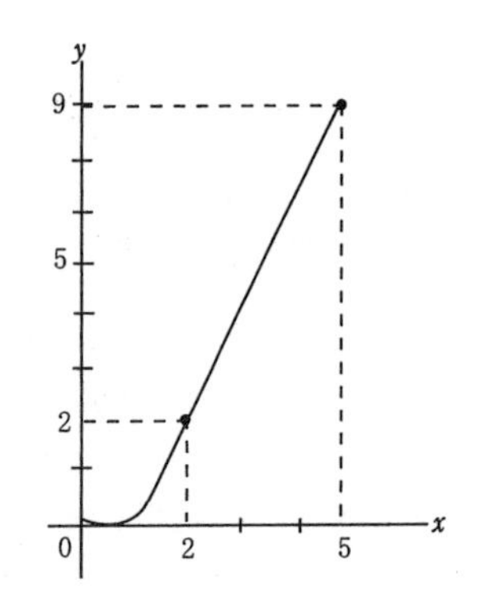


7．(1) $0 \leqq x \leqq 2$ のとき $y=\frac{1}{2}x^2$，$2 \leqq x \leqq 5$ のとき $y = 2x - 2$ $x = 1$のとき $y=\frac{1}{2}$，$x=3$ のとき $y = 4$；$x$ が 1 から 3 まで増加するとき，$y$ は $\frac{1}{2}$ から4 へ増加する． (2)右図

8．OB の方程式を $y = mx$，OD の方程式を $y = nx$ とする．ここで $m, n$ は正整数で，$n > m$ とする．そのとき

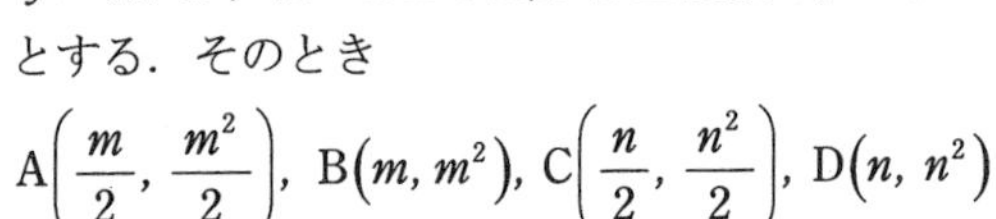

$$\mathrm{A}\left(\frac{m}{2},\ \frac{m^2}{2}\right),\ \mathrm{B}\left(m,\ m^2\right),\ \mathrm{C}\left(\frac{n}{2},\ \frac{n^2}{2}\right),\ \mathrm{D}\left(n,\ n^2\right)$$

(1) AC の傾き＝ $n + m$ ＝ BD の傾き

(2) OA：OB ＝ m/2：$m$ ＝ 1：2； △OAC：△OBD ＝ 1：4；

△OBD：台形 ABCD ＝ 4：3

$\therefore$ △OBD$=\frac{4}{3}\times\frac{9}{4}=3\left(\mathrm{cm}^2\right)$

B, D から $x$ 軸に垂線 BP, DQ を下ろすと

△OBD ＝△OQD －△OPB －四辺形 PQDB

$$=\frac{1}{2}n^3-\frac{1}{2}m^3-\frac{1}{2}\left(n^2+m^2\right)(n-m)=\frac{1}{2}nm(n-m)=3,$$

それで $nm(n - m) = 6$；$n > m$ で，$n, m$ は自然数だから，$nm \leqq 6$

$m = 1$ ならば $n(n - 1) = 6$，$n = 3$；

$m = 2$ ならば $n(n - 2) = 3$，$n = 3$

9．$-5 \leqq x \leqq 2$ における $y = 3(x + 1)^2 + 2x = 3x^2 + 8x + 3$ の最大値と最小値を求めると，$x=-\frac{4}{3}$ のとき最小 $-\frac{7}{3}$；$x=-5$ 値のとき最大値 38.

10．$xy = 12$ を満たす整数値 $x, y$ の組は，正数値で 6 組，負数組で 6 組，計12組．

11．(1) $\mathrm{V}=k\frac{\mathrm{T}}{\mathrm{P}}$，$\mathrm{P}=a$ とおくと，$\mathrm{V}=\frac{k}{a}\mathrm{T}$ となり，T と V は正比例関係．

(2) $\mathrm{T} = b$ とおくと，$\mathrm{V}=kb\frac{1}{\mathrm{P}}$ となり，P と V は反比例関係．

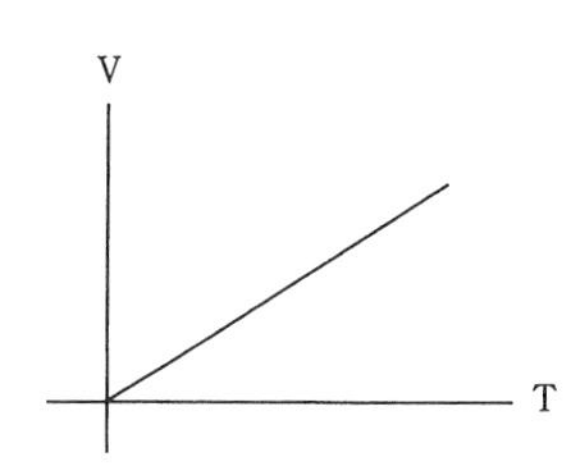


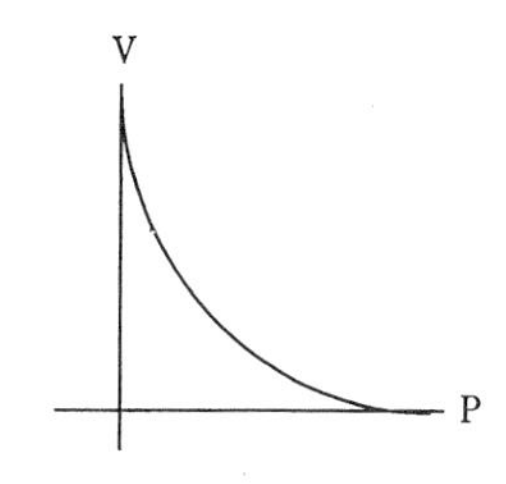


(3) P = 2.5, T = 280, V = 5400 とおく　$5400 = k \times \frac{280}{2.5}$, $k = \frac{675}{14}$　と

$\therefore$ $V = \frac{675}{14} \times \frac{T}{P}$ ;

P = 6, T = 383 おくと　$V = \frac{675}{14} \times \frac{383}{6} = 3077\frac{19}{28}(\mathrm{cm}^3)$

12. (1)　$a = 1$, $b = 3$

(2)　$B = b + 2ax_0$, $C = c + bx_0 + ax_0{}^2$

# 第V部　第13章

(問13.3.1) D と E, C と E を結ぶ. OC = OD = 円 O の半径, DE = CE とする. OE は共通だから, △ ODE ≡ △ OCE(三辺相等) ; よって ∠ AOE = ∠ BOE

(問13.3.2) 一直線 $l$ 上に任意の点Oをとる. Oを中心, 任意の半径の円と $l$ との交点を A, Bとする. A, B中心にして OA より長い半径の等円を描き, それらの交点をCとする. OC ⊥ $l$.

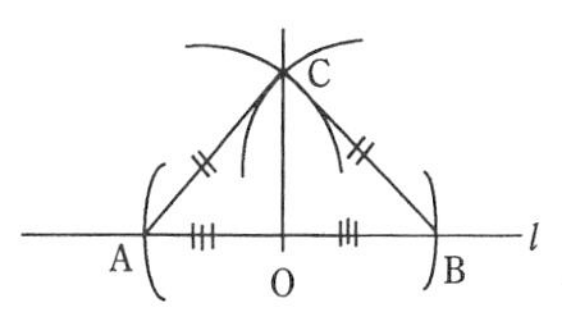


(問13.3.3) 三辺相等と二辺夾角相等の合同定理を使え.

(問13.3.4) ∠ ACB + ∠ CAB = ∠ BAD < ∠ BAB'

(問13.3.5) AB = AC である△ ABC において, 底辺 BC に垂線 AM を下ろす. すると ∠ BAM = ∠ CAM, 仮定により ∠ ABM < ∠ BAM. それで BM > AM ; BM = CM だから, BC = BM + CM = 2BM > 2AM.

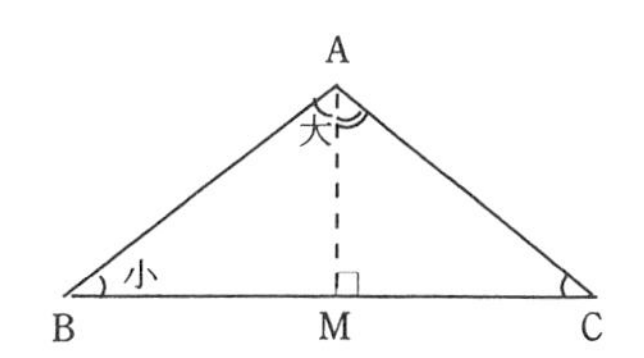

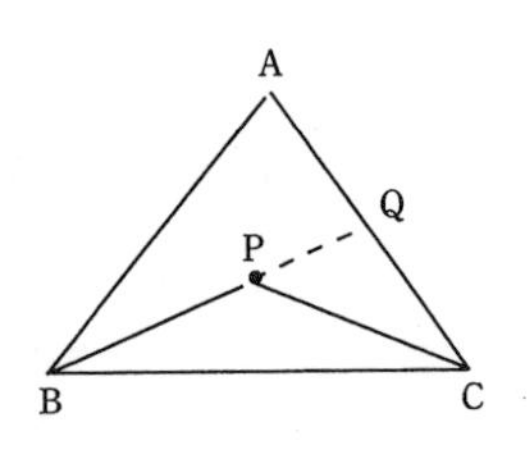


(問13. 3. 6) BP の延長と AC との交点を Q とする.

$AB + AQ > BP + PQ$

$PQ + QC > CP$

辺々相加えると

$AB + (AQ + QC) + PQ > BP + PQ + CP$

$\therefore \quad AB + AC > BP + CP$

(問13. 3. 7) $AB > AC$ ならば, $AB < AC + BC$,

$AB < AC$ ならば, $AC < AB + BC$ より明らか.

(問13. 3. 8) 直角 $= \angle PHQ > \angle PQH$ より $PQ > PH$.

(問13. 4. 1) (2) $\angle X'AB + \angle BAX = 2$ 直角

定理より $\angle X'AB = \angle ABY$(錯角)であるから

$\angle ABY + \angle BAX = 2$ 直角

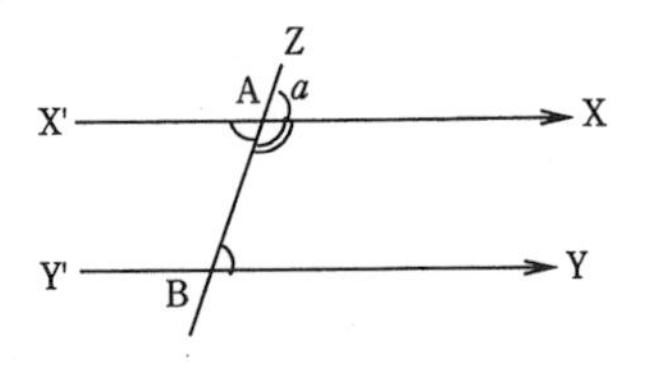


(3) $\angle ZAX = \angle X'AB$ (対頂角)

$\angle X'AB = \angle ABY$ (錯角)

$\therefore \quad \angle ZAX = \angle ABY$

(問13. 4. 2) $a \parallel b, c \cap a = P$ とする. もしも $c$ と $b$ が交わらないとすると, $c \parallel b$. そうすると, P を通る $b$ の平行線が $a$, $c$ 2 本あって, 唯 1 本との公理に反する.

(問13. 4. 3) $\angle A + \angle B + \angle C = 2$ 直角,

$\angle C + (\angle C$ の外角$) = 2$ 直角,

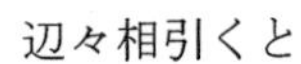

辺々相引くと

$\angle A + \angle B - (\angle C$ の外角$) = 0$,

(問13. 4. 4) $\angle A =$ 直角とすると, $\angle A + \angle B + \angle C = 2$ 直角だから

直角 $+ \angle B + \angle C = 2$ 直角,

$\therefore \quad \angle B + \angle C =$ 直角

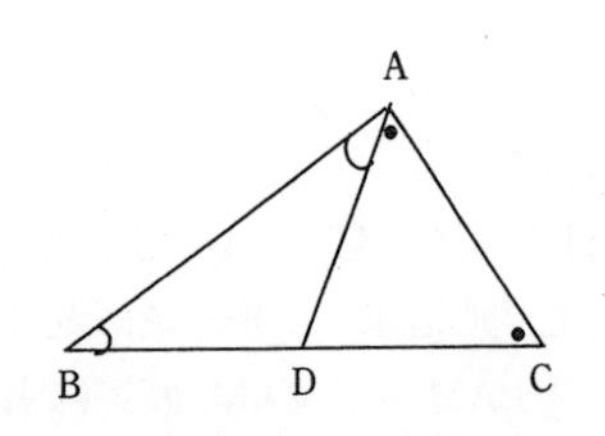


(問13. 4. 5) (1) $\angle DAC =$ 直角 $- \angle BAD$

$=$ 直角 $- \angle B = (\angle B + \angle C) - \angle B = \angle C$

(2) それで $AD = BD$, $AD = CD$

(問13.4.7) ∠A＋(∠Aの外角)＝2直角,

∠B＋(∠Bの外角)＝2直角,

……

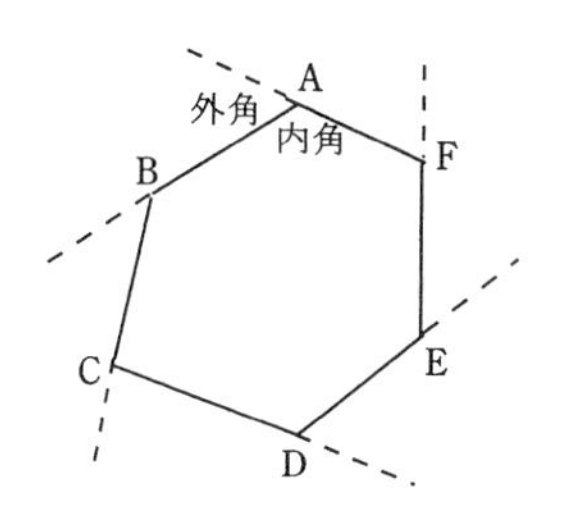


これらを辺々相加えると

(∠A＋∠B＋…)＋(凸多角形の外角の和)

＝$n$×2直角

($2n-4$)直角＋(凸多角形の外角の和)＝$2n$ 直角

∴ 凸多角形の外角の和＝4直角

(問13.5.1) 直線 $a$ 上に2線分 AB＝DE をとる. △ABC＝△DEF で, CF ∥ $a$ でないと仮定する. そのとき C を通り直線 $a$ に平行な直線上に点 F'をとると, △ABC＝△DEF'.

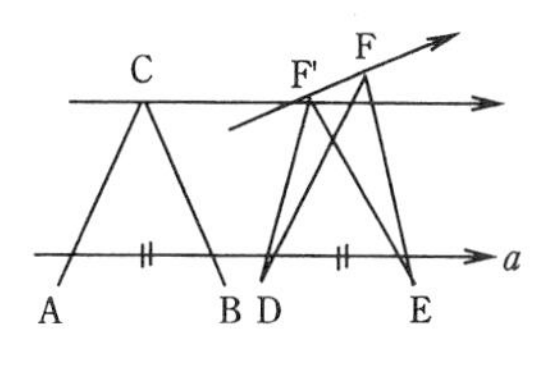


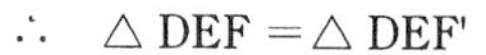
∴ △DEF＝△DEF'

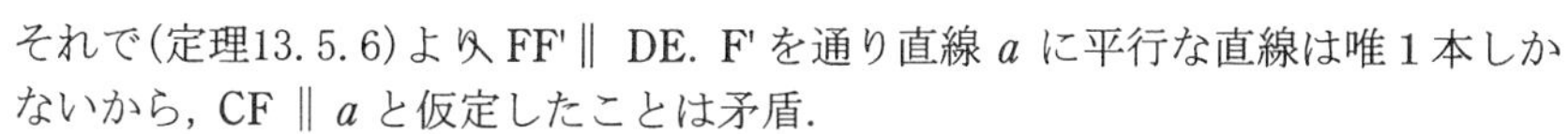
それで(定理13.5.6)より FF'∥ DE. F' を通り直線 $a$ に平行な直線は唯1本しかないから, CF ∥ $a$ と仮定したことは矛盾.

(問13.5.2) (1) AB＝CD, AD＝BC, AC 共通だから

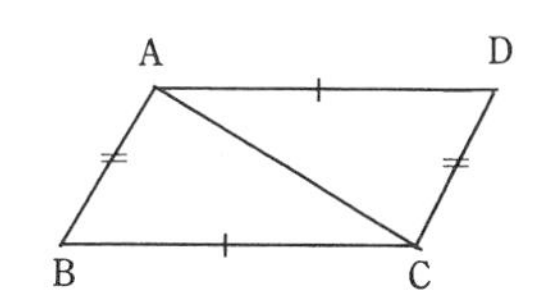


△ABC ≡△ACD(三辺相等)

∴ ∠ACB＝∠DAC, それで AD ∥ BC ;

また∠CAB＝∠ACD, それで AB ∥ CD

(2) ∠A＝∠C, ∠B＝∠D だから,

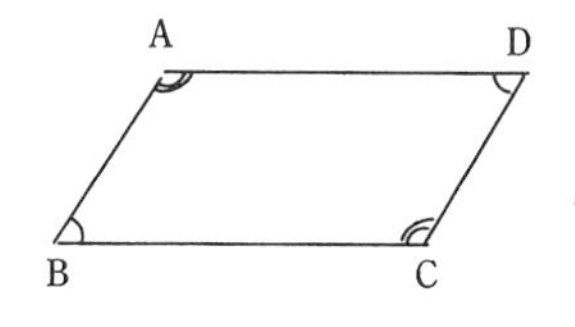


∠A＋∠B＋∠C＋∠D

＝2∠A＋2∠B＝4直角.

∴ ∠A＋∠B＝2直角

同傍内角の和が2直角に等しいから, AD ∥ BC, 同様にして, AB ∥ CD

(問13.5.3) AB の中点を D を通り BC に平行な直線が AC と交わる点を E とする. E を通り AB に平行な直線が BC と交わる点を F とせよ. 四辺形 BDEF が平行四辺形であること, △ADE ≡△EFC であることを利用せよ.

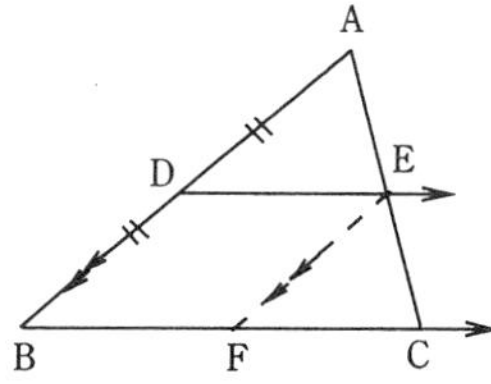


(問13.5.4) PQ ∥ AC, SR ∥ AC ; また2PQ＝AC, 2SR＝AC であることを使え.

(問13.5.5) BC の中点 D を通り, BN に平行な直線が AC と交わる点を P とする. △ BCN で BD = CD, DP ∥ BN より CP = PN ; △ ADP で AM = MD, DP ∥ MN より AN = PN.

(問13.5.6) 平行四辺形 ABCD で, AC = BD のとき, △ ABC ≡ △ BCD を示せ.

(問13.5.7) 二等辺三角形の性質と三辺相等の合同定理を使え.

(問13.5.8) 台形 ABCD において, A を通り CD に平行な直線が BC と交わる点Eとする. △ ABE が二等辺三角形であることを証明すればよい.

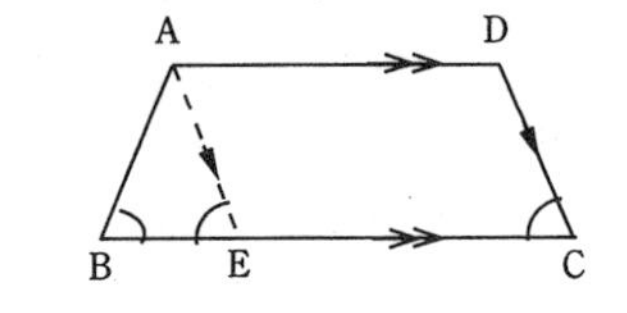


(問13.5.9) AC の中点を P とし, M と P, N と P を結ぶ. △ ABC と △ ACD において, 中点連結定理を利用せよ.

## 練習問題13

1. 条件から, △ ABC, △ BDP, △ CPE はいずれも二等辺三角形であることを利用して, PD + PE = AB = AC であることを示せばよい.

2. 平行四辺形の性質から

　△ ABC =△ ACD　　①

　△ APG =△ APE　　②

　△ CPF =△ CPH　　③

　であるから, ①−②−③を計算すればよい.

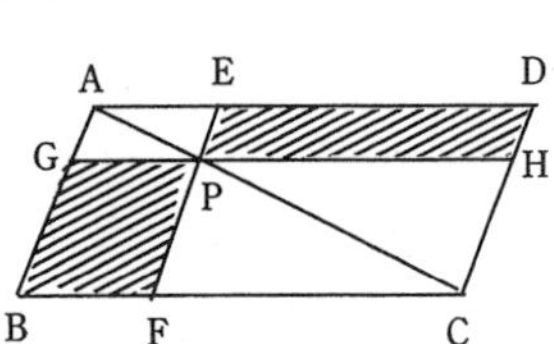


3. (1) △ ABC の中線 AD を延長し, AD = DE となる点Eをとる. △ ACD ≡△ BDE (2 辺夾角相等)を使え.

(2) (1)と同じ図で求められる.

(3) AC の延長上に AB = AF となる点 F をとる.

　∠ ABF =∠ AFB　　①

　△ APB と△ APF において,

　AB = AF, ∠ FAP >∠ BAP から PF > BP ;

　それで△ BPF で, ∠ PBF >∠ PFB.　②

　①−②とすると ∠ ABP <∠ AFP　　③

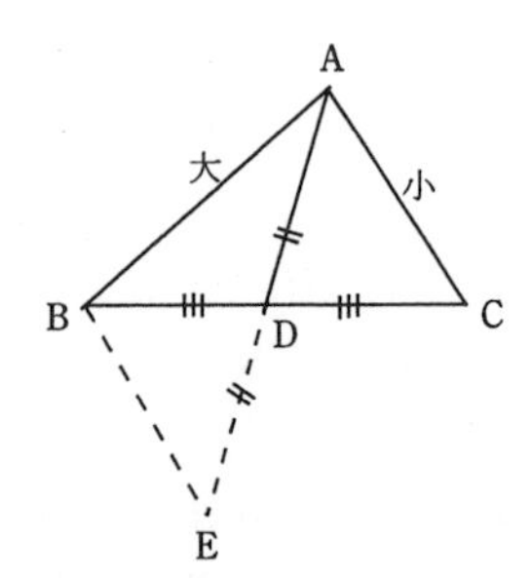

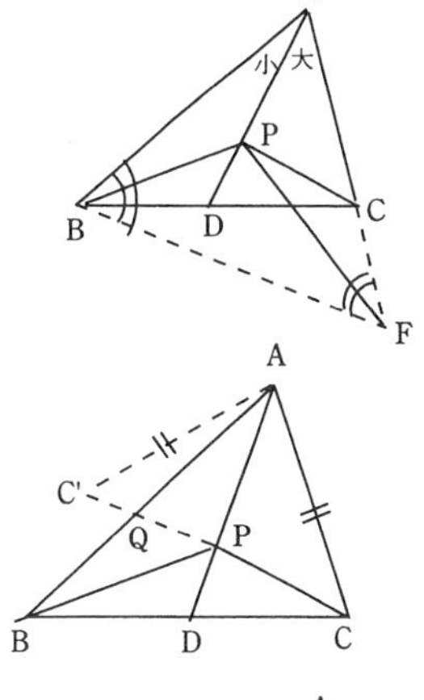


内対角＜外角だから

$\angle AFP < \angle ACP$ ④

③, ④から$\angle ABP < \angle ACP$

(4) △ACP を AP を軸として反対側に回転したものを△AC'P とする．PC'∩AB＝Q とすると

$BQ + PQ > BP$ ①

$AQ + QC' > AC$ ②

①＋② $AB + PC' > AC + BP$

∴ $AB + PC > AC + BP$

この結果より $AB - AC > BP - CP$

５．BC の中点 M と P を結ぶ．

PM ∥ AQ となる直線を引く．

△PMQ＝△PMA（同底等高）；

1/2△ABC＝△ABM＝△BPM＋△APM

＝△BPM＋△PMQ＝△BPQ

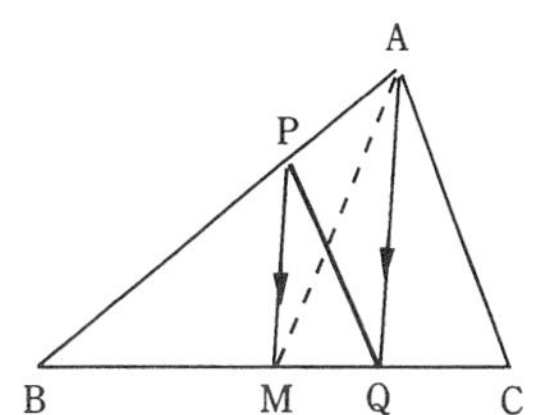


６．(1) 二辺夾角相等の合同定理を使え．

(2) PQ＝PR より BP＝CP

∴ ∠QPR＝直角

$\angle BPC = 360^\circ - (60^\circ + 60^\circ + 90^\circ) = 150^\circ$

$\angle PBC = (180^\circ - 150^\circ) \div 2 = 15^\circ$

# 第14章

図から判断して証明を書け．

(問14．1．1)

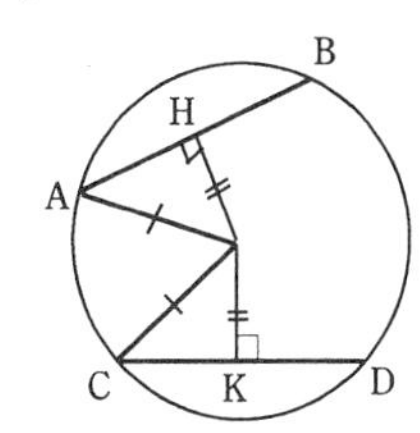


(問14．1．2)

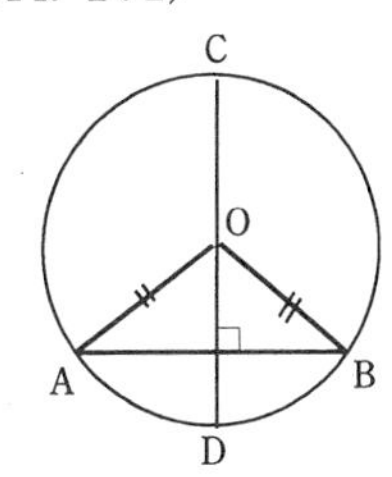

(問14. 2. 1)　　　　　　　　(問14. 2. 2)

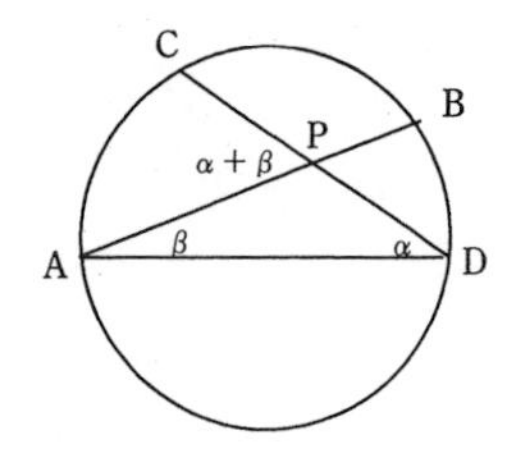


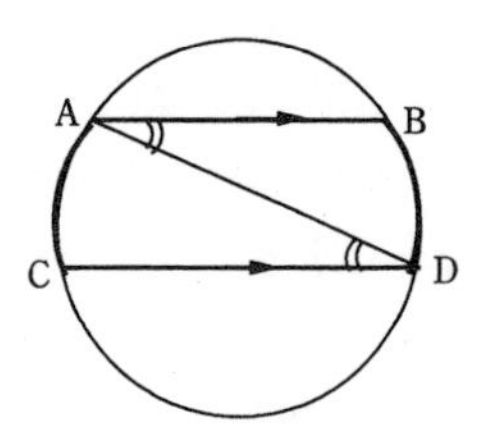


(問14. 3. 1)　∠ D ＝∠ B の外角＝ $2\alpha$ とおく.

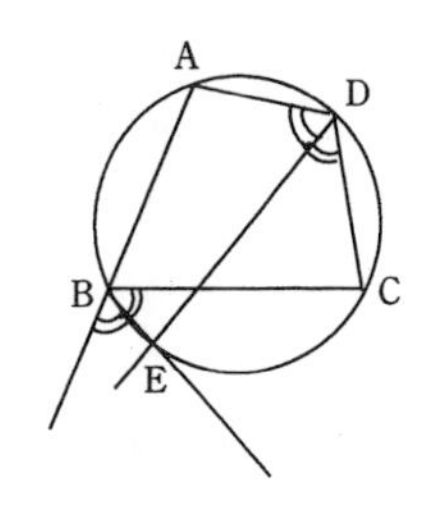


∠ D の二等分線が円周と交わる点を E とすると

　∠ CDE ＝∠ CBE ＝ $\alpha$($\overset{\frown}{EC}$ 上の円周角)

　∴　∠ ADE ＝ $2\alpha - \alpha = \alpha$

(問14. 4. 1)　各辺が円に接する点を左下図のように K, L, M, N とすると

　AK ＝ AN,　BK ＝ BL,　CM ＝ CL,　DM ＝ DN

これらを辺々相加えると, AB ＋ CD ＝ BC ＋ DA

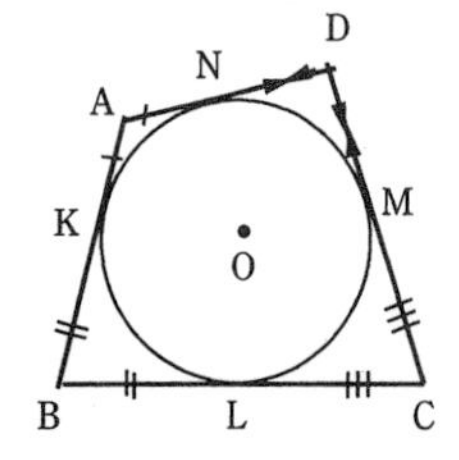


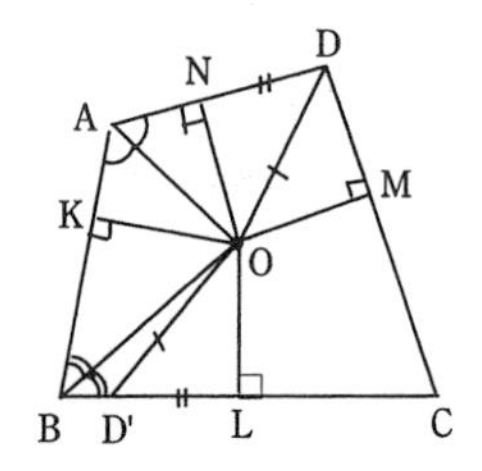


(問14. 4. 2) 逆は「凸四辺形 ABDCD において, AB ＋ CD ＝ BC ＋ DA ならば, これに内接する円がある」である. 証明は右上図を参照.

∠Aと∠Bの二等分線の交点Oから AD, AB, BC への距離を ON, OK, OL とすると, ON ＝ OK ＝ OL.　さて,　BL ＞ ND と仮定する.　CL の延長上に DN ＝ LD'となる点 D'をとると,　△ OLD'≡△ OND(直角三角形の合同).　それで,　OD ＝ OD'.
また

　AB ＝ AK ＋ KB ＝ AN ＋ BL ＝ AD ＋ BD'　　①

条件　AB ＋ CD ＝ BC ＋ AD　に①を代入すると

　AD ＋ BD'＋ CD ＝ BC ＋ AD

∴　CD = BC − BD' = CD'

それで △OCD ≡ △OCD'（三辺相等）

このことは，O から CD へ至る距離 OM も OL に等しい．従って，四辺形 ABCD は円に外接する．

（問14. 4. 3）（問14. 4. 1）と同様にして証明できる．

（問14. 4. 4）菱形

（問14. 4. 5）逆は「円の弦とその一端で交わる直線との交角が，この弦の上に立つ円周角に等しいとき，当該直線はその一端における接線である」．

右図で∠A = ∠BCT. 弦 BC の一端 C を通る直径を A'C とする．∠A = ∠CA'B(BC 上の円周角)．

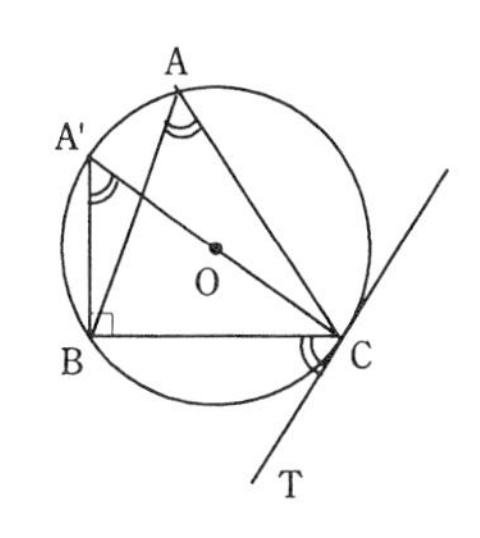


∠A'BC = 直角；

∠A'CB = 直角 − ∠CA'B = 直角 − ∠A

= 直角 − ∠BCT

∴　∠A'CB + ∠BCT = 直角

それで直径 A'C ⊥ CT.

（問14. 5. 1）∠ABC = 直角（直径上の円周角）

∠ABD = 直角（直径上の円周角）

∠ABC + ∠ABD = 2 直角 = 平角だから, C, B, D は共線点

（問14. 5. 2）△OTA ≡ △OTB を証明せよ．

（問14. 5. 3）円 O，O'の接点を Q とすると，Q は OO' 上にある．そして PT = PQ，PQ = PT'より PT = PT'.

（問14. 5. 5）AA'と OO'の交点を S とする．△OAS ≡ △OBS.

△OA'S ≡ △OB'S であることを述べ，S, B, B' が共線点であることを述べよ．

（問14. 5. 7）円 O，O' の接点を C，C を通る共通内接線と AB との交点を D とすると，DA = DC，DB = DC から，∠ACB = ∠DAB + ∠DBC = 直角．

（問14. 6. 1）△HBC の垂心は A.

（問14. 6. 2）傍心 $I_1$から $I_2I_3$に下ろした垂線は $I_1A$である．なぜなら，

$$\angle CAI_1 = \frac{1}{2}\angle A,\ \angle CAI_2 = \frac{1}{2}(\angle A\text{の外角})$$

これらを加えると

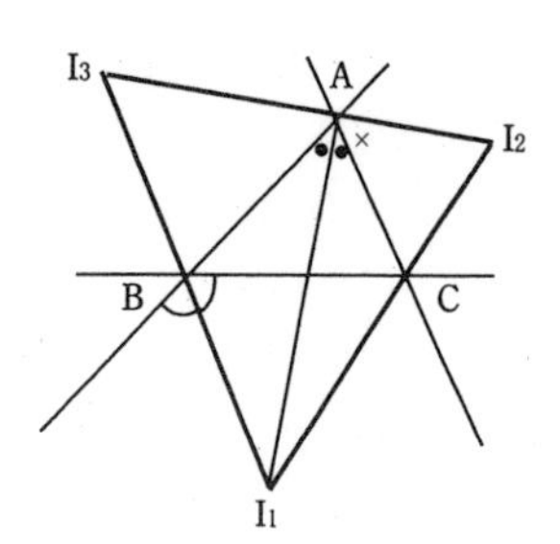


$$\angle I_2AI_1=\frac{1}{2}(\angle A+\angle A\text{の外角})$$

$$=\frac{1}{2}\text{平角}=\text{直角}$$

同様に $I_2B \perp I_1I_3$, $I_3C \perp I_1I_2$

　△ $I_1I_2I_3$ の垂心は△ ABC の内心.

(問14. 6. 3) △ ABC の 3 辺 BC, CA, AB の中点をそれぞれ D, E, F とする．AD と EF の交点を K とすると，EF ∥ BC，AF ＝ FB から FK ＝ $\frac{1}{2}$BD$=\frac{1}{2}$CD=KE,　それで DK は△ DEF の中線．同様に BE も DF の中点を通る．結局，もとの△ ABC の重心は△ DEF の重心と一致する．

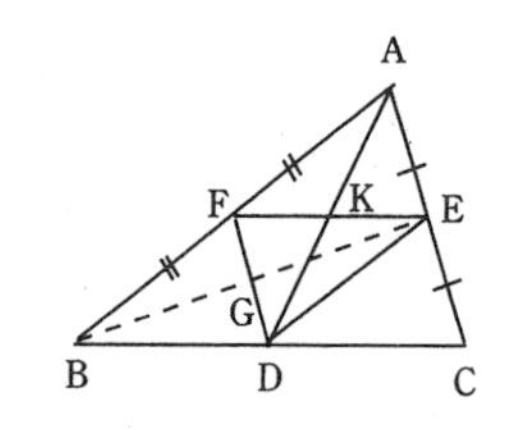


(問14. 6. 4) △ ABC の中線 AM の三等分点を A に近い方から H, G とする．H, G, M から直線 $a$ に下ろした垂線を HL, GK, MN とする．

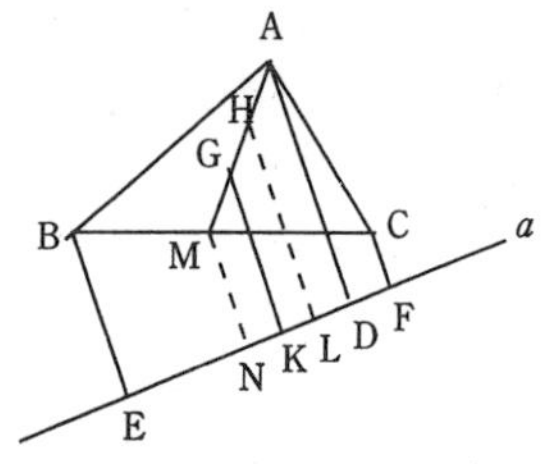

　2MN ＝ BE ＋ CF　　　①

　MN ＋ HL ＝ 2GK　　　②

　GK ＋ AD ＝ 2HL　　　③

②×2 に①と③を代入すると

　　BE ＋ CF ＋ GK ＋ AD ＝ 4GK

　∴　AD ＋ BE ＋ CF ＝ 3GK

## 練習問題14

1．下図参照

2．　下図参照

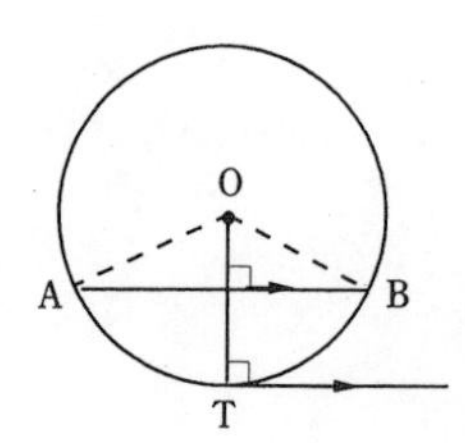


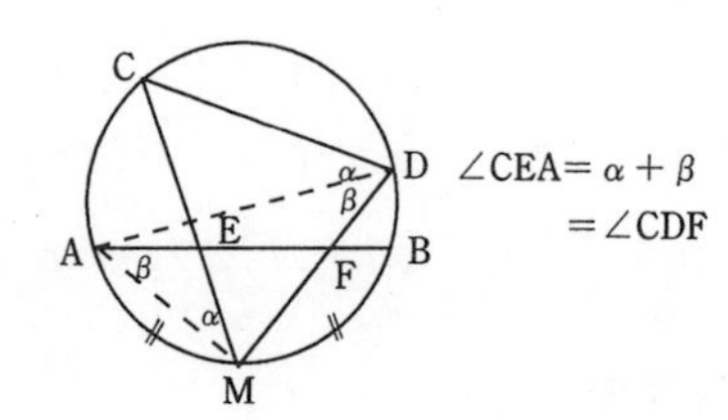

3．2円の中心線 OO′ は AB により垂直に2等分される．それで AB の左右の円弧は等しい．それで∠ ACB ＝∠ ADB

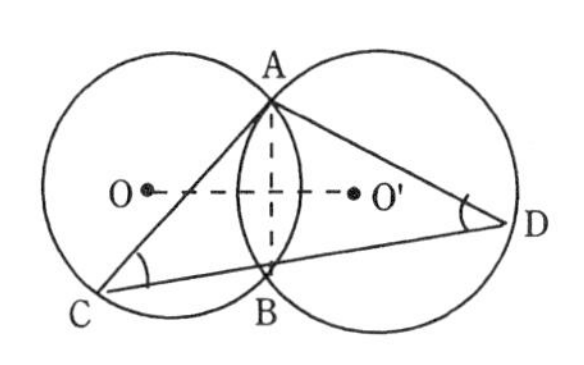


4．∠ A ＝ 2 $\alpha$，∠ B ＝ 2 $\beta$ とおくと

∠ CAD ＝∠ CBD(CD 上の円周角) ＝ $\alpha$

∠ IBD ＝ $\alpha + \beta$；

一方，△ ABI において，内対角の和は外角に等しいから，∠ BID ＝ $\alpha + \beta$

∴　BD ＝ DI

一方，∠ BAI ＝∠ BCD(BD 上の円周角) ＝ $\alpha$

∴　BD ＝ CD

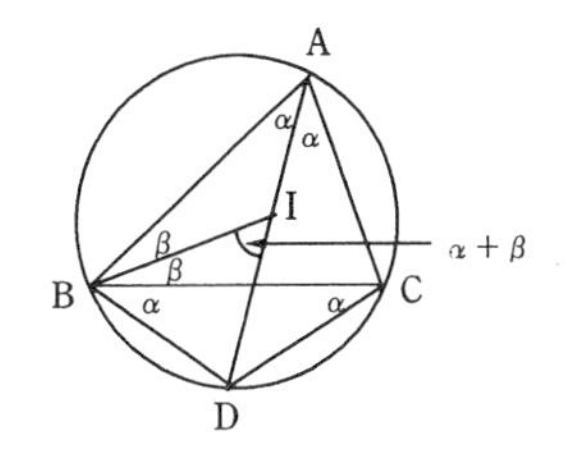


5．(1) 正三角形

(2) 正三角形

(3) すべての内角が鋭角の三角形

# 第15章

(問15. 1. 1) (1) 10 : 9　(2) $5x : y$　(3) $4a : 9b$　(4) $x + y : x - y$

(問15. 1. 2) (1) $x = \dfrac{25}{3}$　(2) $x = 3$

(問15. 1. 3)　$r = \dfrac{ph}{2\pi f}$

(問15. 2. 1) △ ACD において，PE:AP ＝ CD:AC,

△ ABC において，PF : CP ＝ AB : AC；

AB ＝ CD だから，PE : AP ＝ PF : CP　①

同様にして，PG : AP ＝ PH : CP　②

①, ②において内項を入れ替えると

PE : PF ＝ AP : CP；

PG : PH ＝ AP : CP

から求める結論を得る．

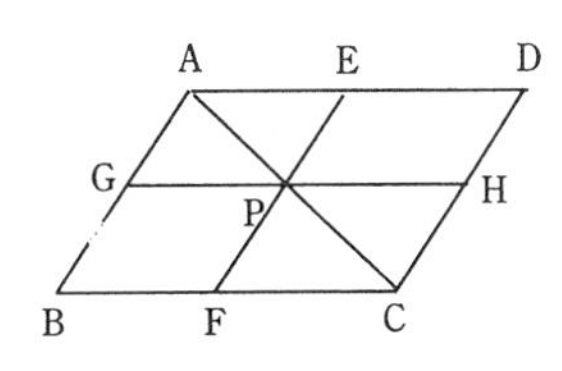


(問15. 2. 2) A 点を通り直線 $b$ に平行な直線が $m, n$ と交わる点を P, Q として，三角形の辺の比例関係を適用せよ．

(問15. 2. 3) 右図において

$$\frac{OP}{BC}=\frac{AP}{AB},\ \frac{OQ}{BC}=\frac{DQ}{CD}$$

それで $\frac{OP}{BC}\times\frac{BC}{OQ}=\frac{AP}{AB}\times\frac{CD}{DQ}$,

$$\frac{OP}{OQ}=\frac{AP}{AB}\times\frac{AB}{AP}=1$$

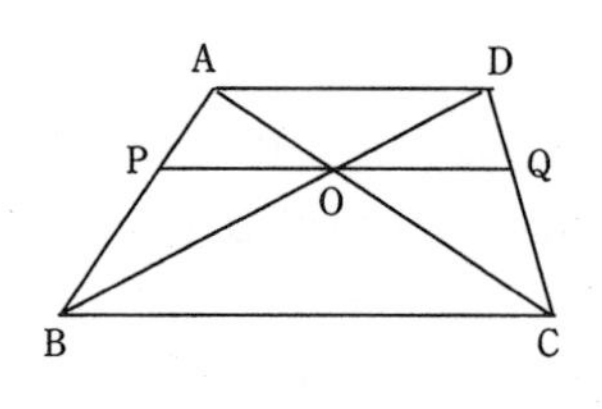


(問15. 3. 1) AB を1 : 1に内分する点は AB の中点，1 : 1に外分する点は無限に遠い点.

(問15. 3. 2) AB 上に AE'= AC となる点 E' をとり，C と E' を結べ．そして CE' ∥ AD'を示せば，結論は出てくる.

(問15. 3. 3) AM : MB = AD : BD

AM : MC = AE : EC

かつ BM = CM より，AD : BD = AE : EC,

∴ DE ∥ BC

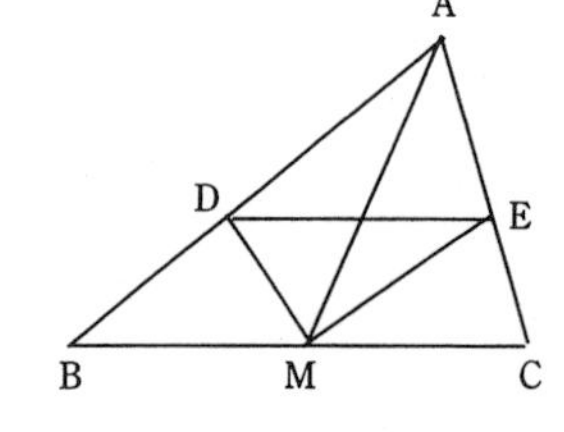


(問15. 3. 4) (定理15. 2. 1)を使え.

(問15. 3. 5)

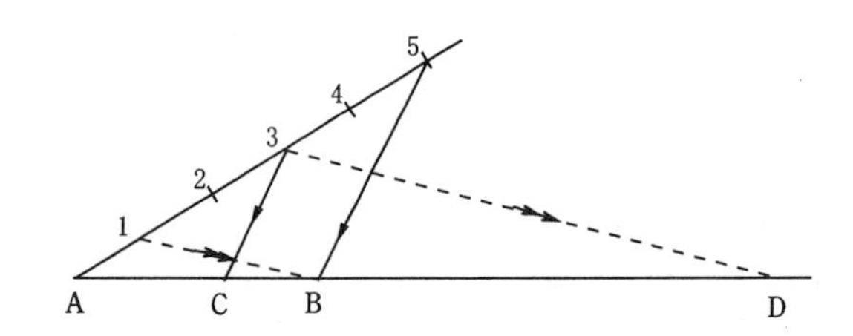


(問15. 3. 7) $AC=\frac{ma}{m+n}$, $AD=\frac{na}{m-n}$

(問15. 4. 1) 直角三角形 ABC, DEF において,

∠C = ∠F = 直角とする.

$\frac{DE}{AB}=\frac{EF}{BC}=k$ とおく. $DE = AB\cdot k$,

$EF = BC\cdot k$ である.

$DF^2 = DE^2 - EF^2 = (AB^2 - BC^2)k^2$

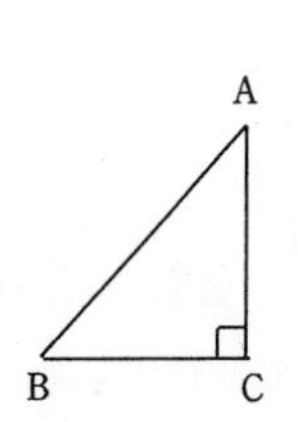


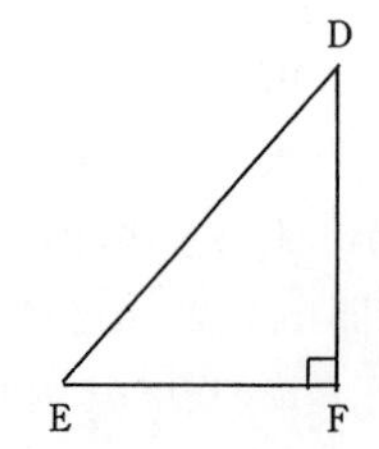

$= \mathrm{AC}^2 k^2$,

それで $\dfrac{\mathrm{DF}}{\mathrm{AC}} = k$ であるから, 対応する３辺の比が等しいので,

$\triangle \mathrm{ABC} \backsim \triangle \mathrm{DEF}$

(問15. 4. 2) D を通り AC に平行な直線が BE と交わる点を F とする. BD = CD, DF ∥ CE だから, BF = FE.

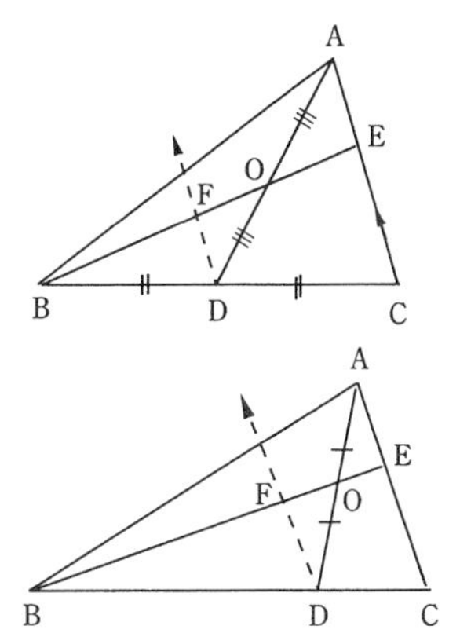


それで△ OAE ≡△ OFD(二角夾辺相等)

から, OF = OE.

OB : OE = BF + OF : OE

= EF + OF : OE = 2OE + OE : OE = 3 : 1

(問15. 4. 3) D を通り AC に平行な直線が BE と交わる点を F とする. △ AOE ≡ △ DOF(二角夾辺相等)から AE = DF.

DF ∥ AC だから

BD : BC = BF : BE = DF : CE = AE : CE

(問15. 4. 4) $\mathrm{AB}^2 = \mathrm{BD}^2 + \mathrm{AD}^2$,

$\mathrm{AC}^2 = \mathrm{CD}^2 + \mathrm{AD}^2$,

これらを辺々相減ずると, 求める式を得る.

(問15. 5. 1) △ ATP ∽△ BTP(二角相等)だから

PA : PT = PT : PB

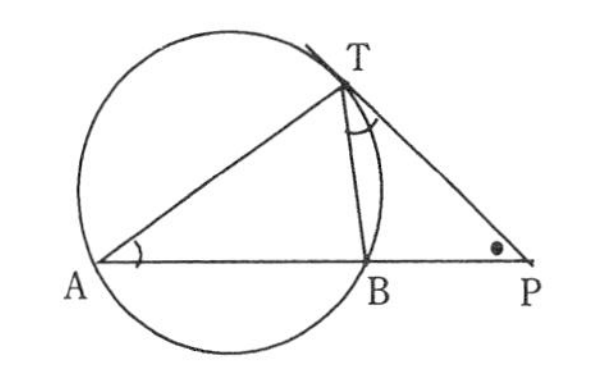


この問題の逆は「A, B, T を通る円と AB の延長上に点 P があり, $\mathrm{PT}^2 = \mathrm{PA} \cdot \mathrm{PB}$ ならば, PT は円 ABT の接線である」となる.

PA : PT = PT : PB と∠ P が共通であるから, △ ATP ∽△ BPT.

∴∠ BAT =∠ BTP. それで PT は円 ABT の接線.

(問15. 5. 2) $\mathrm{PT}^2 = \mathrm{PA} \cdot \mathrm{PB}$, $\mathrm{PA} \cdot \mathrm{PB} = \mathrm{PC} \cdot \mathrm{PD}$ であるから, $\mathrm{PT}^2 = \mathrm{PC} \cdot \mathrm{PD}$ となる. それで, 3 点 T, C, D を通る円の接線が PT で, T は接点である.

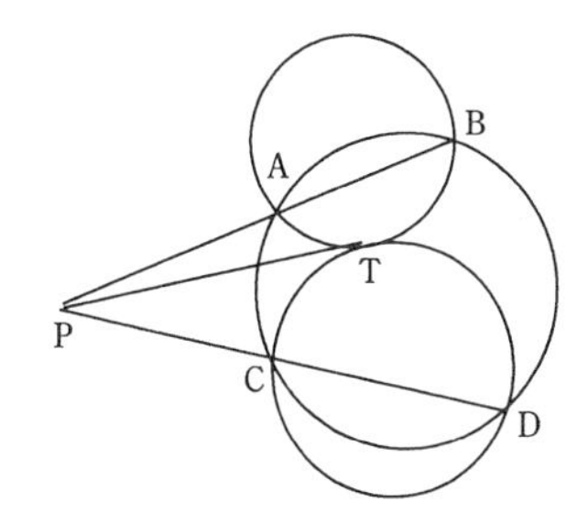

(問15.5.3)　$BM = CM$　①

$AD \cdot DE = BD \cdot CD$　②

$$\begin{aligned} AB^2 &= BM^2 + AM^2 \\ &= CM^2 + AD^2 - MD^2 \quad [\text{①使用}] \\ &= AD^2 + CM^2 - (CD + CM)^2 \\ &= AD^2 - CD(CD + 2CM) \\ &= AD^2 - CD \cdot BD \quad [\text{①使用}] \\ &= AD^2 - AD \cdot DE \quad [\text{②使用}] \\ &= AD(AD - DE) = AD \cdot AE \end{aligned}$$

(問15.5.4)　C と E を結び，$\triangle ABD \backsim \triangle ACE$ から出てくる．

(問15.6.1)　$\triangle$ ABC と$\triangle$ A'B'C'を相似の位置におく．これら２つの三角形の外接円の中心を O, O'；相似の中心を S とすると

$$\frac{SA'}{SA} = \frac{O'A'}{OA} = \text{相似比},\quad \angle OSA \text{は共通だから，} \triangle SAO \backsim \triangle SA'O'$$

$$\frac{SA'}{SA} = \frac{SO'}{SO} = \frac{r'}{r} = \text{相似比}$$

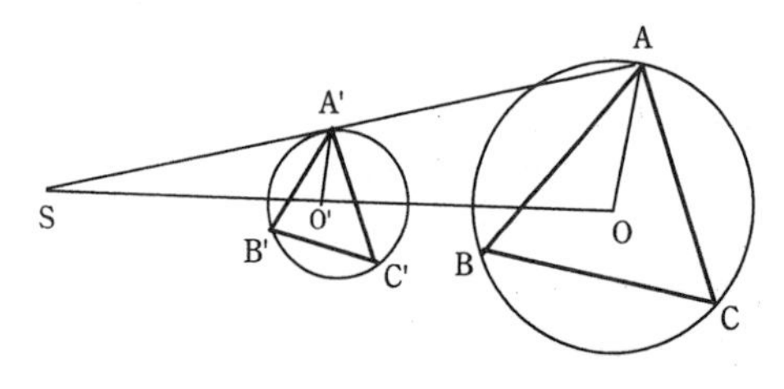


(問15.6.2)　円　O, O'の中心を結ぶ線と，２円の共通外接線との交点を相似の中心 S とすればよい．OT と O'T' は ST に垂直だから

$$\text{相似比} = \frac{SO'}{SO} = \frac{O'T'}{OT}$$

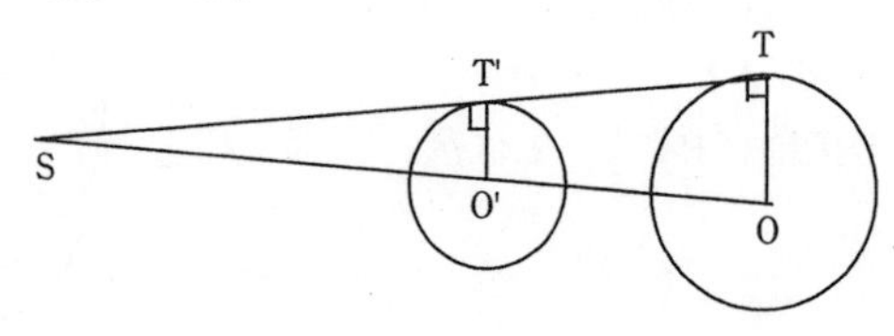

(問15. 7. 1) 問題の左の図において $BD^2 = AB \cdot BC$ から $x^2 = ab$ は明らか.

(問15. 7. 2) 図において AD は円 O の接線だから

$$AB \cdot AC = AD^2$$

$AB = x$, 円の直径 $= a$ とおくと

$$x(x + a) = b^2.$$

$AC = x$ とおくと

$$x(x - a) = b^2$$

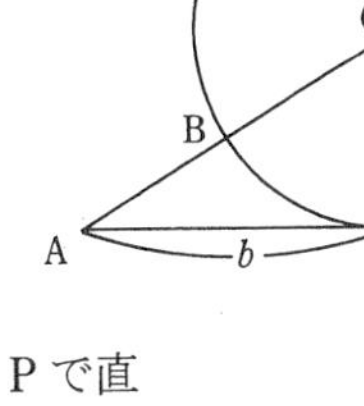


(問15. 8. 1) 逆「四角形 ABCD の対角線が交点 P で直交するとき，P から AB へ下ろした垂線 PQ の延長が CD の中点を通るならば，当該四角形は円に内接する.」図で∠ABD =∠ACD であることを示せばよい.

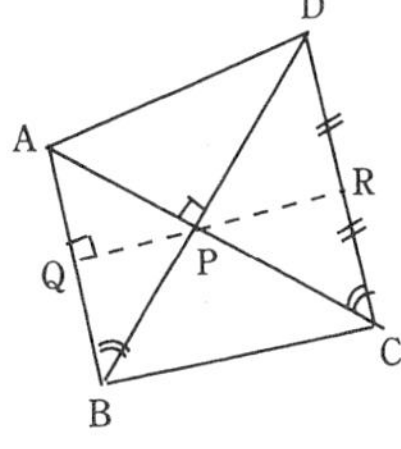


(問15. 8. 2) 逆「1 点 P から△ ABC の 3 辺に下ろした垂線の足 D, E, F が一直線上にあるならば，点 P は△ ABC の外接円の周上にある.」

シムソンの定理の証明を逆にたどれば ∠PAE =∠PBC であることが分かる.

(問15. 8. 3) 図のように長さを導入すると

$AC \cdot BD = (c - a)(d - b)$

$AB \cdot CD + AD \cdot BC = (b - a)(d - c)$

$\quad + (d - a)(c - b) = ab + cd - ad - bc$

$\quad = (c - a)(d - b)$

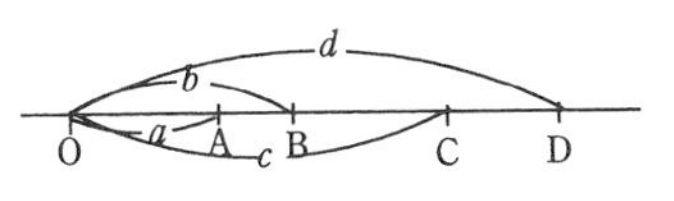


(問15. 8. 4) 逆「△ ABC の 3 辺B C, CA, AB またはその延長上に点 P, Q, R があって

$$\frac{BP}{PC} \cdot \frac{CQ}{QA} \cdot \frac{AR}{RB} = 1$$

ならば，P, Q, R は共線点である.」

PQ の延長と QB の交点を R'とし，$R \neq R'$ と仮定する．P, Q, R' は共線点だから

$$\frac{BP}{PC} \cdot \frac{CQ}{QA} \cdot \frac{AR'}{R'B} = 1$$

となる．この式と仮定の式から

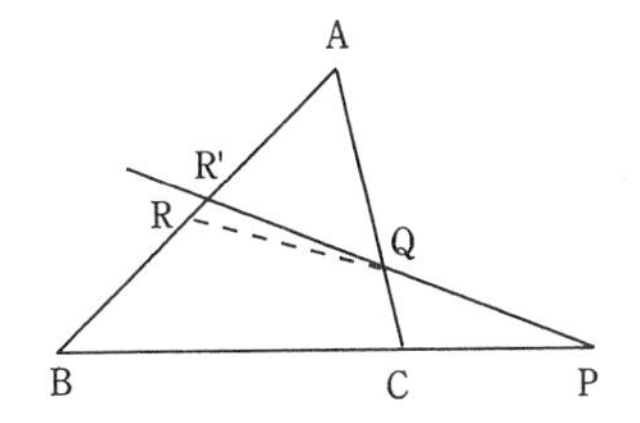

$$\frac{AR}{RB}=\frac{AR'}{R'B}$$

AB を同じ比に内分する点は唯一つであるから，R = R' は矛盾.

(問15. 8. 5) 逆「△ ABC の 3 辺B C, CA, AB またはその延長上に点 P, Q, R があって

$$\frac{BP}{PC}\cdot\frac{CQ}{QA}\cdot\frac{AR}{RB}=1$$

ならば，AP, BQ, CR は 1 点で交わる（共点線である）.」

AP ∩ BQ = O，CO ∩ AB = R'

とし，R ≠ R'とする．チェヴァの定理から

$$\frac{BP}{PC}\cdot\frac{CQ}{CA}\cdot\frac{AR'}{R'B}=1$$

となる．この式と仮定の式から

$$\frac{AR}{RB}=\frac{AR'}{R'B}$$

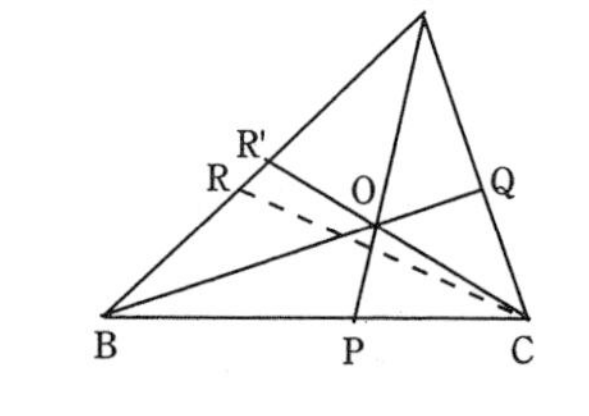


AB を同じ比に内分する点は唯一つだから，R = R'（矛盾）

## 練習問題15

1．△ AED ∽△ CDF を使え.

2．(1) $x = 2$　(2) $x + y = 25$，$xy = 144$ を解いて，$x = 16$，$y = 9$

3．(1) 9 倍　(2) 1 : 2

4．(1) $x = 8, y = 4$　(2) $x = 3.75$，$y=\frac{25}{7}$　(3) $x = 6$，$y = 5.4$

(4) $x=\frac{18}{5}$，$y=\frac{10}{3}$

5．点 D から AC, BC の延長線へ垂線を下ろし，その足をそれぞれ E, F とする.

$$\frac{AD}{BD}=\frac{2\Delta ACD}{2\Delta BCD}=\frac{AC\times DE}{BC\times DF}$$

ところが∠ ECD =∠ FBD,

∠ E =∠ F =直角

だから，△ CDE ∽△ BDF（二角相等），

それで $\frac{DE}{DF}=\frac{CD}{BD}$　①

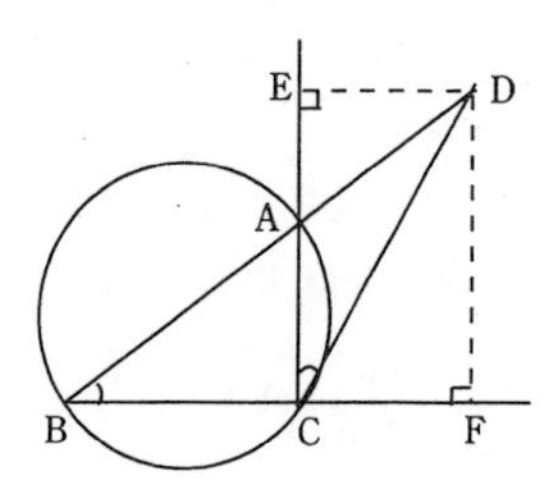

一方，△ ACD ∽△ BCD（二角相等）から

$$\frac{CD}{BD}=\frac{AC}{BD} \qquad ②$$

①②から $\dfrac{DE}{DF}=\dfrac{AC}{BD}$ 　③

③を一番上の式に代入すると結果を得る.

6．(1) Q から PB ら垂線 QR を下ろす. 垂線の足はRである．PR ＝ 5 － 3 ＝ 2cm，QR ＝ 5 ＋ 3 ＝ 8cm

より，$PQ=\sqrt{2^2+8^2}=\sqrt{68}=2\sqrt{17}$cm

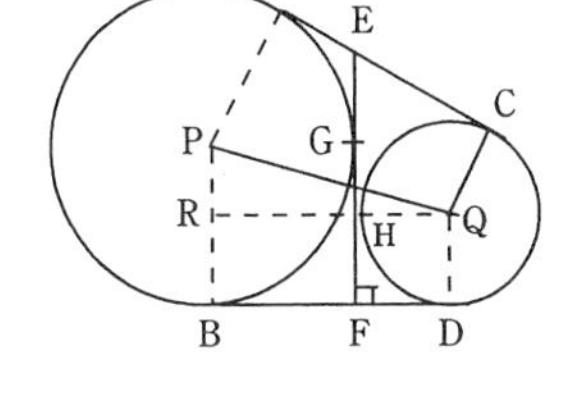


(2) 二円 P, Q の共通内接線 EF と円との接点を, それぞれ G, H とする.

BD ＋ AC ＝(FG ＋ FH)＋(EG ＋ EH)
　　　　＝(FG ＋ EG)＋(FH ＋ EH)
　　　　＝ EF ＋ EF ＝ 2EF

BD ＝ AC だから，BD ＝ EF ＝ 8cm

7．A, B, C を通り，これらの頂点の対辺に平行な直線の交点をとって新しい△A'B'C'を作る．AH は B'C'の, BH は A'C' の垂直二等分線になっているので, △ ABC の垂心 H は△ A'B'C'の外心にあたる．△ ABC と△ A'B'C' の対応する辺の比は 2 : 1である．

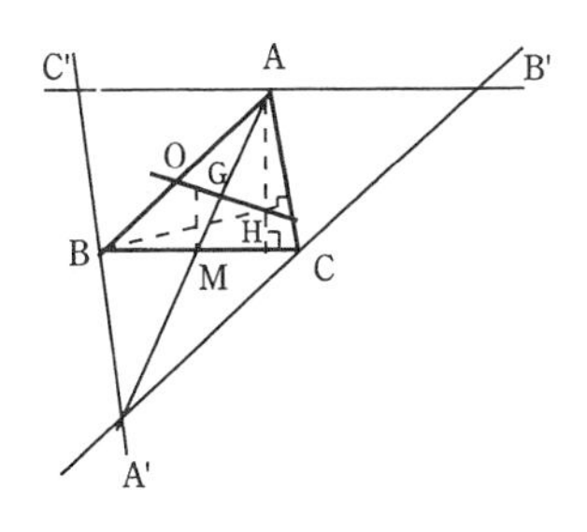


さらに AA'は BC の中点Mを通り，△ ABC の重心 G は，△ A'B'C'の重心でもある．それで G は△ ABC と△ A'B'C'の相似の中心である．△ ABC の外心 O と△ A'B'C'の外心 H は G に関して対応点であり, OG : GH ＝相似比＝ 2 : 1．AH : OM ＝相似比＝ 2 : 1．さらに O, G, H は共線点でもある.

8．(1) CE ＝ CF ＝ $x$，AF ＝ AD ＝ $z$，BE ＝ BD ＝ $y$ とおくと，題意により

$x+y=14$

$y+z=10$

$x+z=16$

を解いて，$x=4$，$y=10$，$z=6$

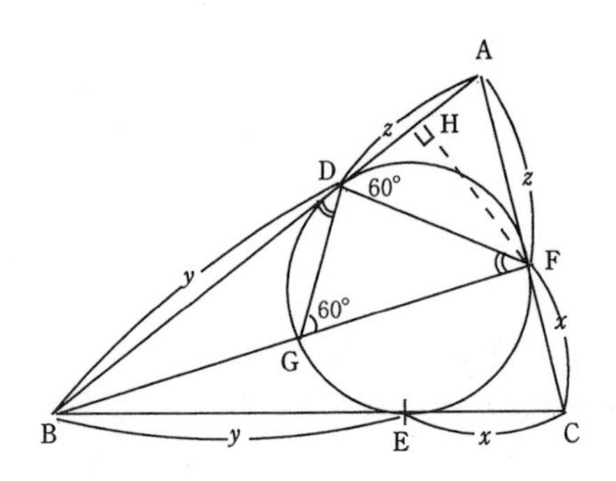


(2)　∠ DBF は共通，∠ BDG ＝∠ BFD だから

　△ BDG ∽△ BDF（二角相等）

(3)　∠ ADF ＝∠ DGF ＝ 60° であるから，

　△ ADF は 1 辺が 6cm の正三角形．F から AB へ垂線 FH を下ろすと，$FH=\sqrt{6^2-3^2}=\sqrt{27}$.

$BF=\sqrt{27+(10+3)^2}=\sqrt{196}=14$,

DF : BF ＝ DG : BD

に数値を代入し

6 : 14 ＝ DG : 10

から，DG ＝30/7

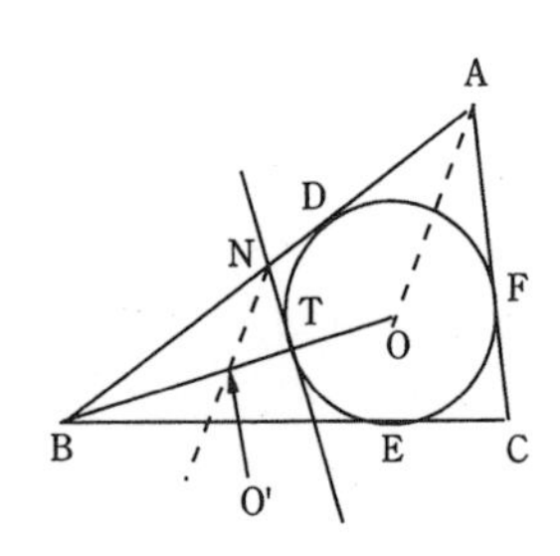


(4)　B と O を結ぶ．円 O と BO の交点を T とする．T において BO と直交する直線を引き，AB との交点を N とする．N を通り，OA に平行な直線と BO との交点を O'とする．O' 中心，半径 O'T の円が求めるもの．

# 索　引

(さ　行)



(た　行)

（な　行）



（は　行）

著者紹介：

**安藤 洋美**（あんどう・ひろみ）

1931 年兵庫県生れ．兵庫県立尼崎中学，広島高等師範学校数学科を経て，1953 年大阪大学理学部数学科を卒業．
桃山学院大学・経済学部教授・大学院経済研究科教授・学院常務理事などを歴任．現在，桃山学院大学名誉教授

（著書・訳書）
『統計学けんか物語』（1989 年，海鳴社）
『確率論の生い立ち』（1992 年，現代数学社）
『最小二乗法の歴史』（1995 年，現代数学社）
『多変量解析の歴史』（1997 年，現代数学社）
『高校数学史演習』（1999 年，現代数学社）
『大道を行く高校数学（解析編）』（山野熙と共著：2001 年，現代数学社）
『大道を行く高校数学（統計数学編）』（2001 年，現代数学社）
『初学者のための統計教室』（門脇光也と共著，2004 年，現代数学社）
『泉州における和算家』（1999 年，桃山学院大学総合研究所）
F.N. デヴィット『確率論の歴史：遊びから科学へ』（1975 年，海鳴社）
O. オア『カルダノの生涯』（1978 年，東京図書）
E. レーマン『統計学講話 未知なる事柄への道標』（共訳；1984 年，現代数学社）
C. リード『数理統計学者ネイマンの生涯』（1985 年，門脇光也・岸吉堯・長岡一夫と共訳，現代数学社）
I. トドハンター『確率論史（パスカルからラプラスの時代までの数学史の一断面）』（2003 年，現代数学社）
『確率論の繁明』（2007 年，現代数学社）
など．

---

**大道を行く数学**（初等編） 社会人・大学生のための中学数学

---

2023 年 1 月 21 日　　初版第 1 刷発行

著　　者　　安藤洋美
発 行 者　　富田　淳
発 行 所　　株式会社　現代数学社

〒606–8425
京都市左京区鹿ヶ谷西寺ノ前町 1
TEL 075（751）0727　FAX 075（744）0906
https://www.gensu.co.jp/

装　　幀　　中西真一（株式会社 CANVAS）

印刷・製本　　亜細亜印刷株式会社

---

ISBN978-4-7687-0599-5　　2023 Printed in Japan